高等学校大数据专业系列教材

机器学习

——数据表示学习及应用

张春阳 陈俊龙 编著

清华大学出版社
北京

内容简介

本书从数据表示学习角度介绍机器学习及其应用。全书共7章，分别介绍数据表示学习与数学基础、传统降维方法、分布式表示学习和聚类算法、稀疏表示学习、神经网络中的特征提取、生成式表示学习和对比式表示学习。本书涉及的数据表示学习算法的具体应用领域包括计算机视觉、自然语言处理以及图网络分析等。

本书主要面向广大从事人工智能、机器学习或深度学习、数据挖掘、模式识别等领域的专业人员，从事高等教育的专任教师，高等院校的在读学生及相关领域的广大科研人员。

图书在版编目（CIP）数据

机器学习：数据表示学习及应用 / 张春阳，陈俊龙编著. -- 北京：清华大学出版社，2025. 1.

（高等学校大数据专业系列教材）. -- ISBN 978-7-302-68018-5

Ⅰ. TP181

中国国家版本馆 CIP 数据核字第 2025DY4122 号

责任编辑：陈景辉　张爱华

封面设计：刘　键

责任校对：刘惠林

责任印制：刘　菲

出版发行：清华大学出版社

网　　址：https://www.tup.com.cn，https://www.wqxuetang.com

地　　址：北京清华大学学研大厦 A 座　　**邮　　编**：100084

社 总 机：010-83470000　　**邮　　购**：010-62786544

投稿与读者服务：010-62776969，c-service@tup.tsinghua.edu.cn

质量反馈：010-62772015，zhiliang@tup.tsinghua.edu.cn

课件下载：https://www.tup.com.cn，010-83470236

印 装 者：河北鹏润印刷有限公司

经　　销：全国新华书店

开　　本：185mm×260mm　　**印　　张**：13　　**字　　数**：336 千字

版　　次：2025 年 1 月第 1 版　　**印　　次**：2025 年 1 月第1次印刷

印　　数：1～1500

定　　价：59.90 元

产品编号：096151-01

高等学校大数据专业系列教材
编　委　会

序

人工智能不仅是科技进步的驱动力，更是未来社会发展的核心引擎，正在悄然改变着我们的世界。机器学习作为人工智能的重要分支和基本方法，具有极其重要的研究意义和应用价值。无论是从自动驾驶汽车到智能语音助手，还是从精准医疗到金融风控，机器学习技术无处不在。《机器学习——数据表示学习及应用》旨在带领读者踏入这一充满挑战与机遇的领域，深入探索机器学习的数据表示学习及其背后的逻辑与原理。

该书是集理论性、实践性与前瞻性于一体的教材，系统地介绍了数据表示学习的基本概念、核心算法、新进展及其广泛应用。特别是，该书通过生动的案例和直观的图表，将抽象的概念具体化，帮助读者建立起扎实的理论基础，而且注重图像处理、自然语言处理、图网络分析等方面的实用案例，有助于将理论知识学习转化为解决实际问题的能力。

该书结构清晰，内容由浅入深，既适合初学者作为入门教材，也有助于有一定基础的读者深入理解和拓展视野。希望通过这本教材，能够激发更多人对数据表示学习的兴趣和热情，培养出具备创新精神和实践能力的人工智能人才，共同推动机器学习的不断发展和应用，为构建更加智能、便捷、美好的未来社会贡献力量。

中国工程院院士

2025 年 1 月

前 言

党的二十大报告强调“必须坚持科技是第一生产力、人才是第一资源、创新是第一动力，深入实施科教兴国战略、人才强国战略、创新驱动发展战略，开辟发展新领域新赛道，不断塑造发展新动能新优势”。

作为人工智能的核心技术之一，机器学习是获得智能的基本途径，其应用遍及人工智能的各个领域，包括计算机视觉、自然语言处理和图网络分析等。为了迎合新一代人工智能发展规划对该领域人才的需求，本书为人工智能相关专业的学生介绍机器学习基础理论知识、最新发展成果、实际应用以及项目实践等。

本书主要内容

本书可视为一本围绕数据表示学习的机器学习图书，全书共 7 章。

第 1 章绪论，包括机器学习简介、特征工程与数据表示学习、数学与概率基础。第 2 章传统降维方法，包括主成分分析、流形学习、t 分布随机邻域嵌入和自编码器。第 3 章分布式表示学习和聚类算法，包括 K-means 算法和 K 近邻算法、原型聚类算法、基于密度的聚类算法以及层次聚类。第 4 章稀疏表示学习，包括稀疏表示简介和匹配追踪算法等。第 5 章神经网络中的特征提取，包括多层神经网络、卷积神经网络、循环神经网络、图神经网络等。第 6 章生成式表示学习，包括贝叶斯学习、近似推断、概率图模型、生成对抗网络和扩散模型等。第 7 章对比式表示学习，包括数据增强、正负样本的选择、相似性度量、对比框架等。

本书特色

(1) 角度新颖，探索核心。

本书围绕数据表示学习介绍机器学习，解决机器学习及其应用的核心问题，角度较为新颖。人工智能涉及计算机视觉中图像和视频内容的理解、自然语言的理解以及具有拓扑结构的图网络理解等任务。完成此类高阶人工智能任务的核心，是解决如何从各类型的原始数据中智能地提取出重要的模式、特征、嵌入和表示等信息，从而帮助解决下游的具体应用任务。

(2) 夯实基础，紧追前沿。

本书不仅包含传统的机器学习模型和算法，还纳入最新的发展成果。例如，对比学习作为无监督学习技术之一，近年来显示出来强大的表示学习能力，极大地缩小甚至超过了现有的有监督模型的性能，此部分内容被纳入本书中。

(3) 注重理论，联系实际。

本书不仅详细介绍数据表示学习的基础理论和方法，也阐述了它们在计算机视觉、自然语言处理和图网络分析任务中的实际应用。本书介绍了数值、图像、视频、语音、自然语言、图网络等不同类型数据的表示学习方法，并提供可学习和可执行的项目代码。

(4) 详细全面，使用方便。

本书内容详细全面，对于各章节内容由浅入深、详细论述，以便读者在学习过程中更加容易理解各个算法提出的动机、具体的步骤、性能特点、应用领域等。除了通过数学公式描述算法外，也注重图表的可视化展示，以及详尽的文字描述。

配套资源

为便于教与学，本书配有源代码、教学课件、教学大纲、教学日历、教学进度表。

（1）获取源代码方式：先刮开并用手机版微信 App 扫描本书封底的文泉云盘防盗码，授权后再扫描下方二维码，即可获取。

源代码

（2）其他配套资源可以扫描本书封底的“书圈”二维码，关注后回复本书书号，即可下载。

读者对象

本书主要面向广大从事人工智能、机器学习或深度学习、数据挖掘、模式识别等领域的专业人员、从事高等教育的专任教师、高等学校的在读学生及相关领域的广大科研人员。

在本书的编写过程中，作者参考了诸多相关资料，在此对相关资料的作者表示衷心的感谢。

限于个人水平和时间仓促，书中难免存在疏漏之处，欢迎广大读者批评指正。

作　者

2025 年 1 月

目 录

案例导读

第 1 章

绪　论

1.1　机器学习简介

机器学习作为人工智能的主要技术手段之一，近年来在计算机视觉、自然语言处理和图网络分析等多个领域取得了极大的成功，吸引众多高校和企业中科研人员的关注。当下，人工智能的应用场景中经常产生大量的传感器数据。这些传感器数据具有多种格式，如图像、视频、语音、自然语言、图网络等。如何准确、有效地理解这些传感器采集的数据，直接决定了相应人工智能模型的性能。因此，数据表示学习作为机器学习的核心任务之一，旨在通过学习的方式自动获得原始传感器数据的表示，从而服务于下游的机器学习任务。以自然语言处理为例，数据表示学习模型的任务是获得字、句子、段落以及文档的有效特征表示，然后完成下游的具体任务，如机器翻译、文本摘要生成、文本问答和情感分析等高阶自然语言理解任务。根据不同的应用场景，衡量特征表示优劣的因素可以是多种多样的，如可解释因子及其依赖关系、跨任务的共享因子、流形、时空相关性和稀疏性等，它们可以被统称为语义信息。

大部分数据表示要求包含原始数据中信息量最多的语义信息。例如，如果要使用一个低维的数值向量表示一段文字，需要使其包含段落中出现的词、词出现的先后顺序以及上下文关系等信息，这些信息称为该段文本的语义信息；计算机视觉中的视频描述任务，针对一段视频，需要获得其有效的特征表示，从而生成一段语法语义都正确的语句，描述视频的内容。那么，这就要求视频的表示向量中需要包含前景、背景、目标类别、动作类型等高阶语义信息，从而才能达到理解视频并生成相应自然语言的描述；对于动态社交网络数据，通常需要先得到其中每个用户的特征表示，并使之蕴含网络的拓扑信息，以及拓扑与节点属性变化的动态特性，然后才能完成对用户进行分类、聚类以及对用户之间链路的预测等分析任务。

1.2　特征工程与数据表示学习

特征工程是解决人工智能中原始数据理解任务的传统方法，它需要借助专家知识，通过手动的方式获得原始数据的特征表示。例如，电信公司经常需要通过分析电信用户的消费行为，完成提升服务品质、设计新的产品，以及产品和服务的推荐等任务。完成此类任务，同样需要使用一个特征向量去表示每位电信用户，而且要求其具有用户的偏好信息。传统的特征工程的做法是通过该行业的领域专家，人为设置表示用户偏好的属性，如每月使用的流量、长途和市内通话时间、时长、频率等。传统特征工程面临如下几个主要问题：一是需要专家知识的介入，否则无法获得特征表示；二是特征向量的长度是固定的，即属性的个数和位置是固定的，无法根据任务自适应地调整；三是每个属性既可能是离散的，又可能是连续的，且具有不同的取值范围；四是在现实应用中，比较容易出现属性缺失或者数据采集错误的情况，即数据特征的完整性难以保证，且可能存在噪声污染问题。尽管可以通过一些传统的数据挖掘方法解决上述问题，但相对人工智能应用的严苛要求，其效果较为有限。

数据表示学习能够有效地解决传统特征工程中存在的问题。它是通过学习的方式，自适应地获得原始数据的表示特征，进而服务下游具体的实际任务。数据表示学习一般分为三步：首先，通过收集、整理和清洗等方式对数据进行预处理得到数据样本，形成具有一定规模的数据集；然后，设计或选择数据表示学习模型，并利用数据集进行模型训练和学习；最后，利用学习得到的表示模型获得每个样本的数据表示，从而完成下游具体任务。评价数据表示方法和模型的优劣需要设计定性与定量的评价指标。一般来讲，人工智能任务需要设计一些指标来衡量数据表示的表达能力，即蕴含原始数据中关键信息的能力。例如，数据表示是否能够解决多种不同任务，即特征的任务泛化能力；不同样例的数据表示是否能够被清晰区分，即特征表示的判别性；表示学习模型的特征分布是否与真实的特征分布一致，即特征和样例的分布一致性等。

根据选择的机器学习方法的不同，数据表示学习可以分为有监督、无监督、半监督和自监督 4 种方式。有监督和半监督表示学习需要大规模具有标注的训练数据集。由于其需要人工标注样本，这不仅会带来较高的人力和时间成本，也难以保证标签的准确性。另外，由监督模型提供的特征表示一般具有很强的针对性，即缺少任务泛化性能。这是由于有监督学习为了在具体的分类等任务获得较高的准确度，需要提取原始输入数据的高阶判别特征，专门用于识别相关的任务。表示学习的模型结构越深，得到的特征就越特殊和专用，判别性也相应越高，泛化性能就越差。然而，不同的任务通常需要不同的特征。例如，图像识别所需要的特征与图像自然语言描述所需要的特征就不一样。前者需要具有较强判别性的特征，后者需要描述图像内容的细粒度特征。要想完成以上两个不同的任务，就需要设计独立的特征表示模型并单独进行模型训练。对当下流行的深度模型来讲，训练一个深度模型的时间和计算成本十分高昂，表示特征的泛化能力不足的问题也显得极为重要。

近些年，无监督和自监督表示学习取得了长足的发展，在多种任务上的表现甚至已经超越了有监督表示学习模型。现有的无监督表示学习模型包括主成分分析、基于各种神经网络的自编码机模型、生成对抗模型、扩散模型和对比式表示学习模型等。主成分分析是获取原始数据低维度特征表示的传统方法，需要使用矩阵分解的技术，计算复杂度较高。自编码机模型相对简单，训练相对容易。但是，它通常使用 2 范数来衡量原始样本与重构样本的误差，并最小化重构误差。但是，重构误差会平滑掉原始样本与重构样本的细节差异，导致重构效果不佳。另外，它驱使重构样本尽可能地接近原始样本，导致重构样本缺乏多样性。生成对抗模型转而对特征空间中的特征分布进行建模，通过生成器产生新样本，与判别器进行对抗博弈保证了生成效果的多样性和准确性。以图像生成为例，生成对抗模型产生的图像比自编码机模型更清晰和多样。但是，生成对抗模型的训练过程中容易出现不稳定的问题，生成效果对模型超参数较为敏感。扩散模型和生成对抗模型类似，能够从噪声生成目标数据样本，其包括两个过程：前向过程和反向过程。前向过程又称为扩散过程，反向过程可用于生成数据样本，两个过程都是一个参数化的马尔可夫链。与生成模型相比，对比式学习模型不需要将特征映射到原始空间中衡量特征表示的优劣，而是在特征空间，通过最大化正正样本和最小化正负样本之间的相似度来选择特征表示。但是，对比式学习模型需要两两比较样本的相似度，计算复杂度较高。

本书将会在后续章节中详细介绍包括以上方法在内的多种数据表示学习方法。

1.3 数学与概率基础

数据表示学习的数学基础主要涵盖线性代数、数值计算、概率论与数理统计、最优化理论、矩阵论、离散数学、数理逻辑和泛函分析等，本节简单介绍一些必要的数学与概率基础。

1. 梯度下降

机器学习模型的学习其实是解决某一个数学优化问题的过程。给定一个多元可微的函数 $f(\boldsymbol{x})$（称为目标函数或损失函数），通常需要求解出其极小值点 $\boldsymbol{x}^*$，即有

$$\nabla f(\boldsymbol{x}^*)=0 \tag{1-1}$$

对于任意的一个非极值点 $\boldsymbol{x}'(\nabla f(\boldsymbol{x}')\neq 0)$，必存在 $t'>0$，使得对于任意的 $0<t<t'$，有

$$f(\boldsymbol{x}'-t\,\nabla f(t'))<f(\boldsymbol{x}') \tag{1-2}$$

由此而来的梯度下降法是通过迭代的方法解决以下优化问题的常见方法：

$$\min_{\boldsymbol{x}\in\mathbf{R}^n} f(\boldsymbol{x}) \tag{1-3}$$

即当 $f(\boldsymbol{x}_k)\neq 0$ 时，计算当前第 k 步的梯度，进而更新下一步目标值：

$$\boldsymbol{x}_{k+1}=\boldsymbol{x}_k+t_k\boldsymbol{d}_k,\quad \boldsymbol{d}_k^{\mathrm{T}}\,\nabla f(\boldsymbol{x}_k)<0 \tag{1-4}$$

如果令 $\boldsymbol{d}_k=-\nabla f(\boldsymbol{x}_k)$，即为最速梯度下降法。当然，也可以通过一个正定对称的矩阵 $\boldsymbol{H}$ 来更新当前解，即

$$\boldsymbol{d}_k=-\boldsymbol{H}\,\nabla f(\boldsymbol{x}_k) \tag{1-5}$$

在迭代一定次数之后，即可得到局部极值点 $\boldsymbol{x}^*$。当然，也有一些全局优化方法，如与进化计算相关的算法、模拟退火算法等。但考虑其计算复杂度较高，梯度下降法仍然是最常用的优化方法，已被广泛使用。

2. 约束优化与拉格朗日乘子法

有时，需要解决的优化问题具有一些等式和不等式约束条件，即

$$\begin{aligned}&\min_{\boldsymbol{x}\in\mathbf{R}^n}\ f(\boldsymbol{x})\\ &\text{s. t.}\begin{cases}g_i(\boldsymbol{x})\leqslant 0, & i=1,2,\cdots,m\\ h_j(\boldsymbol{x})=0, & j=1,2,\cdots,p\end{cases}\end{aligned} \tag{1-6}$$

对于上述具有 m 个不等式约束和 p 个等式约束的优化问题，通常使用拉格朗日乘子法求解。通过为每个约束条件引入一个拉格朗日乘子，得到拉格朗日函数

$$L(\boldsymbol{x},\lambda,\mu)=f(\boldsymbol{x})+\sum_{i=1}^{m}\lambda_i g_i(\boldsymbol{x})+\sum_{j=1}^{p}\mu_j h_j(\boldsymbol{x}) \tag{1-7}$$

如果 $\boldsymbol{x}^*$ 是原问题的最优解，则存在拉格朗日乘子 λ 和 μ，并满足 KKT 条件：

$$\begin{cases}\nabla L(\boldsymbol{x}^*,\lambda,\mu)=\nabla f(\boldsymbol{x}^*)+\sum\limits_{i=1}^{m}\lambda_i\,\nabla g_i(\boldsymbol{x})+\sum\limits_{j=1}^{p}\mu_j\,\nabla h_j(\boldsymbol{x}^*)=0\\ \lambda_i g_i(\boldsymbol{x}^*)=0,i=1,2,\cdots,m\\ \mu_j h_j(\boldsymbol{x}^*)=0,j=1,2,\cdots,p\end{cases} \tag{1-8}$$

对于此类型的约束优化问题，通常有两种求解方式：一是通过直接或者迭代的方式求解由 KKT 条件产生的非线性方程组；二是将约束条件作为惩罚项加入原始目标函数中，从而释放约束条件：

$$\min_{x\in\mathbf{R}^n} F(\boldsymbol{x},r)=f(\boldsymbol{x})+r\left(\sum_{i=1}^{m}\max\{g_i(\boldsymbol{x}),0\}+\sum_{j=1}^{p}|h_j(\boldsymbol{x})|\right),\quad r\gg 0 \tag{1-9}$$

然后，进一步选择无约束条件的算法求解原始优化问题的最优解。

3. 线性回归与最小二乘估计

线性回归作为机器学习的经典问题，实质上是求解一个线性方程组，即

$$\boldsymbol{A}\boldsymbol{w}=\boldsymbol{b},\quad \boldsymbol{w}\in\mathbb{R}^n,\quad \boldsymbol{A}\in\mathbb{R}^{m\times n},\quad \boldsymbol{b}\in\mathbb{R}^m \tag{1-10}$$

当 $m\gg n$ 时，秩($\boldsymbol{A}$)<秩($\boldsymbol{A},\boldsymbol{b}$)，即系数矩阵的秩小于增广矩阵的秩。具体的优化问题就可以表述为

$$\min_{w\in\mathbf{R}^n}\frac{1}{2}\|\boldsymbol{A}\boldsymbol{w}-\boldsymbol{b}\| \tag{1-11}$$

对于式(1-11)的优化问题，可以采用最小二乘估计的方法，按照以下步骤直接计算目标函数 $f(\boldsymbol{w})$：

$$\begin{aligned}
f(\boldsymbol{w})&=\frac{1}{2}\|\boldsymbol{A}\boldsymbol{w}-\boldsymbol{b}\|\\
&=\frac{1}{2}(\boldsymbol{A}\boldsymbol{w}-\boldsymbol{b})^{\mathrm{T}}(\boldsymbol{A}\boldsymbol{w}-\boldsymbol{b})\\
&=\frac{1}{2}(\boldsymbol{w}^{\mathrm{T}}\boldsymbol{A}^{\mathrm{T}}\boldsymbol{A}\boldsymbol{w}-\boldsymbol{w}^{\mathrm{T}}\boldsymbol{A}^{\mathrm{T}}\boldsymbol{b}-\boldsymbol{b}^{\mathrm{T}}\boldsymbol{A}\boldsymbol{w}+\boldsymbol{b}^{\mathrm{T}}\boldsymbol{b})\\
&=\frac{1}{2}\boldsymbol{w}^{\mathrm{T}}\boldsymbol{A}^{\mathrm{T}}\boldsymbol{A}\boldsymbol{w}-\boldsymbol{w}^{\mathrm{T}}\boldsymbol{A}^{\mathrm{T}}\boldsymbol{b}+\frac{1}{2}\boldsymbol{b}^{\mathrm{T}}\boldsymbol{b}
\end{aligned}$$

对目标函数求偏导并置 0，则

$$\nabla f(\boldsymbol{w})=\boldsymbol{A}^{\mathrm{T}}\boldsymbol{A}\boldsymbol{w}-\boldsymbol{A}^{\mathrm{T}}\boldsymbol{b}=\boldsymbol{A}^{\mathrm{T}}(\boldsymbol{A}\boldsymbol{w}-\boldsymbol{b})=0 \tag{1-12}$$

可得到 $\boldsymbol{A}^{\mathrm{T}}\boldsymbol{A}\boldsymbol{w}-\boldsymbol{A}^{\mathrm{T}}\boldsymbol{b}=0\rightarrow\boldsymbol{A}^{\mathrm{T}}\boldsymbol{A}\boldsymbol{w}=\boldsymbol{A}^{\mathrm{T}}\boldsymbol{b}$，如果秩($\boldsymbol{A}$)$=n$，则最优解为

$$\boldsymbol{w}^{*}=(\boldsymbol{A}^{\mathrm{T}}\boldsymbol{A})^{-1}\boldsymbol{A}^{\mathrm{T}}\boldsymbol{b} \tag{1-13}$$

4. 概率与统计

1）常见的概率分布(高斯和多元高斯分布)

如果随机变量 x 服从正态分布 $N(\mu,\sigma^2)$，即 $\boldsymbol{x}\sim N(\mu,\sigma^2)$，随机变量 x 的概率密度函数为

$$f(x;\mu,\sigma^2)=\frac{1}{\sqrt{2\pi}}\mathrm{e}^{-\frac{(x-\mu)^2}{2\sigma^2}} \tag{1-14}$$

其中，μ 为均值，σ 为标准差。对于 d 元随机变量 $\boldsymbol{x}\in\mathbb{R}^d(d>1)$，当 $\boldsymbol{x}\sim N(\boldsymbol{\mu},\boldsymbol{\Sigma})$时，其概率密度函数为

$$f(\boldsymbol{x};\boldsymbol{\mu},\boldsymbol{\Sigma})=\frac{1}{(2\pi)^{\frac{d}{2}}|\boldsymbol{\Sigma}|^{\frac{1}{2}}}\mathrm{e}^{-\frac{1}{2}(\boldsymbol{x}-\boldsymbol{\mu})^{\mathrm{T}}\boldsymbol{\Sigma}^{-1}(\boldsymbol{x}-\boldsymbol{\mu})} \tag{1-15}$$

其中，d 为随机变量的个数，$\boldsymbol{\mu}$ 为均值向量，$\boldsymbol{\Sigma}$ 为协方差矩阵。

2）贝叶斯定理

对于两个随机变量 X 和 Y，通常利用贝叶斯公式计算后验概率：

$$P(Y \mid X)=\frac{P(X \mid Y)P(Y)}{P(X)} \tag{1-16}$$

其中，$P(Y)$称为先验概率分布，$P(X)$称为似然函数，可根据全概率公式计算得到

$$P(X)=P(Y_1)P(X \mid Y_1)+P(Y_2)P(X \mid Y_2)+\cdots+P(Y_k)P(X \mid Y_k) \tag{1-17}$$

3）大数定理

对于一个服从均值为μ、标准差为σ的高斯分布的随机变量X，以及任意一个正数$\varepsilon>0$，有

$$P(|X-\mu| \geqslant \varepsilon) \leqslant \frac{\sigma^2}{\varepsilon^2} \tag{1-18}$$

上述即为切比雪夫不等式，通常用于估计一个随机变量与期望的接近程度。对于一个独立同分布（期望为μ，方差为σ^2）的随机变量序列$X_1,X_2,\cdots$，以及任意的正数$\varepsilon>0$，根据大数定理，有

$$\lim_{n\to\infty} P(|\hat{X}-\mu|<\varepsilon)=1 \tag{1-19}$$

其中，$\hat{X}$为前n个随机变量的平均。同时，根据中心极限定理，有

$$\lim_{n\to\infty} F_n(x)=P(Y_n \leqslant x)=\Phi(x)=\int_{-\infty}^{x} \frac{1}{\sqrt{2\pi}} \mathrm{e}^{-\frac{t^2}{2}} \mathrm{d}t \tag{1-20}$$

4）信息熵和交互信息

一个随机变量或者一个数据X所蕴含的信息量称为信息熵。根据香农公式定义为

$$H(X)=-\sum_{X=x} P(X=x)\log P(X=x) \tag{1-21}$$

两个随机变量X和Y共有的信息量称为互信息，定义为

$$I(X,Y)=\sum_{y\in Y}\sum_{x\in X} p(x,y)\log\left(\frac{p(x,y)}{p(x)p(y)}\right) \tag{1-22}$$

当X和Y是两个连续的随机变量时，其互信息定义为

$$I(X,Y)=\int_y\int_x p(x,y)\log\left(\frac{p(x,y)}{p(x)p(y)}\right)\mathrm{d}x\,\mathrm{d}y \tag{1-23}$$

通常使用两个随机变量的相对信息熵来衡量它们概率分布之间的差异程度，即KL散度：

$$\mathrm{KL}(P(X) \mid Q(X))=\sum_{x\in X} P(x)\log\frac{P(x)}{Q(x)} \tag{1-24}$$

根据KL散度与互信息的定义，可以得它们之间的关系为

$$I(X,Y)=\mathrm{KL}(P(X,Y) \mid (P(X)P(Y)) \tag{1-25}$$

案例导读

第 2 章

传统降维方法

机器学习被广泛应用于计算机视觉、自然语言处理和数据挖掘等领域。许多机器学习任务旨在从训练数据集中学习一个分类器或回归模型。模型的性能往往需要规模庞大的训练数据集作为支撑，而数据集中每个样例通常被表示为一个高维的属性向量，例如，一张图像的属性向量维度即为图像的分辨率，一个词的独热编码(one-hot 编码)的维度即为词库的大小。然而，大规模的高维数据往往对应着巨大的模型参数规模。这一方面对计算时间和计算力提出了严峻的考验；另一方面，巨大的参数规模容易导致优化困难的问题[1]。此外，真实场景采集的高维数据可能含有较多的噪声和冗余信息。这也会干扰机器学习模型的训练，阻碍下游任务的高效完成。因此，数据降维技术作为一种对高维数据预处理的方法，在机器学习任务中仍扮演着至关重要的角色。它旨在通过一个特征映射，将高维的数据映射到低维的表示空间，在去掉噪声和冗余特征的同时，尽可能保留原始信息中最重要的信息，从而提升下游机器学习模型效率和性能。

本章主要介绍常见的降维方法，如主成分分析(Principal Component Analysis，PCA)、流形学习以及自编码器等。主成分分析是经典的数据降维方法，具有良好的可解释性和出色的性能，因此被广泛应用。其主要思想是通过线性投影的方法进行数据降维，使数据在低维空间中的各个方向上尽可能地保留原始空间中最大的方差。这使得降维后的数据特征表示的原始信息尽可能地保留，去除了冗余的数据样例带来的噪声。虽然主成分分析方法理论完备，能够较好地处理线性分布的数据，但它无法有效地处理非线性分布的数据，如高维空间中呈流形分布的数据。因此，流形学习被提出，用于解决非线性分布数据降维。它利用“流形”空间在局部与欧氏空间同胚的假设，即通过在低维特征空间保留原始高维空间这种局部线性关系，从而实现数据降维的目的。

自编码器是另外一种常见的非线性分布数据的降维方法。它通常采用无监督的训练方式，通过人工神经网络实现高维输入数据到低维特征向量的特征映射。输出数据的低维向量称为特征表示或者嵌入，其维度一般远小于输入数据。值得注意的是，自编码器通常也可以作为特征提取器，用于深度神经网络的预训练过程。此外，自编码器还可以用于随机生成与训练数据类似的数据，故可称为一种简单的生成模型。

---

① 由于现有的机器学习优化方法大多是基于梯度的局部最优值求解方法，因此模型参数量过大容易导致优化收敛到一个不理想的局部极小值或者局部极大值。

2.1　主成分分析

主成分分析的核心思想是通过线性变换将多个可能相关的属性变量转换为一组线性不相关的特征变量(主成分),从而尽可能多地保留数据集中的有效信息。在许多领域的研究与应用中,通常需要对含有多个变量的数据进行观测,并在收集大量数据后进行分析,以此挖掘数据中的潜在信息。虽然多变量大数据集能够为研究和应用提供有力的支持,但是这也在一定程度上增加了数据采集的工作量。更重要的是,在现实场景下,许多变量之间可能存在相关性。这无疑加剧了问题分析的复杂性。而简单地假设变量之间具有独立性,则会引入错误的先验假设。因此,需要找到一种合理的方法,在降低问题分析复杂度的同时,尽量减少原数据中信息的损失。鉴于各变量之间存在一定的相关性,主成分分析考虑将关系紧密的变量转换尽可能少的线性无关的新变量,使得原始数据能够通过新变量线性表示,以达到降低数据维度和最大化保留原始数据信息的目的。

2.1.1　标准的主成分分析

标准的主成分分析是目前最经典的降维方法之一,它也被称为 KL(Karhunen-Loeve)变换,其关键思想是找到低维的、捕获数据中变化比例最大的线性子空间。

为了更好地展示主成分分析的算法流程,下面将提供一个实例。设 $\boldsymbol{X}=\{\boldsymbol{X}^1,\boldsymbol{X}^2,\cdots,\boldsymbol{X}^{10}\}\in\mathbb{R}^{10\times 2}$ 是一个样例个数为 10 的简易数据集,每个样例的维度为 2。该数据集如表 2-1 所示,其可视化图像如图 2-1 所示。

表 2-1　原始数据

$\boldsymbol{X}^i$	$\boldsymbol{X}^1$	$\boldsymbol{X}^2$	$\boldsymbol{X}^3$	$\boldsymbol{X}^4$	$\boldsymbol{X}^5$	$\boldsymbol{X}^6$	$\boldsymbol{X}^7$	$\boldsymbol{X}^8$	$\boldsymbol{X}^9$	$\boldsymbol{X}^{10}$
x_1	1.1	3.4	1.7	3	1.3	2.1	2.3	2.5	0.8	1.5
x_2	0.5	3.2	1.7	3.2	1.4	2.6	2.1	2.9	0.5	0.9

中心化是使用主成分分析前必不可少的预处理步骤。它考虑每个维度量纲不同可能造成的影响[①],并且提供了良好的计算性质。其具体操作如下,首先计算各个维度的均值:

$$\bar{x}_i=\frac{1}{N}\sum_{j=1}^{N}x_i^j \tag{2-1}$$

$$\bar{\boldsymbol{X}}=(\bar{x}_1,\bar{x}_2,\cdots,\bar{x}_d) \tag{2-2}$$

再对各个样本进行以下操作即可得到去中心化的样本:

$$\hat{\boldsymbol{X}}^i=\boldsymbol{X}^i-\bar{\boldsymbol{X}} \tag{2-3}$$

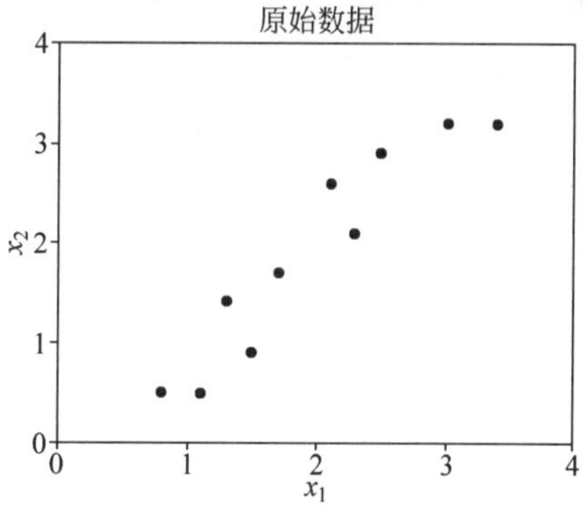

图 2-1　原始数据可视化

矩阵形式如下:

$$\hat{\boldsymbol{X}}=\boldsymbol{X}-\boldsymbol{1}_N\bar{\boldsymbol{X}}^{\mathrm{T}} \tag{2-4}$$

其中,$\boldsymbol{1}_N$ 表示 N 维的全由 1 构成的列向量。

---

① 标准的主成分分析会考虑各个维度上的方差,如果在某一维度上的数值特别大,其计算的误差和方差的贡献就会特别大。

在给定的样例中，通过计算得到样本均值 $\overline{\boldsymbol{X}}=(1.97,1.9)$ 和各个样本去中心化后的结果，如表 2-2 所示。

表 2-2　去中心化数据

$\hat{\boldsymbol{X}}^i$	$\hat{\boldsymbol{X}}^1$	$\hat{\boldsymbol{X}}^2$	$\hat{\boldsymbol{X}}^3$	$\hat{\boldsymbol{X}}^4$	$\hat{\boldsymbol{X}}^5$	$\hat{\boldsymbol{X}}^6$	$\hat{\boldsymbol{X}}^7$	$\hat{\boldsymbol{X}}^8$	$\hat{\boldsymbol{X}}^9$	$\hat{\boldsymbol{X}}^{10}$
$\hat{x}_1$	−0.87	1.43	−0.27	1.03	−0.67	0.13	0.33	0.53	−1.17	−0.47
$\hat{x}_2$	−1.4	1.3	−0.2	1.3	−0.5	0.7	0.2	1	−1.4	−1

接下来需要计算去中心化数据的协方差矩阵。通过协方差矩阵，可以判断各个数据维度的相关关系，当协方差大于 0 时，表示两个对应的元素正相关；当协方差小于 0 时，则对应的元素负相关；当协方差等于 0 时，则对应的元素互相独立。其计算如下：

$$\boldsymbol{C}=\begin{pmatrix}\operatorname{cov}(x_1,x_1) & \cdots & \operatorname{cov}(x_1,x_d)\\ \vdots & & \vdots\\ \operatorname{cov}(x_d,x_1) & \cdots & \operatorname{cov}(x_d,x_d)\end{pmatrix}$$

$$\operatorname{cov}(x_i,x_j)=\frac{\sum_{n=1}^{N}(x_i^n-\bar{x}_i)(x_j^n-\bar{x}_j)}{N-1}$$

类似地，矩阵形式的计算公式为

$$\boldsymbol{C}=\frac{1}{N-1}\hat{\boldsymbol{X}}^{\mathrm{T}}\hat{\boldsymbol{X}} \tag{2-5}$$

根据式(2-5)，中心化操作与主成分分析密切相关。与常规数据预处理不同，它是计算协方差矩阵的必要步骤。

在计算得到协方差矩阵后，标准的主成分分析需要进一步求解协方差矩阵 $\boldsymbol{C}$ 的特征值和对应的特征向量，即

$$\boldsymbol{CU}=\lambda\boldsymbol{U}$$

得到特征值 $\lambda=(\lambda_1,\lambda_2,\cdots,\lambda_d)$ 和特征向量矩阵 $\boldsymbol{U}=(\boldsymbol{u}_1,\boldsymbol{u}_2,\cdots,\boldsymbol{u}_d)$。选择其中最大的 m 个特征值所对应的特征向量，将其用于原始数据降维。对任意一个原始数据 $\hat{\boldsymbol{X}}^i$，降维后的结果 $\boldsymbol{y}_i$ 为

$$\begin{pmatrix}y_1^i\\ y_2^i\\ \vdots\\ y_m^i\end{pmatrix}=\begin{pmatrix}\boldsymbol{u}_1^{\mathrm{T}}\hat{\boldsymbol{X}}^i\\ \boldsymbol{u}_2^{\mathrm{T}}\hat{\boldsymbol{X}}^i\\ \vdots\\ \boldsymbol{u}_m^{\mathrm{T}}\hat{\boldsymbol{X}}^i\end{pmatrix} \tag{2-6}$$

主成分分析可以最大限度地保留原始数据的信息量。方差大的主成分能包含更多的信息(更大的信息熵)。因此其能更好的描述数据中的变化和不确定性。因此，使用最大值对应的特征向量对数据进行投影，所得到的降维数据可以最大限度地保留原始数据中的信息。值得注意的是，那些未被选中的特征值所对应的特征向量则表示丢失的信息。

具体地，在给定的样例中，通过计算可得协方差矩阵为

$$\boldsymbol{C}=\begin{pmatrix}0.709 & 0.844\\ 0.844 & 1.124\end{pmatrix} \tag{2-7}$$

其特征值 $\lambda=(1.786,0.047)$，特征值所对应的特征向量为

$$\boldsymbol{U}=\begin{pmatrix}-0.617 & -0.787\\ -0.787 & 0.617\end{pmatrix} \tag{2-8}$$

通过方差贡献率可以看出，数据可以在降到一维时还保持着足够的变化①。得到新的嵌入为 $\boldsymbol{Y}^i=(y_1^i)=(-0.617\hat{x}_1^i-0.787\hat{x}_2^i)$，具体的降维嵌入如表 2-3 所示。

表 2-3 降维数据

$\boldsymbol{Y}^i$	$\boldsymbol{Y}^1$	$\boldsymbol{Y}^2$	$\boldsymbol{Y}^3$	$\boldsymbol{Y}^4$	$\boldsymbol{Y}^5$	$\boldsymbol{Y}^6$	$\boldsymbol{Y}^7$	$\boldsymbol{Y}^8$	$\boldsymbol{Y}^9$	$\boldsymbol{Y}^{10}$
y_1	1.63	−1.91	0.32	−1.66	0.81	−0.63	−0.36	−1.11	1.82	1.08

图 2-2 给出了各个主成分对应的投影方向，从图中可以看出，直线 l_1 对应的第一主成分的投影数据变化最大，即保留了最大的方差，可以最大限度地保留原始数据中的信息。标准的主成分分析的步骤如表 2-4 所示。

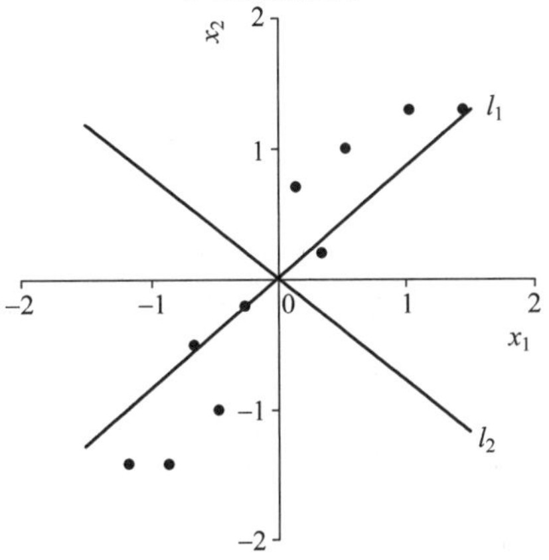

图 2-2 主成分分析投影映射

表 2-4 标准的主成分分析的步骤

1. 数据中心化
2. 计算协方差矩阵
3. 对协方差矩阵做特征分解
4. 对特征值进行排序，保留最大的 m 个特征值对应的特征向量
5. 将原始数据通过特征向量进行投影，计算出新的嵌入，完成降维

然而，考虑一个极端的情况：如果所有的数据都来源于低维线性子空间，而被观测在一个非常高维的空间中，例如，数据分布于三维空间中的一个呈“瑞士卷”形状的流形，那么标准的主成分分析则会失效。

2.1.2 核主成分分析

假设存在一个数据集 $x_i\in\mathbb{R}^D,\forall i=1,2,\cdots,n$。标准的主成分分析的目的是将数据投影到 k 维子空间，其中 $k\ll D$。将该投影表示为 $\hat{\boldsymbol{x}}=\boldsymbol{A}\boldsymbol{x}$，其中 $\boldsymbol{A}=(\boldsymbol{u}_i,\boldsymbol{u}_2,\cdots,\boldsymbol{u}_k)^{\mathrm{T}}$，并且 $\boldsymbol{u}_i^{\mathrm{T}}\boldsymbol{u}_i=1$，$\forall i=1,2,\cdots,k$。然而，标准的主成分分析通过线性变化将原数据投影到低维空间中，这无法处理原始数据中的非线性关系。如图 2-3 所示，“内圈”和“外圈”分别为两类数据。在原始的二维空间中，无论朝哪个方向投影，这两类数据都会有重叠。因此，为了处理数据中的非线性关系，研究者引入了核技术来改进主成分分析，即核主成分分析(kernel PCA)。它通过非线性映射将原始数据映射到高维空间中，将在原始空间中存在线性不可分的问题转换为线性可分

① 这里足够的变化指的是数据不会在降维后坍缩到一个极度狭小的空间中，从而丢失大量判别特征。

的问题,从而处理非线性的数据。如图 2-4 所示,将图 2-3 中的二维非线性数据投影到三维空间,通过向左侧/XOZ 平面投影,则能够得到一个线性分类面,实现数据的分类。

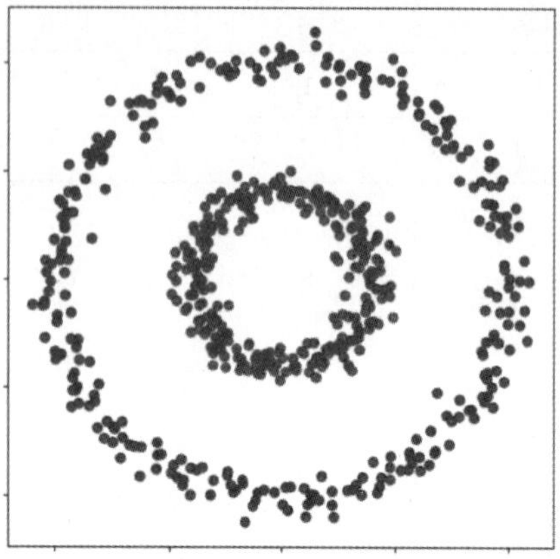

图 2-3 非线性数据

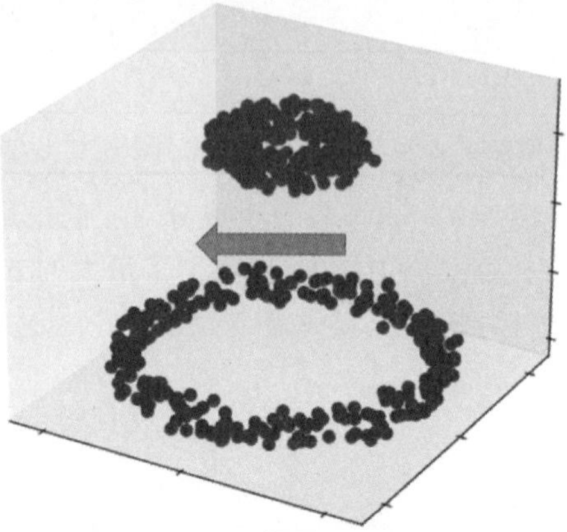

图 2-4 投影到高维空间

核主成分分析拓展了标准的主成分分析算法,通过核映射将原始空间的 $\boldsymbol{x}_i$ 转换为更高维的空间$\phi(\boldsymbol{x}_i)$,从而能够有效地处理数据的非线性关系。一般地,假设新的特征空间的维度为 d,其中的数据均值为 0。

$$\frac{1}{N}\sum_{i=1}^{N}\phi(\boldsymbol{x}_i)=0 \tag{2-9}$$

然后计算协方差矩阵为

$$\boldsymbol{\Sigma}=\frac{1}{N}\sum_{i=1}^{N}\phi(\boldsymbol{x}_i)\phi(\boldsymbol{x}_i)^{\mathrm{T}} \tag{2-10}$$

特征值和相应的特征向量为

$$\boldsymbol{\Sigma}\boldsymbol{u}_k=\lambda_k\boldsymbol{u}_k,\quad \forall k=1,2,\cdots,d \tag{2-11}$$

将式(2-10)代入式(2-11)可得

$$\frac{1}{N}\sum_{i=1}^{N}\phi(\boldsymbol{x}_i)\phi(\boldsymbol{x}_i)^{\mathrm{T}}\boldsymbol{u}_k=\lambda_k\boldsymbol{u}_k \tag{2-12}$$

因此有

$$\boldsymbol{u}_k=\sum_{i=1}^{N}a_{ki}\phi(\boldsymbol{x}_i) \tag{2-13}$$

其中,

$$a_{ki}=\frac{1}{\lambda_k N}\phi(\boldsymbol{x}_i)^{\mathrm{T}}\boldsymbol{u}_k \tag{2-14}$$

根据 Mercer 的内核定理,核函数应满足如下形式

$$\kappa(\boldsymbol{x}_i,\boldsymbol{x}_j)=\phi(\boldsymbol{x}_i)^{\mathrm{T}}\phi(\boldsymbol{x}_j) \tag{2-15}$$

将式(2-13)代入式(2-12),并同时左乘$\phi(\boldsymbol{x}_l)$得到

$$\frac{1}{N}\sum_{i=1}^{N}\phi(\boldsymbol{x}_l)\phi(\boldsymbol{x}_i)^{\mathrm{T}}\sum_{j=1}^{N}a_{kj}\phi(\boldsymbol{x}_i)\phi(\boldsymbol{x}_j)=\lambda_k\sum_{i=1}^{N}a_{ki}\phi(\boldsymbol{x}_l)\phi(\boldsymbol{x}_i) \tag{2-16}$$

等价于

$$\frac{1}{N}\sum_{i=1}^{N}\kappa(\boldsymbol{x}_l,\boldsymbol{x}_i)\sum_{j=1}^{N}a_{kj}\kappa(\boldsymbol{x}_i,\boldsymbol{x}_j)=\lambda_k\sum_{i=1}^{N}\kappa(\boldsymbol{x}_l,\boldsymbol{x}_i) \tag{2-17}$$

$$\boldsymbol{K}^2\boldsymbol{a}_k=\lambda_k N\boldsymbol{K}\boldsymbol{a}_k \tag{2-18}$$

其中 $\boldsymbol{K}_{ij}=\kappa(x_i,x_j)$，$\boldsymbol{a}_k$ 是一个 N 维的特征向量，每个元素表示为 a_{ki}。$\boldsymbol{a}_k$ 可以通过求解奇异值分解得到

$$\boldsymbol{K}\boldsymbol{a}_k=\lambda_k N\boldsymbol{a}_k \tag{2-19}$$

对于任意一个样本 $\boldsymbol{x}$，则可得到核主成分分析的嵌入

$$\hat{\boldsymbol{x}}_k=\phi(\boldsymbol{x})^{\mathrm{T}}\boldsymbol{u}_k=\sum_{i=1}^{N}a_{ki}\kappa(\boldsymbol{x},\boldsymbol{x}_i) \tag{2-20}$$

在一般情况下，映射数据 $\phi(\boldsymbol{x})$ 很可能是一个未中心化的数据，因此还需要进行去中心化，即

$$\phi(\boldsymbol{x}_i)=\phi(\boldsymbol{x}_i)-\frac{1}{N}\sum_{j=1}^{N}\phi(\boldsymbol{x}_j) \tag{2-21}$$

$$\hat{\boldsymbol{K}}=\left\|\phi(\boldsymbol{x}_i)-\frac{1}{N}\sum_{j=1}^{N}\phi(\boldsymbol{x}_j)\right\|_2 \tag{2-22}$$

$$=\left(\phi(\boldsymbol{x}_i)-\frac{1}{N}\sum_{j=1}^{N}\phi(\boldsymbol{x}_j)\right)^{\mathrm{T}}\left(\phi(\boldsymbol{x}_i)-\frac{1}{N}\sum_{j=1}^{N}\phi(\boldsymbol{x}_j)\right) \tag{2-23}$$

化简后可得 $\hat{\boldsymbol{K}}=\boldsymbol{K}-\boldsymbol{K}\cdot\boldsymbol{1}_N-\boldsymbol{1}_N\cdot\boldsymbol{K}+\boldsymbol{1}_N\cdot\boldsymbol{K}\cdot\boldsymbol{1}_N$，其中 $\boldsymbol{1}_N$ 为 N 维全为 1 的列向量。

为了说明标准的主成分分析和核主成分分析的区别，分别使用两种方法对图 2-3 所示的数据进行处理。其结果可以很好地反映两种算法间的差异，如图 2-5 和图 2-6 所示。

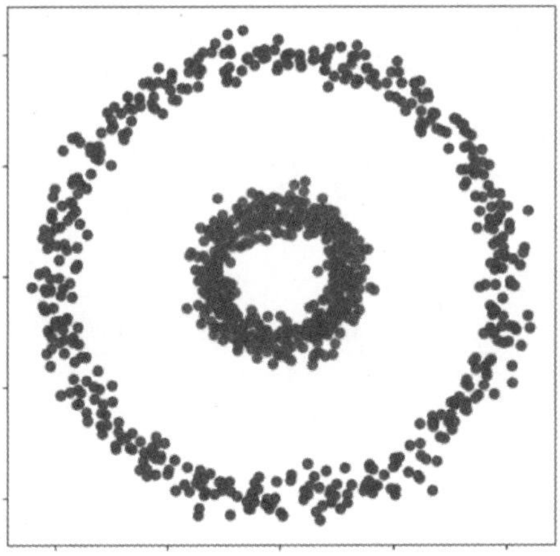

图 2-5　标准的主成分分析的投影

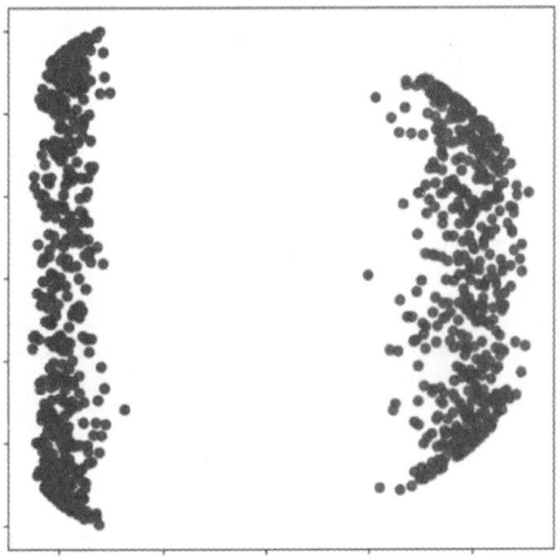

图 2-6　核主成分分析的投影

从图 2-5 中可以清楚地看出，标准的主成分分析难以处理数据中的非线性关系，其所得到的投影数据仍然和原始数据差距不大。而图 2-6 中，核主成分分析则可以良好地将两类样本区分开。值得注意的是，虽然核主成分分析具有处理非线性数据的能力，但是该能力主要取决于手工设定的核函数，因此具有很大的不确定性。

核主成分分析与标准的主成分分析有着相同的原理。从本质来说，核主成分分析只是在标准的主成分分析的基础上加入了核技巧，通过一个非显式定义的映射函数将数据映射到高维空间中，使得在低维空间中的数据在高维空间中线性可分，从而处理非线性数据。核函数的使用则保证了计算开销不会显著地增加①。以下给出了几个常用的核函数，如表 2-5 所示。

① 核主成分分析的主要计算量仍然是计算一个矩阵的特征分解。

表 2-5 常用的核函数

线性核函数	$\kappa(\boldsymbol{x}_i,\boldsymbol{x}_j)=\boldsymbol{x}_i\boldsymbol{x}_j^{\mathrm{T}}$
多项式核函数	$\kappa(\boldsymbol{x}_i,\boldsymbol{x}_j)=(\boldsymbol{x}_i\boldsymbol{x}_j^{\mathrm{T}}+c)^d$
高斯核函数	$\kappa(\boldsymbol{x}_i,\boldsymbol{x}_j)=\exp(-\gamma\Vert\boldsymbol{x}_i-\boldsymbol{x}_j\Vert^2),\gamma=\dfrac{1}{2\sigma^2}$
Sigmoid 核函数	$\kappa(\boldsymbol{x}_i,\boldsymbol{x}_j)=\tanh(\gamma\boldsymbol{x}_i\boldsymbol{x}_j)^2,\gamma=\dfrac{1}{2\sigma^2}$
余弦核函数	$\kappa(\boldsymbol{x}_i,\boldsymbol{x}_j)=\dfrac{\boldsymbol{x}_i\boldsymbol{x}_j^{\mathrm{T}}}{\Vert\boldsymbol{x}_i\Vert\Vert\boldsymbol{x}_j\Vert}$

2.2 多维尺度变换

2.2.1 多维尺度变换的定义

多维尺度变换(Multidimensional Scaling,MDS)的关键思想是找到一个高维空间到低维空间的映射,保持观测数据之间的成对距离不变。例如,要从城市间的距离中恢复城市的相对位置。假设有 N 个城市的确切位置(坐标)丢失了。然而,各个城市间驾驶距离是已知的,这些距离形成了一个 $N\times N$ 的矩阵。基于该距离矩阵,MDS 的目标就是恢复一个二维坐标系,该二维坐标系包括这些城市的位置,且恢复的二维平面上的城市距离尽可能地接近城市间的驾驶距离。

假设在度量空间 Ω 中,存在一些点 $\boldsymbol{X}_1,\boldsymbol{X}_2,\cdots,\boldsymbol{X}_i,\cdots,\boldsymbol{X}_N,\boldsymbol{X}_i\in\mathbb{R}^n$。对于 $1\leqslant l\neq m\leqslant N$,使用 $d(l,m)$表示 $\boldsymbol{X}_l$ 和 $\boldsymbol{X}_m$ 之间的欧氏距离,即

$$d(l,m)=\Vert\boldsymbol{X}_l-\boldsymbol{X}_m\Vert_2 \tag{2-24}$$

为了得到低维的嵌入 $\boldsymbol{X}_i'\in\mathbb{R}^k,i=1,2,\cdots,N$,其中 $k<n$,使其在低维空间中,仍保持原始空间中的空间依赖关系,需要解决以下优化问题

$$\min_{\boldsymbol{X}_i'\in\mathbf{R}^k}\sum_{l\neq m}[d(l,m)-d'(l,m)]^2 \tag{2-25}$$

其中,$d'(l,m)$表示 $\boldsymbol{X}_l'$ 和 $\boldsymbol{X}_m'$ 在$\mathbb{R}^k$ 中的距离。通过优化 $\boldsymbol{X}_i'\in\mathbb{R}^k,i=1,2,\cdots,N$,使得式(2-25)最小化,从而得到数据的低维嵌入。

原始的 MDS 可以保留数据内部的距离关系。但是,在一些情况下,待处理样本间的距离具有有序性时,考虑其中的有序性是十分必要的。此时,式(2-25)的优化问题将被改写为

$$\min_{\boldsymbol{X}_i';f}\frac{\sum\limits_{l\neq m}[f(d(l,m))-d'(l,m)]^2}{\sum\limits_{l\neq m}[d'(l,m)]^2} \tag{2-26}$$

其中,f 是一个单调的递增函数。对于任何固定的集合$\{\boldsymbol{X}_i'\}$,f 是根据输入数据调整的特定函数。

当需要全局保留点与点之间距离时,MDS 是一个非常有效的方法。在大多数现有的降维算法中,其求解出的线性子空间是一个可接受的结果。在后续的方法中,等距特征映射(ISOMAP)将使用测地线距离,将 MDS 应用于非线性数据的降维。

2.2.2　多维尺度变换的求解

本节将介绍一种基于特征值的方法来近似地求解 MDS 优化问题。假设有观测值 $\boldsymbol{X}_1$，$\boldsymbol{X}_2,\cdots,\boldsymbol{X}_N\in\mathbb{R}^D$，其中 N 和 D 分别表述样本数目和样本维度。设 $\boldsymbol{X}=(\boldsymbol{X}_1,\boldsymbol{X}_2,\cdots,\boldsymbol{X}_N)$。不失一般性，假设 $\boldsymbol{X}_i$ 集中在原点位置（中心为原点），即 $\boldsymbol{X}\cdot\boldsymbol{1}_N^{\mathrm{T}}=\boldsymbol{0}_D$，其中 $\boldsymbol{1}_N^{\mathrm{T}}$ 表示 N 维的全由 1 组成的向量，$\boldsymbol{0}_D$ 是 D 维全由 0 组成的向量。样本间的欧氏距离可以被表示为

$$d^2(l,m)=\|\boldsymbol{X}_l\|_2^2+\|\boldsymbol{X}_m\|_2^2-2<\boldsymbol{X}_l,\boldsymbol{X}_m> \tag{2-27}$$

其中 $<\boldsymbol{X}_l,\boldsymbol{X}_m>$ 表示两个向量的内积。设 $\boldsymbol{B}=(\|\boldsymbol{X}_1\|_2^2,\|\boldsymbol{X}_2\|_2^2,\cdots,\|\boldsymbol{X}_N\|_2^2)^{\mathrm{T}}\in\mathbb{R}^{N\times1}$，$\boldsymbol{E}=(d^2(l,m))_{l,m}\in\mathbb{R}^{N\times N}$。因此有 $\boldsymbol{E}=\boldsymbol{B}\cdot\boldsymbol{1}_N^{\mathrm{T}}+\boldsymbol{1}_N\cdot\boldsymbol{B}^{\mathrm{T}}-2\boldsymbol{X}^{\mathrm{T}}\boldsymbol{X}$。

通过上述公式，可以得到

$$\boldsymbol{X}^{\mathrm{T}}\boldsymbol{X}=-\frac{1}{2}\left(\boldsymbol{I}-\frac{1}{N}\boldsymbol{1}_N\boldsymbol{1}_N^{\mathrm{T}}\right)\boldsymbol{E}\left(\boldsymbol{I}-\frac{1}{N}\boldsymbol{1}_N\boldsymbol{1}_N^{\mathrm{T}}\right) \tag{2-28}$$

其中，$\boldsymbol{I}$ 是 $N\times N$ 的单位矩阵。

为了找到低维嵌入 $\boldsymbol{Y}_i,i=1,2,\cdots,N,\boldsymbol{Y}_i\in\mathbb{R}^d,d<D$，需满足矩阵 $(\|\boldsymbol{Y}_l-\boldsymbol{Y}_m\|_2^2)_{l,m}$ 逼近 $\boldsymbol{E}$，其等价于令 $\boldsymbol{Y}^{\mathrm{T}}\boldsymbol{Y}$ 逼近 $\boldsymbol{X}^{\mathrm{T}}\boldsymbol{X}$。因此，多尺度变换问题可以先计算矩阵 $\boldsymbol{X}^{\mathrm{T}}\boldsymbol{X}$ 的特征分解

$$\boldsymbol{X}^{\mathrm{T}}\boldsymbol{X}=\sum_{i=1}^{N}\lambda_i\boldsymbol{U}_i\boldsymbol{U}_i^{\mathrm{T}} \tag{2-29}$$

其中 $\lambda_1\geqslant\lambda_2\geqslant\cdots\geqslant\lambda_N\geqslant0$ 是矩阵 $\boldsymbol{X}^{\mathrm{T}}\boldsymbol{X}$ 的特征根，并且 $\boldsymbol{U}_1,\boldsymbol{U}_2,\cdots,\boldsymbol{U}_N\in\mathbb{R}^N$ 是对应的特征向量。再选取最大的 d 个特征根和对应的特征向量，用来表示低维嵌入 $\boldsymbol{Y}=\mathrm{diag}(\sqrt{\lambda_1},\sqrt{\lambda_2},\cdots,\sqrt{\lambda_d})[\boldsymbol{U}_1,\boldsymbol{U}_2,\cdots,\boldsymbol{U}_d]^{\mathrm{T}}$。

图 2-7 为一组三维空间中的原始数据，数据整体分布在一个曲面上。图 2-8 给出了 MDS 用于图 2-7 中所展示数据的降维效果。如图 2-7 所示，MDS 会计算出原始空间中任意两点间的距离，并保证降维后的数据样本间仍保留相同的距离关系。图 2-8 清晰地展示了数据在经过 MDS 降维以后，分布在一个二维平面空间中，且保持了任意两点原有的距离关系。

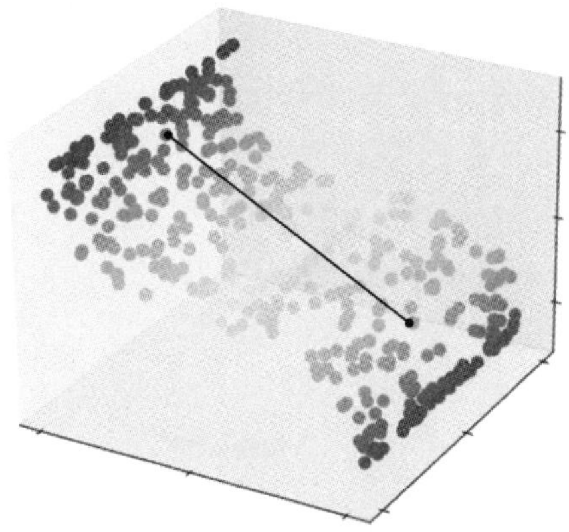

图 2-7　原始数据

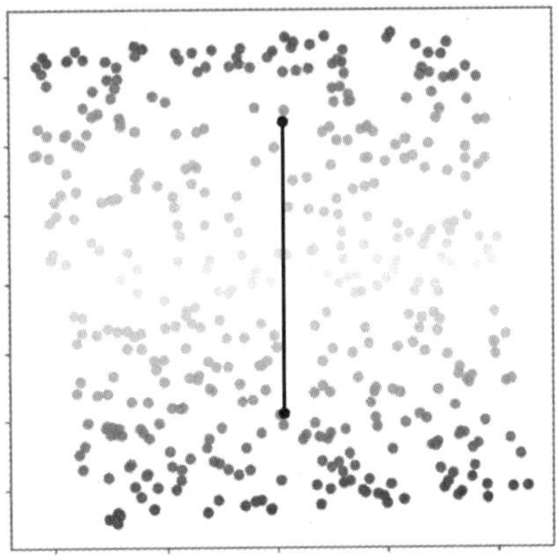

图 2-8　MDS 降维后的数据投影

2.3　流形学习

流形学习是一种在高维流形中寻找降维嵌入的方法。流形是数学中极为重要的概念。流形是局部具有欧氏空间性质的空间。流形学习则主要关注于在高维空间中呈流形分布数据的

降维。图 2-9 和图 2-10 展示两种流形数据在局部范围内都可以被同胚映射到一个欧氏空间中。这意味着这些处于高维空间流形上的数据，可以通过保留其局部的空间性质，从而实现这些数据在低维空间中“展平”。

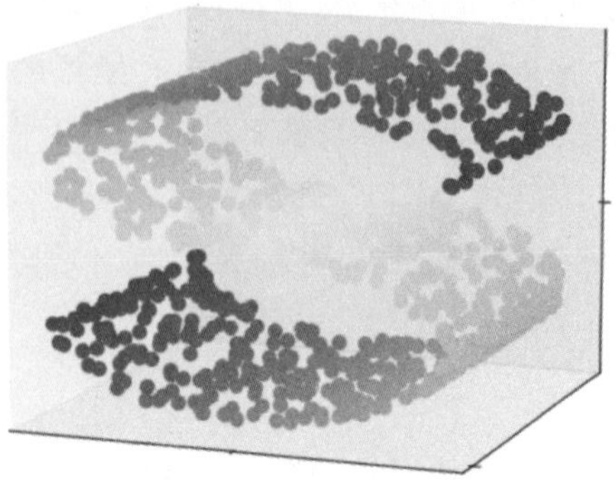

图 2-9 S形流形

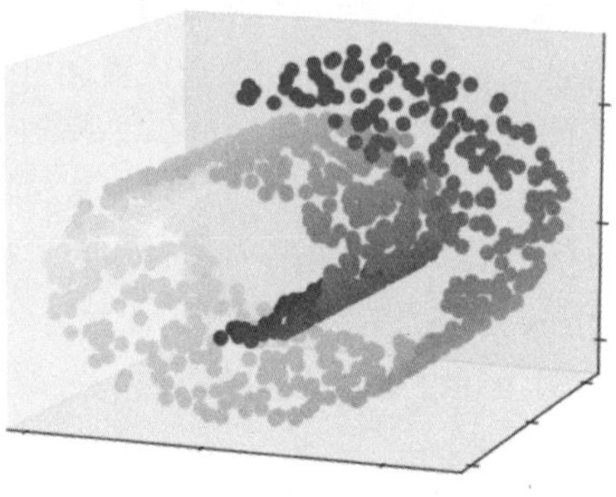

图 2-10 “瑞士卷”流形

流形学习与主成分分析有着不同的出发点。主成分分析认为原始数据在高维空间中存在冗余性，将原本存在于高维空间中的数据映射到低维空间的过程即用于去除维度间的信息冗余。相反地，流形学习则认为低维空间中原本的真实数据被扭曲地映射在高维空间中。因此，在选择降维方法时，需要考虑不同的问题背景做出判断。如果数据确实是满足流形分布，那么使用流形学习是一个高效的解决方案。

后续会介绍多种经典的流形学习方法，包括等距特征映射、局部线性嵌入、拉普拉斯特征映射和局部切空间排列等。

2.3.1 等距特征映射

等距特征映射(Isometric Mapping，ISOMAP)使用容易测量或计算的局部度量距离来刻画流形数据在高维空间中的局部依赖关系，并要求样本点在低维空间中仍保持相同的局部依赖关系。与经典的降维技术(如 PCA 和 MDS)相比，ISOMAP 同样兼顾计算效率和渐近收敛性，并且增加了刻画非线性流形数据的能力。以图 2-10 中所展示的数据为例，如果使用 PCA 进行降维，可以得到如图 2-11 所显示的结果。显然，PCA 无法处理这种非线性的流形分布数据。相同地，MDS 也无法有效地处理这种类型的数据，如图 2-12 所示。这是因为在流形上欧氏距离的测度将会失效。如图 2-13 所示，两点间的欧氏距离非常短，是一条直线，而这个“瑞士卷”原本是一个平面，这两个点之间的距离应该为在这个平面上的测地线距离。与其他非线性降维算法相比，ISOMAP 有效地计算了一个全局最优解，并且能够保证流形的局部性质不发生改变，从而找到一个合适的低维嵌入，保证算法的解收敛于真实结构。

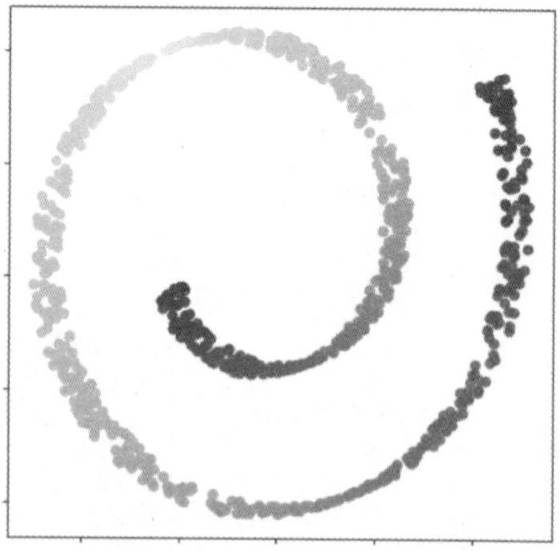

图 2-11 PCA 对“瑞士卷”进行降维

ISOMAP 是 MDS 的推广，它关注空间中样本的测地线距离而不是欧氏距离，从而保持数据的内在几何形状。因此，在高维空间中计算测地线距离是 ISOMAP 的关键。由于流形数据在局部具有欧氏空间性质，因此局部相邻节点间的测地线距离可以用欧氏距离近似。对于遥

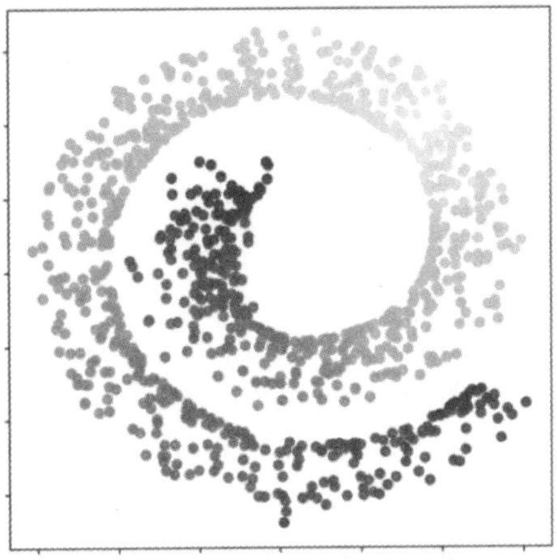

图 2-12 MDS 对"瑞士卷"进行降维

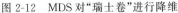

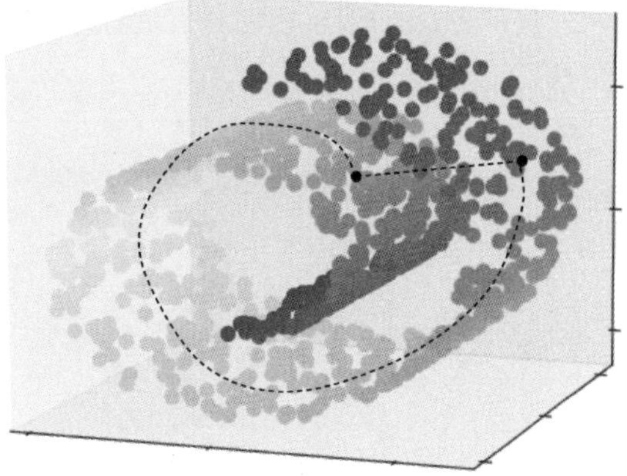

图 2-13 欧氏距离与测地线距离

远节点间的测地线距离则可以通过统计相邻点之间的"短跳"序列长度(拓扑中节点间的最短路径)来近似。

ISOMAP 可以被分为三个步骤。第一步是根据输入空间 X 中的节点(i,j)对之间的距离 $d_X(i,j)$(输入空间的欧氏距离)来确定哪些点在流形 M 上是相邻的。确定相邻的方式有两种,其中一种是将每个点与某个固定半径 e 内的所有点连接。第二步是连接到每个点的 K 近邻(与其最接近的 K 个邻居)。这些邻域关系可以表示为一张权图 G,相邻点之间的边权值为 $d_X(i,j)$。第二步,ISOMAP 通过计算流形 M 上所有点对之间的最短路径距离 $d_G(i,j)$ 来估计流形 M 上所有点对之间的测地线距离 $d_G(i,j)$。第三步则是将 MDS 应用于距离矩阵 $\boldsymbol{D}_G=d_G(i,j)$,得到数据在 d 维欧氏空间中的嵌入,并尽可能地保留流形的内在几何结构。选择对应的点坐标的坐标向量 $\boldsymbol{y}_i$ 构成低维空间中的点集 Y,最小化以下代价函数:

$$E=\|\tau(\boldsymbol{D}_G)-\tau(\boldsymbol{D}_Y)\|_{L^2} \tag{2-30}$$

其中,$\boldsymbol{y}_i$ 表示节点的坐标向量,Y 表示由全部坐标向量构成的集合,$\boldsymbol{D}_Y$ 表示欧氏距离矩阵,$d_Y(i,j)=\|\boldsymbol{y}_i-\boldsymbol{y}_j\|$,$\|\boldsymbol{A}\|_2=\sqrt{\sum_{i,j}A_{ij}^2}$ 表示矩阵 $\boldsymbol{A}$ 的 L^2 范数。τ 操作将距离转换为内积,可以有效地描绘数据的几何结构并提升优化效率。式(2-30)的全局最小值会使得 $\boldsymbol{y}_i$ 对应矩阵 $\tau(\boldsymbol{D}_G)$最大的 K 个特征向量。

ISOMAP 的具体算法如下所示。

(1) **构造邻域图**。如果节点 i 和节点 j 间的距离小于 ε(人工设定的阈值),或者节点 i 是节点 j 最近的 K 个邻居之一,设置它们之间的连边长度等于 $d_X(i,j)$,否则没有连边。

(2) **计算最短路径**。如果节点 i 和节点 j 之间有连边,则初始化 $d_G(i,j)=d_X(i,j)$,否则 $d_G(i,j)=\infty$。使用 Floyd 算法,求出最短路径。即 N 次迭代,更新所有节点间的距离 $d_G(i,j)=\min\{d_G(i,j),d_G(i,k)+d_G(k,j)\}$,$k=1,2,\cdots,N$。最终的矩阵 $\boldsymbol{D}_G=d_G(i,j)$ 为所有节点间的最小距离矩阵。

(3) **构造 d 维嵌入**。设 λ_p 是矩阵 $\tau(\boldsymbol{D}_G)$的第 p 大的特征值,而 v_p^i 是第 p 个特征向量的第 i 个分量。则对应的 d 维嵌入向量 $\boldsymbol{y}_i$,其每个分量满足 $y_p^i=\sqrt{\lambda_p}v_p^i$。其中 $\tau(\boldsymbol{D})=-\boldsymbol{HSH}/2$,其中 $S_{ij}=D_{ij}^2$,$\boldsymbol{H}=\boldsymbol{I}_n-\frac{1}{n}\boldsymbol{D}$ 是中心矩阵。

ISOMAP 使用所有节点对间的距离 $d_X(i,j)$作为输入,即原始高维空间中所有节点对的欧氏距离或者其他可直接计算的度量。算法最终输出 d 维空间中嵌入向量 $\boldsymbol{y}_i$,可以很好地表示数据的内部几何结构，保持良好的局部性质。图 2-14 展示了使用等距特征映射进行降维的结果。值得注意的是，超参数 ε（邻域的阈值）或 K（近邻数）需要手工设定，这取决于原始数据的分布。

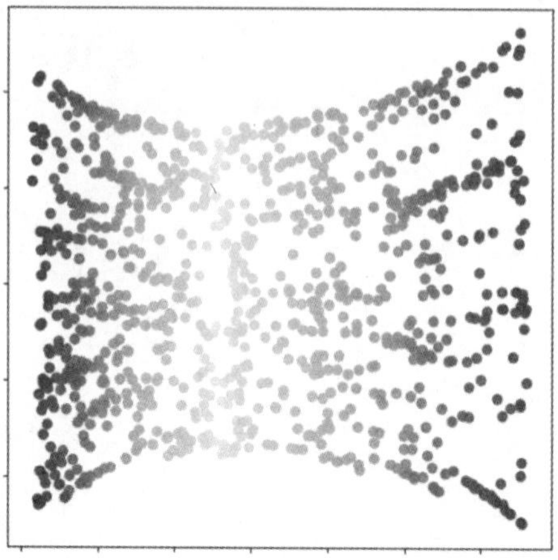

图 2-14 ISOMAP 对“瑞士卷”进行降维

2.3.2 局部线性嵌入

局部线性嵌入（Locally Linear Embedding，LLE）和 ISOMAP 具有类似出发点，它们都旨在保留数据降维前的局部结构，实现信息的保留。作为一种无监督的学习算法，它能够计算出低维空间的嵌入，同时保留高维输入数据的局部邻域结构，通过利用局部数据的线性关系重建数据，如图 2-15 所示。LLE 能够学习非线性流形的全局结构，如人脸图像或手写数字等流形结构。与基于聚类的局部降维的方法不同，它可以将其输入映射到唯一的低维全局坐标系中。

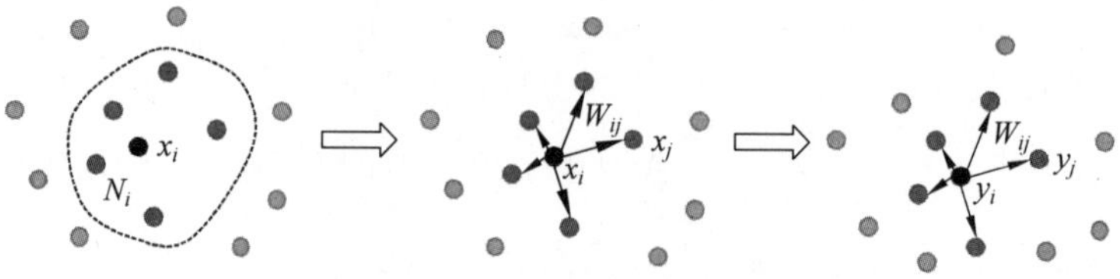

图 2-15 LLE 算法示意图的核心思想

假设有一个 D 维的数据空间，$\boldsymbol{X}_1,\boldsymbol{X}_2,\cdots,\boldsymbol{X}_N$ 是其中的 N 个数据。LLE 会寻找每个数据点 $\boldsymbol{X}_i$，$1\leqslant i\leqslant N$ 的 K 近邻（基于欧氏距离）。这里使用 $\boldsymbol{N}_i$ 表示 $\boldsymbol{X}_i$ 的 K 个邻居。假设 $\boldsymbol{X}_i$ 局部样本之间为线性关系，即样本可以被 K 个最近邻的样本线性表示。其最小化目标如下①：

$$\varepsilon(\boldsymbol{W})=\sum_i \left|\boldsymbol{X}_i-\sum_{j\in \boldsymbol{N}_i} W_{ij}\boldsymbol{X}_j\right|^2 \tag{2-31}$$

其中，$\sum_j W_{ij}=1$。接着，LLE 假设存在一个投影空间，对应于原始数据降维后的低维空间。投影空间的维数远小于 D。$\boldsymbol{Y}_i$ 是 $\boldsymbol{X}_i$ 在该投影空间中对应的投影，它需要保持原始空间中定义的局部线性关系。因此，优化目标如下：

$$\phi(Y)=\sum_i \left|\boldsymbol{Y}_i-\sum_{j\in \boldsymbol{N}_i} W_{ij}\boldsymbol{Y}_j\right|^2 \tag{2-32}$$

① 该优化问题可以使用最小二乘法求解。

上述最小化优化目标可以求出一个保留原始空间局部线性关系的低维嵌入。值得注意的是，在一些附加条件下，可以通过求解一个 $N \times N$ 的稀疏特征向量问题来实现式(2-32)的最小化。表 2-6 中总结了 LLE 的算法流程。图 2-16 展示了使用 LLE 对图 2-10 所展示的数据进行降维的结果。

表 2-6 LLE 的算法流程

1. 计算每个数据 $\boldsymbol{X}_i$ 的 K 近邻
2. 计算 K 近邻的凸组合的权值 W_{ij} 用来表示 $\boldsymbol{X}_i$
3. 找到低维投影 $\boldsymbol{Y}_i$，尽可能地保留原始空间的局部关系

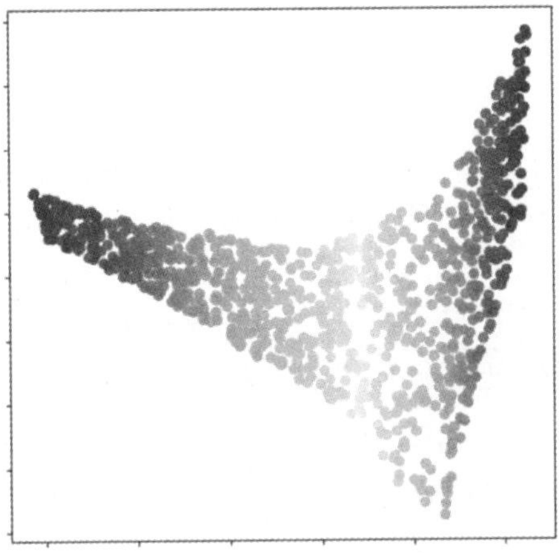

图 2-16 LLE 对“瑞士卷”进行降维

LLE 可以通过使用 K-B 树有效地计算 K 近邻，以提升算法的效率。稀疏特征向量问题也可以通过快速算法来解决。这两种加速方法使得 LLE 保持了较低的时间复杂度。然而，LLE 只考虑了原始空间中数据的局部线性关系，因此无法解决局部数据无法被线性表示的情况。

2.3.3 拉普拉斯特征映射

拉普拉斯特征映射(Laplacian Eigenmaps，LE)由 Belkin 和 Niyogi 在 2001 年提出。这项工作统一地建立了降维方法与谱理论之间的联系。LE 是海塞特征映射(Hessian Eigenmaps)的前身，它在拉普拉斯特征映射的基础上克服了局部线性的限制。与 LLE 类似，LE 也是从局部视角出发，要求降维后的数据能够保留原始空间中的数据的局部关系[①]。

假设在 d 维数据空间中存在 N 个样本 $\boldsymbol{X}_1, \boldsymbol{X}_2, \cdots, \boldsymbol{X}_N$。对于每个样本 $\boldsymbol{X}_i, 1 \leqslant i \leqslant N$，假设其邻居的集合为 $\boldsymbol{N}_i$。构造一个与 ISOMAP 所构造的相同的拓扑图(使用阈值法或者 K 近邻)。对于任意一对存在连边的节点 $\boldsymbol{X}_i$ 和 $\boldsymbol{X}_j$，定义一个权值函数

$$W_{ij} = \exp\left\{-\frac{1}{t} \| \boldsymbol{X}_i - \boldsymbol{X}_j \|_2^2\right\} \tag{2-33}$$

其中，W_{ij} 与原始空间中的欧氏距离负相关，表示节点间的相似程度，LE 的目标是使得嵌入空间仍然保持与原始空间相同的相对关系，因此其主要优化的代价函数为

$$\min \sum_{i,j} (y_i - y_j)^2 W_{ij} \tag{2-34}$$

① 在原始空间中接近的点，在嵌入空间也是互相靠近的，从而保留流行数据的内在拓扑结构。

其中,$\boldsymbol{Y}=(\boldsymbol{y}_1,\boldsymbol{y}_2,\cdots,\boldsymbol{y}_N)$表示嵌入空间中对应的 N 个样本。通过最小化该代价函数,即可以使得在嵌入空间中各个节点之间的相似度与原始空间一致。设 $\boldsymbol{D}$ 表示一个对角矩阵,其中 $D_{ii}=\sum_j W_{ij}$,$\boldsymbol{W}$ 为由 W_{ij} 构成的对称矩阵。上述优化问题可以用矩阵表示为

$$\begin{aligned}&\min \operatorname{tr}(\boldsymbol{Y}^{\mathrm{T}}\boldsymbol{L}\boldsymbol{Y})\\&\text{s. t.}\, \boldsymbol{Y}^{\mathrm{T}}\boldsymbol{D}\boldsymbol{Y}=\boldsymbol{I}\end{aligned} \tag{2-35}$$

其中,$\boldsymbol{L}=\boldsymbol{D}-\boldsymbol{W}$ 是拉普拉斯矩阵。约束条件是为了限制解空间的范围,使得优化问题有唯一解,避免降维后的嵌入坍缩到一个点上①。对式(2-35)使用拉格朗日乘数法求解,可以得到

$$f(\boldsymbol{Y})=\operatorname{tr}(\boldsymbol{Y}^{\mathrm{T}}\boldsymbol{L}\boldsymbol{Y})+\operatorname{tr}[\boldsymbol{\Lambda}(\boldsymbol{Y}^{\mathrm{T}}\boldsymbol{D}\boldsymbol{Y}-\boldsymbol{I})] \tag{2-36}$$

$$\begin{aligned}\frac{\partial f(\boldsymbol{Y})}{\partial \boldsymbol{Y}}&=\boldsymbol{L}\boldsymbol{Y}+\boldsymbol{L}^{\mathrm{T}}\boldsymbol{Y}+\boldsymbol{D}^{\mathrm{T}}\boldsymbol{Y}\boldsymbol{\Lambda}^{\mathrm{T}}+\boldsymbol{D}\boldsymbol{Y}\boldsymbol{\Lambda}\\&=2\boldsymbol{L}\boldsymbol{Y}+2\boldsymbol{D}\boldsymbol{Y}\boldsymbol{\Lambda}\end{aligned} \tag{2-37}$$

接着,令式(2-37)等于 0,得到 $\boldsymbol{L}\boldsymbol{Y}=-\boldsymbol{D}\boldsymbol{Y}\boldsymbol{\Lambda}$ 。此时,原问题转换为另一个广义特征值问题,通过求出 m 个最小特征值对应的特征向量即可求解出原问题的解。其中 $\boldsymbol{Y}\in\mathbb{R}^N$,其中各个列向量分别为 $\boldsymbol{y}_0,\boldsymbol{y}_1,\cdots,\boldsymbol{y}_{k-1}$,即特征值 $0=\lambda_0\leqslant\lambda_1\leqslant\cdots\lambda_{k-1}$ 对应的特征向量。即

$$\boldsymbol{L}f_i=\lambda_i\boldsymbol{D}\boldsymbol{y}_i,\quad 0\leqslant i\leqslant k-1 \tag{2-38}$$

剔除与零特征向量相关的特征向量,并使用 m 个特征向量嵌入构造出 m 维的嵌入,即

$$\boldsymbol{X}_i\rightarrow(y_1(i),y_2(i),\cdots,y_m(i)) \tag{2-39}$$

图 2-17 展示了使用 LE 对图 2-10 所展示的数据进行降维的结果。

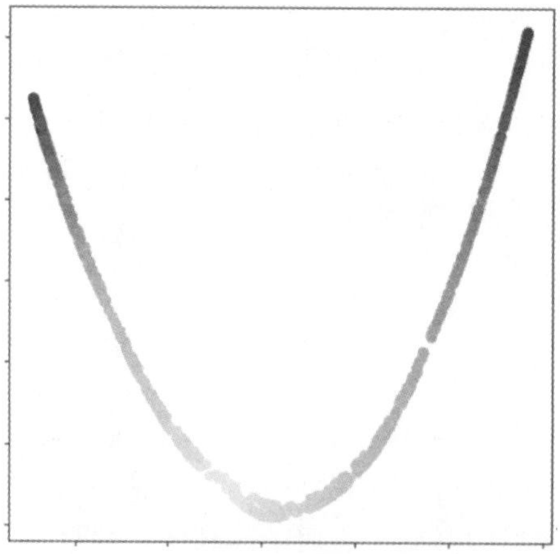

图 2-17　LE 对“瑞士卷”进行降维

2.3.4　局部切空间排列

局部切空间排列(Local Tangent Space Alignment,LTSA)的目标为使用样本点附近的切空间来刻画数据的局部拓扑关系,再对切空间进行重新排列,从而得到流形空间的低维嵌入。与 LLE 类似,它旨在保留各个样本点的局部信息。但不同的是,它考虑的是原始数据的局部切空间坐标与其在嵌入空间的全局坐标之间的对应关系。局部切空间排列可以分为两部分。首先,它对每个数据点进行局部参数化,计算出各个数据点的局部切空间坐标,表示各个样本点的局部空间信息。然后,对局部切空间进行重排列,使之与切空间的全局坐标对齐,最终实

① 各个节点都为原点,即可使得代价函数最小。

现降维。

给定一个存在于 d 维空间中的 m 维流形($m<d$),原始的 d 维空间包含噪声。现有从流形空间中采样到的样本集合,其在 d 维空间的坐标可以被表示为 $\boldsymbol{X}=(x_1,x_2,\cdots,x_N)$,$\boldsymbol{x}_i\in\mathbb{R}^{d\times 1}$。具体地

$$\boldsymbol{x}_i=f(\boldsymbol{\theta}_i)+\varepsilon_i,\quad i=1,2,\cdots,N \tag{2-40}$$

其中,$\boldsymbol{\theta}_i\in\mathbb{R}^{d\times 1}$ 表示样本在流形空间中原始的表示,f 为映射函数,表示高维空间和流形空间的变化关系,ε_i 表示噪声。设 $x_{i,j}$ 表示 $\boldsymbol{x}_i$ 的第 j 个邻居,类似地,也有 $x_{i,j}=f(\theta_{i,j})+\varepsilon_{i,j}$。由于流形的均匀性和连续性,可得 $\boldsymbol{x}_i\approx x_{i,j}$。假设 f 是一个连续函数,根据泰勒公式可得

$$\begin{aligned}x_{i,j}-\boldsymbol{x}_i&=f(\theta_{i,j})-f(\boldsymbol{\theta}_i)+\varepsilon_{i,j}-\varepsilon_i\\&=f'(\boldsymbol{\theta}_i)(\theta_{i,j}-\boldsymbol{\theta}_i)+o(\|\theta_{i,j}-\boldsymbol{\theta}_i\|^2)+\varepsilon_{i,j}-\varepsilon_i\end{aligned} \tag{2-41}$$

其中,$f'(\boldsymbol{\theta}_i)$表示函数 f 关于$\boldsymbol{\theta}_i$ 的一阶导数。设 $\boldsymbol{X}_i=(x_{i,1},x_{i,2},\cdots,x_{i,k})-\boldsymbol{x}_i\boldsymbol{1}_k^{\mathrm{T}}\in\mathbb{R}^{D\times k}$,其中 $\boldsymbol{1}_k^{\mathrm{T}}=(1,1,\cdots,1)\in\mathbb{R}^k$。令 $\boldsymbol{L}_i=f'(\boldsymbol{\theta}_i)\in\mathbb{R}^{D\times k}$。设 $\alpha_i,\alpha_{i,1},\cdots,\alpha_{i,k}$ 为观测 $\boldsymbol{x}_i,x_{i,1},x_{i,2},\cdots,x_{i,k}$ 的局部切空间嵌入。局部切空间嵌入可通过对中心节点及邻域使用非降维的 PCA 得到。假设噪声来自一个均值为 0、方差固定的高斯分布。忽略式(2-41)的中的二阶无穷小量 $\|\theta_{ij}-\boldsymbol{\theta}_i\|$。通过求解以下优化问题,可以计算出各个样本点所对应的全局切空间坐标 $\boldsymbol{A}_i$:

$$\min_{\boldsymbol{L}_i,\boldsymbol{A}_i}\|\boldsymbol{X}_i-\boldsymbol{L}_i\boldsymbol{A}_i\|_F^2 \tag{2-42}$$

为了保持良好的计算性质,对 $\boldsymbol{A}_i$ 进行处理使得 $\boldsymbol{A}_i=(\alpha_i,\alpha_{i,1},\cdots,\alpha_{i,k})-\alpha_i\boldsymbol{1}_k^{\mathrm{T}}$。为了使得有唯一解,需要对 $\boldsymbol{L}_i$ 进行约束,即 $\boldsymbol{L}_i^{\mathrm{T}}\boldsymbol{L}_i=\boldsymbol{I}_d$。$\boldsymbol{L}_i$ 为 $\boldsymbol{X}_i$ 的前 d 个特征根对应的特征向量。

接着,LTSA 需要使局部切空间嵌入与全局切空间坐标进行对齐。令样本点的全局切空间坐标为

$$\boldsymbol{\Theta}_i=(\theta_{i,1},\theta_{i,2},\cdots,\theta_{i,k})-\boldsymbol{\theta}_i\boldsymbol{1}_k^{\mathrm{T}} \tag{2-43}$$

并令 $\boldsymbol{T}_i\in\mathbb{R}^{d\times d}$ 为正交矩阵,可得优化目标:

$$\min_{\forall\boldsymbol{\Theta}_i,\boldsymbol{T}_i}\sum_{i=1}^{N}\|\boldsymbol{\Theta}_i-\boldsymbol{T}_i\boldsymbol{A}_i\|_F^2 \tag{2-44}$$

该优化问题最终可以转换为寻找一个 $N\times N$ 矩阵的第 2～$(k+1)$个特征值和对应的特征向量。具体的特征值求解过程与主成分分析中类似,因此不在此重复描述。图 2-18 展示了使用 LTSA 对图 2-10 所展示的数据进行降维的结果。

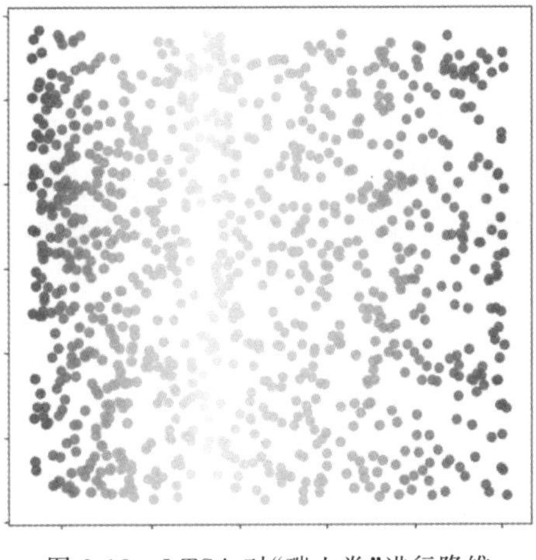

图 2-18 LTSA 对"瑞士卷"进行降维

2.3.5 生成拓扑映射

生成拓扑映射(Generative Topographic Mapping,GTM)是一种基于概率的非线性降维算法。该算法利用受约束的混合高斯模型来近似流形的结构,并通过期望最大化(Expectation-Maximization,EM)算法来优化其参数。不同于其他降维技术,GTM 通过概率分布的形式来描述数据中变量间的复杂关系,从而揭示数据的内在结构。此外,它提供了一种可视化的方式来理解高维数据,在数据挖掘和模式识别领域有着重要的应用。与传统的降维方法相比,GTM 特别适合处理存在非线性相关性的复杂数据集。

1. 生成拓扑映射的定义

GTM 的目标是通过 L 维的隐变量 $\boldsymbol{x}=(x_1,x_2,\cdots,x_L)$ 找到 D 维观测空间中点 $\boldsymbol{t}=(t_1,t_2,\cdots,t_D)$ 的分布 $p(\boldsymbol{t})$，从而实现降维。具体地，它考虑通过一个映射函数 $y(\boldsymbol{x};\boldsymbol{W})$ 来将潜在空间中的点 $\boldsymbol{x}$ 映射到观测空间中相应的点 $\boldsymbol{t}=y(\boldsymbol{x};\boldsymbol{W})$。如图 2-19 所示，非线性函数 $y(\boldsymbol{x};\boldsymbol{W})$ 将潜在空间中的隐变量 $\boldsymbol{x}$，映射到了一个嵌入在数据空间中的 S 形流形分布上。值得注意的是，该映射函数可以是神经网络等任意可学习的模型，其中 $\boldsymbol{W}$ 为可学习参数。

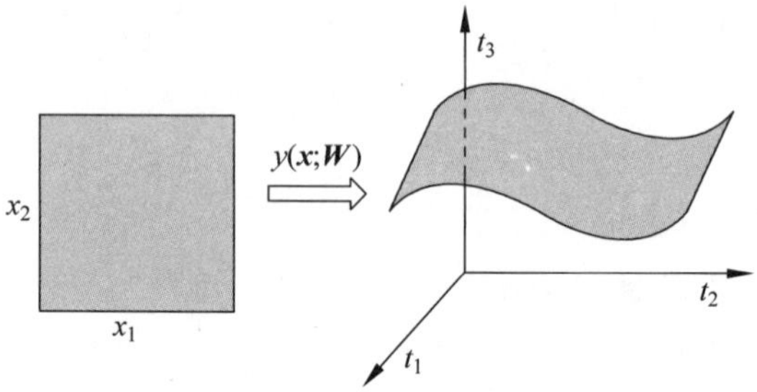

图 2-19 潜在空间与数据空间的关系

在潜在空间上定义一个概率分布 $p(\boldsymbol{x})$，则在观测空间中产生一个相应的分布 $p(\boldsymbol{y}|\boldsymbol{W})$，$p(\boldsymbol{x})$ 为 $\boldsymbol{x}$ 的先验分布。对于给定的 $\boldsymbol{x}$ 和 $\boldsymbol{W}$，选择的噪声分布 $\boldsymbol{t}$ 是一个以 $y(\boldsymbol{x};\boldsymbol{W})$ 为中心、方差为 β^{-1} 的高斯分布，即

$$p(\boldsymbol{t} \mid \boldsymbol{x},\boldsymbol{W},\beta)=\left(\frac{\beta}{2\pi}\right)^{D/2}\exp\left\{-\frac{\beta}{2}\parallel y(\boldsymbol{x};\boldsymbol{W})-\boldsymbol{t}\parallel^2\right\} \tag{2-45}$$

值得注意的是，$p(\boldsymbol{t}|\boldsymbol{x})$ 也可以是其他模型，如二元伯努利模型或多项式模型。对于一个给定参数 $\boldsymbol{W}$，数据在高维映射空间中的分布可以表示为

$$p(\boldsymbol{t} \mid \boldsymbol{W},\beta)=\int p(\boldsymbol{t} \mid \boldsymbol{x},\boldsymbol{W},\beta)p(\boldsymbol{x})\mathrm{d}\boldsymbol{x} \tag{2-46}$$

对于具有 N 个数据点的数据集 $D=(t_1,t_2,\cdots,t_N)$，一旦指定了先验分布 $p(\boldsymbol{x})$ 和映射 $y(\boldsymbol{x};\boldsymbol{W})$ 的函数形式，可以利用极大似然法确定参数矩阵 $\boldsymbol{W}$ 和方差 β^{-1}。似然函数的定义如下：

$$\mathcal{L}(\boldsymbol{W},\beta)=\ln\prod_{n=1}^{N}p(\boldsymbol{t}_n \mid \boldsymbol{W},\beta) \tag{2-47}$$

值得注意的是，如果 $y(\boldsymbol{x};\boldsymbol{W})$ 被定义为关于 $\boldsymbol{W}$ 的线性函数，并且假设 $p(\boldsymbol{x})$ 是高斯函数，那么式(2-46)中的积分计算就可以转换为两个高斯函数的卷积。这解决了式(2-46)中积分计算的困难。然而，假如 $y(\boldsymbol{x};\boldsymbol{W})$ 是关于 $\boldsymbol{W}$ 的线性函数，它难以实现潜在变量到高维空间中流形分布的映射。为了解决这个问题，需要将 $y(\boldsymbol{x};\boldsymbol{W})$ 扩展为非线性函数。

假设如图 2-20 所示，潜在空间中的点以网格的方式离散地分布在空间中，且认为 $p(\boldsymbol{x})$ 是由以潜在空间的点为中心的三角函数的和给出的，即

$$p(\boldsymbol{x})=\frac{1}{K}\sum_{i=1}^{K}\delta(\boldsymbol{x}-\boldsymbol{x}_i) \tag{2-48}$$

在该情况下，式(2-46)的计算可以被解析执行。然后将每个点 $\boldsymbol{x}_i$ 映射到观测空间中对应的点 $y(\boldsymbol{x}_i;\boldsymbol{W})$，这些点分别为一个高斯密度函数的中心，如图 2-20 所示。由式(2-46)和式(2-48)，可以得到数据空间中的分布函数的形式为

$$p(\boldsymbol{t} \mid \boldsymbol{W},\beta)=\frac{1}{K}\sum_{i=1}^{K}p(\boldsymbol{t} \mid \boldsymbol{x}_i,\boldsymbol{W},\beta) \tag{2-49}$$

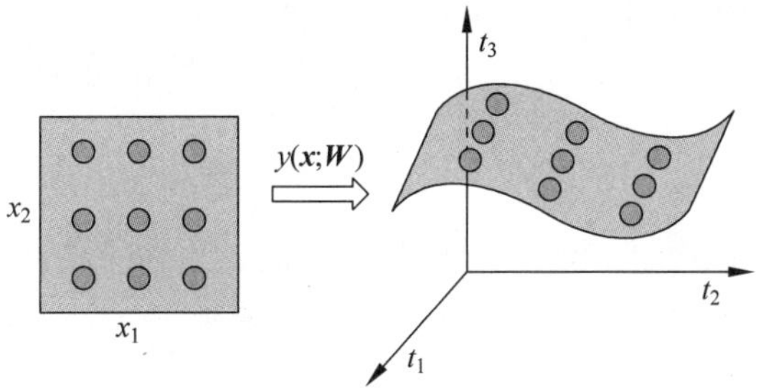

图 2-20　潜在空间与数据空间的分布

此时，对数似然函数定义如下

$$\mathcal{L}(\boldsymbol{W},\beta)=\sum_{n}^{N}\ln\left\{\frac{1}{K}\sum_{i=1}^{K}p(\boldsymbol{t}_n \mid \boldsymbol{x}_i,\boldsymbol{W},\beta)\right\} \tag{2-50}$$

根据式(2-45)给定的噪声模型 $p(\boldsymbol{t}|\boldsymbol{x},\boldsymbol{W},\beta)$，则 $p(\boldsymbol{t}|\boldsymbol{W},\beta)$是一个混合高斯模型，且其中心由 $y(\boldsymbol{x}_i;\boldsymbol{W})$给出。如果映射函数 $y(\boldsymbol{x};\boldsymbol{W})$是光滑连续的，则投影点 $y(\boldsymbol{x}_i;\boldsymbol{W})$必然也是有序排列的，即在潜在空间中接近的任意两个点 $\boldsymbol{x}_A$ 和 $\boldsymbol{x}_B$，在映射到在数据空间后，$y(\boldsymbol{x}_A;\boldsymbol{W})$和 $y(\boldsymbol{x}_B;\boldsymbol{W})$也是接近的点。

2. 使用 EM 算法求解生成拓扑映射

如果 $y(\boldsymbol{x};\boldsymbol{W})$是一个的可微函数(如一个两层的全连接神经网络)，其可以借助标准的非线性优化技术，如共轭梯度或拟牛顿方法通过最大化$\mathcal{L}(\boldsymbol{W},\beta)$，求解出权值矩阵 $\boldsymbol{W}^*$ 和方差 β^*。

然而，当 $p(\boldsymbol{t}|\boldsymbol{W},\beta)$是一个混合高斯分布时。需要使用期望最大化方法来求解该优化问题。通常为了简化计算，假设 $y(\boldsymbol{x};\boldsymbol{W})$由一个广义线性模型给出，即

$$y(\boldsymbol{x};\boldsymbol{W})=\boldsymbol{W}\phi(\boldsymbol{x}) \tag{2-51}$$

其中，$\phi(\boldsymbol{x})$中包含了 M 个固定的基函数$\phi_j(\boldsymbol{x})$，且 $\boldsymbol{W}$ 是一个 $D\times M$ 的矩阵。值得注意的是，只要选择到合适的$\phi_j(\boldsymbol{x})$，广义线性回归模型就与具有与多层神经网络相同的拟合能力。

式(2-50)的最大化可以看作一个数据缺失的问题，其中生成的每个数据点 $\boldsymbol{t}_n$ 是未知的。该模型的 EM 算法的步骤如下。首先，假设在算法中的某个时刻，权值矩阵为 $\boldsymbol{W}_{\text{old}}$，噪声方差为 β_{old}。在期望(Expectation)步中，使用 $\boldsymbol{W}_{\text{old}}$ 和 β_{old} 估计每个数据点 $\boldsymbol{t}_n$ 的每个高斯分量，即后验概率

$$\begin{aligned}R_{in}(\boldsymbol{W}_{\text{old}},\beta_{\text{old}})&=p(\boldsymbol{x}_i \mid \boldsymbol{t}_n,\boldsymbol{W}_{\text{old}},\beta_{\text{old}})\\&=\frac{p(\boldsymbol{t}_n \mid \boldsymbol{x}_i,\boldsymbol{W}_{\text{old}},\beta_{\text{old}})}{\sum_{i'=1}^{K}p(\boldsymbol{t}_n \mid \boldsymbol{x}'_i,\boldsymbol{W}_{\text{old}},\beta_{\text{old}})}\end{aligned} \tag{2-52}$$

则所有数据的对数似然的期望为

$$\langle\mathcal{L}_{\text{comp}}(\boldsymbol{W},\beta)\rangle=\sum_{n=1}^{N}\sum_{i=1}^{K}R_{in}(\boldsymbol{W}_{\text{old}},\beta)\ln\{p(\boldsymbol{t}_n \mid \boldsymbol{x}_i,\boldsymbol{W},\beta)\} \tag{2-53}$$

通过式(2-45)和式(2-51)，并最大化式(2-53)，可以得到

$$\sum_{n=1}^{N}\sum_{i=1}^{K}R_{in}(\boldsymbol{W}_{\text{old}},\beta)\{\boldsymbol{W}_{\text{new}}\phi(\boldsymbol{x}_i)-\boldsymbol{t}_n\}\phi(\boldsymbol{x}_i)^{\mathrm{T}}=0 \tag{2-54}$$

其矩阵形式为

$$\boldsymbol{\Phi}^{\mathrm{T}}\boldsymbol{G}_{\text{old}}\boldsymbol{\Phi}\boldsymbol{W}_{\text{new}}^{\mathrm{T}}=\boldsymbol{\Phi}^{\mathrm{T}}\boldsymbol{R}_{\text{old}}\boldsymbol{T} \tag{2-55}$$

其中，$\boldsymbol{\Phi}$ 为一个 $K\times M$ 的矩阵，且 $\Phi_{ij}=\phi_j(\boldsymbol{x}_i)^{\mathrm{T}}$。$\boldsymbol{T}$ 是一个 $N\times D$ 的矩阵，每个元素为 t_{nk}。$\boldsymbol{R}$ 为一个 $K\times N$ 的矩阵，每个元素为 R_{in}。$\boldsymbol{G}$ 为一个对角矩阵，对角元素为

$$G_{ii}=\sum_{n=1}^{N}R_{in}(\boldsymbol{W},\beta) \tag{2-56}$$

$\boldsymbol{W}_{\text{new}}$ 则可以通过对式(2-14)进行特征值分解得到。值得注意的是，由于$\boldsymbol{\Phi}$ 在迭代的过程中始终不变，只在算法开始时计算一次，因此可以视作一个常数。

类似地，通过最大化式(2-53)，求解出 β，从而得到

$$\frac{1}{\beta_{\text{new}}}=\frac{1}{ND}\sum_{n=1}^{N}\sum_{i=1}^{K}R_{in}(\boldsymbol{W}_{\text{old}},\beta_{\text{old}})\parallel \boldsymbol{W}_{\text{new}}\phi(\boldsymbol{x}_i)-\boldsymbol{t}_n\parallel^2 \tag{2-57}$$

总的来说，在期望步中，通过式(2-52)对后验概率进行估计。在最大化(Maximization)步中，通过式(2-55)和式(2-57)进行最大似然估计，求解出 β_{new} 和 $\boldsymbol{W}_{\text{new}}$。EM 算法通过对期望步和最大化步的交替迭代，直至收敛，从而获得隐变量分布，最终实现降维。

2.4 *t* 分布随机邻域嵌入

t 分布随机邻域嵌入(*t*-distributed Stochastic Neighbor Embedding，*t*-SNE)是一个由 Laurens van der Maaten 和 Geoffrey Hinton 在 2008 年提出的经典降维算法。因其能够出色地将原始的高维数据降维为二维或三维数据，已被大量地应用于数据可视化。然而，它很少用于以数据预处理为目的的降维。这主要有以下几个原因。

(1) 现有的降维方法在处理线性和非线性数据时具有良好的可解释性和出色的性能，如主成分分析。

(2) 由于 *t*-SNE 的 *t* 分布假设，它通常只能将数据降维到二维或者三维。这不可避免地造成信息损失。

(3) *t*-SNE 具有较高的计算复杂度，计算过程难以优化。此外，它的目标函数为非凸的，难以得到全局最优解，因此也难以和其他算法配合使用。

在可视化的应用中，*t*-SNE 的效果在多数情况下都好于其他降维方法。对比图 2-22 和图 2-21，*t*-SNE 对手写数字降维可视化结果显著优于 PCA[①]。

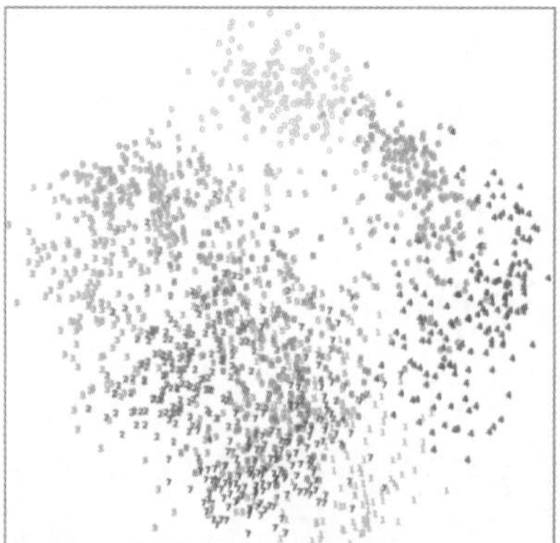

图 2-21 PCA 对手写数字进行降维

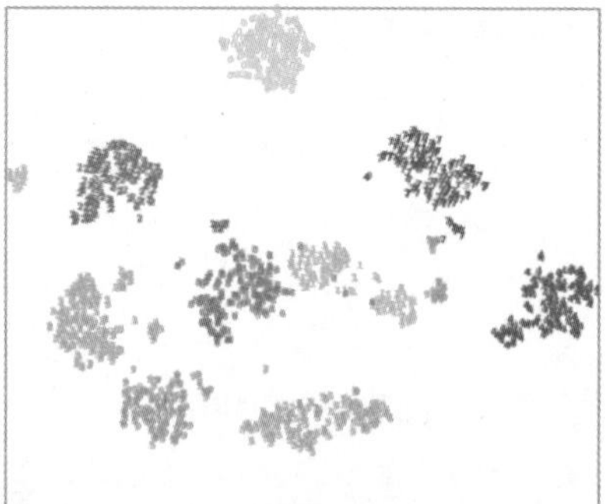

图 2-22 *t*-SNE 对手写数字进行降维

① 判断一个可视化效果是否优秀，主要取决于两方面：一是能否将相似的数据靠近；二是能否将不相似的数据拉远。从这两方面来讲，*t*-SNE 都能够明显地超过 PCA。

SNE 算法作为 t-SNE 的前置工作，其核心思想为在原始空间中相似的样本在嵌入空间中互相靠近，反之，不相似的样本互相远离。样本间的相似度由一个条件概率函数给出。假设存在两个高维空间中的点 $\boldsymbol{x}_i$ 和 $\boldsymbol{x}_j$，条件概率函数 $p_{j|i}$ 为一个以 $\boldsymbol{x}_i$ 为中心建立的高斯分布，方差为 σ_i，则 $p_{j|i}$ 可以表示 $\boldsymbol{x}_i$ 出现在 $\boldsymbol{x}_j$ 附近的概率，即 $\boldsymbol{x}_i$ 和 $\boldsymbol{x}_j$ 之间的相关程度。若 $\boldsymbol{x}_i$ 和 $\boldsymbol{x}_j$ 间距离越接近，则 $p_{j|i}$ 越大，若 $\boldsymbol{x}_i$ 和 $\boldsymbol{x}_j$ 间距离越远，则 $p_{j|i}$ 越小。其定义如下：

$$p_{j|i}=\frac{\exp(-\|\boldsymbol{x}_i-\boldsymbol{x}_j\|^2/(2\sigma_i^2))}{\sum\limits_{k\neq i}\exp(-\|\boldsymbol{x}_i-\boldsymbol{x}_j\|^2/(2\sigma_i^2))} \tag{2-58}$$

值得注意的是，$p_{i|i}=0$。在低维的嵌入空间中也使用相同的概率形式刻画节点嵌入间的相似度。假设原始空间中的 $\boldsymbol{x}_i$ 和 $\boldsymbol{x}_j$ 映射到低维空间后分别为 $\boldsymbol{y}_i$ 和 $\boldsymbol{y}_j$，则 $\boldsymbol{y}_j$ 属于 $\boldsymbol{y}_i$ 邻域的条件概率为

$$q_{j|i}=\frac{\exp(-\|\boldsymbol{y}_i-\boldsymbol{y}_j\|^2)}{\sum\limits_{k\neq i}\exp(-\|\boldsymbol{y}_i-\boldsymbol{y}_k\|^2)} \tag{2-59}$$

为了方便计算，指定在低维空间中的方差为 $\sigma_i=2^{-\frac{1}{2}}$，且 $q_{i|i}=0$。

在高维空间中，假设所有节点与中心节点之间的条件概率构成一个概率分布，即 P_i 表示节点 $\boldsymbol{x}_i$ 邻域的概率。类似地，存在一个条件概率分布 Q_i 表示各个节点为节点 $\boldsymbol{y}_i$ 邻域的概率。SNE 算法则通过满足数据在原始空间和嵌入空间中分布的一致性来保留数据在原始空间中的相对关系。具体地，它使用了 KL 散度作为代价函数：

$$C=\sum_i \mathrm{KL}(P_i\|Q_i)=\sum_i\sum_j p_{j|i}\log\frac{p_{j|i}}{q_{j|i}} \tag{2-60}$$

值得注意的是，式(2-60)对原始空间中的邻近数据 $\boldsymbol{x}_j$ 和 $\boldsymbol{x}_i$ 映射得到距离较远的低维嵌入 $\boldsymbol{y}_j$ 离 $\boldsymbol{y}_i$ 的情况，会给出较大的一致性惩罚。因此，SNE 算法具有保持数据间局部关系的能力。然而，原始空间中距离 $\boldsymbol{x}_i$ 很远的 $\boldsymbol{x}_j$ 经过映射得到距离 $\boldsymbol{y}_i$ 很近的低维嵌入 $\boldsymbol{y}_j$。此时，式(2-60)所给出的惩罚较小，无法修正该情况。这与 SNE 算法的目标冲突，但由于 KL 散度本身的不对称性，这一缺陷无法避免。SNE 算法面临以下挑战。

(1) KL 散度本身的计算代价过大，不对称的概率会使得梯度的计算量增加。假设对目标函数计算梯度如下，由于条件概率 $p_{j|i}\neq p_{i|j}$，$q_{j|i}\neq q_{i|j}$，梯度计算的开销会增加一倍。

$$\frac{\partial C}{\partial \boldsymbol{y}_i}=2\sum_j(p_{j|i}-q_{j|i}+p_{i|j}-q_{i|j})(\boldsymbol{y}_i-\boldsymbol{y}_j) \tag{2-61}$$

(2) 由于 KL 散度本身的不对称性，使得 SNE 算法只关注数据局部性而忽略了数据的全局性。

(3) 度量函数的局限性使得高维空间中的类簇映射到低维空间中后会拥挤在一起，从而无法区分。其根本原因在于高维空间中欧氏距离会失效。因此，即便所得到的嵌入在低维空间中仍然保持了这种属性，也无法具有良好的可视化效果(出现大量的重叠)。

针对这三个问题，t-SNE 做出了改进。t-SNE 使用联合概率分布代替原始的条件概率，直接衡量两个节点共同出现的概率，而不是以一个节点为锚点。这导出了一个对称的度量方式，即 $p_{ji}=p_{ij}$，$q_{ji}=q_{ij}$。低维空间中的条件概率分布被重新定义为一个联合概率分布 q_{ij}

$$q_{ij}=\frac{\exp(-\|\boldsymbol{y}_i-\boldsymbol{y}_j\|^2)}{\sum\limits_{k\neq l}\exp(-\|\boldsymbol{y}_k-\boldsymbol{y}_l\|^2)} \tag{2-62}$$

而在高维空间中的联合概率分布 p_{ij} 则为

$$p_{ij}=\frac{\exp(-\|\boldsymbol{x}_i-\boldsymbol{x}_j\|^2/2\sigma^2)}{\sum_{k\neq l}\exp(-\|\boldsymbol{x}_k-\boldsymbol{x}_l\|^2/2\sigma^2)} \tag{2-63}$$

然而，这样的定义方式会使得算法对异常点过于敏感。例如，假设 $\boldsymbol{x}_i$ 是一个噪声点，则 $\|\boldsymbol{x}_i-\boldsymbol{x}_j\|^2$ 会被过度放大，从而使得对于任意的节点 $\boldsymbol{x}_j$，p_{ij} 的值都会很小。这严重影响算法的健壮性。为了解决这个问题，t-SNE 进一步修正了高维空间中的联合概率分布。

$$p_{ij}=\frac{p_{j|i}+p_{i|j}}{2} \tag{2-64}$$

此时，计算梯度为

$$\frac{\partial C}{\partial \boldsymbol{y}_i}=4\sum_j(p_{ij}-q_{ij})(\boldsymbol{y}_i-\boldsymbol{y}_j) \tag{2-65}$$

相比原始 SNE，t-SNE 的计算效率更高。

对于 SNE 算法中存在的拥挤问题，t-SNE 则通过使用 t 分布来解决。t 分布是一种长尾分布，从图 2-23 中可以看出，在数据正常的情况下，使用 t 分布拟合的结果与高斯分布基本一致。作为对比，从图 2-24 中可以看出，当数据出现了部分异常点，高斯分布为了拟合异常数据，会严重地影响其对原始数据的拟合，从而增大拟合的方差。相比之下，t 分布是一个长尾分布，对异常点拟合的代价较小，其只需要轻微的调整，就能使尾部拟合到异常点数据。因此，它能够更好地减缓异常点对其造成的影响，从而获得更具健壮性的拟合结果。

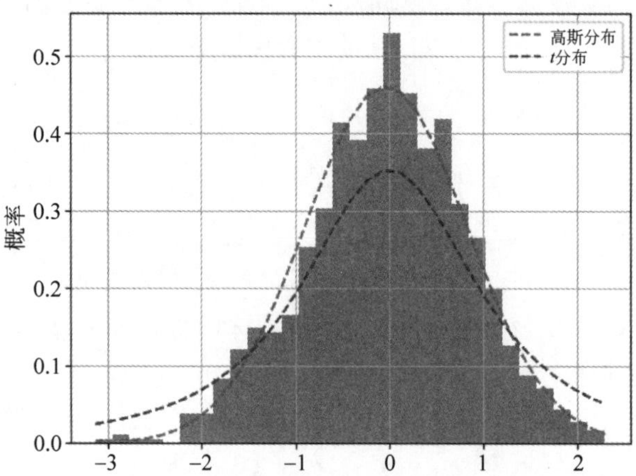

图 2-23　正常数据下的分布拟合结果

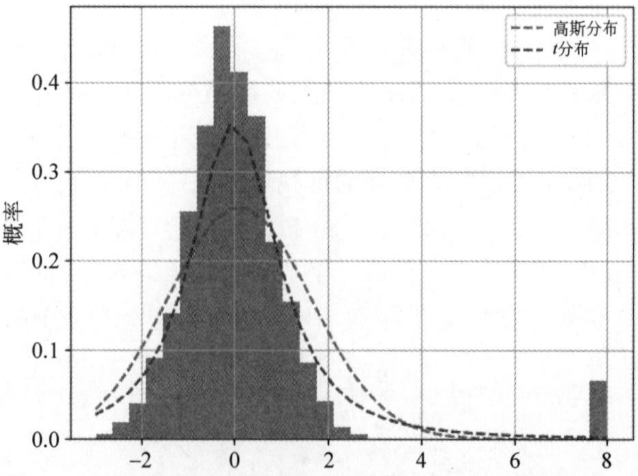

图 2-24　含异常数据下的分布拟合结果

具体地，为了引入 t 分布，t-SNE 将低维空间中所使用的联合概率分布替换为自由度为 1 的 t 分布，即

$$q_{ij}=\frac{(1+\|\boldsymbol{y}_i-\boldsymbol{y}_j\|^2)^{-1}}{\sum_{k\neq l}(1+\|\boldsymbol{y}_i-\boldsymbol{y}_j\|^2)^{-1}} \tag{2-66}$$

之后的步骤与 SNE 算法相同，即通过使用 KL 散度作为代价函数进行优化，从而获得数据的低维嵌入。

总的来说，t-SNE 作为一个出色的可视化降维技术，可以将高维数据有效地压缩到二维空间中，并通过 KL 散度揭示样本间的关系。但与其他降维方法相比，如 PCA，t-SNE 适应范围很小，不能作为一般的数据预处理技术，因为自由度为 1 的 t 分布很难保存好局部特征。此外，t-SNE 没有唯一最优解且计算效率低。表 2-7 总结了各种面向流形学习的降维方法的特点。

表 2-7　面向流形学习的降维方法总结

方　法	所保持的几何属性	全局/局部	计算复杂度
MDS	点对的欧氏距离	全局	高
ISOMAP	点对的测地距离	局部	高
LLE	局部线性重构	局部	低
LTSA	局部坐标表示	全局＋局部	低
LE	局部邻域相似度	局部	低
GTM	点对分布概率	局部	较低
t-SNE	点对分布概率	全局＋局部	非常高

2.5　自编码器

自编码器是一种经典的无监督的表示学习方法，也是一种经典的降维方法。具体地，借助神经网络架构和信息瓶颈约束学习到输入特征之间存在的相关性，从而将原始输入压缩到一个紧致的空间中。本节将首先介绍一般的自动编码器，并将说明激活函数在输出层和损失函数中的作用；然后介绍重构误差；最后介绍自编码器的应用，如降维、分类、去噪和异常检测。

2.5.1　基本概念

神经网络通常通过有监督的方式进行训练，即需要成对的训练样本$\{x_i, y_i\}$，其中 x_i 为训练观测样本，y_i 为该样本所对应的标签期望值。在训练过程中，神经网络将学习输入数据和标签之间的依赖关系。然而，标签的获取通常需要耗费高昂的人力和物力，且无法保证人工标注的质量。因此，Rumelhart、Hinton 和 Williams 在 1986 年提出了自编码器，期望仅使用观测样本(不需要标签)来实现神经网络的训练。具体地，自编码器通过重构输入与输出间的重构误差，从而实现无监督的训练方式。

为了更好地理解自编码器，首先介绍其最基本的结构，如图 2-25 所示。自编码器的主要组件有三个：编码器、潜在特征表示和解码器。编码器和解码器可以理解为神经网络需要学习的特征映射函数，而潜在特征表示则是数据降维后的结果。以图 2-25 为例，一张手写的数字 3 的图片上的潜在特征可以是写每个数字所需的轮廓和形状(即在图片中的像素颜色分布)。潜在的特征表示则可以被用于不同的下游任务，如分类或聚类。值得注意的是，在实现分类任务时，并不需要掌握输入图像的每个像素的灰度值。如果直接使用这张图像来完成分

类任务，模型将学习到许多冗余的信息。因此，使用自编码器实现数据降维（特征提取）更有利于完成下游任务的。

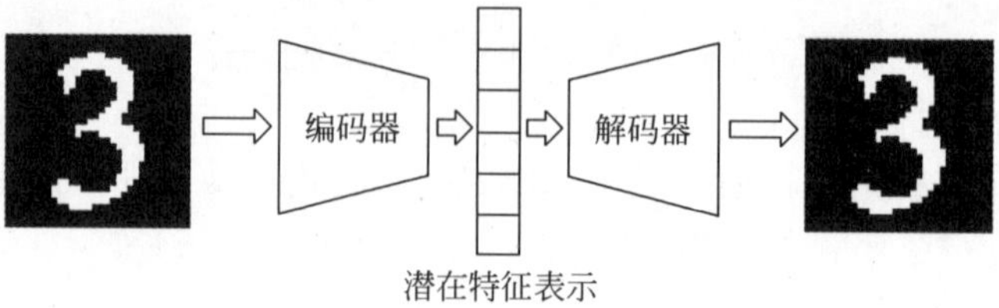

图 2-25　自编码器的基本结构

在大多数典型的自编码器结构中，编码器和解码器都是神经网络，因为理论上神经网络可以逼近任意的连续函数。一般地，编码器可以写成一个关于输入 $\boldsymbol{x}$ 的函数 g：

$$\boldsymbol{h}_i = g(\boldsymbol{x}_i) \tag{2-67}$$

其中 $\boldsymbol{h}_i \in \mathbb{R}^q$（潜在特征表示）是图 2-25 中输入 $\boldsymbol{x}_i$ 通过编码器得到的输出。并且编码器可以实现对输入数据的降维，即 $g: \mathbb{R}^n \rightarrow \mathbb{R}^q, q < n$。解码器则是潜在特征的函数 f：

$$\tilde{\boldsymbol{x}}_i = f(\boldsymbol{h}_i) = f(g(\boldsymbol{x}_i)) \tag{2-68}$$

其中 $\tilde{\boldsymbol{x}}_i \in \mathbb{R}^n$ 表示解码器的输出（对于输入数据的重构）。自编码器的优化目标是找到一组最优的映射函数 f 和 g，使输入和输出间的重构输出尽可能地小：

$$\underset{f,g}{\operatorname{argmin}} < \Delta(\boldsymbol{x}_i, f(g(\boldsymbol{x}_i))) > \tag{2-69}$$

其中，Δ 表示自编码器的输入和输出之间的差异（损失函数将惩罚输入和输出之间的差异，Δ 可以是多种形式的度量），而 $<\cdot>$ 表示所有观测值的平均值。值得注意的是，如果不对自编码器加以限制，可能学习到一个恒等变换[①]，从而丧失了学习到低质量的表示。为了避免出现这个问题，目前存在两种策略：添加正则化和创建瓶颈。添加正则化是神经网络训练中的常规手段。它通过施加不同的约束，从而优化训练过程，例如稀疏正则化。创建瓶颈策略通过使潜在特征的维度比输入的维度更低（通常要低得多）来添加一个“瓶颈”。

一般地，自编码器使用稀疏正则化，迫使潜在特征输出具有稀疏性。这保证了学习到的潜在特征具有良好的稳定性和判别性。通常稀疏正则化的实现方式是在损失函数中添加一个 L_1 或 L_2 正则化项。添加了 L_2 正则化的结果如下：

$$\underset{f,g}{\operatorname{argmin}} E\left(\Delta(\boldsymbol{x}_i, f(g(\boldsymbol{x}_i)) + \lambda \sum_i \theta_i^2\right) \tag{2-70}$$

其中，θ_i 是函数 $f(\cdot)$ 和 $g(\cdot)$ 中的参数。另外一种方式是将编码器的权重与解码器的权重共享，从而实现对潜在特征表示的稀疏性约束。

使用信息瓶颈的前馈网络（先降维再升维的神经网络）来构建 f 和 g 的自编码器，是最经典的自编码器结构，又被称为前馈自编码器（FFA），如图 2-26 所示。一个典型的前馈编码器体系结构（并非强制性要求）有一个数量为奇数的层，并且相对于中间层是对称的。向网络的中心移动时，神经元的数量逐层递减。中间的层（记住一般是奇数层）通常有最少的神经元。这一层神经元的数量小于输入的大小。解码器结构则通常与编码器结构呈镜像对称，因此神

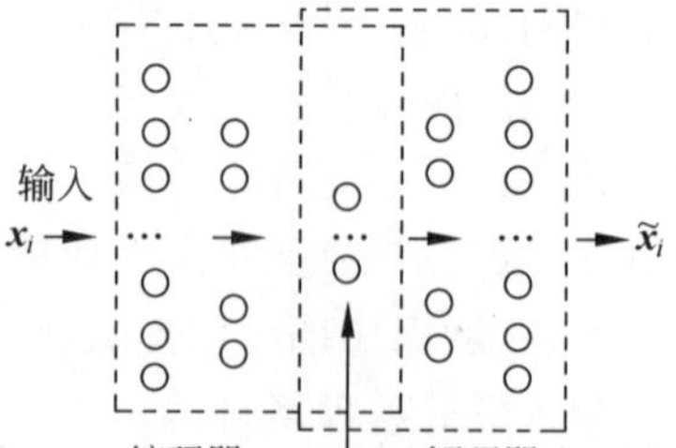

图 2-26　前馈自编码器的一个典型的体系结构

① 当 $\boldsymbol{x}_i = g(\boldsymbol{x}_i) = f(\boldsymbol{h}_i)$，即 $\boldsymbol{x}_i = \boldsymbol{h}_i = \tilde{\boldsymbol{x}}_i$ 时，函数 f 和 g 都为恒等映射函数，此时重构损失最小。

经元的个数逐层递增，最终还原到原始数据的维度。这种“瓶颈”式的体系结构易于实现且具有良好的效果，并能够避免学习到一个糟糕的恒等映射。因此该结构被广泛地应用于后续的工作中。

2.5.2 输出层的激活函数

在基于神经网络的自编码器中，输出层的激活函数起着至关重要的作用。最常用的激活函数包括 ReLU 和 Sigmoid。本节主要介绍这两个激活函数的区别及特征，以及激活函数对于神经网络的必要性。

ReLU 激活函数可以将所有实数映射到[0,∞)，其数学形式如下：

$$\mathrm{ReLU}(x)=\max(0,x) \tag{2-71}$$

其函数图像如图 2-27 所示。ReLU 激活函数适用于输入观测 x_i 是一个大范围的正实值的情况，可以很好地解决梯度消失问题，且函数没有饱和区间。然而，当输入的 x_i 存在大量的负数时，S 形函数可能是一个更好的选择。

Sigmoid 函数 σ 可以将所有的实数映射到[0,1]，其数学形式如下：

$$\sigma(x)=\frac{1}{1+\mathrm{e}^{-x}} \tag{2-72}$$

其函数图像如图 2-28 所示。S 形激活函数适用于当输入 x_i 集中在 0 附近时的情况，即数据应主要分布在[−5,5]上，若超过区间，则处于饱和状态，易发生梯度消失问题，并且能够用于刻画概率。

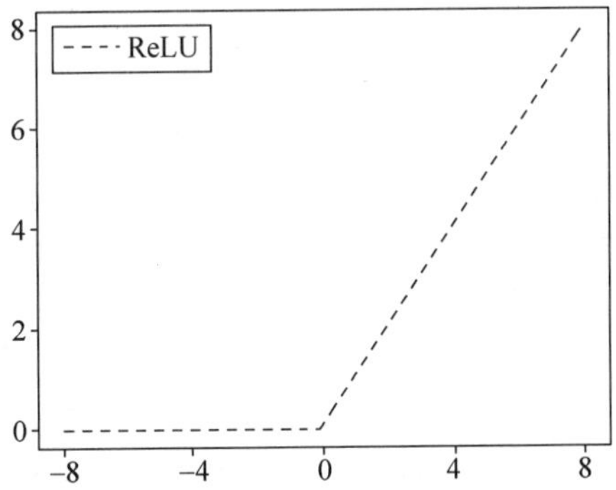

图 2-27 ReLU 激活函数

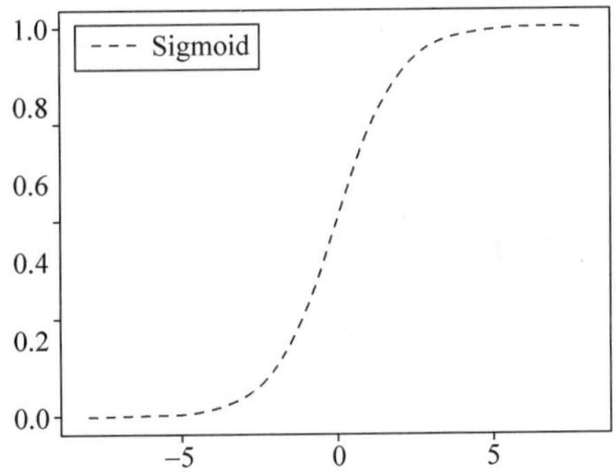

图 2-28 Sigmoid 激活函数

在多层的神经网络中，激活函数是必不可少的。其原因在于激活函数为神经网络提供了处理非线性关系的能力。倘若没有激活函数，多层的神经网络的拟合能力等价于单层的神经网络，即解空间是相同的。详细内容说明会在第 5 章中展开。

2.5.3 损失函数

与任何神经网络模型一样，自编码器也需要最小化损失函数来训练模型。自编码器损失函数旨在度量输入 $\boldsymbol{x}_i$ 和输出 $\tilde{\boldsymbol{x}}_i$ 之间的差异，即重构误差。其数学表示形式如下：

$$\mathbb{E}[\Delta(\boldsymbol{x}_i,g(\tilde{\boldsymbol{x}}_i))] \tag{2-73}$$

其中，对于使用神经网络构造的自编码器，g 和 f 通常是使用全连接层定义的函数，其具体含义会在第 5 章中解释。自编码器的核心在于通过编码器学习到一个良好的潜在表示，使得解码器能够通过这个潜在表示重构出原始数据。重构的差异越小，则意味着潜在表示包含了越多的原始数据信息。因此，度量重构差异的损失对于自编码器而言是十分重要的。

均方误差(MSE)和二元交叉熵(BCE)损失是自编码器中常用的两个重构损失。一般地,自编码器以均方误差作为损失函数:

$$L_{\text{MSE}}=\text{MSE}=\frac{1}{M}\sum_{i=1}^{M}\mid \boldsymbol{x}_i-\tilde{\boldsymbol{x}}_i\mid^2 \tag{2-74}$$

其中,$|\cdot|^2$ 表示向量的 2 范数,M 为训练数据集中的观测数据。值得注意的是均方误差损失与输出层激活函数或输入数据的范围和类型无关。显然,当 $\boldsymbol{x}_i=\tilde{\boldsymbol{x}}_i$ 时,L_{MSE} 具有最小值。为了证明这一点,计算 L_{MSE} 对一个特定观测 $\boldsymbol{x}_j$ 的导数。在找到最小值时有

$$\frac{\partial L_{\text{MSE}}}{\partial \tilde{\boldsymbol{x}}_j}=0 \tag{2-75}$$

为了简化计算,假设输入是一维的向量,使用 $\boldsymbol{x}_j$ 表示。对 L_{MSE} 关于 $\tilde{\boldsymbol{x}}_j$ 求导,有如下形式:

$$\frac{\partial L_{\text{MSE}}}{\partial \tilde{\boldsymbol{x}}_j}=-\frac{2}{M}(\boldsymbol{x}_j-\tilde{\boldsymbol{x}}_j) \tag{2-76}$$

当 $\boldsymbol{x}_i=\tilde{\boldsymbol{x}}_i$ 时,可以很容易地看出导数等于 0。然而为了证明该极值点为极小值点,还需要证明其二阶导数大于 0,即

$$\frac{\partial^2 L_{\text{MSE}}}{\partial^2 \tilde{\boldsymbol{x}}_j}>0 \tag{2-77}$$

因此有

$$\frac{\partial^2 L_{\text{MSE}}}{\partial \tilde{\boldsymbol{x}}_j^2}=\frac{2}{M} \tag{2-78}$$

显然,$\frac{2}{M}$大于 0。因此当 $\boldsymbol{x}_i=\tilde{\boldsymbol{x}}_i$ 时,损失函数有一个最小值,证毕。

如果前馈神经网络的输出层的激活函数是 Sigmoid 函数,这则将神经元输出范围限制在 0～1。如果输入特征同样归一化为 0～1,那么自编码器就可以使用二元交叉熵损失作为损失函数,这里用 L_{BCE} 表示。该损失在自编码器中也具有良好的效果。其公式如下:

$$L_{\text{BCE}}=-\frac{1}{M}\sum_{i=1}^{M}\sum_{j=1}^{n}(x_{j,i}\log\tilde{x}_{j,i}+(1-x_{j,i})\log(1-\tilde{x}_{j,i})) \tag{2-79}$$

其中,$x_{j,i}$ 是第 i 个观测值的第 j 个分量。式(2-79)很难直观地显示出二元交叉熵损失能够衡量输入数据和重构数据之间的差异。为了验证这一点,这里假设 x_i 和 $\tilde{x}_i$ 是一维的。与 MSE 损失的证明过程类似。为了找到一个函数的最小值,需要对损失函数求一阶导数。特别地,在使用二元交叉熵损失的情况下,需要解决 M 个方程组:

$$\frac{\partial L_{\text{BCE}}}{\partial \tilde{x}_i}=0,\quad i=1,2,\cdots,M \tag{2-80}$$

在该情况下,很容易证明,当且仅当 $x_i=\tilde{x}_i, i=1,2,\cdots,M$ 时,二元交叉熵损失 L_{BCE} 最小化。值得注意的是,这只对 $\tilde{x}_i$ 不等于 0 或 1 时有效,但因为 $\tilde{x}_i$ 是 Sigmoid 函数的输出,其既不能是 0 也不能是 1,因此满足约束条件。对于特定的输入 x_j,当最小化二元交叉熵损失时有如下形式:

$$\frac{\partial L_{\text{BCE}}}{\partial \tilde{x}_j}=-\frac{1}{M}\left(\frac{x_j}{\tilde{x}_j}-\frac{1-x_j}{1-\tilde{x}_j}\right)=-\frac{1}{M}\left(\frac{x_j(1-\tilde{x}_j)-\tilde{x}_j(1-x_j)}{\tilde{x}_j-\tilde{x}_j^2}\right)=-\frac{1}{M}\left(\frac{x_j-\tilde{x}_j}{\tilde{x}_j-\tilde{x}_j^2}\right) \tag{2-81}$$

同时,还需要满足$\frac{\partial L_{\text{BCE}}}{\partial \tilde{x}_j}=0$。显然,只有当 $x_j=\tilde{x}_j$ 时,才能满足该条件。为了确保这是一个极小值,还需要计算二阶导数。因此,极值点 $x_j=\tilde{x}_j$ 处的二阶导数如下:

$$\left.\frac{\partial^2 L_{\mathrm{BCE}}}{\partial \tilde{x}_j^2}\right|_{x_j=\tilde{x}_j} = -\frac{1}{M}\left(\frac{x_j(2\tilde{x}_j-1)-\tilde{x}_j^2}{(1-\tilde{x}_j^2)}\right)\Bigg|_{x_j=\tilde{x}_j} = \frac{1}{M}\left(\frac{\tilde{x}_j(1-\tilde{x}_j)}{(1-\tilde{x}_j^2)\tilde{x}_j^2}\right) > 0 \quad (2\text{-}82)$$

由于 $\tilde{x}_j \in [0,1]$，二阶导数也大于 0，因此，当输入数据与重构数据一致时，BCE 损失函数最小，证毕。这证明了二元交叉熵损失作为重构误差的合理性。

2.5.4　自编码器与主成分分析的比较

由于自编码器使用了“瓶颈”式的体系结构，使得潜在特征的维数 q 小于输入观测值的维数 n，因此，自编码器可以被用于数据的降维。与主成分分析相比，使用自编码器进行降维具有独特的优点。从计算的角度出发，它可以通过分批次的神经网络训练来有效地处理大规模数据；而主成分分析则需要使用完整的数据集作为输入。此外，自编码器基于神经网络来学习一个特征映射，具有一定的归纳能力，从而能够处理未知的数据。而主成分分析是一个直推式模型，其无法处理未见数据。值得注意的是，如果满足以下条件，一个自编码器等效于主成分分析：

(1) 使用一个线性函数 $g(\cdot)$ 作为编码器。

(2) 使用一个线性函数 $f(\cdot)$ 作为解码器。

(3) 使用均方误差作为损失函数。

(4) 对输入进行归一化，即

$$\hat{x}_{i,j} = \frac{1}{\sqrt{M}}\left(x_{i,j} - \frac{1}{M}\sum_{k=1}^{M} x_{k,j}\right) \quad (2\text{-}83)$$

参考文献

[1]　陈佩.主成分分析法研究及其在特征提取中的应用[D].西安：陕西师范大学，2014.

[2]　徐蓉，姜峰，姚鸿勋.流形学习概述[J].智能系统学报，2006(1)：44-51.

[3]　袁非牛，章琳，史劲亭，等.自编码神经网络理论及应用综述[J].计算机学报，2019，42(01)：203-230.

[4]　高宏宾，侯杰，李瑞光.基于核主成分分析的数据流降维研究[J].计算机工程与应用，2013，49(11)：105-109.

[5]　孟德宇，徐晨，徐宗本.基于 Isomap 的流形结构重建方法[J].计算机学报，2010，33(03)：545-555.

[6]　马瑞，王家廞，宋亦旭.基于局部线性嵌入(LLE)非线性降维的多流形学习[J].清华大学学报(自然科学版)，2008(04)：582-585. DOI：10.16511/j.cnki.qhdxxb.2008.04.030.

[7]　王靖.流形学习的理论与方法研究[D].杭州：浙江大学，2006.

[8]　王爱平，张功营，刘方.EM 算法研究与应用[J].计算机技术与发展，2009，19(09)：108-110.

[9]　李彦冬，郝宗波，雷航.卷积神经网络研究综述[J].计算机应用，2016，36(09)：2508-2515，2565.

[10]　ZHANG Z Y，ZHA H Y. Principal Manifolds and Nonlinear Dimension Reduction via Local Tangent Space Alignment[J]. SIAM Journal on Scientific Computing，2004，26(1)：313-338.

案例导读

第 3 章

分布式表示学习和聚类算法

3.1 分布式表示学习的概念

分布式表示学习是表示学习中的一个重要分支,其主要思想是将样本对象的特征表示为多个维度的编码单元(统称表征向量),每个编码单元都能独立地表示对象的不同局部特征。早期广泛使用的表示方法是非分布式表示,其中常用的是稀疏高维的 one-hot 编码表示(又称符号表示)。one-hot 编码的表征向量中只有一个值为 1,其他值均为 0,对象的特征由唯一激活的编码单元来体现,所以其每一个表征向量对应一个类别。但是,这样的表征之间是离散的,表征向量除类别信息之外不会包含其他有用的信息,这会造成两个十分相似的样本表征却显得毫不相关。分布式表示学习则采用一个维度为 n 的 k 值特征来表示对象的 k^n 种属性,每个维度都对应一个分布式区域,可以表示对象的局部特点,这样就可以使得相似的样本部分区域的属性相同,从而缓解 one-hot 编码所存在的问题。

具体来说,假设有 4 个样本对象,分别为"水平放置的长方体""垂直放置的长方体""水平放置的圆柱体""垂直放置的圆柱体",one-hot 编码表示方法可以如图 3-1 所示。其中,每一维度都代表了唯一的类别,黑色圆圈表示 1,白色圆圈表示 0。one-hot 编码使用维度为 4 的二值向量来表示各个对象,这种表示方法很好地区分 4 个对象的类别,适合用在类别数少或者类别稀疏的分类任务中,如手写数字识别。然而,这种方法在多类别的分类任务中会由于编码长度过长进而影响后续模型的学习。

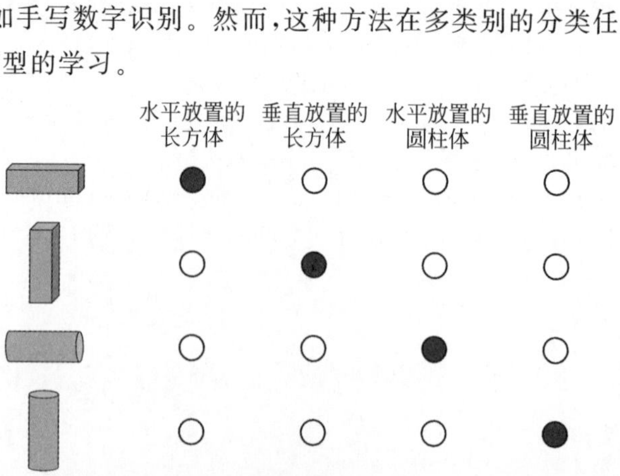

图 3-1 one-hot 编码表示方法

在一些大型任务，特别是深度学习任务中，one-hot 编码容易因为高维度从而受到维度灾难的影响。而且，每个编码都代表一个类别，这会使得大型数据集编码变得异常困难。此外，one-hot 编码的维度之间是相互独立的，没有明确的所属关系，这在很多有交叉类别的任务上，会导致无法有效地挖掘实例对象间的关系。相比较而言，分布式表示方法则可以更好地表示出对象之间的相似性和差异性。如图 3-2 所示，分布式表示方法会对前面提及的 4 个对象进行分割，得到“水平放置”“垂直放置”“长方体”“圆柱体”来表示对象，其中，相同的局部属性会有相同的编码来表示。显然，同样都是用四维向量表示，该方法会比 one-hot 编码更能表示出样本间的相似性。例如，前两个对象分别可以用 1010 和 0110 表示，第 3 位可以看出它们都属于长方体类别，而且它们的第 3、4 位编码是相同的，可以推断出它们之间存在一定的相似性。由此可见，分布式表示方法确实可以更好地挖掘样本对象之间的关系。

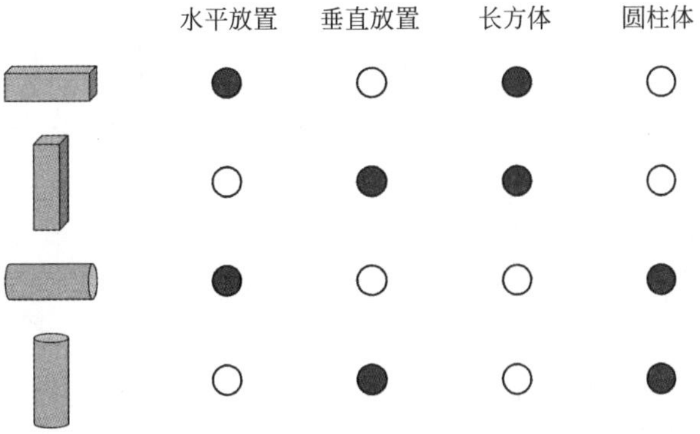

图 3-2　分布式表示方法

除了可以在编码表示中包含样本的信息，分布式表示方法也可以缓解维度灾难的问题。假设已获得 one-hot 编码表示或者分布式表示的情况下，现在额外引入一个新的样本对象“正方体”。传统的 one-hot 编码会在原有的维度上进行增加，如图 3-3 上半部分所示。由于 one-hot 编码表示是由一组互相排斥的二元向量组成的(有且只有一个值为 1 的激活单元)，因此，这会导致之前的 4 个样本对象的表示编码必须发生相应的改变。而分布式表示方法可以依据对象的局部特点进行划分，如“正方体”既可以看成水平放置的长方体也可以看成垂直放置的长方体，所以其可以表示成 1110 的编码方式。在这种方法下，编码不仅长度可以保持不变，而且可以使得拥有相同的局部特征的样本对象在特征空间中更加靠近。

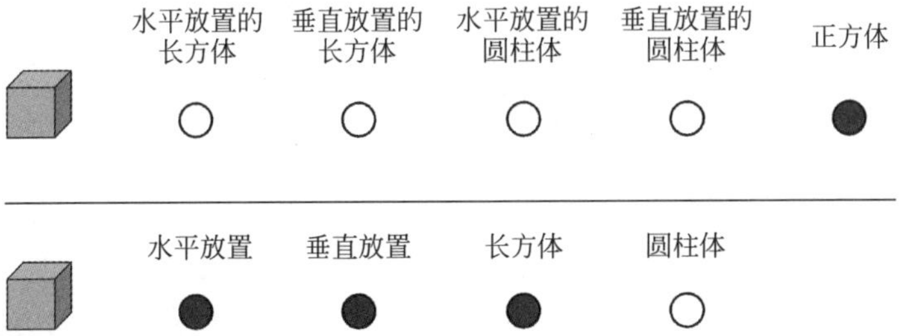

图 3-3　额外引入新对象时的 one-hot 编码表示(上)和分布式表示(下)

由于分布式表示可以让不同样本之间有共享属性，因此其具有丰富的空间相似性，可以使得语义相似的样本在表示空间上更加靠近，而这是单纯的 one-hot 编码表示所无法达到的。从样本空间的角度来看，分布式表示方法可以如图 3-4 所示。其中，3 个决策边界 h_1、h_2、h_3 将样本空间切分成多个区域。每个决策边界的 h_i^+ 即 $h_i=1$ 表示在该边界的正区域，h_i^- 即 $h_i=0$ 表示在该边界的负区域，每个决策边界分别为图 3-4 中的一条直线。划分的每个区域可以得到由 3 个边界所指向的正负区域得到的唯一表示，例如，$(1,1,1)^T$ 表示 $h_1^+ \cap h_2^+ \cap h_3^+$ 区域的表示。在输入维度是 d 的情况下，分布式表示会交叉分割半空间（而不是半平面）$\mathbb{R}^d$。具有 n 个特征的分布式表示给 $O(n^d)$ 个不同区域分配唯一的编码，而非分布式表示只能给 n 个不同区域分配唯一的编码，如具有 n 个样本的 K 近邻算法。因此，分布式表示能够比非分布式表示多分配指数级的区域。

不同非分布式方法的样本空间可以具有不同的几何形状，但它们通常将输入的样本空间划分为若干互斥区域，每个区域具有不同的参数。例如，如图 3-5 所示，非分布式表示中的 K 近邻算法采取直接为每个区域独立地设置不同的参数，因此它可以在给定足够的参数下拟合一个训练集，而不需要复杂的优化算法。然而，这类非分布式表示的模型只能通过平滑先验来局部地泛化，因此在学习波峰波谷多于样本的复杂函数时，该方法是不可行的。

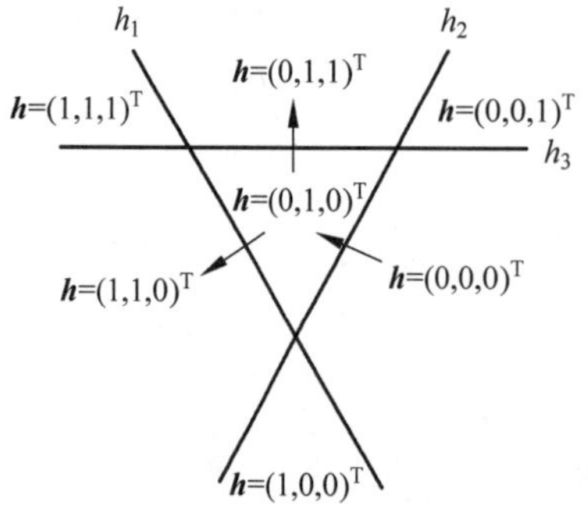

图 3-4 基于分布式表示划分样本空间

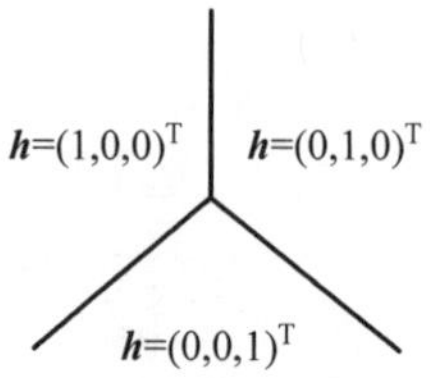

图 3-5 K 近邻算法划分的样本空间

相反，在一个具有复杂结构的问题上，分布式表示方法可以用更少量参数去学习更加密集的表示，该方法会更加具有统计学上的优势。因为传统的非分布式表示方法需要在真实模型平滑的假设下才可以得到泛化的效果，例如，在 $u \approx v$ 的情况下，默认得到的学习函数 f 也会符合 $f(u) \approx f(v)$。这个假设对大部分问题是非常有用的，但也很容易受到维度灾难的影响。one-hot 编码表示将每个区域都视为一个类别或者一个符号，并赋予每个类别或者符号独立的自由度，这虽然可以基于学习到的目标函数去泛化到已有的数据上，但这种映射关系不适合推广到新区域或者新类别上。

从几何角度来解释，one-hot 编码表示中的每个二元特征将$\mathbb{R}^d$ 分成一对半空间，n 个相应半空间的指数级数量的交集确定了该分布式表示学习器能够区分多少区域。通过应用关于超平面交集的一般结果，这个二元特征表示能够区分的空间数量是

$$\sum_{j=0}^{d} \binom{n}{j} = O(n^d) \tag{3-1}$$

因此，输入大小会呈指数级增长，隐含单元的数量呈多项式级增长。而对于分布式表示，在交叉空间$\mathbb{R}^d$ 中，n 个线性阈值划分的 $O(n^d)$ 个参数能够确定出样本空间中的 $O(n^d)$ 个区域。如果对每个区域都使用唯一的符号来指代，每个符号又都使用单独的参数去识别交叉空间$\mathbb{R}^d$ 的对应区域，那么 $O(n^d)$ 个区域就会对应这 $O(n^d)$ 个样本。除了线性划分交叉空间的情况外，还存在更一般的非线性划分。如果有 k 个参数的变换可以学习到空间中的 r 个区域，那么这种方式会比非分布式方式泛化得更好，因为分布式表示在使用较少参数的情况下，就可以满足用 $O(r)$ 个样本来获得相同的特征并将样本空间分割成 r 个区域的相同需求。

换句话说，虽然非分布式表示可以明确地划分多个不同区域的编码，但是它们的容量仍是有限的。例如，线性阈值单元神经网络的 VC 维仅为 $O(\omega\log\omega)$，其中 ω 是权重的数目。这是

由于我们为样本空间分配了很多独立且离散的唯一编码，不能完全使用所有的编码空间。例如，one-hot 编码有且只有一个值为 1 的激活值，这就使得编码空间中编码包含 2 个及以上激活值的编码全被舍弃。除此之外，也不可能使用线性分类器去学习从样本空间 h 到输出 y 的任意函数映射。因此，从这个角度出发，就可以看出分布式表示可以传达一种先验知识：待预测的类在 h 代表的潜在因子的函数下是线性可分的。一般需要学习的样本类别都会拥有明显的表征区别，而不是需要隐含的非线性逻辑类别。这也很贴切实际情况。例如，我们会将一堆猫、狗数据集的图片按照物种种类划分或者按照物种颜色划分，而不会将“白色的猫”和“黑色的狗”划分为一个集合，将“黑色的猫”和“白色的狗”划分为另一个集合。

得益于上述优点，分布式表示学习逐渐成为主流的表示方法。但其实非分布式表示仍然有很多优秀的学习算法，其思想非常值得借鉴。如上述提到的 K 近邻算法是非常典型的一种算法。此外还有最常见的聚类算法。聚类算法，即模式的无监督分类，是探索性数据分析中最重要的任务之一。聚类的主要目标包括深入了解数据(检测异常情况、识别显著特征等)、对数据进行分类和压缩数据。聚类在包括人类学、生物学、医学、心理学、统计学、数学、工程学和计算机科学在内的各种学科中有着悠久而丰富的历史。因此，自 20 世纪 50 年代初以来，人们已经提出了许多聚类算法，而从解决聚类问题的角度不同，可大致分为 K-means 算法、原型聚类算法、基于密度的聚类算法和层次聚类。这些都将在本节后续继续介绍。

3.2 K-means 算法和 K 近邻算法

3.2.1 K-means 算法

K-means 算法是一种常用的高维数据聚类算法，其目标是将样本分成 K 个簇，使得每个簇内的样本相似度较高，而不同簇之间的样本相似度较低。K-means 算法的核心思想是基于点与点之间距离的相似度来计算最佳类别归属，它通过迭代的方式调整簇中心，最小化每个簇内样本与其簇中心的距离之和，从而使得簇内样本的方差最小。该算法要求指定集群的数量，它可以很好地扩展到大量的样本，并且已经在许多不同领域中广泛使用。由于被分在同一个簇中的数据具有相似性，而不同簇中的数据是不同的，因此，当聚类结束之后，我们可以分别研究每个簇中的样本都有什么样的性质，从而根据业务需求制定不同的商业或者科技策略。K-means 算法常用于客户分群、用户画像、精确营销和基于聚类的推荐系统等。

K-means 算法是一种局部搜索算法。具体来说，假设由 K 个任意的聚类中心启动，它会将每个数据点分配到其最近的中心，然后重新计算、调整这些中心，接着重新分配这些数据点直到中心稳定下来。K-means 算法的实际性能和普及程度与理论性能形成了鲜明的对比。在理论上，K-means 算法终止于某个局部最优，这就可能出现比全局最优要差得多。然而在实践中，它的效果非常好，也因为其简单性和速度而特别受欢迎。K-means 算法的运行时间的唯一上界是基于在 K-means 算法运行中没有集群出现两次的观察，值得注意的是，当存在 n 个数据点时，这些点可以仅以 K^n 的方式分布在 K 个集群中。

形式上，假设给定由 n 个点组成的点集 $X \in \mathbb{R}^d$。K-means 算法的目标是通过最小化整体平方和

$$\sum_{i=1}^{K} \sum_{x \in C_i} \| x - c_i \|^2 \tag{3-2}$$

从而找到 X 的 K 个聚类分区 $C_1, C_2, \cdots, C_k$，其中，$c_1, c_2, \cdots, c_K$ 是其对应的集群中心。

给定集群中心，K-means 算法要求每个数据点都应该分配给集群中心与它接近的集群。其中，给定的集群中心 $c_1,c_2,\cdots,c_K$ 应该被选择为质心，即 $c_i=\frac{1}{|C_i|}\sum_{x\in C_i}x$。

具体来说，K-means 算法的步骤如下：

(1) 初始化选择集群中心 $c_1,c_2,\cdots,c_K$；

(2) 计算每个样本数据点 $x\in X$ 到 K 个聚类中心的距离，并将 x 分配给最接近的集群中心 c_i 所属的集群 C_i；

(3) 对每个类别重新设置集群中心 $c_i=\frac{1}{|C_i|}\sum_{x\in C_i}x$（即该类所有样本的质心公式）。

如果集群或集群中心发生改变，跳转到(2)，根据终止条件(如迭代次数、最小整体平方和变化等)来结束算法。由于每一步的整体平方和都在降低，因此不会发生两次一模一样的聚类，所以最小整体平方和可以使算法可以达到终止。

K-means 算法在进行类别划分及调整过程中，始终追求"簇内差异小，簇间差异大"，其中差异是由样本点到其所在簇的质心的距离来衡量的。整体平方和越小，代表着每个簇内样本越相似，聚类的效果就越好。因此，K-means 算法要求最终解是能够让簇内平方和最小化的质心。K-means 算法的时间复杂度是 $O(tKnm)$，其中 t 为迭代次数，K 为集群的数量，n 为样本个数，m 为样本点维度。K-means 算法的空间复杂度是 $O(m(n+K))$，其中的 K,m,n 意义同上。

值得注意的是，K-means 算法是没有误差函数的。误差函数通常用于衡量模型的拟合效果和泛化能力，通过调整参数以最小化误差，从而提高模型的预测性能。而 K-means 算法不需要求解参数，它的本质不在于拟合数据而在于探索数据。虽然 K-means 算法也可以视为一种优化问题，但其目标是通过不断调整簇中心位置，最小化簇内距离平方和，而非最小化预测误差，因此该算法不涉及传统意义上的误差函数。

一般来说，在常用的 sklearn 代码库中只能被动地选择欧氏距离来度量样本和集群中心二者之间的差异。然而，其他的距离度量方式也可以用来衡量集群内外的差异。总的来说，只要正确地选择质心(簇中心)和合适的距离度量方法，K-means 算法就可以达到不错的聚类效果。

K-means 算法是解决聚类问题的一种经典算法，其优点是算法简单、计算速度快。由于该算法的目标是尝试找出使得簇内平方和值最小的若干划分集群，因此当样本数据集群是密集的、球状或团状的，且不同集群之间的区别明显时，聚类效果较好。然而，K-means 算法也有局限性。对于非凸形状的簇、不同大小的簇，或者数据中存在噪声的情况，K-means 算法可能表现不佳。而且，它在集群的平均值被定义的情况下才能使用，对有些分类属性的数据(无法进行算术运算)也不适用。此外，K-means 算法必须事先给出要生成的簇的数目，对于初始簇中心的选择也比较敏感，不同的初始值可能导致不同的聚类结果。K-means 算法本质上是一种基于欧氏距离度量的数据划分方法，均值和方差大的维度对数据的聚类结果将会产生决定性的影响。因此，一般会在聚类前对数据(具体来说是每个维度的特征)做归一化和单位统一化处理。此外，异常值会对均值计算产生较大影响，导致中心偏移，因此对于噪声和孤立点数据一般也需要提前过滤。

3.2.2 K-means 的改进

K-means 算法虽然效果不错，但是每一次迭代都需要遍历全部数据，一旦数据量过大、迭代的次数过多，计算复杂度就会过大，容易导致收敛速度非常慢。

由前面内容可知，K-means 算法在聚类之前首先需要初始化个 K 个集群中心。显然，K

的取值会直接影响聚类的效果，如果 K 的值不适合该数据集，就可能造成较大的误差。但由于初始化是一个随机过程，因此很有可能所选的簇中心实际上都属于同一个簇，在这种情况下，K-means 算法很大程度上都不会收敛到全局最小。想要优化 K-means 算法的效率，可以从样本数量和迭代次数两方面改进。此外，为了克服 K-means 算法的一些缺点，可以考虑融合数据预处理（去除异常点）、合理选择 K 值和高维映射等技术手段，以进一步提升算法的健壮性和性能。

数据预处理：正如上述所说，在 K-means 算法中，未做归一化处理和统一单位的数据是无法直接参与运算和比较的，因此数据预处理是至关重要的。常见的数据预处理方式有数据归一化和数据标准化。此外，离群点或者噪声数据会对均值产生较大的影响，导致中心偏移，因此还需要对数据进行异常点检测。

合理选择 K 值：K 值的选择对 K-means 算法影响很大，常见的选择 K 值的方法有手肘法、间隙统计量（gap statistic）方法。

手肘法首先需要根据数据得到类似图 3-6 的关系图，其中 X 轴代表簇数 K，Y 轴表示 K 簇下使用 K-means 算法后每个点到其簇中心的距离平方和。然后对关系图进行分析。如图 3-6 所示，当 $K<3$ 时，曲线快速下降；而当 $K\geqslant 3$ 时，曲线趋于平稳。因此，通过手肘法可以认为拐点 3 为 K 的最佳值。然而手肘法也有一定的不足，它不能自动得到最佳值，需要通

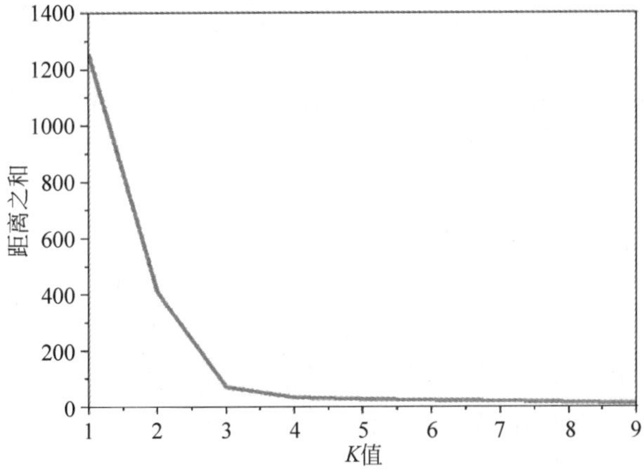

图 3-6　K 值的大小对距离之和的影响

过人工进行判定。于是，间隙统计量方法应运而生。该方法具有一个衡量公式：

$$\mathrm{Gap}(K)=E(\log D_K^*)-\log D_K \tag{3-3}$$

其中 D_K 为原始样本的损失函数，$E(\log D_K)$ 指的是 $\log D_K$ 的期望。这个数值通常通过蒙特卡洛模拟产生，一般会在样本所在的区域中按照均匀分布随机产生与原始样本数目一样多的随机样本，并对这些随机样本进行 K-means 算法处理，从而得到随机样本的 D_K^*。通常重复 20 次就可以得到 20 个 $\log D_K^*$，然后对这些数值求平均值就可以得到 $E(\log D_K^*)$ 的近似值。最终就可以按照上述衡量公式计算 Gap(K)。如果 Gap(K) 较大，说明原始数据的聚类效果在所选的簇数 K 下明显优于随机样本。因此，Gap(K) 取得最大值所对应的 K 就是最佳簇数。图 3-7 展示了不同的 K 值计算得到的 Gap 值，由此可见，当 $K=3$ 时，Gap(K) 取值最大，所以最佳的集群数是 $K=3$。

采用核函数：基于欧氏距离的 K-means 算法假设各个集群的数据具有一样的先验概率并呈球形分布，但这种分布在实际生活中并不常见。不过，面对非凸的数据分布形状时，可以引入核函数来优化，这时算法又称为核 K-means 算法，这也是核聚类方法的一种。核聚类方

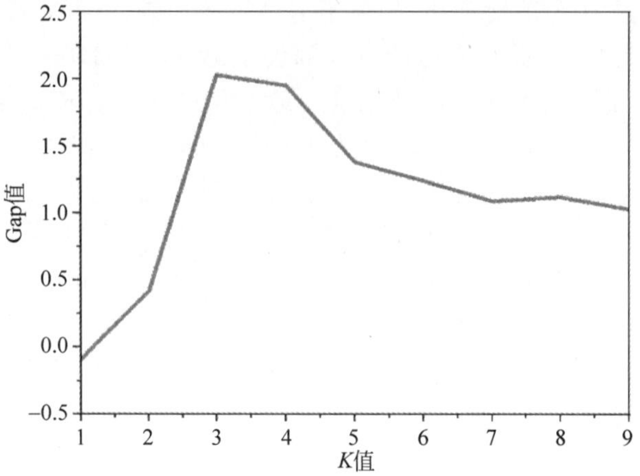

图 3-7 K 值的大小对 Gap 值的影响

法是一种用于处理复杂数据结构的聚类方法，其核心思想是通过一个非线性映射，将输入空间中的数据点映射到高维的特征空间中，并在新的特征空间中进行聚类。非线性映射增加了数据点线性可分的概率，因此当经典的聚类算法失效时，通过引入核函数，也能够获得准确的聚类结果。

K-means++算法：该改进算法专注于更好地初始化聚类中心，以避免不良的初始选择导致的局部最优不佳的问题。其主要步骤如下：首先随机选取一个中心点 c_1，然后计算每个数据点 x 到当前选中的聚类中心的距离，取最远的距离记为 $D(x)$，并以概率 $P(x_i)=\frac{D(x_i)^2}{\sum_{x\in X} D(x)^2}$ 选择新的中心点 c_i，最后不断重复迭代该过程，直到算法停止。总的来说，K-means++算法是选择离已选择的集群中心点最远的点，该方法符合真实情况，因为不同集群中心之间一般是离得越远越好。然而，这个算法难以并行化，但是可以通过改变取样策略来避免该问题。例如，每次遍历不要只选取一个样本作为新中心点，而是可以取样 K 个，然后重复该取样过程 $\log(n)$次，这样就能够得到 $K\log(n)$个样本点组成的集合，然后从这些点中再选取 K 个。

ISODATA：正如前面所说，K 的值需要预先人为确定。但当遇到高维度、海量的数据集时，人们往往很难准确地估计出 K 的大小。ISODATA 就针对这个问题进行了改进。ISODATA 的全称是迭代自组织数据分析法，其思想很直观：当属于某个类别的样本数过少时，将该类别去除；而当属于某个类别的样本数过多、分散程度较大时，则将这个类别分为两个子类别。通过这种方式，ISODATA 能够动态地调整聚类的数量，更灵活地适应数据的分布情况，从而提高聚类效果。

K+means 算法：除上述几种方法之外，K+means 算法也是一个不错的选择，它也能很好解决 K-means 算法的不足。

K+means 算法的步骤：

(1) 使用原始的 K-means 算法找到 K 个集群。

(2) 计算每个集群的最小值、最大值和平均集群内相似度。

(3) 期望每个集群内的平均距离相对较小，甚至几乎相似。

(4) 如果某个集群的平均距离大于其他任何集群，则检查其最大值和最小值。如果最大值较高，则检测离群值对象，因为它与其集群的代表的距离最大。

(5) 将这个离群值作为另一个新的代表，重复该算法，将对象分配给 $K+1$ 个集群。

(6) 重复整个算法，直到没有新的代表形成，并且现有的代表不再改变。

K+means 算法的优势是操作简单，易于理解和实现。该算法的时间复杂度是 $O(tK^2n)$，其中，n 为数据点的数量，K 为集群数，t 为迭代次数。该改进算法只需要用户指定初始 K 值，就可以根据数据获得实际的集群数量。它还有一个优点是对异常值不敏感。因为如果出现离群值，它将定义一个新的集群。

现在我们已经了解了 K+means 算法的基本概念，为了更深入地理解其实际计算过程，将通过一个具体的例子来演示该算法是如何在实践中运作的。表 3-1 给出一个示例数据集。

表 3-1 示例数据集

数据	p_1	p_2	p_3	p_4	p_5	p_6	p_7	p_8	p_9	p_{10}
x	1	1	2	7	8	9	5	6	7	8
y	4	3	2	2	3	2	6	7	6	7

根据表 3-1，可以在二维空间中绘制对象，如图 3-8 所示。

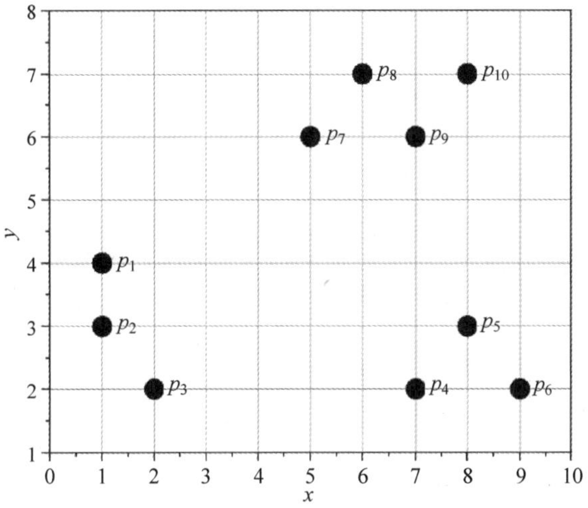

图 3-8 示例数据的二维坐标表示

现假设设置 $K=2$ 为集群数的初始值，并且选择 p_1 和 p_5 作为初始质心。首先通过运行 K-means 算法，我们可以得到含有$\{p_1, p_2, p_3\}$的集群 1 和含有$\{p_4, p_5, p_6, p_7, p_8, p_9, p_{10}\}$的集群 2，如图 3-9 所示。

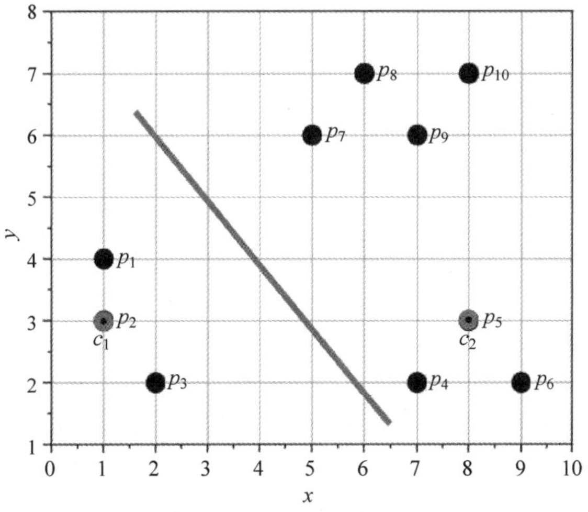

图 3-9 运行 K-means 算法后的集群

接着计算新的质心，如图 3-10 所示。

然后基于新的质心计算 c_1 和 c_2 的集群内距离。

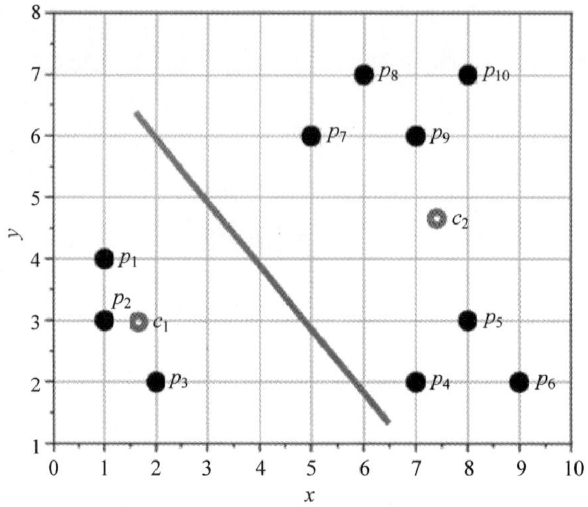

图 3-10 新的集群质心

c_1：Min＝0.33，Max＝1.20，Avg＝0.86

c_2：Min＝1.30，Max＝3.29，Avg＝2.39

在这里，可以发现 c_2 的平均值和最大值都相对较大。因此可以检测 p_6 为离群值对象，因其与所在集群的质心的距离最远，即 $d(c_2,p_6)=3.29$。接着使 $p_6(9,2)$ 为新的聚类质心 c_3，然后就可以重新分配 c_1、c_2 和 c_3 中的对象，如图 3-11 所示。

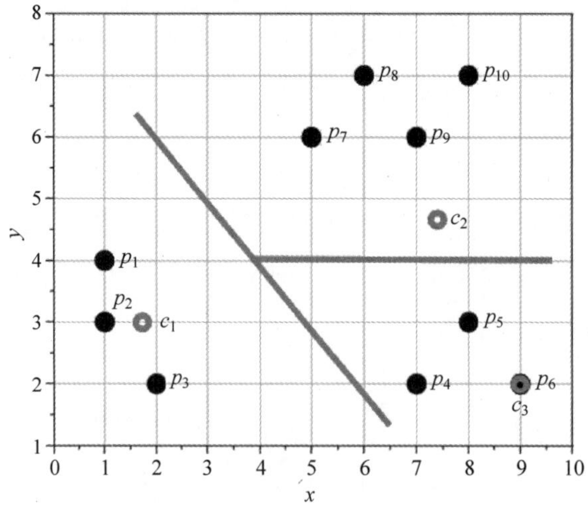

图 3-11 初始质心 c_1、c_2、c_3

现在重新计算质心，如图 3-12 所示。

接着计算各个集群内的最小、最大和平均距离。

c_1：Min＝0.33，Max＝1.20，Avg＝0.86

c_2：Min＝0.71，Max＝1.58，Avg＝1.14

c_3：Min＝0.67，Max＝1.05，Avg＝0.92

可以看到，3 个簇的平均簇内距离都是相似的，因此可以认为算法在这里停止。最后得到了 3 个集群：集群 $c_1=\{p_1,p_2,p_3\}$，集群 $c_2=\{p_7,p_8,p_9,p_{10}\}$ 和集群 $c_3=\{p_4,p_5,p_6\}$，如图 3-12 所示。

K＋means 算法的复杂度略高于 K-means 算法。但是，总体而言，K＋means 算法比 K-means 算法具有更好的聚类性能。为了让读者有更深的了解，下面具体展示两种算法对离群值对象

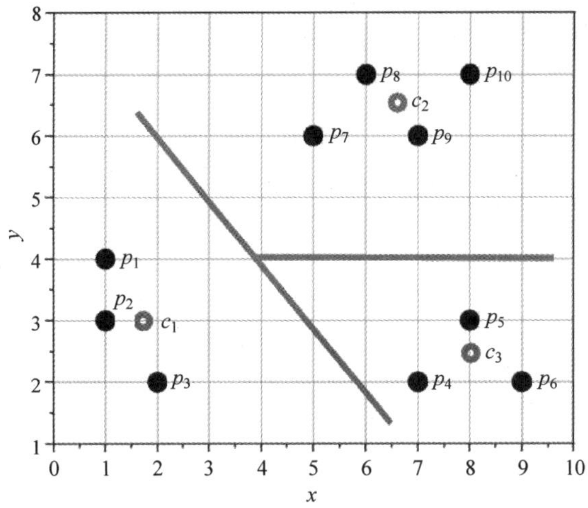

图 3-12　调整质心 c_1、c_2、c_3

的处理方式。图 3-13 显示了当运行取 $K=2$ 的算法时,K-means 算法如何对对象进行分组。而图 3-14 则显示了当运行使用 $K=2$ 的算法时,K+means 算法如何对对象进行分组。显然,通过两张图的对比可以发现,改进后的算法在处理离群点方面展现出更为优越的性能。

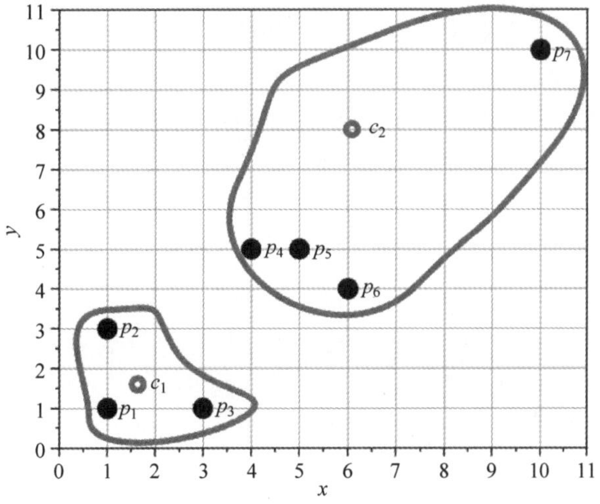

图 3-13　通过 K-means 算法进行聚类

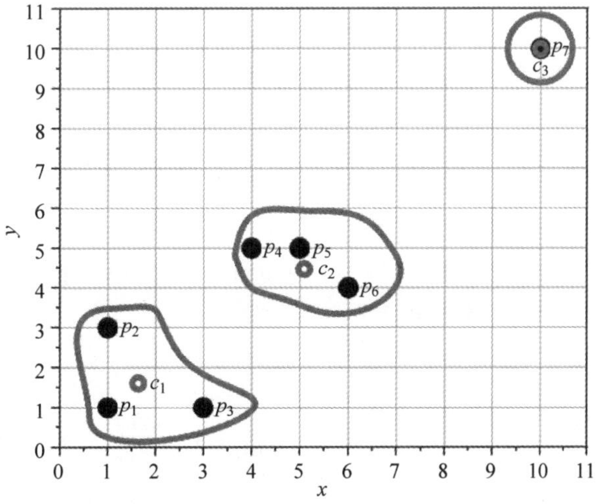

图 3-14　通过 K+means 算法进行聚类

综上所述,对 K-means 算法进行改进后而提出的 K+means 算法不仅保留了 K-means 算法的所有优点,还成功克服了 K-means 算法的缺点。

3.2.3 K 近邻算法

K-means 算法常常与 K 近邻(K-Nearest Neighbor,KNN)算法进行比较,因此本节将对 KNN 算法进行介绍。

KNN 算法是最简单、最常见的机器学习算法之一,它是一种监督学习方法,主要用于分类和回归。给定一个新样本,KNN 算法的工作原理是根据某种基于距离的度量方法来找出在训练集中与其最接近的 K 个相邻样本,然后基于这 K 个相邻样本的特征来对该新样本进行预测。在分类任务上,这通常可以理解为"投票法",即根据这最相邻的 K 个样本出现次数最多的类别作为该样本的预测类别;而在回归任务上则可以视为"平均法",即基于这 K 个相邻的样本计算它们属性的平均值来作为该样本的预测值。此外,也可以按照这 K 个样本距离的远近来进行加权投票或者加权平均进行分类或者回归,其中距离越近的样本拥有越大的权重,表示对预测该样本越有话语权。

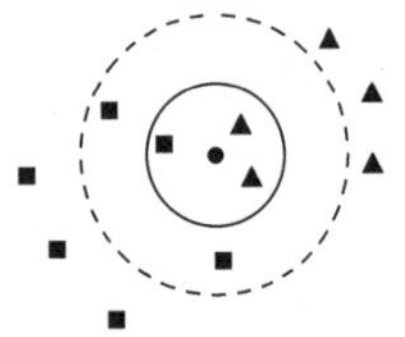

图 3-15 KNN 分类实例

接下来通过一个实例来演示 KNN 算法在分类问题中的应用。如图 3-15 所示,图中的正方形和三角形是已经分好类别的数据,分别代表不同的标签,而中间的圆形样本是待分类的数据。在样本空间中,不同类别的样本是以离散的形式分布在整个空间中,为了找到该待测样本的 K 个相邻样本,同时为了可以得到更好的可视化效果,我们以它为中心画圆作为边界度量方式,如图中实线圆和虚线圆。

以待测样本为中心,如果选择 $K=3$,可以看到在实线圆所包围中离该样本点最近的 K 个点中有 2 个三角形和 1 个正方形。以这 3 个点进行投票,其中三角形的比例为 2/3,因此 KNN 算法会认为该待分类点属于三角形类别。如果 $K=5$,则可以看到在虚线圆所包围中离待测点最近 K 个点中有 2 个三角形和 3 个正方形。同样根据这 5 个相邻点进行投票,可以发现正方形的比例为 3/5,在这种情况下,KNN 算法则会将这个待分类点划分到正方形类别中。

从上述例子可以看到,KNN 算法本质上是一种基于数据统计的方法,事实上,许多机器学习算法也都具备这种基于数据统计的特性。此外,KNN 算法还是一种基于距离的学习方法,是懒惰学习(lazy learning)的典型代表。与其他算法不同,KNN 算法无须明显的前期训练过程,只要把数据集导入就可以直接开始进行分类计算。通常情况下,K 的选取取决于数据集的特性,一般不会选择大于 20 的整数。

进一步讨论,在给定测试样本 x 的情况下,若其相邻样本为 z,近邻分类器出错的概率就是 x 与 z 所属不同类别的概率,即

$$P(\text{err}) = 1 - \sum_{c \in Y} P(c \mid x) P(c \mid z) \tag{3-4}$$

假设样本独立同分布,且对任意 x 和任意小正数 δ,在 x 附近 δ 距离范围内总能找到一个训练样本;换言之,对任意测试样本,总能在任意近的范围内找到上述公式的训练样本 z。令 $c^* = \operatorname{argmax}_{c \in Y} P(c \mid x)$ 表示贝叶斯最优分类器的结果,可以得到

$$P(\text{err}) = 1 - \sum_{c \in Y} P(c \mid x) P(c \mid z) \tag{3-5}$$

$$P(\text{err}) \approx 1 - \sum_{c \in Y} P^2(c \mid x) \tag{3-6}$$

$$P(\text{err}) \leqslant 1 - P^2(c^* \mid x) \tag{3-7}$$

$$P(\text{err})=(1+P(c^* \mid x))(1-P(c^* \mid x)) \tag{3-8}$$

$$P(\text{err})\leqslant 2\times(1-P(c^* \mid x)) \tag{3-9}$$

根据上述公式的推导，可以得出结论：KNN 分类器虽然简单，但是它的泛化错误率不会超过贝叶斯最优分类器的错误率的 2 倍。

具体来说，用于分类的 KNN 算法的计算步骤如下。

(1) 计算待分类点与所有已知类别的样本点之间的距离。

(2) 按照距离递增次序排序。

(3) 选取与待分类点距离最小的前 K 个点。

(4) 确定前 K 个点所在类别的出现次数。

(5) 返回前 K 个点出现次数最高的类别作为待分类点的预测分类。

如果将 KNN 算法用在回归任务中，那么要预测的点的值是通过求与它距离最近的 K 个点的值的平均值得到的，这里的“距离最近”可以是欧氏距离，也可以是其他距离，具体的度量标准一般依数据而定。如图 3-16 所示的例子，x 轴表示特征，y 是该特征所对应的值，圆形点是已知点，K 设为 3。要预测第一个点的位置，则需计算离它最近的三个点（虚线框中的三个圆形点）的平均值，得出第一个三角形点，以此类推，就可以得到图中三角形点构成的线。可以看出，这样的预测明显比直线准。

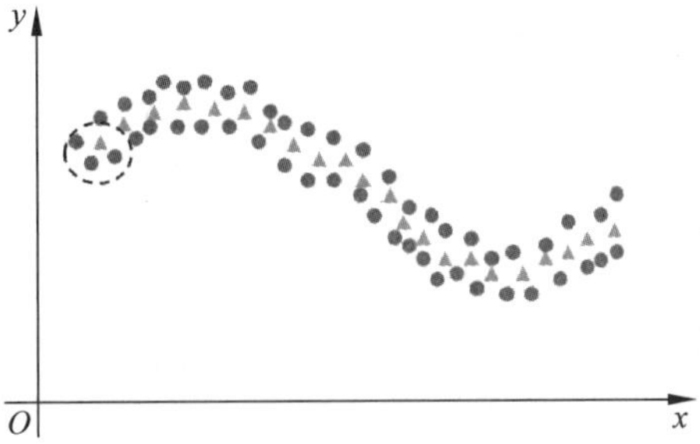

图 3-16　$K=3$ 的 KNN 算法回归实例

通过上述例子，可以清晰地看到，KNN 算法在分类和回归任务中都涉及如下关键点。

(1) 算法超参数 K 的选取。

(2) 距离度量方法，特征空间中样本点的距离是样本点间相似程度的反映。

(3) 分类决策规则，少数服从多数。

其中，K 值的选择和距离度量的设定相对而言更为重要。

K 值是 KNN 算法中唯一的超参数，该值的选择对算法的最终预测结果会产生直观的影响。如果选择较小的 K 值，就相当于用较小邻域中的训练实例进行预测，“学习”的近似误差会减小，因为此时只有与输入实例较近的训练实例才会对预测结果起作用。然而选择较小的 K 值的缺点是“学习”的估计误差会增大，因为预测结果会对邻近的实例点非常敏感。如果邻近的实例点恰巧是噪声，预测就会出错。换句话说，K 值的减小就意味着整体模型非常复杂，容易发生过拟合。如果选择较大的 K 值，相当于使用较大邻域中的训练实例进行预测，虽然这能减少“学习”的估计误差，但同时也会增大“学习”的近似误差。因为此时与输入实例较远的训练实例也会对预测产生作用，从而增加预测错误的可能性。也就是说，K 值的增大表示整体模型变得简单，但也容易导致欠拟合。例如，当假定极端条件 $K=N$，那么无论输入实例是什么，都将简单地预测出它属于训练实例中最多的类。这时，模型过于简单，完全忽略训练中的大量有用信息，很显然这是不可取的。

在实际应用中，通常采用交叉验证法来选择最优的 K 值。从上述分析也可知，一般 K 值取得相对较小。因此，我们会在较小的范围内尝试不同的 K 值，并选择在验证集上准确率最高的那个值作为最终的算法超参数 K。

距离度量的选择也是影响算法效果的一个关键因素。在样本空间中，两个点之间的距离度量代表两个样本点之间的相似程度，距离越小，则表示相似程度越高；相反，距离越大，相似程度越低。接下来,我们将详细描述 KNN 算法中常用的距离度量,如欧氏距离、曼哈顿距离、切比雪夫距离和闵可夫斯基距离等。为了更好地解释,假设有数据点 $\boldsymbol{x}$ 和 $\boldsymbol{y}$,它们都包含了 n 维特征。其数学描述如下:

$$\boldsymbol{x}=(x_1,x_2,\cdots,x_n),\quad \boldsymbol{y}=(y_1,y_2,\cdots,y_n) \tag{3-10}$$

欧氏距离:该距离度量方法是最常见的两点之间或多点之间的距离表示法,又称为欧几里得度量。它定义于欧几里得空间中,其距离公式如下:

$$d(\boldsymbol{x},\boldsymbol{y})=\sqrt{(x_1-y_1)^2+(x_2-y_2)^2+\cdots+(x_n-y_n)^2}=\sqrt{\sum_{i=1}^{n}(x_i-y_i)^2} \tag{3-11}$$

基于式(3-11),可以计算欧几里得空间中任意点之间的距离。例如,三维空间中的两个点 $a(x_1,y_1,z_1)$和 $b(x_2,y_2,z_2)$之间的欧氏距离为

$$d(a,b)=\sqrt{(x_1-x_2)^2+(y_1-y_2)^2+(z_1-z_2)^2} \tag{3-12}$$

其也可以表示成向量运算的形式:

$$d(\boldsymbol{x},\boldsymbol{y})=\sqrt{(\boldsymbol{x}-\boldsymbol{y})(\boldsymbol{x}-\boldsymbol{y})^{\mathrm{T}}} \tag{3-13}$$

曼哈顿距离:曼哈顿距离的严格定义是 $L1$-距离或城市区块距离,即在欧几里得空间的固定直角坐标系上,两点形成的线段对坐标轴产生的投影的距离总和,其距离公式为:$d(\boldsymbol{x},\boldsymbol{y})=\sum_{i=1}^{n}|x_i-y_i|,i=1,2,\cdots,n$。例如在平面上,坐标为$(x_1,y_1)$的点 P_1 和坐标为(x_2,y_2)的点 P_2 之间的曼哈顿距离为$|x_1-x_2|+|y_1-y_2|$。在三维空间中,两个点 $a(x_1,y_1,z_1)$和 $b(x_2,y_2,z_2)$之间的曼哈顿距离则为

$$d(a,b)=|x_1-x_2|+|y_1-y_2|+|z_1-z_2| \tag{3-14}$$

值得注意的是,曼哈顿距离依赖坐标系统的转度,而非系统在坐标轴上的平移或映射。

切比雪夫距离:该距离描述了在任何坐标轴方向上两个点之间最远距离,其定义如下:

$$d(\boldsymbol{x},\boldsymbol{y})=\max(|x_i-y_i|),\quad i=1,2,\cdots,n \tag{3-15}$$

这也等同于 L_p 度量的极值,即 $\lim\limits_{p\to\infty}\left(\sum_{i=1}^{n}|x_i-y_i|^p\right)^{1/p}$,因此切比雪夫距离也被称为 L_∞ 度量。以数学的观点来看,切比雪夫距离是由一致范数(或称为上确界范数)所衍生的度量,也是超凸度量的一种。根据上述定义,在平面几何中,若两点 p 及 q 的直角坐标系坐标为(x_1,y_1)和(x_2,y_2),那么就可以得出其切比雪夫距离为

$$d(p,q)=\max(|x_2-x_1|,|y_2-y_1|) \tag{3-16}$$

闵可夫斯基距离:闵可夫斯基距离(Minkowski distance)不是一种距离,而是 L_p 度量的泛化。其数学定义如下:

$$d_p(\boldsymbol{x},\boldsymbol{y})=\left(\sum_{i=1}^{n}|x_i-y_i|^p\right)^{1/p} \tag{3-17}$$

当 $p=1$ 时,表示为曼哈顿距离;$p=2$ 时,表示欧氏距离;$p=\infty$,则为切比雪夫距离。

标准化欧氏距离:标准化欧氏距离是对简单欧氏距离的一种改进方案,其考虑了数据的尺度,旨在更好地处理数据各维分量的分布不同的问题。标准化欧氏距离的思路是将各个分量都"标准化"到均值、方差相等,以适应数据各维分布的差异性,消除量纲的影响。具体来说,假设样本集 X 的数学期望或均值为 m,标准差为 s,样本集的标准化过程为

$$X^*=\frac{X-m}{s} \tag{3-18}$$

这里的 X^* 就是 X 的"标准化变量",且其数学期望为 0,方差为 1。如果将方差的倒数看成一

个权重，那么上述公式可以看成一种加权欧氏距离。经过简单地推导就可以得到两个 n 维向量 $\boldsymbol{x}$ 与 $\boldsymbol{y}$ 之间的标准化欧氏距离，即

$$d(\boldsymbol{x},\boldsymbol{y})=\sqrt{\sum_{i=1}^{n}\left(\frac{x_i-y_i}{s_i}\right)^2} \tag{3-19}$$

其中，s_i 是第 i 个维度上的标准差。标准化欧氏距离在处理各维度差异较大的数据时，具有明显的优势。

马氏距离：假设有 M 个样本向量 $\boldsymbol{X}_1,\boldsymbol{X}_2,\cdots,\boldsymbol{X}_M$，其协方差矩阵记为 $\boldsymbol{S}$，均值记为向量 $\boldsymbol{\mu}$，则样本向量 $\boldsymbol{X}$ 到 $\boldsymbol{u}$ 之间的马氏距离(Mahalanobis distance)定义为

$$D(\boldsymbol{X})=\sqrt{(\boldsymbol{X}-\boldsymbol{\mu})^{\mathrm{T}}\boldsymbol{S}^{-1}(\boldsymbol{X}-\boldsymbol{\mu})} \tag{3-20}$$

其中，协方差矩阵中每个元素是各个矢量元素之间的协方差 $\mathrm{Cov}(\boldsymbol{X},\boldsymbol{Y})$，一般表示为 $\mathrm{Cov}(\boldsymbol{X},\boldsymbol{Y})=E\{[\boldsymbol{X}-E(\boldsymbol{X})][\boldsymbol{Y}-E(\boldsymbol{Y})]\}$，这里的 E 为数学期望。因此，向量 $\boldsymbol{X}_i$ 与 $\boldsymbol{X}_j$ 之间的马氏距离则定义为

$$D(\boldsymbol{X}_i,\boldsymbol{X}_j)=\sqrt{(\boldsymbol{X}_i-\boldsymbol{X}_j)^{\mathrm{T}}\boldsymbol{S}^{-1}(\boldsymbol{X}_i-\boldsymbol{X}_j)} \tag{3-21}$$

值得注意的是，若协方差矩阵是单位矩阵，则表示各个样本向量之间独立同分布，此时公式会演变成欧氏距离。若协方差矩阵为对角矩阵，则公式会变为标准化欧氏距离。

巴氏距离：在统计中，巴氏距离(Bhattacharyya distance)用于衡量两个离散或连续概率分布的相似度。该距离与巴氏系数密切相关，后者常用于衡量两个统计样本或种群之间的重叠程度。同时，巴氏系数可用于确定两个样本相对接近的程度，因此其被广泛应用于测量类别间的可分离性。对于在同一域 X 上的离散概率分布 p 和 q，其巴氏距离被定义为

$$D(p,q)=-\ln(\mathrm{BC}(p,q)) \tag{3-22}$$

其中 $\mathrm{BC}(p,q)=\sum_{x\in X}\sqrt{p(x)q(x)}$ 是巴氏系数。而对于连续概率分布，巴氏系数被定义为：$\mathrm{BC}(p,q)=\int\sqrt{p(x)q(x)}\,\mathrm{d}x$。计算巴氏系数涉及将两个样本的基本形式的重叠时间间隔值进行积分，这两个样本会被分隔成一个选定的分区数，并且在每个分区中，每个样本的成员数量使用 $\sum_{i=1}^{n}\sqrt{\left(\sum a_i\cdot\sum b_i\right)}$ 进行计算。

汉明距离：该距离用于衡量两个向量之间不同元素的个数，即 $d_H(\boldsymbol{x},\boldsymbol{y})=\sum_{i=1}^{n}\delta(x_i,y_i)$。其中，$\delta(x_i,y_i)$是一个指示函数，当 $x_i\neq y_i$ 时为 1，否则为 0。两个等长字符串 s_1 与 s_2 之间的汉明距离(Hamming distance)被定义为将其中一个字符串转换为另一个所需的最小替换次数。例如，字符串"1111"与"1001"之间的汉明距离为 2。其主要应用在信息编码领域中，为了增强容错性，通常希望编码间的最小汉明距离尽可能大。

夹角余弦：夹角余弦(cosine)是一种用于衡量几何中两个向量方向差异的方法。在机器学习中，常借用这一概念来衡量样本向量之间的差异。在二维空间中，向量 $\boldsymbol{A}(x_1,y_1)$与向量 $\boldsymbol{B}(x_2,y_2)$的夹角余弦表示为

$$\cos(\theta)=\frac{x_1x_2+y_1y_2}{\sqrt{{x_1}^2+{y_1}^2}\sqrt{{x_2}^2+{y_2}^2}} \tag{3-23}$$

而在高维空间中，两个 n 维样本点 $\boldsymbol{a}(x_1,x_2,\cdots,x_n)$和 $\boldsymbol{b}(y_1,y_2,\cdots,y_n)$的夹角余弦则定义为

$$\cos(\theta)=\frac{\boldsymbol{a}\cdot\boldsymbol{b}}{\|\boldsymbol{a}\|\,\|\boldsymbol{b}\|} \tag{3-24}$$

其中，$\boldsymbol{a}\cdot\boldsymbol{b}$ 是向量点积运算，$\|\boldsymbol{a}\|$ 和 $\|\boldsymbol{b}\|$ 分别是向量 $\boldsymbol{a}$ 和 $\boldsymbol{b}$ 的模。

在介绍了上述多种距离度量方式后，我们可以发现距离度量就是为了定义哪些样本可以被认定为邻居，而 K 的选取就是决定一次需要选取多少邻居。因此，距离度量至关重要，在实际应用中，可以多尝试不同的方法，以选取最适合当下任务的距离度量方式。

3.2.4 KNN 的改进

上述小节介绍了 KNN 算法，然而该算法也存在一些局限性。为了解决这些问题，涌现出了多种改进算法。其中，有些算法是通过权重来改进 KNN 算法，即通过训练点到样本数据点的距离来分配权重，以解决 KNN 对异常值敏感的问题。然而，这些算法仍然面临计算复杂性和内存需求仍然的问题。另外一些算法为了克服内存限制，选择减少数据集的大小，即消除训练样本中没有额外信息的重复模式。为了进一步提升性能，一些算法还从训练数据集中剔除对结果没有影响的数据点。除了时间和内存的限制外，KNN 算法还有一个需要注意的因素是 K 值的选择，有些算法会使用基于模型的算法，使得所提出的模型能够自动选择 K 值。在提高经典 KNN 速度方面，一些算法利用排序、假邻居信息和聚类的概念对其进行改进。此外，KNN 算法也可以使用球树（ball tree）、K-D 树（K-D tree）、最近特征线（NFL）、可调度量、主轴搜索树和正交搜索树来实现。树形结构化使得训练数据被划分为节点，而 NFL 和可调度量等技术则根据平面来划分训练数据集，这些技术也都能提高基本 KNN 算法的速度。

常见的改进算法有很多。例如，加权 KNN（WKNN，Weighted K-Nearest Neighbor）算法，它根据 K 值计算样本数据点之间的距离，并为每个计算值赋权值，然后确定最近邻，最终为样本数据点分配类别。压缩近邻（Condensed Nearest Neighbor，CNN）算法则采用逐个存储模式，通过消除重复模式的方式减小数据集。它删除了不添加更多信息的数据点，使得与其他训练数据集的相似点更能呈现。简化近邻（Reduced Nearest Neighbor，RNN）算法是对 CNN 算法的进一步改进，它多包括一个步骤，即消除不影响训练数据集结果的模式。基于模型的 KNN 算法是另一种算法，它选择相似度度量，并从给定的训练集中创建一个“相似度矩阵”。接着，在同一类别中，找到覆盖大量邻域的最大局部邻域，将数据元组放置在最大的全局邻域中。这些步骤将重复进行，直到所有数据元组都被分组为止。注意，一旦使用模型形成数据，就会执行 KNN 算法来指定未知样本的类别。

一些研究通过引入等级的概念来改进 KNN 算法，具体来说，该算法是将属于不同类别的所有观察结果汇集起来，并按升序为每个类别的数据分配排名。然后对观测结果进行计数，接着根据等级将其分配给未知样本。该算法在多变量数据中非常有用。在修正 KNN 算法中，它会对训练数据集中所有数据样本的 WKNN 有效性进行修正，并计算相应的权重赋值，然后将效度与权重结合起来，对样本数据点进行类别分类。另一些研究则定义了样本数据点分类的新概念。该算法引入了伪邻居，顾名思义，它并非实际的最近邻，而是根据每个类中未分类模式的 KNN 距离的加权和值选择一个新的最近邻。然后对未知样本进行欧氏距离计算，找到权重较大的伪邻域，借此对未知样本进行分类。在新提出的技术中，还有采用聚类的方法来计算最近邻。这些步骤包括首先从训练集中移除位于边界附近的样本，然后通过 K 值聚类对每个训练集进行聚类，所有聚类中心形成新的训练集。最后，根据每个聚类所拥有的训练样本的数量，为每个聚类分配权重。

此外，还有一类基于球树、K-D 树、主轴树（PAT）、正交结构树（OST）、最近特征线、中心线（CL）等数据结构的近邻技术，这种技术使得 KNN 算法在速度方面有了很大改进。其中，球树是一种二叉树，其使用自顶向下的方法进行构造。树的叶子包含相关信息，而内部节点用于指导有效搜索。K-D 树将训练数据分为右节点和左节点两部分，根据查询记录搜索树的左侧或右侧。到达终端节点后，检查其中的记录，找到距离查询记录最近的数据节点。有研究者提出最近特征线邻居(NFL)算法，其将训练数据划分为平面并引入特征线来寻找最近邻。为此，他们为每个类计算了查询点和每对特征线之间的FL距离，计算后可以得到一组距离。这些距离按升序排列，产生了NFL距离，其划分为等级1。对NFL的一个改进是局部最近邻，该方法仅针对点进行评估。有研究还引入了一种新的评估NFL距离的度量方式，称为可调度量，进而提出可调最近邻算法(TNN)。它遵循与NFL相同的程序，但在第一阶段中，它使用可调度量来计算距离，再实现NFL的步骤。而基于中心的最近邻是对NFL和可调性最近邻的改进。它采用中心基线来连接样本点与已知的标记点。具体来说，该算法首先计算CL，即通过训练样本和类中心的直线，然后计算从查询点到CL的距离，最后进行最近邻的计算。还有一种近邻算法称作PAT。它允许将训练数据以有效的速度划分，以进行最近邻评估。PAT包括两个阶段，即PAT结构和PAT搜索。PAT使用主成分分析，并将数据集划分为包含相同数量的点的区域。一旦树形成，KNN就被用于搜索PAT中的最近邻，搜索时可以使用二进制搜索来确定给定点的区域。OST是对PAT改进的另一种近邻算法。它使用正交向量，采用了“长度(范数)”的概念，然后在第一阶段进行评估。接着通过创建一个根节点，并将所有数据点分配给该节点来形成正交搜索树，然后使用pop操作形成左右节点。

为了更为直观地理解和比较，表3-2展示了多种近邻算法，主要介绍其关键思想、优缺点和所适合的数据集。

表3-2　多种近邻算法的比较

序号	方法名称	关键思想	优　点	缺　点	目标数据
1	K近邻算法	使用近邻规则	1. 训练速度快 2. 简单易学 3. 对有噪声的训练数据具有健壮性 4. 训练数据数量越大越有效	1. 受K值的影响 2. 计算复杂性 3. 内存限制 4. 作为一个监督学习的惰性算法，运行缓慢 5. 很容易被不相关的属性所愚弄	大数据样本
2	加权K近邻算法	根据计算出的距离为邻居分配权重	1. 克服了KNN隐式分配K个邻居的局限性 2. 使用所有的训练样本，而不仅仅是K个 3. 使该算法成为全局算法	1. 在计算权重时，计算复杂度增加 2. 算法运行缓慢	大样本数据
3	压缩近邻算法	消除显示相似性的数据集，且不添加额外的信息	1. 减少训练数据的大小 2. 提高查询时间和内存需求 3. 降低识别率	1. CNN是依赖于顺序的；它不太可能在边界上找到一些点 2. 计算复杂性度大	主要关注内存需求的数据集
4	简化近邻算法	删除不影响训练数据集结果的模式	1. 减少训练数据的大小，消除模板 2. 提高查询时间和内存需求 3. 降低识别率	1. 计算复杂度大 2. 成本高 3. 耗时长	大型数据集
5	基于模型的K近邻算法	利用数据构建模型，并利用模型对新数据进行分类	1. 更多的分类精度 2. K的值可以被自动选择 3. 高效化，减少了数据点的数量	不考虑该区域以外的边际数	针对大型存储库的动态Web挖掘

续表

序号	方法名称	关键思想	优 点	缺 点	目标数据
6	排序 K 近邻算法	为每个类别的训练数据分配等级	1. 当特性之间有太多变化时表现更好 2. 这是基于自己的排名 3. 与 KNN 算法相比，计算复杂度更低	多变量 KRNN 依赖于数据的分布	高斯性质的类分布
7	修正 K 近邻算法	利用数据点的权重和有效性对近邻进行分类	1. 部分克服了 WKNN 的低精度 2. 稳定、稳健	计算复杂度大	面向出口的方法
8	伪/广义近邻(Pseudo/Generalized Nearest Neighbor，GNN)算法	利用$n-1$个邻居的信息，而不是只有最近的邻居	使用 $n-1$ 个类来考虑整个训练数据集	1. 并不适用于小数据 2. 计算复杂度大	大数据集
9	聚类 K 近邻(Clustered K Nearest Neighbor，CKNN)算法	形成集群来选择最近的邻居	1. 克服了训练样本不均匀分布的缺陷 2. 稳定、可靠	1. 在运行算法之前，阈值参数的选择比较困难 2. 对聚类的 K 值有偏差	文本分类
10	球树 K 近邻(Ball Tree K Nearest Neighbor，KNS1)算法	使用球树结构来提高 KNN 算法的速度	1. 好调整所表示数据的结构 2. 好处理高维实体 3. 易于实现	1. 昂贵的插入算法 2. 随着距离的增加，KNS1 算法会降解	几何学习任务，如机器人、视觉、语音、图形
11	K-D 树近邻(K-D Tree Nearest Neighbor，KDNN)算法	将训练数据精确地分成半平面	1. 产生完全平衡的树 2. 快速、简单	1. 更多的计算 2. 需要密集的搜索 3. 盲目地将切片点分割成一半，容易忽略数据内部结构	多维点的组织结构
12	最近特征线邻居(Nearest Feature Line Neighbor，NFL)算法	利用每个类的多个模板	1. 提高分类精度 2. 对小尺寸非常高效 3. 利用近邻中忽略的信息，即每个类的模板	1. 当 NFL 中的原型远离查询点时失败 2. 计算复杂度大 3. 用直线来描述特征点是一项艰巨的任务	人脸识别问题
13	局部近邻(Local Nearest Neighbor，LNN)算法	重点关注查询点的近邻原型	NFL 的覆盖限制	计算次数多	人脸识别问题
14	可调近邻(Tunable Nearest Neighbor，TNN)算法	使用了可调度量	对小的数据集有效	大量的计算	判别问题
15	基于中心的近邻(Center-based Nearest Neighbor)算法	计算中心线	高效的小数据集	大量的计算	模式识别

续表

序号	方法名称	关键思想	优　　点	缺　　点	目标数据
16	主轴树的近邻(Principal Axis Tree Nearest Neighbor，PAT)算法	使用 PAT 算法	1. 性能良好 2. 搜索快速	计算时间长	模式识别
17	正交搜索树中的近邻(Orthogonal Search Tree Nearest Neighbor，OSTNN)算法	使用正交树算法	1. 减少了计算时间 2. 对大型数据集有效	查询时间多	模式识别

由于具有一定相似性，所以 KNN 算法和 K-means 算法经常被用来比较。总的来说，这两种算法最大的区别在于，KNN 算法是为了解决分类问题的有监督学习算法，而 K-means 算法是为了解决聚类问题的无监督学习算法。其次是两种算法的 K 所指代的内容也有差异，KNN 算法中的 K 是为选取待分类样本点的某种度量距离最近的 K 个点，而 K-means 算法的 K 是在聚类前就提前指定的集群数 K。而这两种算法的共同点是它们都采用相同的可供选择的距离度量方法。

3.3　原型聚类算法

原型聚类即"基于原型的聚类"(prototype-based clustering)，其假设在聚类过程中能通过参考一个原型来完成算法。原型聚类算法在实际聚类情况中是非常常见的。通常情况下，算法首先对原型进行初始化，然后通过迭代对原型更新求解。采用不同的原型表示和求解方式，将产生不同的算法。例如，常见的 K-means 算法是基于簇中心来实现聚类的，学习向量量化(Learning Vector Quantization，LVQ)算法则采用样本的真实类标签来辅助聚类，而高斯混合聚类算法则是基于簇分布来实现聚类。

3.3.1　学习向量量化算法

LVQ 算法是一种基于原型的聚类算法。与 K-means 算法不同，LVQ 借助样本的真实类标签来描述原型。具体来说，LVQ 算法会首先根据样本的类标签，从各类中分别随机选取一个样本作为该类簇的原型，从而组成一个原型向量组。接着，从样本集中随机挑选一个样本，计算其与原型向量组中每个向量的距离，并选取距离最小的原型向量所在的类簇作为其划分结果。最后将结果与真实类标签进行比较。若划分结果正确，则对应原型向量向这个样本靠近一些；若划分结果不正确，则对应原型向量向这个样本远离一些。

具体来说，LVQ 算法的流程如下所示。

输入：样本集 $D=\{(\boldsymbol{x}_1,y_1),(\boldsymbol{x}_2,y_2),\cdots,(\boldsymbol{x}_m,y_m)\}$；原型向量个数 q，各原型向量预设的类别标记 $\{t_1,t_2,\cdots,t_q\}$；学习率 $\eta\in(0,1)$。

输出：聚类原型向量 $\{\boldsymbol{p}_1,\boldsymbol{p}_2,\cdots,\boldsymbol{p}_i\}$。

(1) 初始化一组原型向量 $\{\boldsymbol{p}_1,\boldsymbol{p}_2,\cdots,\boldsymbol{p}_q\}$。

(2) 从样本集 D 中随机选取样本 $(\boldsymbol{x}_i,y_i)$。

(3) 计算样本 $\boldsymbol{x}_j$ 和 $\boldsymbol{p}_i(1\leqslant i\leqslant q)$ 的距离：$d_{ji}=\|\boldsymbol{x}_j-\boldsymbol{p}_i\|_2$。

(4) 找出与 $\boldsymbol{x}_j$ 距离最近的原型向量 $\boldsymbol{p}_{i^*}$，$i^*=\operatorname{argmin}_{i\in\{1,2,\cdots,q\}}d_{ji}$。

(5) 如果 $y_i=t_{i^*}$,那么 $\boldsymbol{p}'=\boldsymbol{p}_{i^*}+\eta\cdot(\boldsymbol{x}_j-\boldsymbol{p}_{i^*})$即类中心向 $\boldsymbol{x}$ 靠近,否则 $\boldsymbol{p}'=\boldsymbol{p}_{i^*}-\eta\cdot(\boldsymbol{x}_j-\boldsymbol{p}_{i^*})$即类中心向 $\boldsymbol{x}$ 远离。

(6) 将原型向量 $\boldsymbol{p}_{i^*}$ 更新为 $\boldsymbol{p}'$,继续循环直到满足停止条件。

为了更直观地理解,我们将通过一个具体的例子来进一步说明 LVQ 算法的过程。首先,构造一个如下的数据集,其中 $\boldsymbol{x}_i$ 为特征数据,对应的 y_i 为该样本的真实标签。

$$\boldsymbol{x}_1:(3,4),\quad y_1:(1)$$

$$\boldsymbol{x}_2:(3,3),\quad y_1:(1)$$

$$\boldsymbol{x}_3:(1,2),\quad y_1:(0)$$

$$\boldsymbol{x}_4:(1,1),\quad y_1:(0)$$

$$\boldsymbol{x}_5:(2,1),\quad y_1:(0)$$

假设任务是要将上述的点集划分为两个集群,我们随机挑选 $\boldsymbol{x}_1$ 和 $\boldsymbol{x}_3$ 作为初始原型向量 $\boldsymbol{p}_1$ 和 $\boldsymbol{p}_2$,学习率 $\eta=0.1$。在第一轮迭代时随机选取出样本 $\boldsymbol{x}_2$,然后就分别计算 $\boldsymbol{x}_2$ 和 $\boldsymbol{p}_1$、$\boldsymbol{p}_2$ 之间的距离(这里采用欧氏距离),得到 1 和$\sqrt{5}$。可以看出 $\boldsymbol{x}_2$ 和 $\boldsymbol{p}_1$ 的距离会小于 $\boldsymbol{x}_2$ 和 $\boldsymbol{p}_2$ 的距离,所以,$\boldsymbol{x}_2$ 和 $\boldsymbol{p}_1$ 会具有相同的标签值。然后通过以下公式

$$\boldsymbol{p}_1'=\boldsymbol{p}_1+\eta\cdot(\boldsymbol{x}_1-\boldsymbol{p}_1)=(3,4)+0.1\times((3,3)-(3,4))=(3,3.9) \tag{3-25}$$

将 $\boldsymbol{p}_1$ 更新为 $\boldsymbol{p}_1'$,之后不断重复上述过程,直到满足终止条件。这就是 LVQ 算法的具体计算过程。

LVQ 算法简单、易于理解,但也要注意一些细节问题。例如,基于上述例子,若挑选 $\boldsymbol{x}_1$ 和 $\boldsymbol{x}_2$ 或 $\boldsymbol{x}_3$ 和 $\boldsymbol{x}_4$ 作为初始簇,那么最后得到的两个原型向量的标签值其实都是相同的,如都为 0。这样就会导致无论输入的样本与哪个原型向量更接近,其标签值最终都为 0,这显然不是我们希望得到的结果。因此,在挑选初始原型向量时需要将当前样本集的所有标签值都囊括在初始原型向量组中。

3.3.2 高斯混合聚类算法

高斯混合聚类算法与 K-means 算法、LVQ 算法不同,它是采用概率模型来刻画原型。

在深入介绍高斯混合聚类之前,我们先来回顾一下多元高斯分布的定义。在 n 维的样本空间 X 中的随机向量 $\boldsymbol{x}$,若 $\boldsymbol{x}$ 是服从多元高斯分布的,那么 $\boldsymbol{x}$ 的概率密度函数为

$$p(\boldsymbol{x})=\frac{1}{(2\pi)^{\frac{n}{2}}\,|\boldsymbol{\Sigma}|^{\frac{1}{2}}}\mathrm{e}^{-\frac{(\boldsymbol{x}-\boldsymbol{\mu})^{\mathrm{T}}\boldsymbol{\Sigma}^{-1}(\boldsymbol{x}-\boldsymbol{\mu})}{2}} \tag{3-26}$$

其中,$\boldsymbol{\mu}$ 是 n 维均值向量,$\boldsymbol{\Sigma}$ 是 $n\times n$ 的协方差矩阵。由式(3-26)可以看出,高斯分布只取决于均值向量$\boldsymbol{\mu}$ 和协方差矩阵$\boldsymbol{\Sigma}$ 这两个参数。这两个参数对应的高斯分布概率密度函数记作 $p(\boldsymbol{x}|\boldsymbol{\mu},\boldsymbol{\Sigma})$,因此,高斯混合分布可以表示为

$$p_{\mathrm{M}}(\boldsymbol{x})=\sum_{i=1}^{k}\alpha_i\cdot p(\boldsymbol{x}\mid\mu_i,\boldsymbol{\Sigma}_i) \tag{3-27}$$

混合的高斯分布由 k 个高斯分布混合组成,其中 μ_i 和 $\boldsymbol{\Sigma}_i$ 对应第 i 个高斯分布的参数,而 α_i 是对应高斯分布的"混合系数",α_i 符合如下条件:

$$\sum_{i=1}^{k}\alpha_i=1 \tag{3-28}$$

根据给定的各个高斯分布的参数以及其对应的概率 α_i,通过选定的混合概率密度函数进行采样,便可生成所需样本。

假设从给定的多元高斯分布中采样出的训练集为 $D=\{\boldsymbol{x}_1,\boldsymbol{x}_2,\boldsymbol{x}_3,\cdots,\boldsymbol{x}_m\}$，令随机变量 $z_j\in\{1,2,\cdots,k\}$，其表示 $\boldsymbol{x}_j$ 的高斯混合成分。可以看出，z_j 的先验概率 $p(z_j=i)$ 恰好对应 α_i，所以根据贝叶斯定理可以得到 z_j 的后验概率为

$$p_{\mathrm{M}}(z_j=i\mid\boldsymbol{x}_j)=\frac{P(z_j=i)\cdot p_{\mathrm{M}}(\boldsymbol{x}_j\mid z_j=i)}{p_{\mathrm{M}}(\boldsymbol{x}_j)} \tag{3-29}$$

$$p_{\mathrm{M}}(z_j=i\mid\boldsymbol{x}_j)=\frac{\alpha_i\cdot p(\boldsymbol{x}_j\mid\boldsymbol{\mu}_i,\boldsymbol{\Sigma}_i)}{\sum_{l=1}^{k}\alpha_l\cdot p(\boldsymbol{x}_j\mid\boldsymbol{\mu}_l,\boldsymbol{\Sigma}_l)} \tag{3-30}$$

其中，$p_{\mathrm{M}}(z_j=i\mid\boldsymbol{x}_j)$是给定样本 $\boldsymbol{x}_j$ 由第 i 个高斯混合分布生成的后验概率，记为 γ_{ji}。

在多元高斯混合分布已知的情况下，高斯混合聚类算法的目标是将样本集 D 划分为 k 个集群 $C=\{C_1,C_2,\cdots,C_k\}$，其中，样本集中的每个样本 $\boldsymbol{x}_j$ 的集群标记为 λ_j，则

$$\lambda_j=\mathrm{argmax}_{i\in\{1,2,\cdots,k\}}\gamma_{ji} \tag{3-31}$$

因此，从原型聚类的角度来看，高斯混合模型采用概率模型对原型进行刻画，而集群划分则由原型对应的后验概率确定。

高斯混合聚类算法具有显著的优点，即在投影后，样本点不是得到一个确定的分类标记，而是得到每个类的概率。与确定的类别相比，这种概率算法更加贴近实际生活，提供了高价值的信息。此外，高斯混合模型不仅可以用在聚类上，还可以用于概率密度估计，具有广泛的应用，同时提供了从另一个角度来解释确定性模型。然而，高斯混合模型也存在一些缺点。首先，当每个混合模型样本点不足时，协方差的估算就会变得困难，这很容易导致算法发散，并且找到具有无穷大似然函数值的解，除非能够对协方差进行正则化。其次，高斯混合模型每一步迭代的计算量较大，超过了 K-means 算法。此外，由于高斯混合模型的求解算法是基于 EM 算法，因此有可能陷入局部极值的风险，所以初始化值的选取对模型的最终求解影响较大。

3.4 基于密度的聚类算法

聚类算法对于空间数据库中的类别识别十分重要。然而，应用于大型空间数据库的聚类算法需要满足以下要求：减少输入参数的领域知识要求，能够发现任意形状的集群(簇)，并能在大型数据库上保持高效性。众所周知的聚类算法并未提供这些需求的组合解决方案，不过，基于密度的聚类算法能满足上述需求之一，它通过依赖密度的概念就能够实现对任意形状簇的发现。

基于密度的聚类算法的核心思想是：对于任意数据点，只有当邻近区域的密度(即对象或数据点的数目)超过某个阈值时，才将其加入与之相近的聚类中。换句话说，对于给定类中的每个数据点，在一个给定范围的区域中必须至少包含一定数目的点，这样才能被认为该点属于某一个簇。在基于密度的聚类算法中，集群的形成必须满足：在每个集群内都有一个典型的点密度，其远高于集群外的密度。此外，噪声区域内的密度低于任何一个集群内的密度。基于密度的聚类算法中，代表算法有 DBSCAN 算法、OPTICS 算法和 DENCLUE 算法。

3.4.1 DBSCAN 算法

DBSCAN(Density-Based Spatial Clustering of Application with Noise，基于密度的噪声应用空间聚类)算法常用于二维或三维欧几里得空间，也适用于一些高维特征空间。其关键思想是，对于簇内的每个点，给定半径 Eps 的邻域必须至少包含一个最小数量的点，即邻域的密

度必须超过某个阈值 MinPts。一个邻域的形状是由衡量两个点 p 和 q 的距离函数来决定的，一般用 dist(p,q)表示。例如，当在二维空间中使用曼哈顿距离时，邻域的形状是矩形的。事实上，任何距离函数都适用于 DBSCAN 算法，因此可以根据给定的应用程序来选择合适的函数。在这里，一个点的密度是以一个关于 Eps 和 MinPts 的值来表示的。为了确保每个簇中的边缘点，在虽然不满足最小密度要求但是在核心点的邻域范围内的情况下仍被考虑，DBSCAN 算法引入了密度直达(directly density-reachable)、密度可达(density-reachable)和密度相连(density-connected)的概念。在这种情况下，所有在给定参数 Eps 和 MinPts 密度相连的数据点组成一个簇，而未包含在任何簇内的点才被视为噪声。其实在具体实现时，无须过于关注密度相连的概念，只需要迭代地将核心点邻域中的所有点(即密度直达的点)包含进来，这样最终形成的簇其内的所有点必定是密度相连的。相关概念的具体定义如下。

定义 3-1(Eps 邻域) 给定一个对象 p，p 的 Eps 邻域 $N_{\text{Eps}}(p)$定义为以 p 为核心、以 Eps 为半径的 d 维超球体区域，即

$$N_{\text{Eps}}(p)=\{q \in D \mid \text{dist}(p,q) \leqslant \text{Eps}\} \tag{3-32}$$

其中，D 为 d 维实空间上的数据集，dist(p,q)表示 D 中的两个对象 p 和 q 之间的距离。

定义 3-2(核心点与边界点) 对于对象 $p \in D$，给定一个整数 MinPts，如果 p 的 Eps 邻域内的对象数满足 $|N_{\text{Eps}}(p)| \geqslant \text{MinPts}$，则称 p 为(Eps，MinPts)条件下的核心点；不是核心点但落在某个核心点的 Eps 邻域内的对象称为边界点。

定义 3-3(直接密度可达) 给定(Eps，MinPts)，如果对象 p 和 q 同时满足如下条件：$p \in N_{\text{Eps}}(p)$和 $|N_{\text{Eps}}(q)| \geqslant \text{MinPts}$(即 q 是核心点)，则称对象 p 是从对象 q 出发直接密度可达的。

定义 3-4(密度可达) 给定数据集 D，当存在一个对象链 $p_1, p_2, \cdots, p_n$，其中 $p_1=q$，$p_n=p$，对于 $p_i \in D$，如果在(Eps，MinPts)条件下 p_i+1 从 p_i 直接密度可达，则称对象 p 从对象 q 在条件(Eps，MinPts)下密度可达。密度可达是非对称的，即 p 从 q 密度可达不能推出 q 也从 p 密度可达。

定义 3-5(密度相连) 如果数据集 D 中存在一个对象 o，使得对象 p 和 q 是从 o 在(Eps，MinPts)条件下密度可达的，那么称对象 p 和 q 在(Eps，MinPts)条件下密度相连。密度相连是对称的。

如图 3-17 所示，在 MinPts=3 的情况下，虚线表示 Eps 邻域，x_1 是核心对象，x_2 由 x_1 密度直达，x_3 由 x_1 密度可达，x_3 和 x_4 密度相连。

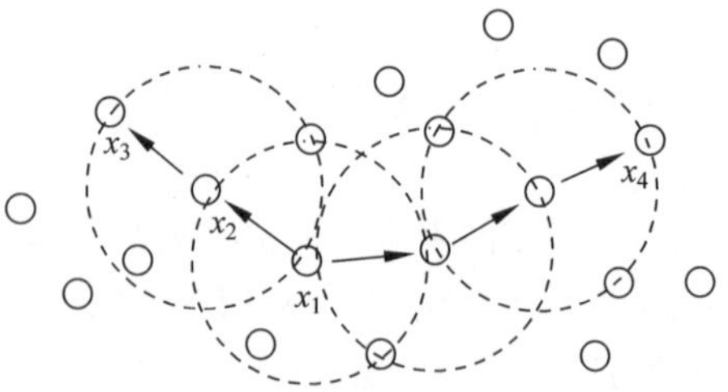

图 3-17 DBSCAN 算法基本概念示意

DBSCAN 算法的步骤如下。

(1) 任意选取一个没有加簇标签的点 p。

(2) 得到所有 p 关于 Eps 和 MinPts 密度可达的点。

(3) 如果 p 是一个核心点，形成一个新的簇，给簇内所有对象点加簇标签。

(4) 如果 p 是一个边界点，没有从 p 密度可达的点，DBSCAN 将访问数据库中的下一个点。

(5) 继续上述这一过程，直到数据库中所有的点都被处理。

DBSCAN 算法具有诸多优点。首先，它可以克服基于距离的算法只能发现"类圆形"聚类的限制，能够发现任意形状的聚类。其次，DBSCAN 算法能有效地处理数据集中的噪声数据，并对数据输入顺序不敏感。然而，它也存在一些缺点。首先，DBSCAN 算法对输入参数较为

敏感，确定参数值 Eps 和 MinPts 困难，不当的参数选择可能导致聚类质量下降。其次，由于在 DBSCAN 算法中变量 Eps 和 MinPts 是全局唯一的，因此当空间聚类的密度不均匀、聚类间距离相差很大时，聚类质量可能较差。而且，计算密度单元的计算复杂度较大，需要建立空间索引来降低计算量，并且其对于数据维数的伸缩性较差。此外，这类方法需要扫描整个数据库，每个数据对象都可能引起一次查询，因此在处理大规模数据时会导致频繁的 I/O 操作。

3.4.2　OPTICS 算法

OPTICS(Ordering Points To Identify the Clustering Structure，通过排序点来识别聚类结构)算法也是一种基于密度的聚类算法，是 DBSCAN 算法的改进版本。正如上文所述，DBSCAN 算法对于输入参数过于敏感，即在 DBSCAN 算法中需要输入两个参数：Eps 和 MinPts，而选择不同的参数将会导致最终聚类的结果千差万别。OPTICS 算法的提出就是旨在降低 DBSCAN 算法对输入参数的敏感度，并改进其性能。准确来说，OPTICS 算法主要是针对输入参数 Eps 过敏感做的改进。OPTICS 算法和 DBSCNA 算法的输入参数一样，也是 Eps 和 MinPts，但该算法对 Eps 输入不敏感(一般将 Eps 固定为无穷大)，从而降低了参数选择的影响。同时，该算法中并不显式地生成数据聚类，只是对数据集合中的对象进行排序，然后得到一个有序的对象列表。通过该有序列表，可以得到一个决策图。通过决策图，OPTICS 算法可以检测不同 Eps 参数下的数据集中的聚类，即先通过固定的 MinPts 和无穷大的 Eps 得到有序列表，然后创建决策图，通过决策图便可知当 Eps 取特定值(如 Eps＝3)时数据的聚类情况。这一过程使得 OPTICS 算法更具灵活性。

在 DBSCAN 算法定义的基础上，OPTICS 算法新引入了两个概念。

第一个概念是核心距离(core-distance)：样本 $x \in X$，对于给定的 Eps 和 MinPts，使得 x 成为核心点的最小邻域半径称为 x 的核心距离。其数学表达如下：

$$\mathrm{cd}(x)=\begin{cases}\text{未定义}, & |N_{\mathrm{Eps}}(x)|<\mathrm{MinPts}\\ d(x,N_{\mathrm{Eps}}^{\mathrm{MinPts}}(x)), & |N_{\mathrm{Eps}}(x)|\geqslant \mathrm{MinPts}\end{cases} \tag{3-33}$$

其中，$N_{\mathrm{Eps}}^{i}(x)$代表集合 $N_{\mathrm{Eps}}(x)$中与节点 x 第 i 近邻的节点，如 $N_{\mathrm{Eps}}^{1}(x)$表示 $N_{\mathrm{Eps}}(x)$中与 x 最近的节点。

第二个概念是可达距离(reachability-distance)：设 $x,y \in X$，对于给定的 Eps 和 MinPts，y 关于 x 的可达距离定义为

$$\mathrm{rd}(y,x)=\begin{cases}\text{未定义}, & |N_{\mathrm{Eps}}(x)|<\mathrm{MinPts}\\ \max\{\mathrm{cd}(x),d(x,y)\}, & |N_{\mathrm{Eps}}(x)|\geqslant \mathrm{MinPts}\end{cases} \tag{3-34}$$

特别地，当 x 为核心点时(相应的参数为 Eps 和 MinPts)，可按照下式来理解 $\mathrm{rd}(y,x)$：

$$\mathrm{rd}(y,x)=\min\{\eta : y \in N_{\eta}(x) \text{ 且 } |N_{\eta}(x)| \geqslant \mathrm{MinPts}\} \tag{3-35}$$

即 $\mathrm{rd}(y,x)$表示使得“x 成为核心点”和“y 可以从 x 直接密度可达”同时成立的最小邻域半径。

假设数据集为 $X=(x_1,x_2,\cdots,x_m)$，OPTICS 算法的目标是输出一个有序序列，以及每个元素的两个属性值：核心距离和可达距离。为此该算法引入了一些数据结构，如下所示。

$p_i(i=1,2,\cdots,N)$：p_i 是 OPTICS 算法的输出有序列表，例如，$p=\{1,3,5,\cdots\}$表示在集合 X 中的数据，第 1 号节点首先被处理，接着第 3 号节点被处理，然后第 5 号节点被处理(即节点被处理的顺序列表)。

$c_i(i=1,2,\cdots,N)$：第 i 号节点的核心距离，例如，$c=\{1.1,2.2,3.3,\cdots\}$表示在集合 X 中的数据，第 1 号节点的核心距离为 1.1，第 2 号节点的核心距离为 2.2，第 3 号节点的核心距离为 3.3。

$r_i(i=1,2,\cdots,N)$：第 i 号节点的可达距离，例如，$r=\{1.2,2.3,3.4,\cdots\}$表示在集合 X 中的数据，第 1 号节点的可达距离为 1.2，第 2 号节点的可达距离为 2.3，第 3 号节点的可达距离为 3.4。

总的来说，OPTICS 算法的流程为：

输入：样本集 $X=(x_1,x_2,\cdots,x_m)$，邻域参数(Eps,MinPts)。

输出：具有可达距离信息的样本点输出排序。

(1) 初始化核心对象集合 $\Omega=\varnothing$。

(2) 遍历 X 的元素，如果是核心对象，则将其加入核心对象集合 Ω 中。

(3) 如果核心对象集合 Ω 中元素都已经被处理，则算法结束，否则转入步骤(4)(注意，第一个被处理的对象是不存在可达距离的，因为没有被计算过，只有进入过种子集合 seeds 的点才能计算可达距离)。

(4) 在核心对象集合 Ω 中，随机选择一个未处理的核心对象 o，首先将 o 标记为已处理，同时将 o 压入有序列表 p 中，最后将 o 的 Eps 邻域中未访问的点根据可达距离的大小(计算未访问的邻居点到 o 点的可达距离)依次存放到种子集合 seeds 中。

(5) 如果种子集合 seeds$=\varnothing$，则跳转到步骤(3)，否则，从种子集合 seeds 中挑选可达距离最近的种子点 seed，首先将其标记为已访问，同时将 seed 压入有序列表 p 中，然后判断 seed 是否为核心对象，如果是则将 seed 中未访问的邻居点加入种子集合中，跳转到步骤(3)重新计算可达距离。

和 DBSCAN 算法相比，OPTICS 算法的优点在于对输入参数不敏感。然而，与之对应的代价就是计算量大、速度较慢。

3.4.3 DENCLUE 算法

DENCLUE(Density-Based Clustering，基于密度的聚类)算法引入影响函数和密度函数的概念，以进行基于密度的聚类。在空间中，任一点的密度是所有数据点在此点产生影响的叠加，这里通常采用高斯影响函数进行计算。在 DENCLUE 算法中，σ 和 δ 是两个重要参数。前者决定数据点在特征空间中的影响范围，通常被称为平滑系数；后者是步进长度，用于控制梯度爬山法中的移动速度和路径。该算法还定义了密度吸引点(Density Attractor)的概念，用于进行聚类操作。密度吸引点是密度函数中的那些局部最大值点，在算法中可以通过梯度爬山法近似确定它们的位置。这些吸引点提供了从“中心限定簇”到“任意形状簇”的定义。中心限定簇是指对于每个吸引中心 x^*，其密度大于给定的密度阈值 x_i，那么由 x^* 所吸引的所有数据点构成一个中心限定簇。任意形状簇在中心限定簇的基础上延伸得到，只要两个吸引 x_1^*、x_2^* 中心之间存在一条路径，该路径上的密度也大于 x_i，那么由 x_1^*、x_2^* 所定义的中心限定簇合并在同一簇内，这样构成的簇就具有任意形状。这里的阈值 x_i 就是算法需要的第三个参数，也称为噪声阈值。

为了实现该算法，需要一些处理技巧。首先在计算密度函数方面，由于全局密度函数的计算量为 $O(n^2)$，其会随着数据量的增加而显著增大。因此，可以根据高斯函数的 3σ 原则来计算局部密度函数值，即数据空间中某点的局部密度等于它的 3σ 范围内数据点的影响叠加。其次，为了提高搜索效率，可以借助 B+树、R 树等结构，对数据空间分块并建立索引。

此外，在缺少先验知识的情况下，确定 DENCLUE 算法的三个参数(sigma，delta，x_i)是一件困难的事情。而且，三个参数之间是互相牵制的，这无疑增大了参数调整的复杂度。另一个问题则涉及数据过滤操作，这是 DENCLUE 算法多引入的一步操作。这一步骤是为了解决密度阈值 x_i 只作用于密度吸引点的局限性。由于密度阈值 x_i 仅针对密度吸引点，那么在原始数据集上产生的聚类结果就容易包含噪声，从而产生聚类结果噪声率较低的假象。因此，需要对数据提前过滤，去除明显的噪声数据。过滤操作是在数据分块的基础上进行的。具体来说，首先需要设定一个过滤阈值 x_i^c，当某一数据分块中的数据量小于该阈值时，则将其视为噪声，并进行过滤操作，即让该数据分块置为空。随后，使用过滤后的数据进行聚类。一般来说，这里的 x_i^c 的建议值是$(x_i * n_{\text{dims}})/2$，其中 n_{dims} 为数据维度。实际上，通过实验可以发现该建议值并不一定适用于所有情况。而且，该建议又产生了一个参数，这则需要针对数据集的特点进行设定。

DENCLUE 算法的主要原理如下：

(1) 每个数据点的影响可以用一个数学函数来形式化地模拟，它描述了数据点在邻域的影响，被称为影响函数。

(2) 数据空间的整体密度(全局密度函数)可以被模拟为所有数据点的影响函数总和。

(3) 聚类可以通过密度吸引点得到，这里的密度吸引点是全局密度函数的局部最大值。

(4) 使用一个步进式爬山过程，把待分析的数据分配到密度吸引点 x^* 所代表的簇中。

其中，爬山法是深度优先搜索的改进算法。该方法通过某种贪心算法来指导搜索，帮我们决定在搜索空间中朝着哪个方向搜索。由于爬山法总是选择朝着局部最优的方向进行搜索，因此可能会有无解的风险，并且找到的也不一定是最优解。然而，相较于深度优先搜索，爬山法在效率上比其高得多。爬山法的模型如图 3-18 所示。

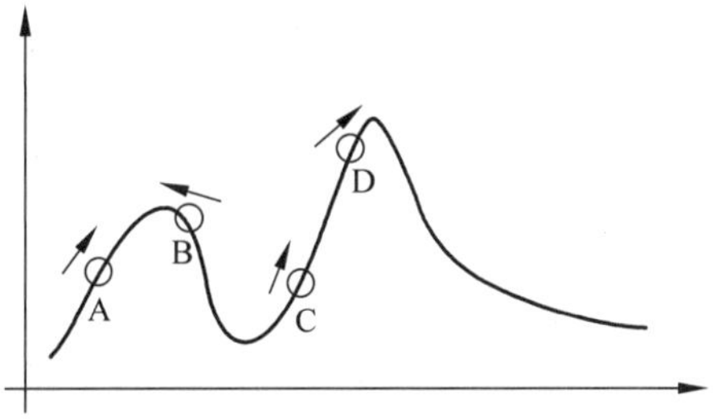

图 3-18 爬山法的模型

综上所述，DENCLUE 算法的流程如下。

输入：数据集 D，邻域半径参数 r。

(1) 对数据点占据的邻域空间推导密度函数。

(2) 通过沿密度最大的方向(即梯度方向)移动，识别密度函数的最大局部点(这是局部吸引点)，将每个点关联到一个密度吸引点。

(3) 定义与特征的密度吸引点相关联的点构成的簇。

(4) 丢弃与非平凡密度吸引点相关联的簇(密度吸引点 x^* 称为非平凡密度吸引点，如果 $f(x^*)<r$，r 为设定的阈值)。

(5) 若两个密度吸引点之间存在密度大于或者等于 r 的路径，则合并它们所代表的簇。对所有的密度吸引点重复此过程，直到不再改变时算法终止。

在 DBSCAN 和 OPTICS 算法中，密度是通过统计在以半径参数 r 定义的邻域中的对象个数来计算的。显然，这种密度估计对半径 r 非常敏感。为了解决这个问题，可以采用核密度估计。核密度估计的一般思想是将每个观测对象视为周围区域中高概率密度的指示器。在核函数的选择上，通常使用高斯核函数。

DENCLUE 2.0 算法在爬山法的方式上进行了改进。它不再采用原始的定步长爬山，而是提出了一种自适应的变步长爬山方式，可以更快地接近吸引点，即山顶的位置。其在理论上可以无限接近吸引点，因此需要设定停止的条件。即当爬升过程中密度上升不够明显时，可以

停止继续爬山。具体的表达式为

$$\frac{f(x)l-f(x)(l-1)}{f(x)}\leqslant\gamma \tag{3-36}$$

其中，γ 不要设定太小，因为过小的值反而会导致迭代步骤增加，从而增加计算量。同时，设定太小的 γ 值还可能导致爬山终点过于集中在各吸引点附近，不利于簇的合并，容易形成更多的分离簇。

3.5 层次聚类

所谓层次聚类，是指通过使用自上而下或自下而上的方法迭代地划分模式来形成集群。层次聚类方法分为两种形式：凝聚和分裂的层次聚类。凝聚遵循自下而上的方法，从单个对象开始建立集群，然后将这些原子集群合并成越来越大的集群，直到所有对象都分配到单个集群中，或者满足一定的终止条件。分裂的层次聚类则遵循自上而下的方法，将包含所有对象的聚类分解为更小的聚类，直到每个对象自己形成一个聚类，或者直到它满足一定的终止条件。层次聚类方法通常会形成树状图，如图 3-19 所示。

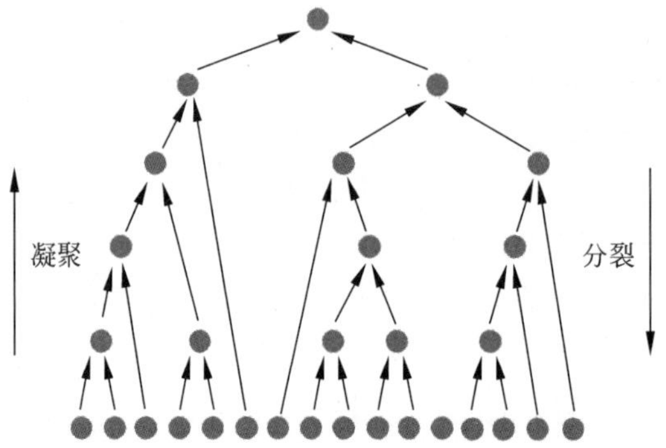

图 3-19 层次结构的聚类树状图

3.5.1 层次聚类方法链接

层次聚类方法可以根据不同相似性度量或链接进一步分为单链聚类、全连锁聚类和平均链接聚类。

第一种聚类链接方法是单链聚类，也称为连通性法、最小法或近邻法。在单链聚类中，两个集群之间的链接是由单个元素对组成的，即彼此最接近的两个元素(每个集群中都有一个)。在这种聚类中，两个集群之间的距离由从一个集群的任何成员到另一个集群的任何成员的最近距离决定，这也定义了它们之间的相似性。如果数据具有相似性，那么一对集群之间的相似性等于一个集群的任何成员与另一个集群的任何成员的最大相似性。图 3-20 展示了单链聚类的映射，其中集群 A 和集群 B 之间的标准为

$$\min\{d(a,b):a\in A,b\in B\} \tag{3-37}$$

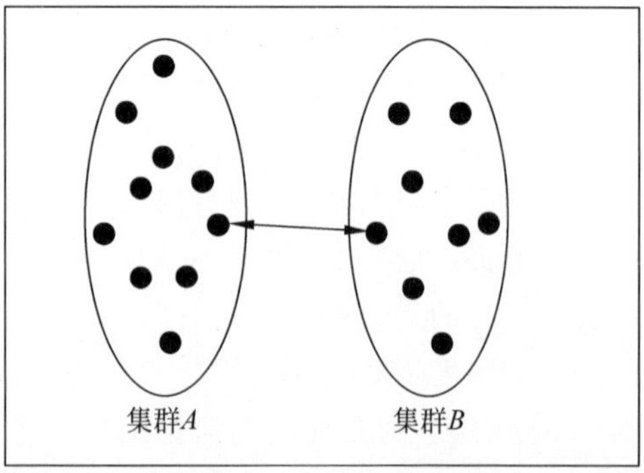

图 3-20 单链聚类的映射

第二种类型是全连锁聚类，也称为直径法、最大法或最远邻法。在该方法中，两个聚类之间的距离由一个聚类的任何成员到另一个聚类的任何成员的最长距离决定。图 3-21 展示了全连锁聚类的映射，对应的两组集群 A 和集群 B 之间的标准如下：

$$\max\{d(a,b): a \in A, b \in B\} \tag{3-38}$$

最后一种类型则是平均连锁聚类，其也被称为最小方差法。在平均连锁聚类方法中，两个聚类之间的距离由一个聚类的任何成员到另一个聚类的任何成员的平均距离决定。图 3-22 为平均连锁聚类的映射，其中，集群 A 和集群 B 之间的标准为

$$\frac{1}{|A||B|}\sum_{a \in A}\sum_{b \in B} d(a,b) \tag{3-39}$$

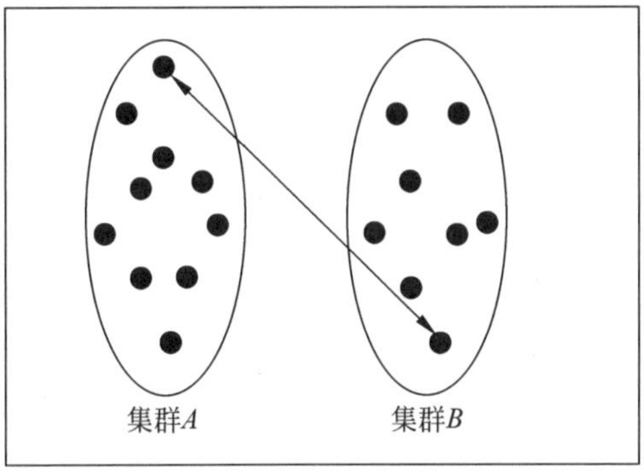

图 3-21　全连锁聚类的映射

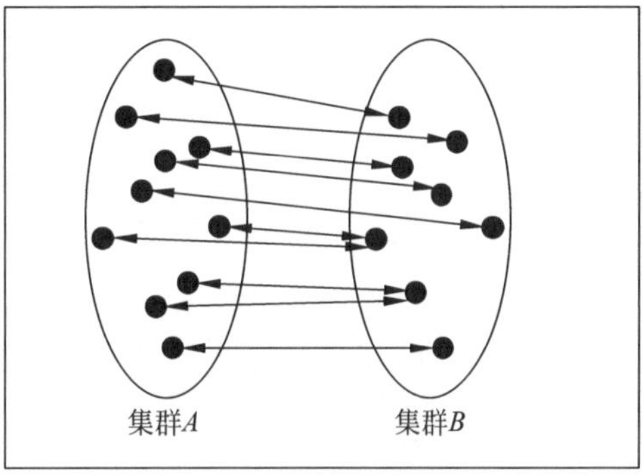

图 3-22　平均连锁聚类的映射

3.5.2　经典层次聚类算法的步骤

在已知集群之间的链接方式后，可以采用凝聚或分裂进行层次聚类。下面是两种层次聚类的具体细节。

凝聚聚类的步骤如下。

(1) 将每个点都作为一个单独的集群。

(2) 以集群间距离最小的方式合并两个集群。

(3) 直到聚类结果令人满意则结束。

分裂聚类的步骤如下。

(1) 构造一个包含所有点的单个集群。

(2) 以集群间距离最大的方式拆分产生两个子集群。

(3) 直到聚类结果令人满意则结束。

经典层次聚类算法简单易理解，但其对噪声和异常值极为敏感，缺乏健壮性。在层次聚类算法中，一旦对象被分配到一个集群，该算法就不再对其进行修正，这使得算法无法纠正先前可能出现的分类错误。此外，大多数层次聚类算法的计算复杂度至少为 $O(n^2)$，这种高计算成本限制了它们在大规模数据集中的应用。层次聚类算法的另一个局限是容易形成球形和反转现象，从而使得正常的层次结构发生扭曲。近年来，随着对大规模数据集需求的增加，一些新技术被引用以改进经典层次聚类算法，这些改进算法将在 3.5.3 节中介绍。

3.5.3　层次聚类的改进算法

总的来说，经典的层次聚类算法的主要缺陷是，一旦两点在集群中相互连接后，它们便不能在层次结构中的其他集群中移动。为了克服这个限制，一些研究引入了使用分层聚类增强

的算法，其中包括 BIRCH 算法、CURE 算法、ROCK 算法和 CHEMELEON 算法。

3.5.3.1 BIRCH 算法

BIRCH(Balanced Iterative Reducing and Clustering Using Hierarchies)算法的主要动机是减少大数据集聚类问题的计算复杂性。该算法引入了两个关键概念：聚类特征(Clustering Feature,CF)和聚类特征树(CF-tree)。通过对集群引入这两个概念，BIRCH 算法利用各个集群之间的距离，采用平衡迭代的层次方法对数据集进行规约和聚类。

聚类特征是 BIRCH 算法的核心，用于概括描述各簇的信息。具体来说，设某簇中有 N 个 D 维数据点 $\{\boldsymbol{x}_n\}(n=1,2,\cdots,N)$，则该簇的聚类特征定义为如下三元组

$$\mathrm{CF}=(N,\mathbf{LS},\mathrm{SS}) \tag{3-40}$$

其中，N 是簇中数据点的数目，向量 **LS** 是各个数据点的线性求和，即 $\sum_{n=1}^{N}\boldsymbol{x}_n=\left(\sum_{n=1}^{N}x_{n1},\sum_{n=1}^{N}x_{n2},\cdots,\sum_{n=1}^{N}x_{nD}\right)$，标量 SS 则是各数据点的平方和，可以表示为 $\sum_{n=1}^{N}\boldsymbol{x}_n^2=\sum_{n=1}^{N}\boldsymbol{x}_n^{\mathrm{T}}\boldsymbol{x}_n=\sum_{n=1}^{N}\sum_{i=1}^{D}x_{ni}^2$。例如，假设集群 1 有三个数据点为(2,3)、(4,5)和(6,7)，根据计算公式，可以得出集群 1 的聚类特征为 $\mathrm{CF}_1=(3,(2+4+6,3+5+7),(2^2+3^2)+(4^2+5^2)+(6^2+7^2))=(3,(12,15),139)$。注意，CF 具有可加性。例如，若 $\mathrm{CF}_1=(N_1,\mathbf{LS}_1,\mathrm{SS}_1)$，$\mathrm{CF}_2=(N_2,\mathbf{LS}_2,\mathrm{SS}_2)$，则 $\mathrm{CF}_1+\mathrm{CF}_2=(N_1+N_2,\mathbf{LS}_1+\mathbf{LS}_2,\mathrm{SS}_1+\mathrm{SS}_2)$ 表示将两个不相交的集群合并成一个大集群的聚类特征。聚类特征本质上是对给定集群的统计汇总，能够有效地对数据进行压缩。基于聚类特征，还可以推导出簇的许多统计量和距离度量。

例如，假设给定簇中有 N 个 D 维数据点，可用以下公式定义簇的质心 $\boldsymbol{x}_0$，即

$$\boldsymbol{x}_0=\frac{\sum_{i=1}^{N}\boldsymbol{x}_i}{N}=\frac{\mathbf{LS}}{N} \tag{3-41}$$

簇半径 R 可表示为

$$R=\sqrt{\frac{\sum_{i=1}^{N}(\boldsymbol{x}_i-\boldsymbol{x}_0)}{N}}=\sqrt{\frac{N\cdot\mathrm{SS}-\mathbf{LS}^2}{N^2}} \tag{3-42}$$

而簇直径 D 可定义为

$$D=\sqrt{\frac{\sum_{i=1}^{N}\sum_{j=1}^{N}(\boldsymbol{x}_i-\boldsymbol{x}_j)^2}{N(N-1)}}=\sqrt{\frac{2N\cdot\mathrm{SS}-2\mathbf{LS}^2}{N(N-1)}} \tag{3-43}$$

其中，R 是成员对象到给定簇质心的平均距离，D 是簇中两两数据点的平均距离，这两个统计量都反映了簇内紧实度。较大的 R 值一般表示簇的分散程度较大，成员对象相对分散。较小的 D 值则表示簇内对象较为紧密。

不同簇间的距离度量通常采用曼哈顿距离，其具体计算为

$$D_0=\sqrt{\frac{\sum_{i=1}^{N_1}\sum_{j=N_1+1}^{N_1+N_2}(\boldsymbol{x}_i-\boldsymbol{x}_j)^2}{N_1N_2}}=\sqrt{\frac{\mathrm{SS}_1}{N_1}+\frac{\mathrm{SS}_2}{N_2}-\frac{2\mathbf{LS}_1\mathbf{LS}_2}{N_1N_2}} \tag{3-44}$$

聚类特征树则用于组织和管理聚类特征。对于存储了层次聚类的簇，其特征有三个关键参数：枝平衡因子 β、叶平衡因子 λ 和空间阈值 τ。聚类特征树由根节点、枝节点和叶节点构成，非叶节点中含有不多于 β 个形如(CF_i，$child_i$)的条目。其中 CF_i 表示该节点上子簇的聚类特征信息，指针 $child_i$ 指向该节点的子节点。叶节点中包含不多于 λ 个形如(CF_i)的条目，此外每个叶节点中都包含指针 prev 指向前一个叶节点和指针 next 指向后一个叶节点。空间阈值 τ 则用于限制叶节点的子簇的大小，即所有叶节点的各条目对应子簇的直径 D(或半径 R)不得大于 τ。

以下是聚类特征树构建的具体过程。

(1) 初始化枝平衡因子 β、叶平衡因子 λ 和空间阈值 τ。

(2) 在数据库中逐个选取数据点，将数据点插入聚类特征树上。从根节点开始，自上而下选择最近的子节点，直到到达叶节点后，判断元组是否能吸收，若不能则进一步判断是否添加新元组。

(3) 更新每个非叶节点的 CF 信息，如果分裂节点，则在父节点中插入新的元组，检查分裂，直到根节点。

理解了上述过程后，我们可以发现，在 BIRCH 算法中，CF 结构概括了簇的基本信息，并且是高度压缩的，它存储了小于实际数据点的聚类信息。每个新添加的数据作为个体消失了，将其信息融入集合簇中。而且其作为增量式的学习方法，不用一次将数据全部加载到内存，可以一边添加数据一边进行学习。因此，该算法常用于处理大数据的聚类。

3.5.3.2 CURE 算法

CURE(Clustering Using Representatives)也是一种用于处理大规模数据的聚类技术，它对异常值具有健壮性，并且能够适应各种形状和大小的聚类。在处理二维数据集时，其性能表现尤为出色。与 BIRCH 算法相比，CURE 算法在聚类质量方面表现更为优越。然而，从时间复杂度的角度来看，BIRCH 算法则更为高效，其计算复杂度为 $O(N)$，而 CURE 算法则为 $O(N^2 \log N)$。

CURE 算法的具体思路如下：

(1) 将每个对象视为一个独立的类。

(2) 为了处理大数据，采用随机抽样和分割手段。其中，随机抽样可以降低数据量，提高效率；而分割手段是将样本分割成几部分，然后针对每部分局部聚类，形成子类，再对子类聚类形成新的类。

(3) 相较于传统算法采用一个对象来代表类，CURE 算法通常采用“多个中心”代表类。

(4) 对噪声点进行如下处理。

① 聚类过程中增长缓慢的直接剔除，即去除类内个数增加速度慢的集群。

② 聚类快结束时，把类内个数过少的类剔除。

CURE 算法还是一种凝聚层次聚类算法(AGNES)。该算法首先将每个数据点视为一个独立的类别，然后通过合并距离最近的类逐步减少类别数量，直至达到所需的类别数目为止。与传统的 AGNES 算法不同的是，CURE 算法不再使用所有点或用中心点＋距离来表示一个类，而是从每个类别中抽取固定数量、分布较好的点作为该类的代表点。这些代表点(一般为 10 个)会乘以一个适当的收缩因子(一般设置为 0.2～0.7)，使其更加靠近类别中心点。CURE 算法使得代表点具有收缩特性，因此可以通过调整模型以适应那些非球形的数据场景。注意，代表点不是原来的点，而是那些需要重新计算的点。同时，收缩因子的使用也可以减少离群点对聚类效果的影响。

另外，CURE算法主要分两个阶段消除异常值的影响。第一个阶段是在聚类算法执行到某一阶段(或称当前的簇总数减小到某个值)时，根据簇的增长速度和簇的大小对离群点进行一次识别。如果这个阶段选择得较早(簇总数过大)，则会将一部分本应被合并的簇识别为离群点；如果这个阶段选择得较晚(簇总数过少)，则离群点很可能在被识别之前就已经合并到某些簇中。因此，一般推荐当前簇的总数为数据集大小的1/3时，进行离群点的识别。

然而，第一阶段存在一个很明显的问题，即当随机采样到的离群点分布得比较近时(即使可能性比较小)，这些点就会被合并为一个簇，从而导致无法将它们识别出来，因此，CURE算法提出第二阶段来处理。第二阶段是指在聚类的最后阶段，将非常小的簇删除。由于离群点占的比重很小，而在层次聚类的最后几步中，每个正常簇的粒度都是非常高的，因此很容易将它们识别出来。一般当簇的总数缩减到大约为 K 时，进行第二阶段的识别。

综上所述，CURE算法可以发现复杂空间的簇，且受噪声影响小。然而，其也存在一些缺点：CURE算法的参数较多，如采样的大小、聚类的个数、收缩的比例等；抽样容易出现误差；难以发现形状非常复杂的空间簇(如中空形状)，对空间数据密度差异敏感，等等。虽然，CURE算法是针对大规模数据库而设计的，但是当数据量剧增时，其效率仍然不能满足需求。

3.5.3.3 ROCK算法

ROCK算法一般应用于分类数据集，也是一种凝聚层次聚类算法。该算法基于两个记录之间的链接数进行聚类。链接会捕获其他记录的数量，这些记录彼此非常相似。该算法不使用任何距离函数，而是使用随机样本策略来处理大型数据集。

正如前面小节所述，聚类算法中的一个关键问题是计算两个点之间的相似性。而传统的计算方法，如Jaccard距离，对数值数据表现尚可，但是用来计算类别信息总会存在问题。ROCK算法针对这一问题，提出了链接的方法。ROCK算法的核心思想是利用链接作为相似性的度量，而不是仅仅依赖于距离。

所谓链接，是指如果两个点具有共同邻居，则称它们之间有链接。其中，邻居或者近邻的定义是如果两个样本点的相似度达到了阈值，那么这两个样本点就可以被视为邻居。而相似度的计算一般有两种选择：Jaccard系数和余弦相似度。Jaccard系数是 A 与 B 交集的大小和 A 与 B 并集的大小的比值，值越大，相似度越高。具体定义为

$$J(A,B)=\frac{|A\cap B|}{|A\cup B|}=\frac{|A\cap B|}{|A|+|B|-|A\cap B|} \tag{3-45}$$

而余弦相似度，正如前面所述，它是通过计算两个向量的夹角余弦值来评估两者之间的相似度。值越接近1，就说明夹角角度越接近0°，也就是两个向量越相似，因此也被称作余弦相似。

$$\text{similarity}=\cos\theta=\frac{\sum_{i=1}^{n}A_i\times B_i}{\sqrt{\sum_{i=1}^{n}(A_i)^2}\times\sqrt{\sum_{i=1}^{n}(B_i)^2}} \tag{3-46}$$

具体来说，ROCK算法的步骤较为清晰。在初始状态时，每个样本都视为一个簇。在合并两个簇时，ROCK算法遵循的原则是，簇之间的链接数量最小，而簇内的链接数量最大。可以简单求和每个簇内的链接，然后最大化公式

$$\sum_{i=1}^{k} \sum_{p_q, p_r \in C_i} \text{link}(p_q, p_r) \tag{3-47}$$

然而，这样容易出现最终把所有样本分到同一个簇内的问题，因为这种情况下 link 值肯定是最大的。于是，ROCK 算法的目标是最大化新的目标函数，为

$$E_l = \sum_{i=1}^{k} n_i * \sum_{p_q, p_r \in C_i} \frac{\text{link}(p_q, p_r)}{n_i^{1+2f(\theta)}} \tag{3-48}$$

其中，C_i 表示第 i 个簇，k 表示簇的个数，n_i 表示 C_i 中样本点的数量。

ROCK 算法还提供了一种方法，即通过比较计算两个簇的优良度，来合并最大的两个簇。

优良度的计算公式为

$$g(C_i, C_j) = \frac{\text{link}(C_i, C_j)}{(n_i + n_j)^{1+2f(\theta)} - n_i^{1+2f(\theta)} - n_j^{1+2f(\theta)}} \tag{3-49}$$

总的来说，该计算过程如下。

(1) 输入聚类个数 K 值和相似度阈值 θ。

(2) 计算点与点之间的相似度，生成相似度矩阵。

(3) 计算邻居矩阵 $\boldsymbol{A}$。

(4) 计算链接矩阵 $\boldsymbol{L} = \boldsymbol{A} \times \boldsymbol{A}$。

(5) 计算优良度，将相似性最高的两个对象合并。

(6) 回到第(3)步进行迭代更新，直到形成 K 个聚类，或者聚类的数量不再发生变换。

ROCK 算法较适用于类别型数据，如关键字、比尔值和枚举值。但其相似度阈值需要预先指定，这不仅对聚类质量影响很大，而且在对数据集没有充分了解的前提下是很难给出合理的阈值的。同时，在 ROCK 算法中，相似度函数仅被用于最初邻居的判断上，只考虑相似与否，而未考虑相似程度。因此，该算法对相似度阈值过于敏感。此外，ROCK 算法还要求用户事先选定聚类簇数 K，这也是一大难点。

3.5.3.4 CHEMELEON 算法

CHEMELEON 算法的核心思想是，只有当两个集群之间的连通性和接近性相对于集群的内部连通性和集群内项目的接近性较高时，集群才会被合并。

CHEMELEON 算法是一个两阶段算法。

在第一阶段，该算法的目标是找到初始子簇。首先采用 K 近邻算法将数据集构建成一个图。其中，数据集中的每个点和它 K 近邻的点会有连接边。每条边会有一个权重，这个权重由这条边所连接的两个点的距离的倒数来表示。边的权重代表相似度，两点距离越大，连接两点的边的权重就越小，因此两点的相似度就越低。然后采用图分割技术对前面构建的图进行分割。分割的标准在于连接不同区域的边的权重最小化，连接不同区域的边的权重最小，意味着不同区域的点相似度最低，因此可以分割。

在第二阶段，CHEMELEON 算法旨在动态合并子簇。这里涉及两个概念。首先是两个簇之间的邻接区域的大小 inter-connectivity，其表示为

$$\text{RI}(C_i, C_j) = \frac{2 \mid \text{EC}_{\{C_i, C_j\}} \mid}{\mid \text{EC}_{C_i} + \text{EC}_{C_j} \mid} \tag{3-50}$$

其中，$\text{EC}_{\{C_i, C_j\}}$ 是指 C_i 和 C_j 相连接的边的权重的和，EC_{C_i} 是指属于 C_i 内的边的权重的和。

另外一个概念为紧性(closeness)，其反映两个簇之间的近邻节点的靠近程度，定义为

$$RC(C_i,C_j)=\frac{\bar{S}_{EC_{\{C_i,C_j\}}}}{\frac{|C_i|}{|C_i|+|C_j|}\bar{S}_{EC_{C_i}}+\frac{|C_j|}{|C_i|+|C_j|}\bar{S}_{EC_{C_j}}} \tag{3-51}$$

在这里，$\bar{S}_{EC_{\{C_i,C_j\}}}$ 是指 C_i 和 C_j 相连接的边的平均权重，$\bar{S}_{EC_{C_i}}$ 是指属于 C_i 内的边的平均权重。

CHEMELEON 算法要求当 closeness 和 inter-connectivity 都很大时，才能合并相应的两个子簇。为了避免遍历所有子簇的 closeness 和 inter-connectivity，可以构造一个关于 closeness 和 inter-connectivity 的函数，然后通过函数值来判断是否合并两个簇。在 CHEMELEON 算法中，该函数一般定义为

$$RI(C_i,C_j)*RC(C_i,C_j)^{\alpha} \tag{3-52}$$

其中，α 是用来调节比重的参数。该算法的目标是合并两个能使上述式子最大化的子簇。

总的来说，CHEMELEON 算法可以将互连性和近似性都大的簇合并，而且能够发现高质量的任意形状的簇。但其依赖 K 近邻，因此面临 K 值、最小二等分、阈值难以选取的问题。此外，CHEMELEON 算法适用于低维空间，一般不应用于高维空间。因为在最坏情况下，高维数据的处理可能需要 $O(N^2)$ 的时间，需承担复杂度较高的代价。

表 3-3 直观地比较了上述 4 种改进后的层次聚类算法。在实际应用中，还是需要根据具体情况选择最适合的层次聚类算法。

表 3-3 基于层次聚类的改进后的算法的特点

算法	数据类型	复杂度	是否能处理高维数据
BIRCH	数值型	$O(N)$	否
CURE	数值型	$O(N^2\log N)$	是
ROCK	类别型	$O(N^2+Nm_m m_a+N^2\log N)$①	否
CHEMELEON	数值型/类别型	$O(Nm+N\log N+m^2\log N)$②	否

注：①m_m 是一个点的最大邻居数，m_a 是一个点的平均邻居数。②m 是由图划分算法产生的初始子簇的数量。

参考文献

[1] HARTIGAN J A, WONG M A. Algorithm AS 136: A k-means clustering algorithm[J]. Journal of the Royal Statistical Society. Series C(Applied Statistics), 1979, 28(1): 100-108.

[2] KELLER J M, GRAY M R, GIVENS J A. A fuzzy k-nearest neighbor algorithm[J]. IEEE Transactions on Systems, Man, and Cybernetics, 1985, SMC-15(4): 580-585.

[3] DING C, HE X F. Cluster merging and splitting in hierarchical clustering algorithms[C]. Proceedings of IEEE International Conference on Data Mining, 2002: 139-146.

[4] KOHONEN T. The self-organizing map[C]. Proceedings of the IEEE, 1990, 78(9): 1464-1480.

[5] MAUGIS C, CELEUX G, MARTIN-MAGNIETTE M L. Variable selection for clustering with Gaussian mixture models[J]. Biometrics, 2009, 65(3): 701-709.

[6] ESTER M, KRIEGEL H P, SANDER J, et al. A density-based algorithm for discovering clusters in large spatial databases with noise[C]. Proceedings of International Conference on Knowledge Discovery and Data Mining, 1996, 96(34): 226-231.

[7] MIHAEL A, MARKUS M B, KRIEGEL H P, et al. OPTICS: ordering points to identify the clustering structure[C]. Proceedings of the ACM SIGMOD International Conference on Management of Data, 1999, 28(2): 49-60.

[8] HINNEBURG A, KEIM D. An efficient approach to clustering in large multimedia data sets with noise[C].

Proceedings of International Conference on Knowledge Discovery and Data Mining,1998: 58-65.

[9] ZHANG T,RAMAKRISHNAN R,LINVY M. BIRCH: an efficient data clustering method for very large data sets[C]. Proceedings of the ACM SIGMOD International Conference on Management of Data, 1997,1(2): 141-182.

[10] GUHA S,RASTOGI R,SHIM K. CURE: an efficient clustering algorithm for large databases[C]. Proceedings of the ACM SIGMOD International Conference on Management of Data,1998,27(2): 73-84.

[11] GUHA S,RASTOGI R,SHIM K. ROCK: a robust clustering algorithm for categorical attributes[J]. Information Systems,2000,25(5): 345-366.

[12] KARYPIS G,HAN E,KUMAR V. CHAMELEON: hierarchical clustering using dynamic modeling [J]. Computer,1999,32(8): 68-75.

案例导读

第 4 章

稀疏表示学习

4.1 引言

如今,研究者在娱乐、工业、科学以及商业等许多领域挖掘出大量数据进行研究。例如,电影网站或者网上商城为了向用户推荐新的电影或产品,可以通过研究用户的评价做出个性化推荐;医生可以通过研究患者的基因组了解疾病产生的根本原因,从而选择最佳的治疗方式;社交网络为了优化在线体验,可以研究其用户以及好友的资料。

在面对如此海量的信息时,研究者需要进行有效的取舍。信息稀疏表示逐渐成为研究者的热点方向,其主要目的是获得信息更为简洁的表示方式。因此可对现实情况进行合理的简约,例如,只需要用户对 50 部或 100 部电影做出评价可能就足以揭示他们的爱好;人体内大约有 30 000 个基因,但并非所有基因都与癌症的发展过程直接相关;仅研究与用户密切联系的一些好友就可以分析其用户画像。因此,随着大数据时代的到来,稀疏性成为研究大数据的重要手段。稀疏性是简单性的一种形式,换句话说,在一个稀疏统计模型中,仅有较少参数(也称预测子,predictor)发挥重要作用,其余大部分参数都是无用的或者仅有较少的作用,可以忽略不计。

以线性回归为例,线性回归旨在通过预测子来预测输出值,其不仅要准确预测未见的数据,而且要寻找到底是哪些预测子在线性回归预测过程中起到重要作用。假设有 N 组观测值,每组观测值由 p 个相关预测子变量(也称特征)$\boldsymbol{x}_i=(x_{i1},x_{i2},\cdots,x_{ip})^{\mathrm{T}}$ 和一个输出变量 y_i 组成。一个线性回归模型可设为

$$y_i=\omega_0+\sum_{j=1}^{p}x_{ij}\omega_j+e_i \tag{4-1}$$

其中,e_i 为误差项,ω_0 和 $\boldsymbol{\omega}=(\omega_1,\omega_2,\cdots,\omega_p)$ 是未知的模型参数。未知的模型参数可以使用最小二乘法进行估计,因此目标函数可以定义为

$$\min_{\omega_0,\boldsymbol{\omega}}\sum_{i=1}^{N}\left(y_i-\omega_0-\sum_{j=1}^{p}x_{ij}\omega_j\right)^2 \tag{4-2}$$

通过最小化目标函数以求解出模型参数。上式中的最小二乘估计在一般情况下都不为零。若相关预测子变量很多,即在 p 很大的情况下,会引发一些问题。首先,这会导致最终模型解释型变差。其次,若 $p>N$,这时最小二乘估计的结果并不唯一,模型就会出现无穷多个解,而大多数解都会使得模型出现过拟合现象。

为了解决模型存在的问题,应该对模型采用 LASSO 回归(即 LASSO 正则化或 L_1 正则化),估计参数的问题可以转换为

$$\min_{\omega_0,\boldsymbol{\omega}} \sum_{i=1}^{N}\left(y_i-\omega_0-\sum_{j=1}^{p}x_{ij}\omega_j\right)^2, \quad \text{s.t. } \|\boldsymbol{\omega}\|_1 \leqslant t \tag{4-3}$$

其中,$\|\boldsymbol{\omega}\|_1=\sum_{j=1}^{p}|\omega_j|$ 是关于参数$\boldsymbol{\omega}$ 的 L_1 范数,t 是一个超参数,可以看作参数向量的 L_1 范数的预估值,为人工设定的超参,LASSO 回归就是在 L_1 范数的预估值下寻找原回归问题最好的拟合解。

值得注意的是,LASSO 回归通常采用 L_1 范数,而不采用 L_2 范数或 L_q 范数。这主要是因为 L_1 范数比较特别。对于 $q<1$ 的情形,若采用 L_q 范数,虽然所得的解是稀疏的,但求解该目标函数的计算量会很大,而且目标函数会转为非凸函数。其次,如果预估值 t 非常小,会导致 LASSO 产生稀疏的参数解向量,即解向量仅有一些坐标不为零。对于 $q>1$ 的情况,虽然能够缓解过拟合的情况,但是无法得到稀疏解。当 $q=1$ 时,目标函数为凸函数,可以找到最小值,同时也满足了稀疏性,因此可以处理较大数据集。稀疏性的优势在于它可以解释拟合的模型,并且计算简单。

4.2 稀疏表示学习简介

信号稀疏表示的两大主要任务就是字典的生成和信号的稀疏分解。对于字典的选择,有两种常用方式:一种是预先给定的分析字典,如小波基、DCT 以及曲波字典;另一种是针对特定数据集学习出特定的字典。用预先定义的进行信号的稀疏表示时,虽然简单易实现,但信号的表达形式单一且不具备自适应性;反之,学习字典的自适应能力强,能够更好地适应不同的数据。

对于矩阵来说,矩阵的稀疏性主要表现在两方面:一方面是矩阵奇异值(若为对称矩阵,则为特征值)的稀疏性,即矩阵奇异值中的非零元素的个数相对较少,也就是秩函数值较小;另一方面是矩阵元素的稀疏性,即矩阵中非零元素的个数相对较少,也就是矩阵的 L_0 范数。总的来说,具有低秩结构或者稀疏性的数据信号可以通过较少的观测子来完成该数据的恢复或重构。低秩性和稀疏性同样也适用于处理高维数据,可以有效地避免传统机器学习与统计分析理论的不足。

研究者从每个参数的信息量 N/p 来研究稀疏统计学习。若真实模型是稀疏的,即真实模型仅含有 $k<N$ 个不为零的参数,则可以使用 LASSO 和相关方法来有效估计这些参数。这说明即使不知道 p 个参数向量的第 k 个元素是否为零,也可以使用该方法进行有效估计,或许结果不那么准确,但也能取得令人满意的效果。如果 $p\gg N$ 且真实模型不稀疏,则样本数 N 相对太小,此时无法精确的估计参数。

综上所述,稀疏学习是非常具有研究意义的领域,并且也很实用。例如,根据癌症病人样本中的 4718 个基因,对样本进行量化分类,可以分为 15 类,包括乳腺癌、膀胱癌等。这里的目标是通过这 4718 个特征或部分特征来建立一个分类器,以预测癌症类别。所得到的分类器应该对每个样本有较低的分类错误率,并且仅仅依赖于基因子集,以协助生物学基础研究。这时候就可以采用带有 LASSO 正则化的分类器来实现该目标,对 15 个类中的每一个类别生成 4718 个权重(或系数),以便在测试时进行区分。由于采用了 L_1 惩罚,并选取最适合的正则化参数,使得这些权重仅有一部分不为零,通常大概只有 5%的基因有非零的权重。LASSO 正

则化可以大幅减少特征数量，同时保证稀疏性，也提高了计算效率。

4.2.1 专业名词解析

原子：表示为 $\boldsymbol{g}$，为字典 D 的列向量。

完备字典与过完备字典：如果一个 $n\times m$ 的字典 $\boldsymbol{D}$ 中的原子恰能够张成 n 维的欧氏空间，则字典 $\boldsymbol{D}$ 是完备的；如果 $n\ll m$，则字典 $\boldsymbol{D}$ 是冗余的，同时保证还能张成 n 维的欧氏空间，则字典 $\boldsymbol{D}$ 是过完备的。一般用的字典都是过完备的，因为在过完备的字典下分解稀疏系数不唯一，这也恰恰为数据的自适应处理提供可能，可以根据实验处理的要求选择最合适的最稀疏的系数。

相关系数：相关系数 $\mu=\sup\limits_{i,j\text{且}i\neq j}|\langle g_i,g_j\rangle|$，相关系数的大小与原子的相关性成正比。

非相关字典：相关系数 μ 小于某一常数的原子库。当 $\mu=1$ 时，即表明字典中至少有两个原子相同；当 μ 比较小时，即表明原子间的相关性不高，即可称此字典为非相关字典。

同伦方法(homotopy method)是另一类求解 LASSO 问题的方法，这种方法从 0 开始，以连续方式得到解的整体路径，该路径实际上是分段线性的。

4.2.2 L_1 正则化

给定数据集 $D=\{(x_1,y_1),(x_2,y_2),\cdots,(x_n,y_n)\}$，其中 $\boldsymbol{x}\in\mathbb{R}^d$，$y\in\mathbb{R}$。考虑最简单的线性回归模型，以平方误差作为损失函数，则优化目标为

$$\min_{\boldsymbol{\omega}}\sum_{i=1}^{n}(y_i-\boldsymbol{\omega}^{\mathrm{T}}\boldsymbol{x}_i)^2$$

当样本数相对较少而样本特征较多时，优化目标就很容易陷入过拟合的问题。为了缓解过拟合，一种较为常见的方式就是引入正则化项。这里可以采用任意的 L_p 范数，这有助于避免模型太复杂，以缓解过拟合的现象，从而获得具有良好泛化性能的参数。然而，使用 L_1 范数会比其他范数(如 L_2 范数)更容易获得稀疏解，即它求得的参数向量$\boldsymbol{\omega}$ 会有更少的非零分量。使用 L_1 范数与 L_2 范数正则化分别表示为

$$\min_{\boldsymbol{\omega}}\sum_{i=1}^{n}(y_i-\boldsymbol{\omega}^{\mathrm{T}}\boldsymbol{x}_i)^2+\lambda\|\boldsymbol{\omega}\|_1 \tag{4-4}$$

$$\min_{\boldsymbol{\omega}}\sum_{i=1}^{n}(y_i-\boldsymbol{\omega}^{\mathrm{T}}\boldsymbol{x}_i)^2+\lambda\|\boldsymbol{\omega}\|_2^2 \tag{4-5}$$

其中正则化参数 $\lambda>0$，上述两个式子分别称为 LASSO 回归(Least Absolute Shrinkage and Selection Operator)和岭回归(ridge regression)。

为了更好地理解该问题，可以看一个直观的例子：假定 $\boldsymbol{x}$ 仅有两个属性，无论使用 L_1 范数还是 L_2 范数求解出来的$\boldsymbol{\omega}$ 都只有两个分量，即 ω_1 与 ω_2 将其作为两个坐标轴，绘制出 L_1 范数与 L_2 范数的等值线，即在(ω_1,ω_2)空间中 L_1 范数以及 L_2 范数取值相同的点的连线；然后在图中绘制出平方误差等值线，即在(ω_1,ω_2)空间中平方误差项取值相同的点的连线，如图 4-1 所示。

由图 4-1 可以看出，采用 L_1 范数时，平方误差项等值线与 L_1 正则化项等值线的交点常常会出现在坐标轴上，即 ω_1 或 ω_2 为 0，而在采用 L_2 范数时，两者的交点常常出现在某个象限中，即 ω_1 与 ω_2 均为非零的数，所以使用 L_1 范数比 L_2 范数更易于得到稀疏解。

基于 L_1 正则化的模型学习方法就是一种嵌入式的特征选择方法，其特征选择过程与模型训练过程相辅相成。在实验过程中，获得了较为稀疏的解就意味着初始数据中仅有对应着

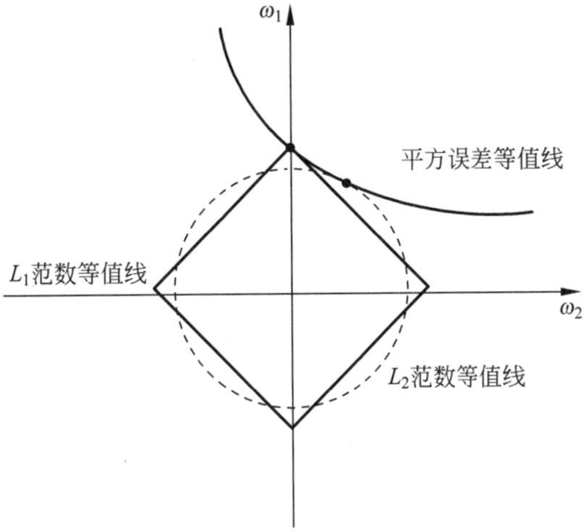

图 4-1 L_1 范数比 L_2 范数更容易获得稀疏解

$\boldsymbol{\omega}$ 的非零分量的特征才会出现在后续模型的计算中。L_1 正则化问题的求解可使用近端梯度下降(Proximal Gradient Descent,PGD),令∇表示微分算子,优化目标为

$$\min_{\boldsymbol{x}} f(\boldsymbol{x})+\lambda\|\boldsymbol{x}\|_1 \tag{4-6}$$

首先,先引入利普希茨连续(Lipschitz)条件。设函数$\phi(x)$在有限区间$[a,b]$上满足如下条件:当$x\in[a,b]$时,$\phi(x)\in[a,b]$,即$a\leqslant\phi(x)\leqslant b$,对任意的$x_1,x_2\in[a,b]$,使得$|\phi(x_1)-\phi(x_2)|\leqslant L|x_1-x_2|$恒成立。这时可以称$\phi(x)$在$[a,b]$上满足 Lipschitz 条件,$L$ 称为利普希茨常数,该条件是比一致连续更强的光滑性条件,利普希茨连续函数限制了函数值变化的速度。符合利普希茨条件的函数的斜率,必小于一个称为利普希茨常数的实数(该常数主要根据函数而定)。因此可以做以下推导:若 $f(x)$可导,且∇f 满足利普希茨条件,即对于$\forall x,x'$,存在常数 $L>0$ 使得

$$\|\nabla f(x')-\nabla f(x)\|_2^2\leqslant L\|x'-x\|_2^2 \tag{4-7}$$

则在 x_k 附近可将 $f(x)$通过二阶泰勒展开近似为

$$\begin{aligned}\hat{f}(x)&\approx f(x_k)+\langle\nabla f(x_k),x-x_k\rangle+\frac{L}{2}\|x-x_k\|^2\\&=\frac{L}{2}\left\|x-\left(x_k-\frac{1}{L}\nabla f(x_k)\right)\right\|_2^2+\text{const}\end{aligned} \tag{4-8}$$

其中 const 是与 x 无关的常数,$\langle\cdot,\cdot\rangle$表示内积,当 $x_{k+1}=x_k-\frac{1}{L}\nabla f(x_k)$时,式(4-8)取得最小值。此时若通过梯度下降法对 $f(x)$进行最小化,则每一步梯度下降迭代实际上等价于最小化二次函数 $\hat{f}(x)$,将该思想推广到上述的优化目标中,则可以类似地得到其迭代公式,可表示为

$$x_{k+1}=\underset{x}{\operatorname{argmin}}\frac{L}{2}\left\|x-\left(x_k-\frac{1}{L}\nabla f(x_k)\right)\right\|_2^2+\lambda\|x\|_1 \tag{4-9}$$

即在对 $f(x)$进行梯度下降迭代的同时也考虑了 L_1 范数最小化。令 $z=x_k-\frac{1}{L}\nabla f(x_k)$,这时上式可以转换为

$$x_{k+1}=\underset{x}{\operatorname{argmin}}\frac{L}{2}\|x-z\|_2^2+\lambda\|x\|_1 \tag{4-10}$$

令 x^i 表示 x 的第 i 个分量，将上式进行分类讨论可以得到，其中不会存在 $x^i x^j\ (i\neq j)$ 这样的项，即 x 的各分量互不影响，这时可以求出闭式解：

$$x_{k+1}^{i}=\begin{cases} z^{i}-\dfrac{\lambda}{L}, & \dfrac{\lambda}{L}<z^{i} \\ 0, & |z^{i}|\leqslant\dfrac{\lambda}{L} \\ z^{i}+\dfrac{\lambda}{L}, & z^{i}<-\dfrac{\lambda}{L} \end{cases} \tag{4-11}$$

其中 x_{k+1}^i 与 z^i 分别是 x_{k+1} 与 z 的第 i 个分量，这时候就可以通过 PGD 快速求解出 LASSO 以及其他基于 L_1 范数最小化的方法。在求解过程中，LASSO 使用了 L_1 范数作为惩罚项，其已广泛应用于统计学、机器学习、工程、金融等多个领域。在过去的 10～15 年中，研究者总结出 L_1 惩罚的诸多良好性质，总结如下。

（1）可解释性：L_1 惩罚会使得解变得稀疏且简单，利于解释最终模型。

（2）统计有效：有研究者提出了押注稀疏性原则，即假定真实信号是稀疏的，可通过 L_1 惩罚来很好地求解。如果假定正确，就可以恢复真实信号。值得注意的是稀疏性可保持在给定的基(特征集)或特征变换(如一组小波基)中。但如果真实信号在所选择的基中不是稀疏的，则采用 L_1 惩罚并不能得到好的效果。

（3）计算高效：基于 L_1 惩罚项是凸的，假定稀疏性可得到显著的计算优势。例如存在 100 个样本，每个样本有 100 万个特征，则必须估计 100 万个非零参数，会导致巨大的计算量。但如果采用 L_1 正则化，则在解中最多有 100 个参数为非零，会使计算更加容易。

4.2.3 奇异值分解

奇异值分解(Singular Value Decomposition，SVD)是线性代数中一种重要的矩阵分解方法，是特征分解在任意矩阵上的推广，在信号处理、统计学等领域有重要应用。奇异值分解在某些方面与对称矩阵或 Hermite 矩阵基于特征向量的对角化类似。对于给定 $m\times n$ 的矩阵 $\boldsymbol{Z}$，其奇异值分解为

$$\boldsymbol{Z}=\boldsymbol{UDV}^{\mathrm{T}} \tag{4-12}$$

这是数值线性代数中的一种标准分解，有很多算法可以高效地计算这种分解。$\boldsymbol{U}$ 和 $\boldsymbol{V}$ 是一个 $m\times n$ 的正交矩阵($\boldsymbol{U}^{\mathrm{T}}\boldsymbol{U}=\boldsymbol{I}_n,\boldsymbol{V}^{\mathrm{T}}\boldsymbol{V}=\boldsymbol{I}_n$)，其中矩阵 $\boldsymbol{U}$ 的列 $\boldsymbol{u}_j$ 称为左奇异向量，而矩阵 $\boldsymbol{V}$ 的列 $\boldsymbol{v}_j$ 称为右奇异向量。矩阵 $\boldsymbol{D}$ 是一个 $n\times n$ 的对角矩阵，其对角元素为 $d_1\geqslant d_2\geqslant\cdots\geqslant d_n\geqslant 0$，这些元素被称为奇异值。如果这些奇异值 $\{d_l\}_{l=1}^n$ 是唯一的，则矩阵 $\boldsymbol{U}$ 和 $\boldsymbol{V}$ 唯一。如果中心化 $\boldsymbol{Z}$ 的列(每一列为一个变量)，则右奇异向量 $\{\boldsymbol{v}_j\}_{j=1}^n$ 称为 $\boldsymbol{Z}$ 的主成分(principal component)。因此，由单位向量 $\boldsymbol{v}_1$ 可得到线性组合 $s_1=\boldsymbol{Z}\boldsymbol{v}_1$。在所有可选择的单位向量中，$s_1$ 的样本方差最大，则称 s_1 为 $\boldsymbol{Z}$ 的第一主成分，$\boldsymbol{v}_1$ 为对应的方向向量。以此类推，$s_2=\boldsymbol{Z}\boldsymbol{v}_2$ 是第二主成分，它在所有 s_1 不相关的线性组合中，样本方差最大。奇异值分解可用来求解秩为 q 的矩阵的近似问题。设 $r\leqslant\mathrm{rank}(\boldsymbol{Z})$，$\boldsymbol{D}_r$ 为对角矩阵，并将 $\boldsymbol{D}_r$ 前 r 个对角元素以外的其他对角元素均置为零。

$$\min_{\mathrm{rank}(\boldsymbol{M})=r}\|\boldsymbol{Z}-\boldsymbol{M}\|_F \tag{4-13}$$

有一个闭解 $\hat{\boldsymbol{Z}}_r=\boldsymbol{UD}_r\boldsymbol{V}^{\mathrm{T}}$，称为 r 秩 SVD。得到的 $\hat{\boldsymbol{Z}}_r$ 具有某种稀疏性，因为除前 r 个奇异值以外，其他的都被置为零，如图 4-2 所示，$\boldsymbol{Z}_{m\times n}$ 可以使用绿色的三个小矩阵来近似表示，存储的空间就大大降低了。

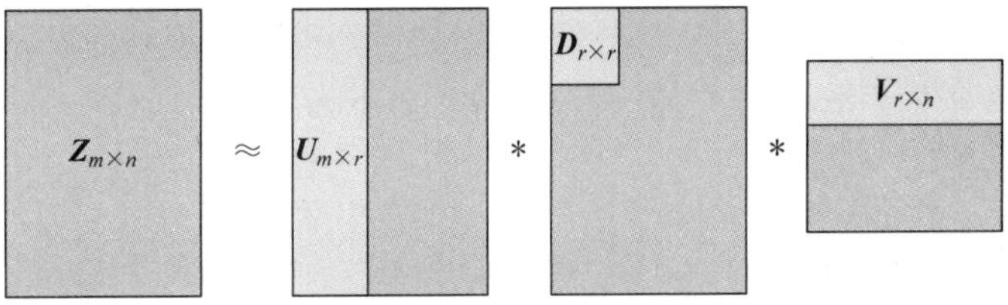

图 4-2 SVD

任何矩阵都能进行 SVD,它也可以被用来计算矩阵的伪逆,求伪逆通常可以用来求解线性最小平方、最小二乘问题。SVD 也可以单独用于行降维和列降维,同时在数据压缩、推荐系统以及语义分析中有着广泛的应用。在统计学中,SVD 的主要应用为主成分分析(PCA),用来找出大量数据中所隐含的"模式",它可以用在模式识别、数据压缩等方面。PCA 算法的作用是把数据集映射到低维空间中,使用特征值对对应的特征向量进行排序,降维的过程就是舍弃不重要的特征向量的过程,而剩下的特征向量组成的空间即为降维后的空间。但是 SVD 存在一个主要缺点,即分解出的矩阵解释性不强。

4.2.4 缺失数据和矩阵填充

如果待表示的矩阵 $\boldsymbol{Z}$ 中存在元素缺失,应该如何处理呢?一种常见的方法是通过填充或插值补全矩阵中的缺失元素,通常称为矩阵填充。如果在未知矩阵 $\boldsymbol{Z}$ 上未指定约束条件,则该问题对矩阵填充来说就是一个病态问题。一种常见的解决方案是指定秩约束。矩阵填充可以通过矩阵分解将一个含缺失值的矩阵分解为两个(或多个)矩阵,然后将分解后的矩阵相乘,可以得到原矩阵的近似矩阵。最后利用近似矩阵中的值填充原矩阵中的缺失部分。矩阵填充在许多领域都有广泛的应用,如推荐系统、缺失值预处理等。

SVD 对求解矩阵填充问题非常有效。具体而言,若 $\boldsymbol{Z}$ 中观察到的元素的索引是一个子集 $\Omega\subset\{1,2,\cdots,m\}\times\{1,2,\cdots,n\}$,给定这些观察值,一个自然的方法就是寻找一个最低秩的近似矩阵 $\hat{\boldsymbol{Z}}$,使用该矩阵对 $\boldsymbol{Z}$ 中观测到的元素进行插值,即

$$\min_{m} \operatorname{rank}(\boldsymbol{M}) \quad \text{s.t. } m_{ij}=z_{ij},(i,j)\in\Omega \tag{4-14}$$

然而,最小化秩问题的计算量很大,而且存在缺失值,属于 NP(非确定性)问题,即使中等规模大小的矩阵一般也无法求解。另外,通过对观测到的 z_{ij} 进行插值来估计 $\boldsymbol{M}$ 经常会太严格,从而导致模型过拟合问题。更好的求解方法是允许所得到的 $\boldsymbol{M}$ 与观测值之间有一定的误差。由此,可得到优化问题:

$$\min_{m} \operatorname{rank}(\boldsymbol{M}) \quad \text{s.t. } \sum_{(i,j)\in\Omega}(z_{ij}-m_{ij})^2\leqslant\delta \tag{4-15}$$

式(4-15)等价于

$$\min_{\operatorname{rank}(\boldsymbol{M})\leqslant r}\sum_{(i,j)\in\Omega}(z_{ij}-m_{ij})^2 \tag{4-16}$$

换句话说,只需要找到 $\hat{\boldsymbol{Z}}=\hat{\boldsymbol{Z}}_r$,就可以当作观测值的 $\boldsymbol{Z}$ 的最佳近似值。$\hat{\boldsymbol{Z}}_r$ 的秩最大为 r,其中的对应元素可以作为 $\boldsymbol{Z}$ 的缺失值。

令人遗憾的是,这两种优化问题都是非凸的,因此通常得不到最优解,都属于 NP 问题。因此通常采用启发式算法去寻找一个近似的全局最优解。具体来说,首先随机选择一些缺失

值来填充 $\boldsymbol{Z}$,然后计算矩阵 $\boldsymbol{Z}$ 的 r 秩 SVD,从而得到缺失值的新估计；不断重复这个过程,直到模型收敛为止,得到$\hat{\boldsymbol{Z}}_r$；最后在 $\boldsymbol{Z}$ 的(i,j)处插入的缺失值为$\hat{\boldsymbol{Z}}_r$ 的第 i 行、第 j 列对应的元素即可。

4.2.5 有限等距性质

有限等距性质(RIP 性质)保证了观测矩阵不会把两个稀疏信号映射到同一个集合中(保证原始空间到稀疏空间的一一映射关系),要求从观测矩阵中抽取的每 m 个列向量构成的矩阵是非奇异的。对容忍度 $\delta\in(0,1)$和整数 $k\in\{1,2,\cdots,p\}$,若满足

$$\|\boldsymbol{X}_S^{\mathrm{T}}\boldsymbol{X}_S-\boldsymbol{I}_{k\times k}\|_{\mathrm{op}}\leqslant\delta \tag{4-17}$$

则 RIP(k,δ)对基数(cardinality)为 k 的所有子集 $S\subset\{1,2,\cdots,p\}$成立。$\|\cdot\|_{\mathrm{op}}$ 表示算子范数,或矩阵的最大奇异值。由于 $\boldsymbol{X}_S^{\mathrm{T}}\boldsymbol{X}_S$ 是对称矩阵,则有等式

$$\|\boldsymbol{X}_S^{\mathrm{T}}\boldsymbol{X}_S-\boldsymbol{I}_{k\times k}\|_{\mathrm{op}}=\sup_{\|\boldsymbol{u}\|_2=1}|\boldsymbol{u}^{\mathrm{T}}(\boldsymbol{X}_S^{\mathrm{T}}\boldsymbol{X}_S-\boldsymbol{I}_{k\times k})\boldsymbol{u}|=\sup_{\|\boldsymbol{u}\|_2=1}|\|\boldsymbol{X}_S\boldsymbol{u}\|_2^2-1| \tag{4-18}$$

由此可知,当且仅当基数为 k 的所有子集 $S\subset\{1,2,\cdots,p\}$满足

$$\frac{\|\boldsymbol{X}_S\boldsymbol{u}\|_2^2}{\|\boldsymbol{u}\|_2^2}\in[1-\delta,1+\delta],\quad \boldsymbol{u}\in\mathbb{R}^k\backslash\{0\} \tag{4-19}$$

RIP(k,δ)成立,RIP 是一个充分条件。从随机矩阵理论的结果可知,只要 $N\geqslant ck\log\frac{M}{k}$,其中 N 为矩阵的行数,M 为矩阵的列数,c 为常数,随机投影矩阵 $\boldsymbol{X}$ 的各种选择大概率能满足 RIP。对于其他集成矩阵,该结论只适用于各元素独立同分布,且服从 $N\left(0,\frac{1}{N}\right)$的标准高斯随机矩阵 $\boldsymbol{X}$。因此,当需要精确恢复比成对不相关性少得多的样本时,基于 RIP 的方法能提供保证。另外,RIP 存在一个主要缺点：由于其矩阵数量太多,总共有$\binom{p}{2k}$个子矩阵,因此它在实际应用中非常难以验证。

4.2.6 信号与稀疏表示

在过去的研究中,稀疏表示已经成功地应用于信号处理、统计分析、计算机视觉、图像处理及模式识别等众多领域。例如,在信号处理领域,稀疏表示被应用于信号压缩与编码、图像恢复等；在计算机视觉领域,稀疏子空间分割方法在运动分割问题上表现出优越的性能。而在图像处理领域,稀疏表示在恢复超分辨率处理图像和图像降噪等问题上获得了较好的结果。另外,稀疏表示也被广泛应用于很多模式识别问题,如人脸识别、信号与图像目标分类、手写数字识别和纹理分类等。

本节首先介绍稀疏表示在信号处理中的背景知识。需要注意,这里所说的信号是广义的,包括数据,如摄影图像、海平面数据、音频记录、地震记录、视频数据和金融数据等。在这些情况下,信号都可用向量$\boldsymbol{\theta}^*\in\mathbb{R}^p$ 表示。当使用适当的基来表示信号(如用小波和多尺度变换表示)时,很多信号可以是稀疏的。稀疏表示可以表述为如下凸优化问题：

$$\begin{gathered}\min_{\boldsymbol{Z},\boldsymbol{E}}\|\boldsymbol{Z}\|_1+\lambda\|\boldsymbol{E}\|_{2,1}\\ \text{s. t. } X=X\boldsymbol{Z},\mathrm{diag}(\boldsymbol{Z})=\boldsymbol{0}\end{gathered} \tag{4-20}$$

其中,$\|\boldsymbol{E}\|_{2,1}=\sum_{j=1}^{n}\sqrt{\sum_{i=1}^{m}E_{ij}^2}$ 为噪声矩阵$\boldsymbol{E}$ 的$L_{2,1}$ 范数,并选择数据 X 本身作为字典。另外,为了避免获得平凡解 $\boldsymbol{Z}=\boldsymbol{I}$,约束自表示矩阵 $\boldsymbol{Z}$ 的对角元素为零,即 $\mathrm{diag}(\boldsymbol{Z})=\boldsymbol{0}$。在前文

中已介绍过在过完备字典的条件下稀疏系数是不唯一的，但是否可以求出最稀疏解呢？著名学者 Elad 和 Bruckstein 给出了下述定理。

定理 4-1：设 D 为一个相关系数是 μ 的字典，$D=\{\boldsymbol{g}_i, i=1,2,\cdots,M\}$，如果一个 n 维的信号 $\boldsymbol{s}$ 可以表示为

$$\boldsymbol{s}=\sum_{i=0}^{m} c_i \boldsymbol{g}_i \tag{4-21}$$

其中，c_i 为向量 $\boldsymbol{c}$ 的分量，向量 $\boldsymbol{c}$ 的 L_0 范数满足 $\|\boldsymbol{c}\|_0<\dfrac{1}{\mu}$。那么式(4-21)就是信号 $\boldsymbol{s}$ 在字典 D 中最稀疏的表示。

4.2.7　正交基

在处理信号的过程中，使用不同的基来表示信号会对稀疏性有很大的帮助，这些基可以采用傅里叶表示和多尺度表示(如小波)。在时间序列中，傅里叶表示对提取周期性结构很实用。通常采用$\mathbb{R}^p$ 中的一组正交基$\{\boldsymbol{\psi}_j\}_{j=1}^{p}$ 来表示，定义一个 $p\times p$ 的矩阵$\boldsymbol{\Psi}=(\boldsymbol{\psi}_1,\boldsymbol{\psi}_2,\cdots,\boldsymbol{\psi}_p)$，则由正交条件可知$\boldsymbol{\Psi}^{\mathrm{T}}\boldsymbol{\Psi}=\boldsymbol{I}_{p\times p}$。给定一组正交基，则任意的信号 $\boldsymbol{s}^*\in\mathbb{R}^p$ 可表示为

$$\boldsymbol{s}^*=\sum_{j=1}^{p}\beta_j^*\boldsymbol{\psi}_j \tag{4-22}$$

其中，第 j 个基系数 $\beta_j^*=\langle\boldsymbol{s}^*,\boldsymbol{\psi}_j\rangle=\sum_{i=1}^{p}s_i^*\psi_{ij}$ 是将信号投影到第 j 个基$\boldsymbol{\psi}_j$ 而得到的。因此，可将信号 $\boldsymbol{s}^*\in\mathbb{R}^p$ 的基系数向量$\boldsymbol{\beta}^*\in\mathbb{R}^p$ 写成矩阵与向量相乘的形式，即$\boldsymbol{\beta}^*=\boldsymbol{\Psi}^{\mathrm{T}}\boldsymbol{s}^*$。给定一个简单的例子，设有矩阵

$$\boldsymbol{\Psi}=\begin{pmatrix}1/2 & 1/2 & 1/\sqrt{2} & 0\\ 1/2 & 1/2 & -1/\sqrt{2} & 0\\ 1/2 & -1/2 & 0 & 1/\sqrt{2}\\ 1/2 & -1/2 & 0 & 1/\sqrt{2}\end{pmatrix} \tag{4-23}$$

是正交矩阵，即$\boldsymbol{\Psi}^{\mathrm{T}}\boldsymbol{\Psi}=\boldsymbol{I}_{4\times 4}$。用它对维度 $p=4$ 的信号进行相应的两级哈尔变换。对任意给定的信号 $\boldsymbol{s}^*\in\mathbb{R}^4$，哈尔基系数向量$\boldsymbol{\beta}^*=\boldsymbol{\Psi}^{\mathrm{T}}\boldsymbol{s}^*$。第一个系数 $\beta_1^*=\langle\boldsymbol{\psi}_1,\boldsymbol{s}^*\rangle=1/2\sum_{j=1}^{4}s_j^*$ 是平均信号的结果。第二列$\boldsymbol{\psi}_2$ 是对整个信号做差分操作的结果，而第三列和第四列是对半个信号做局部差分操作的结果。在实际情况下，许多种信号在标准的基下并不稀疏，而用特殊的正交基来表示时才会变得稀疏。

4.2.8　用正交基逼近

信号压缩的目的是对信号 $\boldsymbol{s}^*\in\mathbb{R}^p$ 进行表示，通常以近似的方式实现，使用比原始维数小得多($k\ll p$)的参数。在正交基的情形下，可仅用正交向量$\{\boldsymbol{\psi}_j\}_{j=1}^{p}$ 的稀疏子集来完成信号的表示，即采用正交基逼近。例如，通过控制整数 $k\in\{1,2,\cdots,p\}$来调整近似精度，可以得到如下重构形式

$$\boldsymbol{\Psi\beta}=\sum_{j=1}^{p}\beta_j\boldsymbol{\psi}_j \tag{4-24}$$

$$\text{s.t.}\ \|\boldsymbol{\beta}\|_0=\sum_{j=1}^{p}\cap\,[\beta_j\neq 0]\leqslant k$$

其中引入了 L_0 范数，对向量 $\boldsymbol{\beta} \in \mathbb{R}^p$ 中的非零元素进行计数。该问题的 k 稀疏近似可表示为

$$\beta^k \in \min_{\boldsymbol{\beta} \in \mathbb{R}^p} \| \boldsymbol{s}^* - \boldsymbol{\Psi}^{\mathrm{T}} \boldsymbol{\beta} \|_2^2 \quad \text{s.t.} \ \| \boldsymbol{\beta} \|_0 \leqslant k \tag{4-25}$$

得到该问题的最优解 $\hat{\beta}^k$ 后，原信号可重构为

$$s^k = \sum_{j=1}^{p} \hat{\beta}_j^k \boldsymbol{\psi}_j \tag{4-26}$$

通过 k 个最佳系数来近似 $\boldsymbol{s}^*$。注意，由于有 L_0 范数约束，上式是一个非凸的组合优化问题。尽管如此，仍可以用一种简单的方法来求解该问题，即通过正交变换得到结果。假设对基的系数向量 $\boldsymbol{\beta}^* \in \mathbb{R}^p$ 中的各元素的绝对值进行排序，即

$$| \beta_{(1)}^* | \geqslant | \beta_{(2)}^* | \geqslant \cdots \geqslant | \beta_{(p)}^* | \tag{4-27}$$

对于任意给定的整数 $k \in \{1,2,\cdots,p\}$，则最优的 k 近似为

$$\hat{s}^k = \sum_{j=1}^{k} \beta_{(j)}^* \ \boldsymbol{\psi}_{\sigma(j)} \tag{4-28}$$

其中 $\sigma(j)$ 表示排序后的基向量中的第 j 个元素。换言之，获得的基向量与排序后最大的 k 个系数有关。总之，可以用正交基按如下算法计算最优的 k 项近似。

(1) 计算基系数 $\beta_j^* = \langle \boldsymbol{s}^*, \boldsymbol{\Psi}_j \rangle, j=1,2,\cdots,p$，通过矩阵与向量相乘即 $\boldsymbol{\beta}^* = \boldsymbol{\Psi}^{\mathrm{T}} \boldsymbol{s}^*$ 得到基系数向量 $\boldsymbol{\beta}^*$。

(2) 按系数绝对值排序，取前 k 个系数。

(3) 计算最佳 k 项近似 $\hat{s}^k$。

对任意的正交基，该过程的计算复杂度至多为 $O(p^2)$，步骤(2)中排序的复杂度为 $O(p\log p)$，主要源于步骤(1)中对基的系数的计算复杂度。许多正交表示(如傅里叶基和离散小波)有一个良好的性质，即计算基系数的时间复杂度为 $O(p\log p)$。

4.2.9 用过完备基重构

尽管正交基在很多方面能发挥很大作用，但也存在一些缺点，特别是对于某些信号而言，只能用某种特定正交基来进行稀疏表示。例如，傅里叶基适合重构具有全局周期结构的信号，但具有局部化能力的哈尔基则不能很好地捕获这种结构。哈尔基擅长表示不连续的情形，而傅里叶基对此情形则无法得到稀疏表示。

基于这种问题的存在，若信号在某种意义上被认为是“简单”的，可以相对直接地构建信号表示，但可能会面临一些挑战，即在传统的正交基下无法实现稀疏性。例如，有些信号是由一些全局周期性成分和一些快速(几乎不连续)的变化混合而成，因此单一的基可能无法很好地稀疏近似原始信号。通过同时利用两种基的向量子集来进行重构，可能会得到更高的精度，甚至完全稀疏的近似。为了更精确地解决这个问题，使用给定的两组正交基，表示为 $\{\boldsymbol{\psi}_j\}_{j=1}^p$ 和 $\{\boldsymbol{\phi}_j\}_{j=1}^p$ 来进行信号重构

$$\underbrace{\sum_{j=1}^{p} \alpha_j \boldsymbol{\phi}_j}_{\boldsymbol{\Phi\alpha}} + \underbrace{\sum_{j=1}^{p} \beta_j \boldsymbol{\psi}_j}_{\boldsymbol{\Psi\beta}} \quad \text{s.t.} \ \| \boldsymbol{\alpha} \|_0 + \| \boldsymbol{\beta} \|_0 \leqslant k \tag{4-29}$$

相关的优化问题为

$$\min_{(\boldsymbol{\alpha},\boldsymbol{\beta})\in\mathbf{R}^p\times\mathbf{R}^p} \|\boldsymbol{s}^* - \boldsymbol{\Phi\alpha} - \boldsymbol{\Psi\beta}\|_2^2 \quad \text{s.t.}\ \|\boldsymbol{\alpha}\|_0 + \|\boldsymbol{\beta}\|_0 \leqslant k \tag{4-30}$$

然而，其同样是一个 NP 问题，并采用了由两个基$\boldsymbol{\Phi}$ 和$\boldsymbol{\Psi}$ 构成的过完备基来表示问题。然而，通过对 L_0 范数的松弛可以转换为一个凸规划问题：

$$\min_{(\boldsymbol{\alpha},\boldsymbol{\beta})\in\mathbf{R}^p\times\mathbf{R}^p} \|\boldsymbol{s}^* - \boldsymbol{\Phi\alpha} - \boldsymbol{\Psi\beta}\|_2^2 \quad \text{s.t.}\ \|\boldsymbol{\alpha}\|_1 + \|\boldsymbol{\beta}\|_1 \leqslant R \tag{4-31}$$

其中，$R>0$，是人工设定的半径。那么，目标函数转换为 LASSO 的约束版本，也称为松弛的基追踪规划。为了得到一个好的重构，也可以考虑如下更简单的问题：

$$\min_{(\boldsymbol{\alpha},\boldsymbol{\beta})\in\mathbf{R}^p\times\mathbf{R}^p} \|\boldsymbol{\alpha}\|_1 + \|\boldsymbol{\beta}\|_1 \quad \text{s.t.}\ \boldsymbol{\theta}^* = (\boldsymbol{\Phi} \quad \boldsymbol{\Psi})\begin{pmatrix}\boldsymbol{\alpha}\\ \boldsymbol{\beta}\end{pmatrix} \tag{4-32}$$

这是一个线性规划问题，通常也称为基追踪线性规划。

4.3 匹配追踪算法

获取信号在过完备字典下的最优稀疏表示或稀疏逼近的过程称为信号的稀疏分解，这是稀疏表示能否在实际图像处理中应用的基本问题。但是由于 L_0 范数的非凸性，因此在过完备字典中通常采用逼近算法求解。

匹配追踪算法是一种贪心(greedy)迭代算法，每次迭代都选取与当前样本残差最接近的原子，直至残差满足一定条件。该算法假定输入信号与字典库中的原子在结构上具有一定的相关性，相关性通过信号与原子库中原子的内积表示。即内积越大，表示信号与字典库中的这个原子的相关性越大，因此可以使用相关性最大的原子来近似表示原信号。在使用该表示时会有一定误差，将表示误差称为信号残差。通过将原信号减去选中的原子，得到残差，再通过计算相关性的方式从字典库中选出一个原子表示这个残差。迭代进行上述步骤，随着迭代次数的增加，信号残差将越来越小，当满足停止条件时终止迭代，得到一组原子即信号残差。将这组原子进行线性组合就能重构输入信号。

4.3.1 字典构建

对于数据集 D 来说，若将该数据集构建为矩阵的形式，则该矩阵的每行都表示一个样本，每一列都表示一个特征。当数据集 D 所对应的矩阵中存在许多零元素，并且这些零元素并不是以整行、整列形式存在时，称矩阵是较为稀疏的。

在现实生活中经常会遇到这样的情形，例如在文档分类任务中，如果使用词频来表示一个文档，通常将每个文档看作一个样本，每个字(词)看作一个特征，字(词)在文档中出现的频率或次数作为特征的取值；换句话说，将所有文档 D 表示为矩阵时，每行就是一个文档，每列就是一组字(词)，行、列交汇处就是某个字(词)在某文档中出现的频率或者次数。矩阵的列数如果以汉语为例，《康熙字典》中有 47 035 个汉字，相当于这个矩阵有 4 万多列，即便仅考虑《现代汉语常用字表》中的汉字，该矩阵也有 3500 列。但是，在一个文档中，可能大部分字都不会出现在该文档中，于是矩阵中的每行都会存在大量的零元素。并且，对于不同的文档，零元素出现的索引位置往往也不同，造成大量的空间浪费。

当样本具有稀疏表示时，对于模型的学习难度可能会有所降低，模型的计算和存储开销会减少，目前的稀疏矩阵已有许多高效的存储方法，同时也会增加模型的可解释性。例如，线性支持向量机之所以能在文本数据上有着较好的性能，主要原因就是文本数据在使用字频表示后具有高度的稀疏性，使得大多数问题变得线性可分。

但是，若给定的数据集 D 是稠密的，是否也可以将其转换为"稀疏表示"(sparse representation)的形式，从而利用稀疏表示的优势对模型进行求解呢？这里需要注意的是，一般所希望的稀疏表示是"恰当稀疏"，而不是"过度稀疏"。例如，基于《现代汉语常用字表》进行文字编码可能得到的就是恰当稀疏，即其稀疏性可能使得模型学习变得简单可行；而如果基于《康熙字典》则可能使得模型过度稀疏，并不会给模型学习带来性能的提升。

例如，在处理图片分类问题中，对于给定一个任务是在字典中找出 10 张图片，利用这 10 张图片的一个线性组合去尽可能地表示测试样本。在正常情况下，不太可能去选 10 张桌子或者篮球图片去表示一张狗的图片，而是会努力选择 10 张狗的图片去描述测试样本。这就是稀疏表示的过程，即用字典中尽可能少的恰当元素(就是字典中的样本)的线性组合尽可能详尽地描述(还原)测试样本。

为什么要使用字典中尽可能少的样本呢？仍以狗的图片举例，如果使用字典中大量桌子的样本，通过"东拼西凑"，只要桌子的样本足够多，同样可以用大量桌子图片的线性组合去表示这张狗的图片。因此要求在字典中选取尽可能少的样本，以确保选取的样本能够更加准确地表示所需的特征。

那么字典应该如何产生？寻找字典的过程被称为字典学习，字典学习的一个假设是字典对于指定数据具有稀疏表示，因此选择字典的原则就是能够稀疏地表达数据。

学习字典具有两个优势：第一，字典学习实质上是对于庞大数据集的一种降维表示；第二，正如同字是句子最质朴的特征一样，字典学习总是尝试学习蕴藏在样本背后最质朴的特征。正如上文所述，稀疏表示的本质是用尽可能少的资源表示尽可能多的知识，这种表示还能带来一个附加的好处，即加快计算速度。因此在研究过程中希望字典中的字可以尽可能的少，但是却可以尽可能地表示最多的句子。

字典设计通常有如下两种方法。

(1) 从已知的变换基中选取，如 DCT、小波基等，此方法比较方便，但不能自适应于数据。

(2) 通过学习的方式产生，即通过训练和学习大量与目标数据相似的数据来获得。

4.3.2 通过 DCT 基构建字典

构建 DCT(余弦离散度变换)字典就是对一张图像进行 DCT 时所采用的变换矩阵，该变换矩阵就是所需要的完备字典。给定一个图像像素点构成的二维矩阵 $\boldsymbol{x}(n)$，其中 n 代表的是行数。计算公式如下：

$$\boldsymbol{X}_c(0)=\frac{1}{\sqrt{N}}\sum_{n=0}^{N-1}\boldsymbol{x}(n) \tag{4-33}$$

$$\boldsymbol{X}_c(k)=\sqrt{\frac{2}{N}}\sum_{n=0}^{N-1}\boldsymbol{x}(n)\cos\frac{(2n+1)k\pi}{2N} \tag{4-34}$$

进一步地，将 DCT 过程表示为矩阵形式

$$\boldsymbol{X}_c=\boldsymbol{C}_N\boldsymbol{x} \tag{4-35}$$

其中，$\boldsymbol{C}_N\in\mathbb{R}^{n\times n}$ 表示 DCT 完备字典，其行向量为余弦基。

4.3.3 基于 DCT 字典图像稀疏去噪算法学习

基于稀疏分解的图像去噪算法按照是否能被稀疏成分表示把图像中的信息和噪声分开。一个原子能表示一种特殊结构的，图像由一定结构成分所构成，能够用原子来表示。但图像中的噪声是没有固定结构的，所以不能用原子来表示。由此可以将图像和噪声区分开来，以达到去噪的目的。

基于稀疏分解的图像去噪方法首先从含有噪声的图像中提取稀疏成分，然后利用提取出的图像稀疏成分重建图像，重建的图像为去噪后的图像，具体流程如下。

(1) 选择字典作为过完备字典、训练字典、自适应字典，其中字典大小均为 64×256。

(2) 将含噪图像矩阵分为 8×8 大小的块，一次按列和行的方式将一个 8×8 的块转换为 64×1 的列向量，生成新的矩阵 **Blocks**。

(3) 取 **Blocks** 的 10 000 列，更新其中的每个元素，更新原则为

$$\text{Blocks}[i][j]=\text{Blocks}[i][j]-\text{mean}([:,j]) \tag{4-36}$$

其中，Blocks[i][j]表示 **Blocks** 矩阵中的第 i 行第 j 列元素，mean(Blocks[:,j])表示元素(i,j)所在列的平均值。

(4) 对上述 **Blocks** 和字典 DCT，利用 MP 算法，求解该 **Blocks** 在字典中的稀疏系数 Coefs(将噪声图像在训练好的字典上分解，重构原始信号，加上去掉的均值完成去噪)。

(5) 更新 **Blocks** 的每一列，更新原则为

$$\text{Blocks}[:,j]=\text{Blocks}[:][j]\times\text{Coefs}-\text{mean}([:,j]) \tag{4-37}$$

(6) 取下一个 10 000 列，重复第(3)～(5)步的过程，直到 **Blocks** 矩阵的所有列都处理完成。

(7) 将 **Blocks** 的每一列(64×1)又转换为 8×8 的小块，就是做第(2)步的逆运算，得到去噪后的图像。

评价一幅图像质量的指标 MSE(均方误差)的计算方式为

$$\text{MSE}=\frac{1}{M\times N\sum_{i=1}^{M}\sum_{j=1}^{N}(f'(i,j)-f(i,j))^2} \tag{4-38}$$

其中，$f'(i,j)$和 $f(i,j)$分别表示待评价图像和原始图像，M 和 N 分别表示图像的长和宽。通常情况下 MSE 损失函数的值越小越好，但在该任务中，则是希望待评价图像和原始图像差别越大越好，可认为去掉的都是噪声。

PSNR 为峰值信噪比，PSNR 本质上与 MSE 相同，表达式如下：

$$\text{PSNR}=10\log\frac{Q^2\times M\times N}{\sum_{i=1}^{M}\sum_{j=1}^{N}(f'(i,j)-f(i,j))}(\text{dB}) \tag{4-39}$$

这里是 Q 表示图像量化的灰度级数，对一张 $N\times N$ 的图像，它的灰度级数为 $0\sim N-1$。

4.3.4 通过学习来构建字典

当涉及一般的学习任务(如图像分类任务)时，通常不像文档分类任务，没有现成的“字典”可供利用，因此需要学习一个“字典”，以满足特定任务的需求。学习到的“字典”可以将样本转换为合适的稀疏表示形式，从而使得模型学习变得更加简单，同时可以有效地降低模型的时间复杂度以及存储内存，该过程通常称为“字典学习”(dictionary learning)。具体而言，给定一个数据集$\{x_1,x_2,\cdots,x_n\}$，字典学习最简单的形式为

$$\min_{\boldsymbol{B},\boldsymbol{\alpha}_i} \sum_{i=1}^{n} \| \boldsymbol{x}_i - \boldsymbol{B}\boldsymbol{\alpha}_i \|_2^2 + \lambda \sum_{i=1}^{n} \| \boldsymbol{\alpha}_i \|_1 \tag{4-40}$$

其中 $\boldsymbol{B} \in \mathbb{R}^{d\times k}$ 为字典矩阵，$\boldsymbol{\alpha}_i \in \mathbb{R}^k$ 则是样本 $\boldsymbol{x}_i \in \mathbb{R}^d$ 的稀疏表示，k 为字典的词汇量，通常由人工指定。上式中的第一项是期望$\boldsymbol{\alpha}_i$ 能重构 $\boldsymbol{x}_i$，第二项则是期望 α_i 尽可能地稀疏。

与之前仅仅优化$\boldsymbol{\omega}$ 的线性回归模型相比，字典学习需要同时优化稀疏表示$\boldsymbol{\alpha}_i$ 与字典矩阵 $\boldsymbol{B}$。与 LASSO 的解法类似，可以采用变量交替优化的策略进行求解。

(1) 固定住字典矩阵 $\boldsymbol{B}$，将式(4-40)按照变量展开，可以得到其中不包含$\boldsymbol{\alpha}_i^u\boldsymbol{\alpha}_i^v\,(u\neq v)$的交叉项。使用类似 LASSO 的解法进行求解，为每个样本 $\boldsymbol{x}_i$ 找到对应的$\boldsymbol{\alpha}_i$：

$$\min_{\boldsymbol{\alpha}_i} \| \boldsymbol{x}_i - \boldsymbol{B}\boldsymbol{\alpha}_i \|_2^2 + \lambda \| \boldsymbol{\alpha}_i \|_1 \tag{4-41}$$

(2) 固定住$\boldsymbol{\alpha}_i$ 来更新字典矩阵 $\boldsymbol{B}$，因此优化目标为

$$\min_{\boldsymbol{B}} \| \boldsymbol{X} - \boldsymbol{B}\boldsymbol{A} \|_F^2 \tag{4-42}$$

其中，$\boldsymbol{X}=(x_1,x_2\cdots,x_n)\in\mathbb{R}^{d\times n}$，$\boldsymbol{A}=(\alpha_1,\alpha_2,\cdots,\alpha_n)\in\mathbb{R}^{k\times n}$，$\|\cdot\|_F$ 是矩阵的 F 范数。对于上式有多种求解方法，常用的有基于逐列更新策略的 KSVD 算法，即令 $\boldsymbol{b}_i$ 表示字典矩阵 $\boldsymbol{B}$ 的第 i 列，$\boldsymbol{\alpha}^i$ 表示稀疏矩阵 $\boldsymbol{A}$ 的第 i 行，可以将式(4-42)重写为

$$\begin{aligned}\min_{\boldsymbol{B}} \| \boldsymbol{X} - \boldsymbol{B}\boldsymbol{A} \|_F^2 &= \min_{\boldsymbol{b}_i} \left\| \boldsymbol{X} - \sum_{j=1}^{k} \boldsymbol{b}_j \boldsymbol{\alpha}^j \right\|_F^2 \\ &= \min_{\boldsymbol{b}_i} \left\| \left(\boldsymbol{X} - \sum_{j\neq i} \boldsymbol{b}_j \boldsymbol{\alpha}^j \right) - \boldsymbol{b}_i \boldsymbol{\alpha}^i \right\|_F^2 \\ &= \min_{\boldsymbol{b}_i} \| \boldsymbol{E}_i - \boldsymbol{b}_i \boldsymbol{\alpha}^i \|_F^2 \end{aligned} \tag{4-43}$$

在更新字典的第 i 列时，其他各列都是固定的，$\boldsymbol{E}_i = \sum_{j\neq i} \boldsymbol{b}_j \boldsymbol{\alpha}^j$ 是固定的。对上式的最小化转换为只需要对 $\boldsymbol{E}_i$ 进行奇异值分解，然后选择最大奇异值所对应的正交向量即可。但是，直接对 $\boldsymbol{E}_i$ 进行奇异值分解会同时修改 $\boldsymbol{b}_i$ 和 $\boldsymbol{a}^i$，从而破坏 $\boldsymbol{A}$ 的稀疏性。为避免发生这种情况，KSVD 对 $\boldsymbol{E}_i$ 和 $\boldsymbol{a}^i$ 进行专门处理：$\boldsymbol{a}^i$ 仅保留非零元素，$\boldsymbol{E}_i$ 则保留 $\boldsymbol{b}_i$ 与 $\boldsymbol{a}^i$ 的非零元素的乘积项，再进行奇异值分解，以此保持第(1)步中得到的稀疏性。

初始化字典矩阵 $\boldsymbol{B}$ 之后反复迭代上述两步，最终即可求得字典矩阵 $\boldsymbol{B}$ 和样本 $\boldsymbol{x}_i$ 的稀疏表示$\boldsymbol{\alpha}_i$。在上述字典学习过程中，能通过设置词汇量 k 的大小来控制字典的规模，从而影响最终表示的稀疏程度。

4.3.5 重构算法介绍

从任意一个字典中为原始数据集寻找最稀疏的表示常用的算法有如下两类。

(1) 贪婪算法，如匹配追踪(MP)算法、正交匹配追踪(OMP)算法、弱匹配追踪(WMP)算法、阈值算法等。

(2) 松弛算法，如基追踪(BP)算法、迭代加权最小二乘(IRLS)算法等。

其中，贪婪算法的特点是速度快，但精度相对较低；松弛算法虽然精度高，但速度慢。

压缩感知重构算法的根本任务是求解以 L_0 范数为约束条件或优化目标的重构模型，但是目前待处理信号的种类丰富多样，重构模型也千差万别，而且 L_0 范数是一种非凸的稀疏测度，这使得重构问题是一个 NP 问题。

现有的重构算法大多采用了凸松弛或局部搜索的近似和逼近手段，以便建立可快捷求解

的重构算法。而随着压缩感知在具体信号应用中的不断完善，越来越多的结构稀疏先验和其他的信号知识被挖掘与应用到压缩感知重构模型中。正因如此，对重构算法也提出了更高的要求：一方面要求重构算法具有较好的稳定性、实时性以及较高的重构精度；另一方面要求重构算法能够处理和求解包含丰富先验信号并约束的复杂模型。

重构算法的分类有多种，在为结构化的稀疏重构模型选择和设计搜索策略时，需要考虑该策略是否适用于所设计的结构模型的求解，同时需要考虑搜索策略是否能够确保信号重构估计的精度和速度。根据算法搜索策略的不同，可以分为基于贪婪搜索策略的算法、迭代收缩算法、迭代阈值算法、内点法、梯度投影法和分裂法等。根据算法中所使用的稀疏测度，可以分为 L_0 范数重构、L_1 范数重构、L_p 范数重构、$L_{2,1}$ 范数重构等。

根据对 L_0 范数的处理方式以及算法中稀疏测度的凸性质，可以将已有的重构算法分为三类：凸松弛重构算法、非凸重构算法(主要是贪婪算法)以及其他重构算法，如图 4-3 所示。

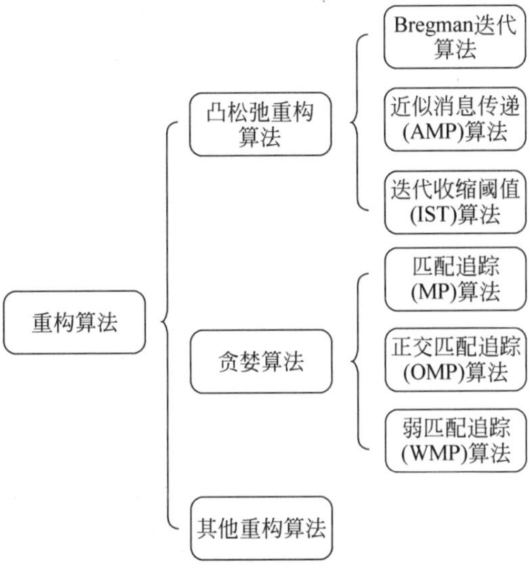

图 4-3 重构算法

1. 凸松弛重构算法

凸松弛重构算法通过松弛稀疏项获得具有凸性质的重构模型，并在结构压缩感知中，对稀疏项的凸松弛处理可以使得复杂结构模型的求解和计算变得简单而有效。凸松弛重构算法是一类获得广泛研究和应用的重构算法，使用非光滑但具有凸性质的 L_1 范数代替非凸稀疏测度 L_0 范数，并使用高效的数值优化方法进行求解，从而获得具有凸性质且容易求解的重构模型。在理论上也已经证明了在一些模型中 L_1 范数重构和 L_0 范数重构的等价性。尽管 L_1 范数最小化重构算法是目前较广泛使用的一类重构算法，但是目前在许多压缩感知的应用中，仍然无法从理论上避免由凸松弛操作带来的精度损失。此外，现有的非凸压缩感知理论和应用也表明，在一些模型中非凸重构算法的性能优于凸松弛重构算法。

2. 贪婪算法

目前直接求解 L_0 范数约束的非凸重构算法主要是贪婪算法，又称为迭代算法，其主要特点是交替地估计稀疏信号支撑和非零元素的取值，而在每一次迭代中，采用局部最优的搜索策略来减小当前的重构残差，从而获得对待重构信号的一个更准确的估计。这类算法适用于对过完备字典进行快速搜索并完成重构,并且适用于很多结构化的重构模型。

贪婪算法主要有两种：阈值算法和贪婪追踪算法。阈值算法的主要思想是逐步减小观测误差,通过迭代更新减小对信号的误差估计。这一类算法可以对过完备字典实现快速搜索并完成重构,很多结构化的重构模型都可以使用该算法。但由于该算法采用了局部搜索,因此存在重构精度不高的缺点。而贪婪追踪算法的主要思想是逐步进行信号的支撑估计,在每次迭代中增加新的非零元素,并更新观测残差值。在理论上已证明,贪婪算法获得最优解的条件比凸松弛方法更为严格。贪婪算法虽然会带来重构模型精度上的损失,但也可以作为结构化压缩感知中一种较优的模型求解方案。

还有一种算法是基于进化搜索的重构策略,其主要利用全局策略搜索。该策略在很多非线性的复杂问题上优于传统算法,因此有研究者考虑使用该算法来进行非凸稀疏约束的复杂结构化重构模型,并且取得了较高的重构精度。但使用该算法的缺点也比较明显,主要是搜索和重构的时间较长,导致实用性差。为了改善基于进化搜索的重构算法存在运行时间较长的问题,有学者提出了一种基于贪婪搜索的协同重构策略,该算法主要是以精度损失来换取时间,即通过次优搜索策略可以简单快速地搜索到一个近似的全局最优解。虽然此算法损失了一定的精度,但节省了大量的时间。

3. 其他重构算法

除了凸松弛重构算法和贪婪算法,还有一些其他的重构思路和算法。如使用 L_p 范数重构,即将稀疏测度 L_0 范数项用 L_p 范数($0<p<1$)代替,从而通过求解一个 L_p 范数约束的非凸问题,以获得对信号的高效重构估计。其中,L_p 范数是 L_0 范数的一个非凸松弛,是一个比 L_1 范数更加稀疏的测度,目前也是比较热门的一种方法。现有的这类算法包括 IRLS(Iterated Reweighted Least Squares)算法、FOCUSS(Focal Under-determined System Solver)算法等。理论研究和实验结果表明,基于 L_p 范数的非凸重构算法能够在一定条件下获得精确重构,并在低采样率下优于凸松弛重构算法。由于 L_p 范数是优于 L_1 范数的稀疏测度,在很多应用中,基于 L_p 范数的重构算法能获得比凸松弛重构算法更好的性能。此外,还有研究者提出了基于 L_1 和 L_2 范数的正则化框架,并建立了基于 L_1 和 L_2 范数的非凸重构框架和快速求解算法。

在实际应用中,除了在已有的重构算法中进行挑选,还可以结合特定领域的信号处理方法来设计重构算法。例如,在自然图像的压缩感知中,有学者结合图像处理中的滤波技术进行压缩感知重构。在块压缩感知框架下,有研究者提出用迭代滤波进行图像重构。具体做法是在图像的原始估计上交替迭代地进行凸投影和滤波操作。其中,凸投影用于确保获得的估计值与图像的观测值一致,滤波操作是根据图像的局部模型逐步地对图像的结构估计进行增强。综上所述,研究和设计针对实际信号及其结构特征的重构模型,并对建立能够有效求解非凸稀疏先验及其他结构约束的压缩感知重构问题具有重要的意义。

4.3.6 凸松弛重构算法

凸松弛算法的核心思想是用凸的或者更容易处理的稀疏度量函数代替非凸的 L_0 范数,转换为凸规划或非线性规划问题来逼近原先的组合优化问题,变换后的模型则可采用诸多现有的高效算法进行求解,降低了问题的复杂度。其中最常用的就是用非光滑但具有凸性质的 L_1 范数代替 L_0 范数,获得一个更容易求解的凸优化问题,进一步使用高效的数值优化算法进行求解。约束优化策略将不可导的优化问题转换为采用光滑的可导约束优化问题进行逼近，用一个图的光滑项代替非光滑的 L_1 范数，从而利用高效的优化算法进行求解。

基于近似算法的优化策略的主要思想是利用近似算子来分解原优化问题，如收缩算子、硬阈值算子和软阈值算子等。在重构过程中，可以应用近似算子逼近稀疏项，然后交替地求解各个原优化问题的子问题。该算法常常被用于求解大规模或分布式的非光滑受约束的凸优化问题，这种算法主要包括 Bregman 迭代算法、近似消息传递（AMP）算法、迭代收缩阈值（IST）算法及其改进算法等。

下面介绍上述三种算法。

1. Bregman 迭代算法

近年来，由于压缩感知的引入，L_1 正则化问题引起人们广泛的关注。压缩感知可以通过少量的数据重建图像信号。但是 L_1 正则化问题用传统的方法难以求解，是凸优化中的一个经典课题。以经典的图像复原问题为例，在图像复原中，一种通用的模型可以描述为

$$f = Au + \varepsilon \tag{4-44}$$

其中，A 表示线性算子，u 表示未知的真实图像，f 表示观测到的图像，ε 表示噪声，且通常是高斯加性白噪声。如反卷积问题中的卷积算子，在压缩感知中则是子采样测量算子。式(4-44)中的问题是病态的，因为这里仅有 f 已知，而对其他的项都是未知的，因此可以使用正则化方法，通过对未知的参数 μ 引入了先验假设，如稀疏性、平滑性。把原优化问题从病态转换为良态：

$$\min_{u \in \mathbf{R}^n} \left(\frac{\mu}{2} \| u \|^2 + \frac{1}{2} \| Au - f \|^2 \right) \tag{4-45}$$

其中，μ 是一个事先设定好的大于零的标量常数，用于权衡观测图像 f 和正则项之间的平衡。$\| \cdot \|$ 表示 L_2 范数条件约束。

为了更好地理解 Bregman 迭代算法，下面介绍两个重要的概念：次梯度和 Bregman 距离。

1）次梯度

梯度是沿着方向导数最大值的一个方向向量，大小为该方向导数的值。而次梯度则表示在某一点处所有可能的线性下界的方向向量集合。泛函 J 在作用域 X 中的 u 点的次梯度定义为

$$J(v) - J(u) - \langle p, v - u \rangle \geqslant 0 \tag{4-46}$$

其中，J 表示凸函数，v 表示作用域 X 中的任一点，p 表示泛函 J 在 u 处的一个次梯度，$\langle p, v-u \rangle$ 是内积运算。如果泛函 J 是简单的一元函数，则就是两个实数相乘。J 在 u 点的所有次梯度的集合成为 J 在 u 点的次微分，记为 $\partial J(u)$。次梯度的主要好处是相对于一般导数的，例如 $y=|x|$ 在零点是不可导的，但对于次梯度，它是存在的。

2）Bregman 距离

点 u 和 v 之间的 Bregman 距离定义为

$$D_j^p(u, v) = J(u) - J(v) - \langle p, u - v \rangle \tag{4-47}$$

其中，$p \in \partial J(v)$，即 p 是 J 在 u 点的一个次梯度。

凸函数两个点 u 和 v 之间的 Bregman 距离等于其函数值之差，再减去其梯度点 p 与自变量之差 $u-v$ 的内积。需要注意的是，该距离并不满足对称性，这和一般的泛函分析中距离定义不同。但是 Bregman 距离有着一些良好的性质，使得它在解决 L_1 正则化问题时十分有效。Bregman 迭代算法可以高效地求解下面的泛函最小值问题：

$$\min_{u} \{ J(u) + H(u, f) \} \tag{4-48}$$

其中，J、H 为凸函数；X 为作用域，既是凸集合又是闭集合。需要注意的是，上述泛函的具体

表达式需要根据具体问题来表达。例如，对于图像复原问题，$J(u)$是一项平滑先验约束的正则化项，而 H 则是数据项；对于压缩感知使用的基追踪算法而言，J 是 L_1 范数。

Bregman 迭代算法流程如下。

算法 4-1：Bregman 迭代算法流程

输入：

泛函：J

泛函的梯度或者次梯度：p

输出：

泛函的 Bregman 距离：u

算法过程：

1：初始化泛函 J、$u^0=0$、$p^0=0$、$k=0$

2：计算 Bregman 距离：$u^{k+1}=\min_u D_J^{p^k}(u,u^k)+H(u)$

3：计算梯度或者次梯度：$p^{k+1}=p^k-\nabla H(u^{k+1})\in\partial J(u^{k+1})$

4：令 $k=k+1$，如果 u^k 不收敛，则返回步骤 2 继续迭代

5：如果 u^k 收敛则跳出循环，输出 u^k

---

2. AMP 算法

标准线性回归(SLR)问题是从噪声线性观测值 $\boldsymbol{Y}=\boldsymbol{A}\boldsymbol{X}_0+\boldsymbol{W}$ 中恢复向量 $\boldsymbol{X}_0$。而 AMP 算法是一种计算效率很高的迭代算法，它对 SLR 具有显著的帮助，对于一个亚高斯矩阵 $\boldsymbol{A}$，每次迭代行为的特征都是标量状态演化，其不动点唯一时是贝叶斯最优的。

AMP 算法流程如下。

算法 4-2：AMP 算法流程

输入：

矩阵：$\boldsymbol{A}\in\mathbb{R}^{M\times N}$

衡量向量：$\boldsymbol{y}$

去噪函数：$g_1(\cdot,\gamma_k)$

迭代次数：K_{it}

输出：

向量：$\hat{\boldsymbol{X}}_{K_{it}}$

算法过程：

1：初始化向量$\boldsymbol{v}_{-1}=0$、被高斯白噪声干扰的信号 $\boldsymbol{r}_0$、γ_0、$k=0$

2：计算向量$\hat{\boldsymbol{X}}_k=g_1(\boldsymbol{r}_k,\gamma_k)$

3：计算 $\alpha_k=\langle g_1'\langle\boldsymbol{r}_k,\gamma_k\rangle\rangle$

4：计算$\boldsymbol{v}_k=\boldsymbol{y}-\boldsymbol{A}\hat{\boldsymbol{X}}_k+\frac{N}{M}\alpha_{k-1}\boldsymbol{v}_{k-1}$

5：计算 $\boldsymbol{r}_{k+1}=\hat{\boldsymbol{X}}_k+\boldsymbol{A}^{\mathrm{T}}\boldsymbol{v}_k$，并选择 γ_{k+1}

6：令 $k=k+1$，如果 $k<K_{it}$，则返回步骤 2 继续迭代

7：如果 $k\geqslant K_{it}$，则输出向量$\hat{\boldsymbol{X}}_{K_{it}}$

---

3. IST 算法

最小化问题在最近几年是信号处理与优化领域的热点话题，可表示为以下优化问题：

$$\min_{x} \| \boldsymbol{x} \|_1 \quad \text{s.t.} \ \| \boldsymbol{b} - \boldsymbol{A}\boldsymbol{x} \|_2 \leqslant \varepsilon \tag{4-49}$$

使用 IST 将上述优化问题转换为一个特殊形式的目标函数来处理，如下

$$\min_{x} F(\boldsymbol{x}) = f(\boldsymbol{x}) + \lambda g(\boldsymbol{x}) \tag{4-50}$$

其中 $f(\boldsymbol{x}) = \frac{1}{2} \| \boldsymbol{A}\boldsymbol{x} - \boldsymbol{b} \|_2$，$g(\boldsymbol{x}) = \| \boldsymbol{x} \|_1$，通过对函数 f 的近似，可以定义 IST 算法的更新规则：

$$x_{k+1} \approx \min_{x} \left\{ \frac{1}{2} \| \boldsymbol{x} - \boldsymbol{u}(k) \|_2^2 + \lambda \alpha(k) g(\boldsymbol{x}) \right\} \tag{4-51}$$

其中，$u(k) = x(k) - \alpha(k) \nabla f(\boldsymbol{x}(k))$，同时海森矩阵 $\nabla f(\boldsymbol{x})$ 使用对角矩阵 $\boldsymbol{\alpha}_l$ 近似。由于 L_1 范数 $\| \boldsymbol{x} \|_1$ 是一个可分离的函数，因此针对式(4-51)的每个系数都是有封闭解的：

$$x_{k+1}^i = \min_{x^i} \{ \| x^i - u(k)^i \|_2^2 + \lambda x^i \alpha(k) = \text{soft}(u(k)^i, \lambda \alpha(k)) \} \tag{4-52}$$

其中

$$\text{soft}(u, a) = \begin{cases} \text{sign}(u)(|u| - a), & |u| > a \\ 0, & |u| \leqslant a \end{cases} \tag{4-53}$$

从算法收敛效率来看，IST 算法和 AMP 算法的收敛速率量级都是 $O(1/k)$，由于 IST 算法中引入了“黄金分割”的加速方法，理论收敛速率量级是 $O(1/k^2)$。AMP 算法是近似消息传递算法，该算法基于概率图思想通过状态演化来预测下次迭代，并使用软阈值迭代进行相关去噪。但 AMP 算法对字典的高斯性要求很高，最低要求也需要符合亚高斯性质，否则算法本身就会发散。AMP 算法比 ISTA 算法多了一个 Onsager 项，这导致算法的降噪器输入可以保证高斯性，即输入可以表示成目标信号＋高斯白噪声，进而导致 AMP 算法的收敛速度要远远快于 ISTA 算法，且两者算法收敛时不动点一致。

同伦算法的主要思想是在迭代优化中逐步地调整同伦参数，直至获得最优解，该算法已被广泛应用于 K 稀疏信号的 L_1 范数压缩感知重构问题。其中最具代表性的算法是基追踪(Basis Pursuit，BP)算法、基追踪去噪(BPDN)算法、LASSO 方法、迭代加权最小二乘法等。

这里主要介绍基追踪算法、基追踪去噪算法以及 SL_0 算法。前两个算法都使用 L_1 范数替代 L_0 范数，即将

$$\min \| \boldsymbol{x} \|_0 \quad \text{s.t.} \ \boldsymbol{y} = \boldsymbol{D}\boldsymbol{x} \tag{4-54}$$

转换为

$$\min \| \boldsymbol{x} \|_1 \quad \text{s.t.} \ \| \boldsymbol{y} - \boldsymbol{D}\boldsymbol{x} \|^2 < \varepsilon \tag{4-55}$$

那为什么使用 L_1 范数和 L_0 范数的效果会等价呢？Elad 和 Bruckstein 在 2004 年对下述定理进行了证明。

定理 4-2：如果信号 $\boldsymbol{s}$ 在字典中存在一个系数表示，而且满足

$$\| \boldsymbol{s} \|_0 < \frac{\sqrt{2} - 0.5}{\mu} \tag{4-56}$$

若次分解的 L_1 范数最小化问题有唯一的解，即为 L_0 范数最小化的解。如果满足定理 4-1 中的条件，则 L_0 范数的问题将有唯一最稀疏解；如果进一步满足定理 4-2 的条件，则 L_0 范数的优化问题与 L_1 范数的优化问题等同，即对求解稀疏系数的最小 L_0 范数问题可以等价转换为最小 L_1 范数问题。了解算法的基础后，接下来介绍基追踪算法、基追踪去噪算法以及平滑 L_0 范数(SL_0)。

1）基追踪算法

基追踪算法是信号稀疏表示领域的一种新算法。基追踪算法采用表示系数的范数作为信号表示稀疏性的度量，通过最小化 L_1 范数将信号稀疏表示问题定义为一类有约束的极值问题，进而转换为线性规划问题进行求解。将 L_0 范数替换成 L_1 范数后，稀疏表示模型可表示为

$$\min \|\boldsymbol{x}\|_1 \quad \text{s.t. } \boldsymbol{y}=\boldsymbol{D}\boldsymbol{x} \tag{4-57}$$

而此时的求解问题就变为了常见的线性规划问题。内点法是一种求解线性规划或非线性凸优化问题的算法，该算法使用一个用于描述凸集的惩罚函数，通过遍历内部所有可行区域来搜索最优解。基追踪算法在一维信号处理领域有很好的应用，采用全局优化的原则可以适用于不同的算法形式。

2）基追踪去噪算法

为了提高基追踪算法在一维信号去除噪声的稀疏分解工作时的效率，研究者们采用修正的拟牛顿法来解决基追踪去噪过程中的无约束优化问题。基追踪去噪算法把基追踪模型加以变形得到如下形式：

$$\min_{\boldsymbol{x}} \frac{1}{2}\|\boldsymbol{y}-\boldsymbol{D}\boldsymbol{x}\|^2+\lambda\|\boldsymbol{x}\|_1 \tag{4-58}$$

该式称为 L_1 范数最小二乘规划问题，其中 λ 为正则化系数。可以利用梯度下降法或梯度投影法进行快速求解。具体来说，梯度投影法主要是利用梯度的投影技巧约束非线性规划问题最优解的一种算法。它从一个基本可行解开始，由约束条件确定出凸约束集边界上梯度的投影，以求出下次的搜索方向和步长，在每次搜索后都要进行检验，直到满足精度要求为止。

凸松弛重构算法的有效性依赖于过完备字典自身是否存在快速的变换与重建算法。例如对于正交基字典算法，其具有较高的效率。然而对于一般的过完备字典，凸松弛重构算法仍具有非常高的运算复杂度。通常使用凸松弛重构算法求解模型时，可以将实际应用中相关的先验知识表示为多个正则约束项，并通过交替迭代优化的方法来求解各个未知变量，从而获得重构估计。

但该算法也存在着缺点，主要有两方面：一方面是为了获得可求解的凸问题，与问题相关的先验知识必须用线性项进行表达和逼近，这会使得非线性项、非凸的约束项知识以及难以形式化表达的先验变得难以处理；另一方面是在很多应用中，正则参数的值都是难以确定的，因此在涉及多个先验模型时，与之对应的多个正则参数往往难以准确估计。

3）平滑 L_0 范数

在图像编辑方法平滑 L_0 范数的主要目标是在不影响整体锐度的情况下，通过增加过渡的陡度，在全局范围内保持且尽可能增强最显著的边缘集合。在性质上，该算法会使显著边缘变薄，使其在视觉上更清晰，从而更容易被检测到。与颜色量化和分割效果不同的是，使用该算法增强后的边缘与原始边缘基本一致，即使是小分辨率的对象和细边，也可以准确地保留下来。

4.3.7 贪婪算法

凸松弛重构算法主要的难点在于难以获得与原问题等价的代价函数，而贪婪算法的最大优点是简单和效率，更适用于高维数据，且易于表达和求解复杂的结构模型。通常稀疏解包括非零系数的位置索引和幅值，贪婪算法的主体思路是先确定稀疏解中非零元素的位置索引，然后用最小二乘法求解对应的幅值。贪婪算法相对于凸松弛重构算法的明显优势就是其复杂度较低。

在求解稀疏表示问题的贪婪策略近似中，目标任务主要是求解最小化 L_0 范数时的稀疏表示方法。该问题很难求解，可以视为一个 NP 问题。此时，可以使用贪婪算法，以搜索一个近似最优解。具体地，在每一次迭代中，采用局部最优的搜索策略来减小当前的重构残差，从而搜索局部最优解。其主要特点是交替地估计非零元素的取值和稀疏信号支撑。对于稀疏表示，贪婪策略只选择 k 个最合适的样本(称为 k 稀疏性)来近似测量向量。贪婪算法主要有两种：阈值算法和贪婪追踪算法。

阈值算法中的经典算法是迭代硬阈值(Iterative Hard Thresholding，IHT)算法。IHT 算法在重构过程中交替地进行阈值操作和梯度下降优化。其中，阈值操作的主要作用是找出部分最大值并保留其系数值，然后将其他系数置零，以确保信号的稀疏度满足预设的要求；另外，利用梯度下降优化保证观测残差的减小。由于算法中采用了梯度下降优化步骤，因此只有在特定条件下，才能在理论上确保算法能够收敛到全局最优解。在过完备字典的应用中，很难确保算法的性能。阈值算法还包括稀疏匹配追踪算法和具有稀疏约束的交迭算法等。

贪婪追踪的典型算法代表有匹配追踪(MP)算法和正交匹配追踪(OMP)算法。为了降低求解问题的难度并考虑求解稀疏信号是一个组合优化问题，这两种匹配追踪算法对信号支撑采取逐个估计的方式。具体而言，在每次迭代中计算当前观测残差值与原子的相关性，将相关性最大的原子加入支撑集中，并计算新的观测残差值，重复这一过程，直到原子数量达到 K 或者其他停止条件被满足。MP 算法和 OMP 算法的区别是 MP 算法不会在每次迭代中更新当前的支撑集中原子的系数，而 OMP 算法会更新。然而，在这两种算法中，逐个更新支撑集原子的做法容易受到噪声以及原子间的相关性的干扰。此外，原子一旦被选入支撑集中，就不再被删除。因此，每次原子的选择都受到之前已经被选择的原子的影响，一旦选择了“错误”的原子，就很难准确估计信号。一种改进思路是每次选择多个原子加入候选集中或者加入原子修剪操作，以增加算法的健壮性。例如，正则化匹配追踪(ROMP)算法利用 RIP 性质和修剪操作来设计每次迭代的操作；分段正交匹配追踪(StOMP)算法能在一次迭代中加入多个原子等。研究者证明，基于贪婪策略的非凸优化方法在一些应用场景中能够获得比凸优化方法更好的解，因此他们提出了梯度追踪算法，用于提高贪婪算法的性能，并给出了三种优化策略：梯度法、共轭梯度法和近似共轭梯度法。

此外，还存在两种比较特殊的算法，分别是子空间追踪(SP)算法和压缩采样追踪(CoSaMP)算法。这两种算法在每次迭代中挑选多个原子以更新活跃集合，按照一定原则在活跃集合中采用修剪操作，并以一定的准则挑选出用于重构信号的原子。这两种方法一方面可以看作贪婪追踪算法，只是在每次迭代中扩大了搜索范围，即一次挑选多个原子；另一方面也可以认为是阈值算法，因为它们每次迭代后都保留了 K 个原子。这两种算法在特定应用中能够有效提高已有算法的重构精度、稳定性以及健壮性。接下来主要介绍复杂贪婪算法的三个基础算法：匹配追踪(MP)算法、正交匹配追踪(OMP)算法以及弱匹配追踪(WMP)算法。

1. MP 算法

MP 算法的基本思路是在每一次的迭代过程中，从过完备字典 D 中选择与信号最为匹配的原子来构建稀疏逼近，并且求出信号表示残差。之后继续选择与信号残差最为匹配的原子，再经过一定次数的迭代，信号就可以由多个原子线性表示。

$\boldsymbol{s}$ 为信号，$\boldsymbol{g}_\gamma$ 为用于稀疏分解的过完备字典的原子（即列向量），Γ 为 r 的集合，原子都进行了归一化处理，即满足 $\|\boldsymbol{g}_\gamma\|=1$。首先计算信号在原子上的投影，选择投影最大的原子 $\boldsymbol{g}_{\gamma_0}$，即与待分解信号 $\boldsymbol{s}$ 最为匹配的原子 $\boldsymbol{g}_{\gamma_0}$：

$$|\langle \boldsymbol{s},\boldsymbol{g}_{\gamma_0}\rangle| = \sup_{\gamma\in\Gamma}|\langle \boldsymbol{s},\boldsymbol{g}_\gamma\rangle| \tag{4-59}$$

信号可以分解为在最佳原子上的分量和残余信号两部分，即为

$$\boldsymbol{s}=\langle \boldsymbol{s},\boldsymbol{g}_{\gamma_0}\rangle \boldsymbol{g}_{\gamma_0}+\boldsymbol{R}_1\boldsymbol{s} \tag{4-60}$$

其中，$\boldsymbol{R}_1\boldsymbol{s}$ 为残余信号，$\boldsymbol{g}_{\gamma_0}$ 初始值为 $\boldsymbol{R}_0=\boldsymbol{s}$。由投影的原理可知，$\boldsymbol{R}_0$ 与 $\boldsymbol{R}_1\boldsymbol{s}$ 是正交的，故可得

$$\|\boldsymbol{R}_0\|^2=|\langle \boldsymbol{s},\boldsymbol{g}_{\gamma_0}\rangle|^2+\|\boldsymbol{R}_1\|^2 \tag{4-61}$$

由式(4-61)可知要使残差 $\boldsymbol{R}_1$ 最小，则投影值$|\langle \boldsymbol{s},\boldsymbol{g}_{\gamma_0}\rangle|$要求最大。对最佳匹配后的残余信号可以不断进行上面同样的分解过程，即

$$\boldsymbol{R}_k\boldsymbol{s}=\langle \boldsymbol{R}_k\boldsymbol{s},\boldsymbol{g}_{\gamma_k}\rangle \boldsymbol{g}_{\gamma_k}+\boldsymbol{R}_{k+1}\boldsymbol{s} \tag{4-62}$$

其中，$\boldsymbol{g}_{\gamma_k}$ 满足

$$|\langle \boldsymbol{R}_k\boldsymbol{s},\boldsymbol{g}_{\gamma_k}\rangle| = \sup_{\gamma\in\Gamma}|\langle \boldsymbol{R}_k\boldsymbol{s},\boldsymbol{g}_{\gamma_k}\rangle| \tag{4-63}$$

由此经过 n 次迭代之后信号可被分解为

$$\boldsymbol{s}=\sum_{k=0}^{n-1}\langle \boldsymbol{R}_k\boldsymbol{s},\boldsymbol{g}_{\gamma_k}\rangle \boldsymbol{g}_{\gamma_k}+\boldsymbol{R}_n\boldsymbol{s} \tag{4-64}$$

其中，$\boldsymbol{R}_n\boldsymbol{s}$ 表示为信号分解为 n 个原子的线性组合时信号的残差。由于每一步都取最优原子，故可知残差会迅速下降，当 n 趋于无穷大时，残差也会无限接近于 0。根据任务的要求，设置 n 的值可以控制信号的稀疏程度，因此 n 也被称为信号的稀疏度。

然而，这种方式存在一个问题，即信号在已经选择的原子上面的投影通常不是正交的。因此，每次迭代的结果都不是最优的，为了达到收敛条件，需要进行大量的迭代。带来计算复杂度过高的问题。为了有效减少复杂度，需要改进算法，因此 OMP 算法应运而生。

2. OMP 算法

OMP 算法与 MP 算法唯一的区别在于递归过程中对所选择原子集合进行了正交化处理。这种做法的主要目的是确保每次结果都是最优的，从而可以有效地减少迭代次数，提高了算法效率。具体而言，在每次选择的原子 $\boldsymbol{g}_{\gamma_k}$ 时，采用了 Rram-Schmidt 正交化处理：

$$\boldsymbol{u}_k=\boldsymbol{g}_{\gamma_k}-\sum_{p=0}^{k-1}\frac{\langle \boldsymbol{g}_{\gamma_k},\boldsymbol{u}_p\rangle}{\|\boldsymbol{u}_p\|^2}\boldsymbol{u}_p \tag{4-65}$$

初始化 $\boldsymbol{u}_p=\boldsymbol{g}_{\gamma_0}$，其中 $\boldsymbol{u}_p$ 为上一次原子正交的结果。需要注意的是，信号现在在已经进行原子正交化的 $\boldsymbol{u}_k$ 上投影，而非原来的原子上投影。其余步骤同匹配追踪算法保持一致。

3. WMP 算法

由于利用 MP 算法匹配信号，即使信号长度很有限，过完备原子库仍然非常庞大，因此，如

果信号长度很长，上述的最优解问题往往转换为以下次优解问题：

$$|\langle \boldsymbol{R}_k \boldsymbol{s}, \boldsymbol{g}_{\gamma_k} \rangle| \geqslant \alpha \sup_{\gamma \in \Gamma} |\langle \boldsymbol{R}_k \boldsymbol{s}, \boldsymbol{g}_{\gamma_k} \rangle|, \quad 0 < \alpha \leqslant 1 \tag{4-66}$$

其中，α 是一个最优性因子。因此该次优解问题可以利用智能优化算法求解，从而降低算法的复杂度，进而降低稀疏分解的成本。

4.4　迭代加权最小二乘法

迭代加权最小二乘(IRLS)法采用的是加权 L_2 范数，即

$$\min_{\boldsymbol{s}} \sum_{i=1}^{N} \eta_i s_i \tag{4-67}$$

$$\text{s.t. } \boldsymbol{y} = \boldsymbol{\theta s}$$

通过上一次的迭代结果 $s^{(n-1)}$ 计算得到加权系数，则下一次的迭代结果为

$$s^{(n)} = \boldsymbol{Q}_n \boldsymbol{\theta}^{\mathrm{T}} (\boldsymbol{\theta} \boldsymbol{Q}_n \boldsymbol{\theta}^{\mathrm{T}})^{-1} \boldsymbol{y} \tag{4-68}$$

其中 $\boldsymbol{Q}_n$ 是对角矩阵，该矩阵的元素定义为

$$\frac{1}{\eta_i} = |s_i^{(n-1)}|^{2-p} \tag{4-69}$$

通常可以引入一个很小的正数 ε 来对优化问题进行正则化，加权系数 η_i 定义如下：

$$\eta_i = ((s_i^{(n-1)})^2 + \varepsilon)^{\frac{p}{2}-1} \tag{4-70}$$

IRLS 法流程如下。

算法 4-3：IRLS 法流程

输入：

　　测量矩阵：$\boldsymbol{\phi}$

　　观测值向量：$\boldsymbol{y}$

　　稀疏基：$\boldsymbol{\Psi}$

　　很小的正数：ε

　　最大迭代次数：N

输出：

　　$\boldsymbol{\Psi}$ 域下的原始信号近似值 $\boldsymbol{s}$，原始信号 $\boldsymbol{X}$

算法过程：

　　1：初始化：$s_0 = \boldsymbol{\phi}^{\mathrm{T}} \boldsymbol{y}, p = 1, \varepsilon = 1, l = 1$

　　2：计算权重 $\text{weight}_l = (s_{l-1}^2 + \varepsilon)^{\frac{p}{2}-1}$

　　3：构造对角矩阵 $\boldsymbol{Q}_{\text{mat}} = \text{diag}(1/\text{weight}_l)$

　　4：重构出稀疏信号 $\boldsymbol{s}_l = \boldsymbol{Q}_{\text{mat}} * \boldsymbol{\phi}^{\mathrm{T}} (\boldsymbol{\phi} * \boldsymbol{Q}_{\text{mat}} \boldsymbol{\phi}^{\mathrm{T}})^{-1} * \boldsymbol{y}$

　　5：令 $l = l+1$，如果 $l < N$ 或 $|s_L - s_{l-1}| < \varepsilon$，则返回步骤 2 继续迭代

　　6：若满足 $l \geqslant N$ 则跳出循环，计算原始信号 $\boldsymbol{X} = \boldsymbol{\Psi s}$

IRLS 法主要解决的是最小二乘法计算量的问题，其计算量一般是矩阵阶数的三次方倍数的加法次数，当阶数过大时，计算代价变得难以承受。为解决这一问题，可以使用迭代最小

二乘法，通过引入矩阵进行计算。其核心思想是在计算过程中保留原先计算出来的数据，当有新增数据时，保持原有计算结果不变，通过矩阵原理算出新的系数矩阵。以此极大地减少计算量，而且随着新数据的不断到来，都可以依照矩阵进行高效计算。

在处理数据点集合时，如果存在少量离群点，使用标准的最小二乘法进行拟合通常能够取得满意的结果。然而，当离群点的比重增加时，如当需拟合的“圆”部分被遮挡的情况下，使用传统的最小二乘法进行拟合通常导致不可靠的结果。这是因为即便是离群点，其对偏差 E 的贡献权值 ω 仍为 1。

针对上述情况，采用 IRLS 法可以在一定程度上解决这一困境。IRLS 法引入一个距离权重函数 $\omega(\delta)$，其中权重可通过已经计算出来的距离来计算。

首先定义两个权重函数。

(1) Huber 权重函数。

$$\omega(\delta)=\begin{cases}1, & |\delta|\leqslant\gamma \\ \dfrac{\gamma}{|\delta|}, & |\delta|>\gamma\end{cases} \tag{4-71}$$

其中，参数 γ 为削波函数，它可以定义哪些点为离群点。

(2) Tukey 权重函数。

$$\omega(\delta)=\begin{cases}(1-(|\delta|/\gamma)^2)^2, & |\delta|\leqslant\gamma \\ 0, & |\delta|>\gamma\end{cases} \tag{4-72}$$

然后，基于 IRLS 法拟合圆，圆的方程式表示如下：

$$(x-a)^2+(y-b)^2=c^2 \tag{4-73}$$

其中，(a,b)代表圆心位置，c 为圆的半径。建立最小化误差函数 E 表示如下：

$$\begin{aligned}E&=\frac{1}{2}\sum_{i=0}^{n-1}((x_i-a)^2+(y_i-b)^2-c^2)^2\\&=\frac{1}{2}\sum_{i=0}^{n-1}(x_i^2+y_i^2-2ax_i-2by_i+a^2+b^2-c^2)^2\\&=\frac{1}{2}\sum_{i=0}^{n-1}(x_i^2+y_i^2+Ax_i+By_i+C)^2\end{aligned} \tag{4-74}$$

其中，$A=-2a$，$B=-2b$，$C=a^2+b^2-c^2$。再引入距离权值 ω_i，表示如下：

$$E=\frac{1}{2}\sum_{i=0}^{n-1}\omega_i(x_i^2+y_i^2+Ax_i+By_i+C)^2 \tag{4-75}$$

分别对式(4-75)中的 A、B、C 求偏导：

$$\begin{aligned}\frac{\partial E}{\partial A}&=\sum\omega_i x_i(x_i^2+y_i^2+Ax_i+By_i+C)\\&=A\sum\omega_i x_i^2+B\sum\omega_i x_i y_i+C\sum\omega_i x_i+\sum\omega_i x_i^3+\sum\omega_i x_i y_i^2\end{aligned} \tag{4-76}$$

$$\begin{aligned}\frac{\partial E}{\partial B}&=\sum\omega_i y_i(x_i^2+y_i^2+Ax_i+By_i+C)\\&=A\sum\omega_i x_i y_i+B\sum\omega_i y_i^2+C\sum\omega_i y_i+\sum\omega_i y_i^3+\sum\omega_i x_i^2 y_i\end{aligned} \tag{4-77}$$

$$\begin{aligned}\frac{\partial E}{\partial C}&=\sum\omega_i(x_i^2+y_i^2+Ax_i+By_i+C)\\&=A\sum\omega_i x_i+B\sum\omega_i y_i+C\sum\omega_i+\sum\omega_i y_i^2+\sum\omega_i y_i^2\end{aligned} \tag{4-78}$$

求完偏导后再利用线性代数变换为矩阵形式：

$$\begin{pmatrix} \sum \omega x^2 & \sum \omega xy & \sum \omega x \\ \sum \omega xy & \sum \omega y^2 & \sum \omega y \\ \sum \omega x & \sum \omega y & \sum \omega_i \end{pmatrix} \begin{pmatrix} A \\ B \\ C \end{pmatrix} = -\begin{pmatrix} \sum \omega x^3 + \sum \omega xy^2 \\ \sum \omega y^3 + \sum \omega x^2 y \\ \sum \omega x^2 + \sum \omega y^2 \end{pmatrix} \tag{4-79}$$

通过上述方程，可求解出 A、B、C，进而求解出 a、b、c。为了应对离群点较多的情况，采用权重的方法可以有效改善拟合效果。在第一次迭代时，可直接使用标准的最小二乘法来进行拟合，即将 ω_i 初始化为 1。

4.5 压缩感知

压缩感知被广泛应用于各种领域，如模式识别、图像压缩、医疗成像等，作为一种信号采样机制已被广泛研究。压缩感知不仅使得信号处理方式更加高效，同时极大地降低了信号的采样、存储以及传输的成本。具体来说，压缩感知是对可压缩或在某个变换域下稀疏的信号，以远低于信号奈奎斯特(Nyquist)频率的采样率对信号进行采样。为了保持信号的原始结构，可以利用非自适应且与变换基不相关的观测矩阵将高维稀疏信号线性投影到一个低维子空间上。然后，通过求解一个优化问题就可以从少量的投影中以高概率重构原始信号。

最初提出压缩感知主要是为了解决基于正交基的标准信号压缩方法的浪费问题。在之前介绍中，解决正交基逼近时的压缩方法会首先计算整个基系数向量$\boldsymbol{\beta}^* \in \mathbb{R}^p$，然后丢弃大部分系数来得到信号 $\boldsymbol{s}^*$ 的 k 稀疏近似$\hat{\boldsymbol{s}}^k$，如图 4-4(a)所示。然而，为何要去计算每一个系数，而后再丢弃其中的大部分呢？这是因为如果不去计算这些系数，就无法确定哪些系数是最相关的，从而无法丢弃。在现实情况下，直接获取所需系数是不可行的。

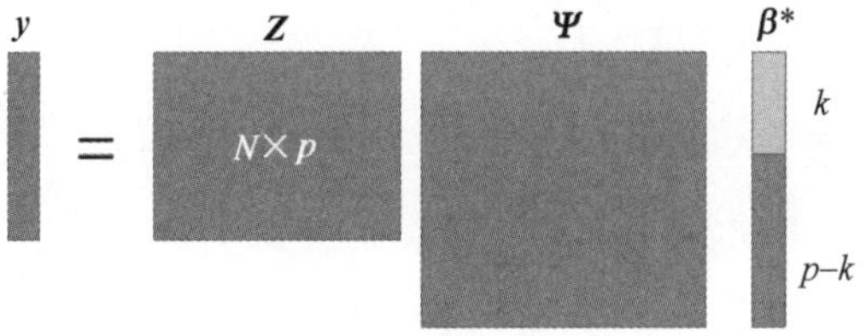

(a) 正交基逼近式的压缩方法

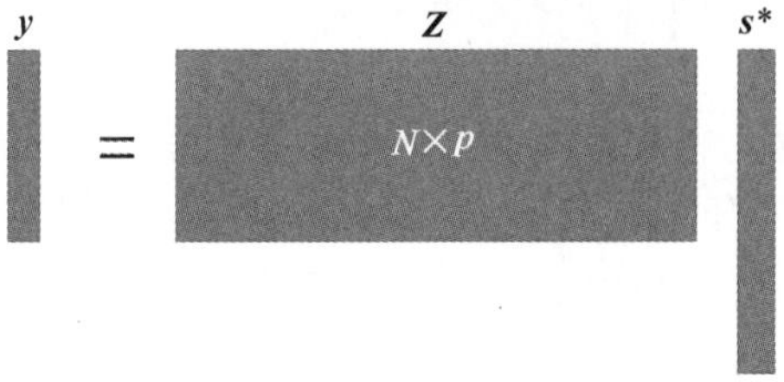

(b) 压缩感知方法

图 4-4 问题描述

压缩感知使得理论与实际应用相结合，在信号处理领域中发挥重要作用。它将随机投影与 L_1 最小化巧妙结合在一起，避免了预先计算所有的基系数$\boldsymbol{\beta}^* = \boldsymbol{\Psi}^{\mathrm{T}} \boldsymbol{s}^*$ 的步骤。相反，它通过计算 N 次随机投影数，即 $y_i = \langle \boldsymbol{z}_i, \boldsymbol{s}^* \rangle, i = 1, 2, \cdots, N$，将随机投影与信号联系起来，其中的随机投影向量 $\boldsymbol{z}_i \in \mathbb{R}^p$ 是自由选择的。例如，存在一个关于未知信号 $\boldsymbol{s}^*$ 的 N 维随机投影向量 $\boldsymbol{y}$ 和一个用于计算随机投影的随机矩阵 $\boldsymbol{Z}$，称为度量矩阵或设计矩阵，其大小为 $N \times p$，

它的第 i 行用 $\boldsymbol{z}_i$ 表示。观测到的向量 $\boldsymbol{y}$ 和度量矩阵 $\boldsymbol{Z}$ 之间通过未知信号 $\boldsymbol{s}^* \in \mathbb{R}^p$ 联系在一起，即 $\boldsymbol{y}=\boldsymbol{Z}\boldsymbol{s}^*$，目标是在这个过程中较为精确地恢复信号，如图 4-4(b)所示。

由此可定义随机投影 $y_i=\langle \boldsymbol{z}_i, \boldsymbol{s}^* \rangle$，信号 $\boldsymbol{s}^* \in \mathbb{R}^p$ 通常是不稀疏的。图 4-4(b)可以得出线性方程的等价表示：假定基系数 $\boldsymbol{\beta}^* = \boldsymbol{\Psi}^{\mathrm{T}}\boldsymbol{s}^*$ 为 k 稀疏的，该变换定义了等价的线性方程 $\boldsymbol{y}=\widetilde{\boldsymbol{Z}}\boldsymbol{\beta}^*$，且解具有稀疏性。

这个问题似乎不难，因为可以通过求解线性方程得到 $\boldsymbol{s}^*$，但是求解线性方程非常烦琐，因此这里就可以考虑使用压缩感知。从本质上讲，投影数量(或样本数)N 要比维度 p 小得多。因此，线性方程 $\boldsymbol{y}=\boldsymbol{Z}\boldsymbol{s}^*$ 有无穷多个解，其中的一些解可能与观测到的随机投影一致。如果已知 $\boldsymbol{\Psi}^{\mathrm{T}}\boldsymbol{s}^*$ 是稀疏的，线性方程有无穷个解就并不重要了，在无穷多个解的情况下仍然可能精确恢复原信号。因此可以通过求解基于 L_0 范数的目标函数：

$$\min_{\boldsymbol{\theta}\in\mathbb{R}^p} \| \boldsymbol{\Psi}^{\mathrm{T}}\boldsymbol{s} \|_0 \quad \text{s.t. } \boldsymbol{y}=\boldsymbol{Z}\boldsymbol{s} \tag{4-80}$$

来得到稀疏性。基于 L_0 范数的问题是一个组合问题，通常也是一个 NP 问题，为了有效地解决该问题，可以考虑使用 L_1 松弛

$$\min_{\boldsymbol{\theta}\in\mathbb{R}^p} \| \boldsymbol{\Psi}^{\mathrm{T}}\boldsymbol{s} \|_1 \quad \text{s.t. } \boldsymbol{y}=\boldsymbol{Z}\boldsymbol{s} \tag{4-81}$$

这个式子也可以变换系数向量 $\boldsymbol{\beta} \in \mathbb{R}^p$ 写成另一种等价形式，即

$$\min_{\boldsymbol{\beta}\in\mathbb{R}^p} \| \boldsymbol{\beta} \|_1 \quad \text{s.t. } \boldsymbol{y}=\hat{\boldsymbol{Z}}\boldsymbol{\beta} \tag{4-82}$$

其中，$\hat{\boldsymbol{Z}}=\boldsymbol{Z}\boldsymbol{\Psi} \in \mathbb{R}^{N\times p}$。

总的来说，压缩感知方法的实现过程如下。

(1) 对于给定的样本大小 N，计算随机投影 $y_i=\langle \boldsymbol{z}_i, \boldsymbol{s}^* \rangle, i=1,2,\cdots,N$。

(2) 通过求解线性规划来估算信号 $\boldsymbol{s}^*$，并由此得到 $\hat{s}$；这等价于通过求解线性规划来得到 $\hat{\boldsymbol{\beta}}$，并令 $\hat{s}=\boldsymbol{\Psi}\hat{\boldsymbol{\beta}}$。

需要注意的是，这些算法与随机投影向量 $\{\boldsymbol{z}_i\}_{i=1}^N$ 的选择有关，或者说与设计矩阵 $\boldsymbol{Z}$ 有关。

不同的设计矩阵 $\boldsymbol{Z}$ 可以用于不同的应用领域，简单来说，可以设计矩阵为标准的高斯随机矩阵，即该矩阵的元素独立同分布地服从 $z_{ij} \sim N(0,1)$。当然还有不同的设计方法，其中还包括元素具有独立同分布的随机伯努利矩阵，即该矩阵的元素 $z_{ij} \in \{-1,+1\}$，以及傅里叶矩阵的随机子矩阵等。

在样本数量 N 远小于信号维度 p 的情况下，使压缩感知算法成功的一个充分条件是：变换后的设计矩阵 $\hat{\boldsymbol{Z}}$ 的列要足够"不相关"，并对这些不相关的列进行不同的度量。最简单的不相关度量方式是对 $\hat{\boldsymbol{Z}}$ 中的各列之间做内积运算。一个更复杂的不相关概念利用了限定等距性(Restricted Isometry Property，RIP)，其基础是寻找 $\hat{\boldsymbol{Z}}$ 的子矩阵条件，该子矩阵最多由 k 列构成。上面讨论的随机设计矩阵在样本数 N 相对较小的情况下，会以很高的概率满足 RIP 条件。例如，对于标准的高斯或伯努利情形，可以证明：样本数为 $N=\Omega\left(k\log\left(\frac{p}{k}\right)\right)$ 时，RIP 成

立的概率很高，其中 $k<p$ 表示基系数向量 $\boldsymbol{\beta}^*$ 的稀疏性。无论采用何种方法，即便是已知 $\boldsymbol{\beta}^*$ 支持情况的"最佳情况"方法想要实现精确恢复，也至少需要 $N=k$ 个随机投影。因此，压缩感知得到的开销为 $O\left(\log\left(\frac{p}{k}\right)\right)$。

4.5.1　基本思想介绍

奈奎斯特采样定理要求采样率达到模拟信号的两倍，以确保数字信号保留了模拟信号的全部信息。通过这样的数字信号采样，可以精确地重构原始模拟信号。奈奎斯特采样定理在信息补全过程中发挥着关键作用。在现实生活中，为了便于存储和传输信号，通常需要对信号进行压缩。然而，在压缩的过程中可能会损失一些信息，且在传输过程中也可能发生信息损失。因此，接收信息的一方可能收到有损的信息。在这种情况下，如何较为精确地重构出原始信号变得至关重要，从而产生了压缩感知。在压缩感知得到信号样本的过程中，压缩和采样是同步进行的。通常来说要进行低速率的非自适应的线性投影，即观测和信号的内积运算。压缩感知理论和技术的研究内容是如何使用尽可能少的非自适应观测去包含足够多的信息，以便进行信号的准确重构。

具体而言，假定有长度为 m 的离散信号 $\boldsymbol{x}$，以远小于奈奎斯特采样定理要求的采样率进行采样，得到长度为 n 的采样后信号 $\boldsymbol{y}$，其中 $n \ll m$，即

$$\boldsymbol{y}=\boldsymbol{\Phi x} \tag{4-83}$$

其中，$\boldsymbol{\Phi} \in \mathbb{R}^{n\times m}$，是对信号 $\boldsymbol{x}$ 的测量矩阵，主要用来设置采样的频率以及将采样出来的样本组成新的信号。

在已知测量矩阵 $\boldsymbol{\Phi}$ 和离散信号 $\boldsymbol{x}$ 时要得到测量值 $\boldsymbol{y}$ 很容易，但是如果已知测试值 $\boldsymbol{y}$ 和测量矩阵 $\boldsymbol{\Phi}$，恢复原始信号 $\boldsymbol{x}$ 比较难以实现，这主要是由于采样时使用远小于奈奎斯特采样定理所要求的采样率进行采样，因此由 y、x、$\boldsymbol{\Phi}$ 组成的是一个欠定方程，即方程的个数远少于未知函数的个数，无法轻易求出数值解。因此不妨假设存在某个线性变换 $\boldsymbol{\Psi} \in \mathbb{R}^{m\times m}$，使得信号 $\boldsymbol{x}$ 可表示为 $\boldsymbol{\Psi s}$，根据上式这时 $\boldsymbol{y}$ 可以表示为

$$\boldsymbol{y}=\boldsymbol{\Phi\Psi s}=\boldsymbol{A s} \tag{4-84}$$

其中，$\boldsymbol{A}=\boldsymbol{\Phi\Psi} \in \mathbb{R}^{n\times m}$，若能根据 $\boldsymbol{y}$ 来恢复信号 $\boldsymbol{s}$，则可以通过 $\boldsymbol{x}=\boldsymbol{\Psi s}$ 来恢复出原始信号 $\boldsymbol{x}$。

在实际生活中，很多应用均可获得具有稀疏性的 $\boldsymbol{s}$。例如，图像或声音的数字信号通常在时域上不具有稀疏性，但经过余弦变换、小波变换、傅里叶变换等处理后却会转换为频域上的稀疏信号。压缩感知更加关注于如何利用部分观测样本中信号本身所具有的稀疏性来恢复原信号，这与稀疏表示有所不同。压缩感知通常可以分为两个阶段：重构恢复和感知测量。重构恢复关注如何基于稀疏性从少量观测中恢复原始信号。感知测量关注如何对原始信号进行处理以获得稀疏样本表示，其主要涉及小波变换、傅里叶变换。

然而，上述公式中根据 $\boldsymbol{y}$ 来恢复信号 $\boldsymbol{s}$ 这个问题仍然是一个欠定方程。但只要 $\boldsymbol{s}$ 具有稀疏性，这个问题就可以很好地解决。这主要是因为稀疏性可以使得未知因素的影响大大减少。在该情况下，上述公式中的 $\boldsymbol{\Psi}$ 被称为稀疏基，而 $\boldsymbol{A}$ 的作用则类似于字典，主要作用是将信号转换为稀疏表示。

对大小为 $n\times m(n\ll m)$ 的矩阵 $\boldsymbol{A}$，若存在常数 $\delta_k\in(0,1)$ 使得对于任意向量 $\boldsymbol{s}$ 和 $\boldsymbol{A}$ 的所有子矩阵 $\boldsymbol{A}_k \in \mathbb{R}^{n\times k}$ 有

$$(1-\delta_k)\|\boldsymbol{s}\|_2^2 \leqslant \|\boldsymbol{A}_k\boldsymbol{s}\|_2^2 \leqslant (1+\delta_k)\|\boldsymbol{s}\|_2^2 \tag{4-85}$$

则称 $\boldsymbol{A}$ 满足 k 有限等距性质(k-RIP)。可通过下面的优化问题近乎完美地从 $\boldsymbol{y}$ 中恢复出稀疏

信号 $\boldsymbol{s}$，进而恢复出 $\boldsymbol{x}$：

$$\min_{\boldsymbol{s}} \|\boldsymbol{s}\|_0 \quad \text{s.t. } \boldsymbol{y}=\boldsymbol{A}\boldsymbol{s} \tag{4-86}$$

上式中涉及 L_0 范数最小化，可采用与前面相同的解决方法，将 L_0 范数转换为 L_1 范数，最小化问题在一定条件下是共解的。因此优化问题可转换为

$$\min_{\boldsymbol{s}} \|\boldsymbol{s}\|_1 \quad \text{s.t. } \boldsymbol{y}=\boldsymbol{A}\boldsymbol{s} \tag{4-87}$$

此时压缩感知问题就可以通过 L_1 范数最小化问题来求解，即利用前面介绍的 LASSO 的等价形式，并通过近端梯度下降法求解，即基寻踪去噪。

在硬件层面上，现有的压缩感知观测系统包括用于获取周期多频模拟信号的随机采样 ADC、基于核的磁共振成像以及单像素相机等。在结构压缩感知框架中，提出了结构化的观测方式，即采用与传感器的传感模式或者信号的结构相匹配的采样方式，以便能够用更少的代价获取信号，并得到可以应用于实际信号的硬件应用。此外，还有很多针对专门应用建立的压缩感知硬件系统还在不断研发中。在自然图像应用中，目前主要通过对数字化的图像进行仿真和实验来进行研究。尽管目前还没有可以对自然场景进行直接观测的压缩感知平台，但作为一种最常用和典型的自然信号，图像的压缩感知应用研究对于压缩感知和图像处理的发展有着深远的意义。

根据观测信号的不同，可以将观测方式分为空域观测和变换域观测两种。空域观测的方法是直接对图像进行压缩观测，包括高斯观测、部分正交变换矩阵观测以及随机取点观测等。而变换域观测是对图像的正交变换系数进行压缩采样。在压缩感知过程中，进行采样和重构的都是稀疏的系数信号。已被采用的正交变换包括小波变换、离散余弦变换、傅里叶变换等。另外，为了能够对大尺寸图像进行处理，Gan 等提出了分块压缩感知（Block Compressed Sensing，BCS）框架。在 BCS 框架下，块图像中的结构相比整幅图像更为简单，因此更容易构造稀疏字典获得稀疏表示，也可以方便地利用图像块之间的相似性，建立结构化的重构模型。对图像进行分块处理，并对每个图像块用相同的观测操作来获得压缩观测值。在重构过程中，则分别对每个图像块进行重构估计，再按顺序拼接估计值，进而得到对整幅图像的重构估计。

4.5.2 结构化稀疏重构模型

信号重构是压缩感知的核心内容，研究的是从信号的压缩观测中获得对原信号重构估计的方法和技术。压缩感知中信号重构的基本模型为

$$\boldsymbol{x}^*=\underset{\boldsymbol{x}}{\operatorname{argmin}} \|\boldsymbol{x}\|_0 \quad \text{s.t. } \|\boldsymbol{y}-\boldsymbol{\Phi}\boldsymbol{x}\|^2 \leqslant \varepsilon \tag{4-88}$$

其中，$\|\cdot\|_0$ 表示 L_0 范数，是度量信号稀疏性的非凸优化项，主要用于计算信号中非零元素的个数。当信号的稀疏度，即非零元素的个数为已知条件时，重构也可以通过求解下列模型完成：

$$\boldsymbol{x}^*=\underset{\boldsymbol{x}}{\operatorname{argmin}} \|\boldsymbol{y}-\boldsymbol{\Phi}\boldsymbol{x}\|^2 \quad \text{s.t. } \|\boldsymbol{x}\|_0 \leqslant K \tag{4-89}$$

稀疏重构模型本质上就是一个非凸稀疏约束的优化问题，通常属于 NP 问题。除信号稀疏性以外，待重构的信号在实际应用中往往还具有其他先验结构。充分挖掘和利用这些先验

结构不仅能够进一步降低精确重构信号所需的观测数量，还能为重构策略和方法提供更加丰富的选择。即使在信号自身不稀疏的情况下，通过使用字典对信号进行稀疏表示仍然是可行的，这为获得稀疏先验提供了一种途径。基于字典的一种重构模型为

$$\boldsymbol{s}^* = \underset{\boldsymbol{s}}{\operatorname{argmin}} \|\boldsymbol{s}\|_0 \quad \text{s.t.} \ \|\boldsymbol{y} - \boldsymbol{\Phi D s}\|^2 \leqslant \varepsilon \tag{4-90}$$

该模型将对信号 $\boldsymbol{x} \in \mathbb{R}^n$ 的求解转换为对 $\boldsymbol{x}$ 在字典下的稀疏表示系数 $\boldsymbol{s} \in \mathbb{R}^N$ 的求解。对信号的重构估计则由 $\boldsymbol{x}^* = \boldsymbol{D s}^*$ 计算获得。假设其上限值为 K，用于进一步约束表示系数的稀疏度，则重构模型可以改写为如下形式：

$$\boldsymbol{s}^* = \underset{\boldsymbol{s}}{\operatorname{argmin}} \|\boldsymbol{y} - \boldsymbol{\Phi D s}\|^2 \quad \text{s.t.} \ \|\boldsymbol{s}\|_0 \leqslant K \tag{4-91}$$

定义稀疏向量 $\boldsymbol{s}$ 支撑集为 $\Lambda \triangleq \{i \mid s_i \neq 0\}$，它的基数(cardinality)$|\Lambda|$与信号 $\boldsymbol{s}$ 的稀疏度、信号 $\boldsymbol{x}$ 的维数以及字典的原子个数 N(同时也是 $\boldsymbol{s}$ 的维数)之间的关系为

$$|\Lambda| \leqslant K \ll n \ll N \tag{4-92}$$

即稀疏信号 $\boldsymbol{s}$ 中非零元素的个数远少于信号 $\boldsymbol{x}$ 的维数和字典中的原子个数。

值得注意的是，上述两式中的问题的解在实际应用中使用过完备字典时通常导致解不唯一，虽然信号在字典中的表示方式有多种，但通常更关心的是最终对信号 $\boldsymbol{x}$ 的准确估计，而非稀疏信号 $\boldsymbol{s}$。并且在实际应用中问题的解空间与真实的信号空间并不完全一致。即使能够使得观测残差项 $\|\boldsymbol{y} - \boldsymbol{\Phi D s}\|^2$ 的取值很小的信号估计值，也不一定对应有实际意义的真实信号。其中一种表达信号先验的方法是将信号的结构信息也作为稀疏测度，建立基于结构稀疏的重构模型。这是结构压缩感知中的重要研究内容，同时也是将压缩感知推向应用的关键技术。

在实验过程中，需要设计和使用不同的结构化模型来应对不同的信号稀疏结构，并建立相对的模型处理方法，因此产生了非常丰富的结构压缩感知重构方法和理论。与此同时，信号的结构先验在信号应用中对于减少精确重构所需的观测数量以及减少重构模型的不确定性起着至关重要的作用。

在结构压缩感知框架中，对稀疏信号进行了更一般的推广，即联合子空间信号。该框架涵盖了有限和无限子空间的情况。在有限维框架下，主要涉及两种模型，分别为结构化的稀疏支撑的子空间以及稀疏联合。前者指的是对信号的支撑进行约束，仅允许在特定位置的元素可以取非零值，如对图像的小波系数施加的树形约束模型。而后者指的是信号位于有限个子空间的值和空间中，块稀疏模型就是其中最典型的一种方法。当然，这两种模型还可以叠加使用。对于无限维信号和空间的研究，则主要关注子空间的数量无穷多或子空间维数无穷大的情况，其是针对模拟信号以及采样硬件研究而展开的。

在模型压缩感知框架中，研究者提出了一种通过分析信号系数的取值与位置间的关系的方法，来减少重构估计所必需的观测数量。他们建立了基于模型稀疏的压缩感知理论，并提出了基于小波域树形稀疏和块稀疏两种模型的重构算法，这些算法能够从理论上证明能有效减少对具有特定稀疏结构的信号进行精确重构所需的观测数量。该方法提到的块稀疏模型是一种被广泛研究的稀疏模型。模型中的稀疏信号的支撑被限定在特定的区域(即块)中，适用于对具有多类联合特征的信号进行建模。

在贝叶斯压缩感知框架中，研究者提出一种利用稀疏信号的统计分布先验，通过对信号的观测进行后验推理来实现信号的重构。这类方法的优点在于采用概率推理进行建模和计算，

通常能推导出问题的解析解。因此,该算法具有较低的计算复杂度。然而,其缺点在于方法的性能极度依赖于模型先验的准确性,而信号的先验分布模型往往难以获得或者难以准确估计。

在很多应用领域,如医学成像、阵列处理、认知无线电和多波段通信等,需要处理的并不是单独的信号,而是一组具有共同特征的信号。因此,需要建立一个能够描述一组信号及其相互关系的稀疏模型,并相应地制定重构和处理方法。其中最广为人知的模型是多观测向量(Multiple Measurement Vectors,MMV)模型,也被称为联合稀疏模型。MMV 模型利用了各组信号间的相似关系,使得处理的信号具有相同支撑,即存在相同的非零值位置。在重构中,MMV 模型利用单个重构模型同时估计一组信号,并用多个单观测信号作为先验条件来约束重构模型,从而能够减少精确重构所需的观测数量,或者在现有观测条件下提高信号的重构精度。在分布式压缩感知研究中,研究者提出了联合稀疏模型,将具有相似稀疏性的一组信号建模为共同成分和差异成分,并根据两种成分的稀疏特性将联合模型分为三类:信号具有稀疏的共同成分和差异成分、信号具有共同的稀疏支撑、信号具有非稀疏的共同成分和稀疏的差异成分。MMV 模型属于第二类。

在具体信号的压缩感知应用中,除了运用已有的结构稀疏模型对信号进行建模外,还可以根据具体信号和应用的特点,挖掘结构先验并建立有效的重构模型。在自然图像的压缩感知重构应用中,结合已有的图像表示和处理技术,如图像字典的设计、图像自相似性(包括局部和非局部的自相似性)、图像统计特性以及低维模型的综合运用等。

综上所述,建立面向应用的结构化重构模型仍是值得持续关注的研究热点。此外,设计稀疏恢复模型与建立相应的求解方法,这两者是密不可分的。信号恢复的实际效果和性能既取决于所建立的恢复模型对于实际应用问题的适用性,同时也取决于所建立的求解算法对于模型的求解性能。

4.5.3 压缩感知架构

压缩感知作为一种新的采样理论,是关于信号获取、表示和处理的新思想。它不仅极大地促进了理论与实践的结合,同时还对现有的信号处理方向进行反思与改进,压缩感知在信号处理领域有着广大的前景。

从信号获取的角度,压缩感知提供了一种远低于信号奈奎斯特频率的采样率进行采样的方案,能够极大地降低信号的采集、传输和存储的成本。尤其在一些数据很难获取的情况下,这一技术方案可以极大地扩充信号获取的可能性,例如,可以使用一些特定的硬件设备进行采样。在遥感领域,压缩感知技术可降低图像成像的成本,同时提高图像分辨率。在医学领域,压缩感知技术的应用使得磁共振成像的速度提高了 7 倍,推动了医学的发展。

从信号分析的角度,压缩感知与信号的稀疏性以及低维结构密切相关。其推动了对信号进行有效的表达和描述的发展。在稀疏表示的基础上,涌现了许多新颖的信号处理方法,如人脸分类、图像融合、异常检测。对信号分析的研究热点从基于正交基的方式转换为目前主流的基于过完备字典的学习方式。

从信号处理的角度,压缩感知重构研究基于信号和稀疏性的稀疏表示,从线性压缩观测中获取对信号的重构估计。应用压缩感知的场景包括医学图像处理、超宽带信号应用以及遥感图像处理等。

压缩感知框架主要包含四个要素:信号的稀疏表示、压缩观测方式、重构模型与方法以及重构的核心问题。其中,信号的稀疏表示是压缩感知的基本要求和前提;压缩观测方式的理论和获取技术是压缩感知研究的基础；而重构模型与方法是压缩感知研究的核心内容。本节将详细介绍压缩感知框架的四个关键方面。

1. 信号的稀疏表示

在传统的采样方式中，信号的最高频率越高，所需要的均匀采样率就越大。然而，在压缩感知中，信号稀疏性直接影响着对信号进行精确重构所需要的压缩观测次数。稀疏性和稀疏表示是压缩感知的前提，里面所包含的信息可以通过信号稀疏性进行度量，因此信号的稀疏性是非常关键的。在实际应用中，首要考虑的是信号的稀疏性以及稀疏表示。

2. 压缩观测方式

压缩观测理论和获取技术的研究内容旨在通过尽可能少的非自适应观测来包含足够多用于重构的信号信息。这可以通过奈奎斯特采样定理进行采样，然后通过一定的编码将采集到的信号进行压缩表示。在采用和传输的成本方面，压缩感知有着较大的优势。然而，在信号重构方面，压缩感知需要复杂的重构算法以及复杂的数值计算方法。相比之下，传统方法通常采用简单的解码和插值操作就可以完成信号重构。因此，压缩感知在减少了信号获取和传输的成本下，增加了信号重构的成本。

3. 重构模型与方法

在传统的采样方式中，主要是通过 Sinc 函数进行线性插值进行信号的重构，其复杂度较低，然而，压缩感知在重构方面复杂度较高。目前压缩感知主要从理论研究向实际应用过渡，主要关注如何挖掘有效的先验表示来建立多种求解模型。具体的做法包括：建立结构化的冗余字典，以获得信号的结构化稀疏表示；建立自适应于信号结构的观测方式，以更少的观测获得信号全部信息，尤其是要建立实用的硬件采样系统实现对模拟信号的处理；挖掘信号的结构特点，建立结构化的稀疏重构模型。信号恢复的实际效果和性能既取决于所建立的恢复模型对于实际应用问题的适用性，也取决于所建立的求解算法对于模型的求解性能。

4. 压缩感知重构的核心问题

压缩感知重构中的核心问题包括以下两方面。

（1）如何为待重构的信号构建自适应的稀疏字典？对于图像信号，其中的边缘和纹理具有方向性，而这些方向可以是任意的。因此，所构造的字典需要涵盖足够多的方向结构，以便能自适应和稀疏地表示任意方向的边缘和纹理块信号。通过优化已有的过完备字典构造方法，可以获得用于图像稀疏表示的 Ridgelet 过完备字典。字典中有足够丰富的方向结构，能够为图像块任意方向的内容提供有效的稀疏表示。

（2）假设已有满足上述条件的过完备字典，那么在这个具有足够多方向的过完备字典中，如何设计有效的算法进行搜索和优化？这要求算法需在合理的时间内针对待重构的信号进行求解，得到关于过完备字典的稀疏表示，即稀疏系数的非零元素的位置和取值，对应于原子组合和原子的组合系数。研究者为解决这一问题设计了基于自然计算优化和协同优化的非凸重构策略，以便在合理的时间内有效搜索 Ridgelet 字典，并准确重构图像的方向和尺度等几何结构信息。

4.5.4 基于字典的稀疏表示

稀疏表示是压缩感知的前提和先决条件。一个具有稀疏性的 n 维信号 $\boldsymbol{x}\in\mathbb{R}^n$ 可以表示为

$$\boldsymbol{x}=\boldsymbol{I}\boldsymbol{s} \tag{4-93}$$

当信号 $\boldsymbol{x}$ 自身具有稀疏性时，即 $\boldsymbol{x}$ 仅有 $K(K\ll m)$个非零元素或者能够用其自身的 K 个非零元素近似表示的情况，$\boldsymbol{I}$ 为单位矩阵，该信号被称为 K 稀疏信号(K-sparse signal)或 K 可压缩信号(K-compressible signal)。K 被称为信号 $\boldsymbol{x}$ 的稀疏度，也就是信号稀疏性的度量。在经典压缩感知理论中，主要研究信号 $\boldsymbol{x}$ 为稀疏信号或者可压缩信号，以及 $\boldsymbol{I}$ 为正交矩阵(此时 $\boldsymbol{I}\in\mathbb{R}^{n\times n}$，代表正交基)，而信号的表示系数 $\boldsymbol{s}$ 为稀疏信号或可压缩信号的情况。

在压缩感知理论中，具有稀疏性的信号中所包含的信息是可以用信号的稀疏性进行度量的。传统的采样方式重构信号比较方便，但是在压缩信号效果较差。因此，首先需要找到信号的稀疏表示方法，然后对它进行压缩。如果信号越稀疏，那么精确重构该信号所需要的压缩观测就越少。传统的稀疏信号表示主要通过正交基来实现，如离散余弦变换、傅里叶变换和小波变换。然而，正交基存在一定的缺陷，如不够灵活、计算不稳定而且没有像过完备字典一样有冗余性。所以之后基于过完备字典的稀疏表示不断发展，使用过完备字典具有一定的冗余性，而且在计算上也比正交基稳定不少。

基于过完备字典的信号稀疏表示的基本思想最早由 Mallat 在 1993 年提出。一般来说，字典中原子的数量远远大于信号的维数。在字典中，原子间不一定相互正交，信号在字典下的表示也并不一定唯一。然而，在正交基中，信号的表示具有唯一性，而且稀疏分解通常能够通过快速正交变换完成。与此同时，基于过完备字典的稀疏分解和压缩感知也比使用正交基更为复杂，过完备字典能够为信号提供比正交基更稀疏、更灵活和更自适应的表示。在压缩感知应用中，通过利用字典也可以获得更高的感知效率和更低的数据采样率，并且基于字典的稀疏表示也为多种图像处理应用带来新的思路和处理方法。

根据过完备字典的构造方式，可以将现有的字典分为两类：固定字典和学习字典。固定字典的方式主要是基于正交基实现的，转换比较单一。学习字典的方式冗余性较好，但是不能保证原子间的相互正交，而且信号在字典下的分解也不唯一。因此，在使用过完备字典进行压缩感知时，往往不易获得快速而准确的解。学习字典主要通过学习或训练的方式得到，通常是基于某一类信号的训练样本，通过迭代优化的方法来获得能够表示该类信号的字典。训练出来的字典能够对信号产生自适应的表示，但是在训练过程中采用了局部的搜索策略，在后续压缩感知重构时可能会出现精度不足的情况，缺乏很多应用中所需的不变特性，可能仅适用于结构较为简单或者低维的信号表示。

在字典应用中，构建图像字典也经常被研究者广泛研究。图像的结构对于正确理解字典有着很大作用，特别是图像的轮廓之类的信息。在构造有关图像的字典时，研究者希望字典中的原子具有某些可描述的特性。目前许多图像处理方法都构造了各自的字典，这些字典可以联合起来作为信号的稀疏字典来使用。

在稀疏重构中，稀疏性决定了精确重构所需要的观测数量，同时也决定了重构所能得到的精度上限。随着人们关注点从理想的稀疏信号投向更为广泛和复杂的实际信号，以及从单个信号的稀疏表示投向更为丰富的低维结构和信号关系，获得稀疏性的方法也呈现多样化和丰富化的趋势。其中，具有高度冗余性的字典和结构化的字典在许多应用中显得尤为关键，因此成为热点研究内容。随这一趋势的发展，人们对高精度和高稳定性的稀疏表示以及重构方法

的需求逐渐增大，其成为广泛研究的方向。

4.5.5 分块压缩感知

分块压缩感知在图像的块压缩感知框架下展开，采用基于分块策略的随机观测方式，将一幅图像分成大小相等的且不重叠的图像块，随后对所有图像块采用同样的随机观测方式，例如高斯观测等，以获得相应的观测值。由于采用分块的方法，每个图像块相对于整幅图像来说都比较小，这样在构造过完备字典时也比较简单，构造出来的字典冗余性也较好。而且图像具有自相似性，有许多图像块可能都是比较相似的，因此它们的观测向量也比较相似，不需要为所有的图像块构建不同的原子表示，因为相似的图像块可以使用相同的原子表示，并且能有效地降低图像分块重构问题的不稳定性和不确定性。

分块处理是图像处理中的常用策略，可以方便、快速地对信号进行采样和处理。分块方式一般可以分为滑块和不重叠分块两种。滑块处理，图像块之间的相似性强，但图像块的数量较多。不重叠分块，图像块之间的相似性相对较弱，但图像块的数量较少。

4.5.6 结构化压缩感知模型

在使用字典进行图像重构时，可能会面临病态以及多峰值的问题，导致重构图像变得非常不稳定。为了提高重构过程的稳定性，可以充分利用图像在字典中的结构稀疏先验知识。

这里可以考虑使用图像的自相似特性，为具有相似结构的图像块在同一个字典中进行稀疏表示。这意味着使用一组原子来表示具有相似结构的图像块，并建立它们之间的联系。为此，提出了基于分块策略和过完备字典的非凸重构模型。如果某些图像块具有相似的结构，那么可以用一组相同或相似的原子进行表示，并在求解的过程中也可以联合求解，以减少计算量，从而提升图像的整体重构质量。此外，可以通过使用 Ridgelet 字典的结构来建立对图像块的结构估计，特别是相对于图像块的方向结构往往都是冗余的。根据图像块的结构类型，可以选择稀疏子字典，从而提高图像局部结构估计的准确性，同时提高模型的效率，减少重构时间。

4.5.7 商品推荐应用

基于部分信息来恢复全部信息的技术在许多现实任务中具有重要的应用。例如，网上商城通过收集用户在网上对购买商品的评价，并根据用户的偏好进行新的商品推荐，从而达到定向广告投放的效果。显然，对某个商品而言，不可能被所有的用户都评价过，也不可能有用户对所有的商品都评价过。因此，网上商城仅能搜集到部分评价信息，通过压缩感知技术恢复欠采样信号的前提条件之一就是该信号具有稀疏表示。一般情况下，用户对于商品的评价主要取决于质量、价格、服务等多种因素，物美价廉的商品往往会在同类商品中脱颖而出。因此，可以将用户评价得到的数据当作部分信号，基于压缩感知的思想恢复出完整信号。矩阵补全技术可用于解决这个问题，其形式为

$$\begin{aligned}&\min_{\boldsymbol{X}} \operatorname{rank}(\boldsymbol{X}) \\ &\text{s.t. } X_{ij}=A_{ij},(i,j)\in\Omega\end{aligned} \tag{4-94}$$

其中，$\boldsymbol{X}$ 表示需要恢复的稀疏信号，$\operatorname{rank}(\boldsymbol{X})$表示矩阵 $\boldsymbol{X}$ 的秩，$\boldsymbol{A}$ 是类似用户评分矩阵的已观测到的信号，Ω 是 $\boldsymbol{A}$ 中已观测到的下标(i,j)的集合。恢复出的矩阵中 X_{ij} 应当与已观测到的对应元素相同，即上式中的约束条件。与之前的式子类似，上式同样属于一个 NP 问题，值

得注意的是，rank($\boldsymbol{X}$)在集合$\{\boldsymbol{X}\in\mathbb{R}^{m\times n},\|\boldsymbol{X}\|_F^2\leqslant 1\}$上的凸包是 $\boldsymbol{X}$ 的核范数(nuclear norm)：

$$\|\boldsymbol{X}\|_* = \sum_{j=1}^{\min\{m,n\}} \sigma_j(\boldsymbol{X}) \tag{4-95}$$

其中，$\sigma_j(\boldsymbol{X})$表示 $\boldsymbol{X}$ 的奇异值，即矩阵的核范数为矩阵的奇异值之和。于是可通过最小化矩阵核范数来近似求解上式，即

$$\min_{\boldsymbol{X}} \|\boldsymbol{X}\|_* \tag{4-96}$$
$$\text{s.t. } X_{ij}=A_{ij},(i,j)\in\Omega$$

可以通过半正定规划(Semi-Definite Programming，SDP)来求解该凸优化问题。理论研究表明，在满足一定条件下，若矩阵 $\boldsymbol{A}$ 的秩为 r，且 $n\ll m$，则只需要观察到 $O(mr\log m)$个元素就能完美恢复出 $\boldsymbol{A}$。

4.5.8 信号传输应用

接下来，介绍稀疏表示在信号传输上的应用。假设一条数据长度为 1024 的信号占用的存储空间为 1kb。在计算机内部，该信号可以被表示为大小为 1024×1 的矩阵，将其改写成 32×32 大小的信号矩阵。因此，传输这样的一个信号就需要 1kb 的流量。

由于信号的稀疏性质，可以将其表达为一个存储在本地的字典 $\boldsymbol{D}$(大小为 32×64)和一个稀疏向量 $\boldsymbol{s}$(大小为 64×32)。根据稀疏表示的性质，得知向量 $\boldsymbol{s}$ 中的绝大部分位置的数值为 0。同时，根据经验可以认为超过 90%的位置都为 0，则不为 0 的个数大概是 64×32×0.1=204.8，因此，可以得到向量 $\boldsymbol{s}$ 一般不会超过 205 个有效值，记录非零值所在的位置仅仅需要占用 205 个数据空间。因此，传输一个长度为 1024 的信号，仅用一个 205×2 大小的矩阵，仅仅消耗 0.4kb。接收方接收到这个矩阵后按照特定的方式可以重构稀疏矩阵，再与存储在本地的字典做内积就可以得到原始长度为 1024 的信号。整个传输过程就节省了 60%的流量。

参考文献

[1] 陶卿，高乾坤，姜纪远，等. 稀疏学习优化问题的求解综述[J]. 软件学报，2013，24(11)：10.

[2] 王惠文，孟洁. 多元线性回归的预测建模方法[J]. 北京航空航天大学学报，2007，33(4)：5.

[3] 程文波，王华军. 信号稀疏表示的研究及应用[J]. 西南石油大学学报：自然科学版，2008，30(5)：4.

[4] 吴琼，李国辉，孙韶杰，等. 基于小波和奇异值分解的图像复制伪造区域检测[J]. 小型微型计算机系统，2008，29(4)：4.

[5] 王骐，蒋立辉，李宁，等. 基于同态滤波与自适应模糊多级中值滤波级联算法的散斑噪声污染图像恢复[J]. 中国激光，2001，28(7)：3.

[6] 李小平，王卫卫，罗亮，等. 图像分割的改进稀疏子空间聚类方法[J]. 系统工程与电子技术，2015，37(10)：2418.

[7] 姚屏，薛家祥，戴光智. 图像的超分辨率处理方法研究现状[J]. 半导体光电，2009，30(4)：6.

[8] AHARON M，ELAD M，BRUCKSTEIN A M. K-SVD and its non-negative variant for dictionary design[J]. Proceedings of SPIE-The International Society for Optical Engineering，2005，5914：327-339.

[9] 高雷阜，徐部. 压缩感知中基于 FADMM 的 L_1-L_1 范数信号重构[J]. 计算机应用与软件，2018，35(7)：5.

[10] 崔白杨. 基于 Ridgelet 冗余字典的非凸压缩感知重构方法[D]. 西安：西安电子科技大学，2013.

[11] 张子君. 基于字典学习的非凸压缩感知图像重构方法[D]. 西安：西安电子科技大学，2014.

[12] 张全明，刘会金，兰泉妮. 基于小波混合阈值方法的电能质量信号去噪[J]. 电力自动化设备，2008，28(8)：28-30.

[13] KNAUB J R. Alternative to the iterated reweighted least squares Method-apparent heteroscedasticity and linear regression model sampling [C]//International Conference on Establishment Surveys (ICES), 1993.
[14] GRIGORYAN R, ARILDSEN T, TANDUR D, et al. Performance comparison of reconstruction algorithms in discrete blind multi-coset sampling [C]//IEEE International Symposium on Signal Processing & Information Technology. IEEE, 2012.
[15] 张怡婷,陈蕾,杨雁莹,等. 基于 $L_{2,1}$ 范数正则化矩阵分解的图像结构化噪声平滑算法[J]. 南昌大学学报：理科版,2015,39(5)：6.
[16] 孔繁锵,王丹丹,沈秋. L_1-L_2 范数联合约束的鲁棒目标跟踪[J]. 仪器仪表学报,2016,37(3)：8.
[17] 刘纯,康志伟,何怡刚. 一种迭代滤波快速图像修复算法[J]. 电子测量与仪器学报,2012,26(3)：7.
[18] 彭科,江振宇,胡凡,等. 用于序列近似优化算法的多阶段自适应采样点更新方法：CN106339533A[P]. 2017-01-18.
[19] 张慧,成礼智. A-线性 Bregman 迭代算法[J]. 计算数学,2010,32(1)：97-104.
[20] 李扬清. 基于近似消息传递的结构化信号处理算法及应用研究[D]. 北京：北京邮电大学,2017.
[21] 田方彦. 一种改进的迭代收缩阈值算法[D]. 天津：河北工业大学,2015.
[22] 陈少利,杨敏. 改进变步长快速迭代收缩阈值算法[J]. 计算机技术与发展,2017,27(10)：5.
[23] 程传蕊. 一种求解非线性方程组的单纯形算法(algorithm)——同伦算法的分析及其收敛性[J]. 长春师范学院学报,2005.
[24] 赵砚博,肖恒辉,李炯城. 一种基于贪婪基追踪算法的压缩感知超宽带信道估计方法[J]. 移动通信,2013(2)：8.
[25] 尹艳玲,乔钢,刘凇佐,等. 基于基追踪去噪的水声正交频分复用稀疏信道估计[J]. 物理学报,2015(6)：8.
[26] HUI Z. Taylor&Francis Online: The adaptive lasso and its oracle properties [J]. Journal of the American Statistical Association, 2006, 101(476): 1418-1429.
[27] 仲崇豪,姚宜斌,刘强,等. 加权整体最小二乘的迭代解法[J]. 大地测量与地球动力学,2014,34(4)：4.
[28] BLUMENSATH T, DAVIES M E. Normalized iterative hard thresholding: guaranteed stability and performance[J]. IEEE Journal of Selected Topics in Signal Processing, 2010, 4(2): 298-309.
[29] 朱延万,赵拥军,孙兵. 一种改进的稀疏度自适应匹配追踪算法[J]. 信号处理,2012,28(1)：7.
[30] 潘丽丽. 稀疏约束优化的最优性理论与算法[D]. 北京：北京交通大学,2017.
[31] NGUYEN S B T, JOHNSON L K, GRUBBS R H, et al. Ring-opening metathesis polymerization (ROMP) of norbornene by a GroupVIII carbene complex in protic media[J]. Journal of the American Chemican Chemical Society, 1992, 114(10): 3974-3975.
[32] 刘玉龙. 基于压缩感知的信号重构算法研究[D]. 吉林：东北电力大学,2018.
[33] 郭莹,邱天爽. 基于改进子空间追踪算法的稀疏信道估计[J]. 计算机应用,2011,31(4)：907-909.
[34] NEEDELL D, TROPP J A. CoSaMP[J]. Communications of the ACM, 2010, 53(12): 93-100.
[35] TROPP J A. Algorithms for simultaneous sparse approximation. Part II: Convex relaxation[J]. Signal Processing, 2006, 86(3): 589-602.
[36] 郑素赢. 结构化压缩感知在鬼成像中的应用研究[D]. 南京：南京邮电大学,2018.
[37] 陶宇,刘诚毅,张静亚,等. 基于结构化观测矩阵的脉冲多普勒雷达目标稀疏探测方法：CN110895331A[P]. 2020-03-20.
[38] GAN L. Block compressed sensing of natural images[C]//International Conference on Digital Signal Processing. IEEE, 2007.
[39] 胡南. 基于稀疏重构的阵列信号波达方向估计算法研究[D]. 合肥：中国科学技术大学,2013.
[40] 杨俊,谢勤岚. 基于 DCT 过完备字典和 MOD 算法的图像去噪方法[J]. 计算机与数字工程,2012,40(5)：4.
[41] 李婉. 基于结构稀疏和卷积网络的压缩感知方法研究[D]. 西安：西安电子科技大学,2019.
[42] 解虎,冯大政,魏倩茹. 采用信号子空间稀疏表示的 DOA 估计方法[J]. 系统工程与电子技术,2015,37(8)：1717-1722.
[43] 刘薇. 基于压缩感知框架的图像压缩传输处理技术研究[D]. 成都：西南交通大学,2014.

[44] 吕明久，陈文峰，夏赛强，等. 基于联合块稀疏模型的随机调频步进 ISAR 成像方法[J]. 电子与信息学报，2018，40(11)：7.

[45] 周红志，冯莹莹，王戴木. 基于 Bayesian 压缩感知的融合算法[J]. 计算机应用研究，2013，30(2)：3.

[46] COTTER S F，RAO B D，ENGAN K，et al. Sparse solutions to linear inverse problems with multiple measurement vectors[J]. IEEE Transactions on Signal Processing，2005，53(7)：2477-2488.

[47] 许宁，肖新耀，尤红建，等. HCT 与联合稀疏模型相结合的遥感影像融合[J]. 测绘学报，2016(4)：8.

[48] 黄胜强. 基于不平衡扩展模型的分布式压缩感知研究[D]. 汕头：汕头大学，2012.

[49] MALLAT P G，ZHANG Z. Matching pursuits with time-frequency dictionaries[J]. IEEE Transactions on Signal Processing，1993，41(12)：3397-3415.

案例导读

第5章 神经网络中的特征提取

5.1 神经网络简介

特征提取是指将原始数据转换为具有统计意义和机器可识别的特征。在自然语言处理中，由于机器学习无法直接处理文本，需要将文本转换为数值特征(如向量化)。在图像处理领域，将像素特征提取为轮廓信息也是一种特征提取的应用。因此，特征提取关注的是特征的转换方式，以符合机器学习算法的要求。此外，可以通过对现有特征进行加工的方式来创建新的特征，即特征提取可能是原特征的某种混合。接下来将介绍如何使用不同类型的神经网络进行特征提取。

人工神经网络(Artificial Neural Network，ANN)也被称为神经网络。它是一种广泛应用于解决复杂人工智能问题的大规模并行计算模型。人工神经网络由许多人工神经元组成，并通过分层组织形成大规模平行互联网络。这些神经元通过加权连接相互作用，以达到信息处理的目的。人工神经网络具有良好的学习和泛化能力。其设计灵感源自人类大脑，大脑可以看作一个高度复杂、非线性和并行的信息处理系统。它可以组织其结构成分——神经元，并执行一些计算任务，如模式识别、感知和运动控制。与当今最快的数字计算机相比，大脑的处理速度要快得多。神经网络以与生物神经系统相同的方式与现实世界的对象进行互动，它被设计用来模拟大脑执行特定任务或感兴趣的功能的方式，但人工神经网络中使用的处理元素和架构已经远远超过了生物灵感。神经网络是一个庞大的学科，本书只涉及它与机器学习的交汇点。

5.1.1 生物神经网络

生物神经网络(biological neural network)能够引发动物产生意识并驱使它们采取行动。在生物大脑中，数以千亿计的神经元相互连接，以并行处理信息。每个生物神经元可以看作生物神经网络中的一个较小的处理单元。生物神经元是一种特殊的生物细胞，它在一些电和化学变化的帮助下，将信息从一个神经元传递到另一个神经元。当每个神经元接收信号的累积效果超过神经元的“阈值”时，它就会被激活，向相连的神经元发送“兴奋”或“抑制”的化学物质，从而影响下一个神经元的状态。因此，神经元传递的信息既可以起刺激作用，又可以起抑制作用。生物神经网络的工作流程如图5-1所示。

图 5-1 生物神经网络的工作流程

5.1.2 人工神经元

人工神经元是神经网络运行的基础之一,它被用作信息处理单元。与生物神经元类似,人工神经元接收其他人工神经元传递过来的输入信号,将这些输入信号进行加权求和,然后通过激活函数进行转换,以产生输出信号。每个人工神经元可以接收多个输入信号,但只能产生一个信号。神经元模型的基本要素通常包括以下 4 部分。

(1) 连接:每个连接都伴随一个权重,这个权重系数反映了该连接在神经网络中的重要性程度。具体来说,每个输入到神经元 j 的信号 x_j 会乘以权重 w_j。

(2) 累加器:用于将神经元的各个连接加权的输入信号累加。

(3) 激活函数:为神经元引入非线性因素。

(4) 偏置:代表每个神经元的偏好属性。

神经网络通过学习来获取知识,这些知识蕴含在连接权重与偏置中,一个神经元的模型如图 5-2 所示。

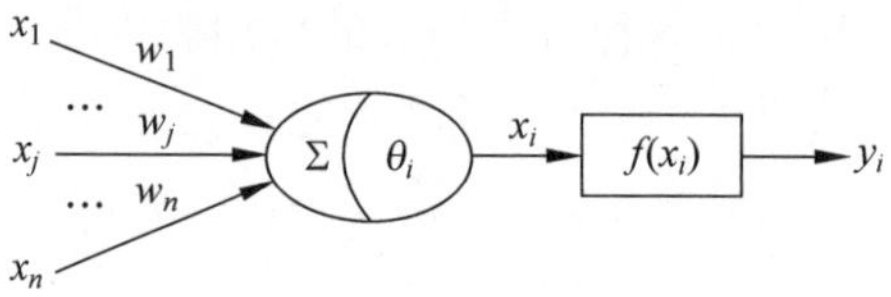

图 5-2 神经元的模型

用数学术语,可以这样来描述一个神经元:

$$y = f\left(\sum_{i=1}^{n} w_i x_i + \theta_i\right) \tag{5-1}$$

其中,x_i 表示第 i 个输入信号;y 是神经元的输出信号;w_i 表示第 i 个输入信号的权重;θ_i 是第 i 个神经元的偏置;$\sum$ 表示求和符号,对所有输入信号进行加权求和;f 为非线性函数,也可以称作激活函数。神经元接收多个信号 x_i,每个输入信号都乘以对应的权重 w_i,并加上偏置 θ_i,然后将它们累加后的结果输入激活函数 $f(\cdot)$中进行非线性变换,得到最终的输出 y。这种神经元具有阈值类型的激活函数,被称为 MP 模型,自 1943 年提出以来沿用至今。

使用激活函数主要有以下两个目的。

(1) 如果不使用激活函数,神经网络每一层输出都是上一层输入的线性组合,因此,无论神经网络有多少层,其输出都可以通过所有输入的线性组合来表示。

(2) 激活函数引入了非线性因素,使得神经网络可以逼近任何非线性函数,从而扩展神经网络的应用到更多的非线性模型中。

激活函数必须具备以下 3 个特征。

(1) 激活函数应该是连续可导的非线性函数(允许在少数点上可以不可导)。可导的激活函数可以通过参数优化的方法来学习网络参数。

(2) 激活函数及其导函数要尽可能地简单,这样可以提高网络计算效率。

(3) 激活函数的导函数的值域要在一个合适的范围内,太大或者太小会影响模型训练的效率和稳定性。

常见的几个激活函数有以下 3 种，分别是 Sigmoid 函数、Tanh 函数和 ReLU 函数。

(1) Sigmoid 函数。Sigmoid 函数的图像呈现为 S 形状，是迄今为止在构建人工神经网络中最常用的激活函数之一。它的主要特点是将神经元的输出映射到 0～1，因此非常适用于以预测概率作为输出的模型，如二元分类问题。Sigmoid 函数可表示为式(5-2)，其曲线如图 5-3 所示。

$$y = F(x) = \frac{1}{1 + e^{x}} \tag{5-2}$$

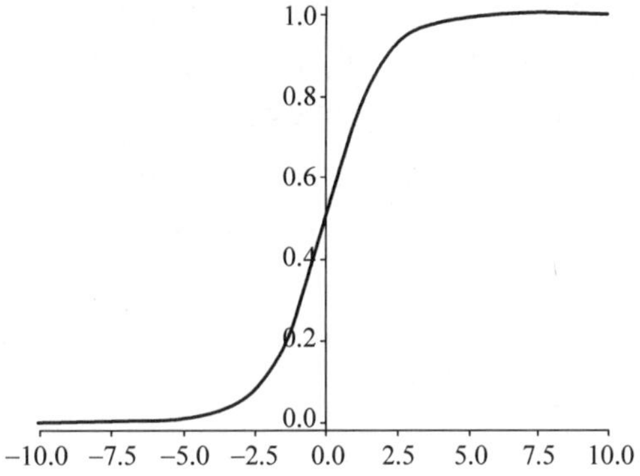

图 5-3　Sigmoid 函数

(2) Tanh 函数。Tanh 函数又称为双曲正切函数。与 Sigmoid 函数类似，Tanh 函数也将输入映射到一个特定范围内，即 −1～1。它克服了 Sigmoid 函数不以 0 为中心输出的问题。它的定义由式(5-3)给出，其曲线如图 5-4 所示。

$$\text{Tanh}(x) = \frac{e^{x} - e^{-x}}{e^{x} + e^{-x}} \tag{5-3}$$

(3) ReLU 函数。ReLU 函数即修正线性单元(Rectified Linear Unit)。当输入为正时，该函数直接输出该输入值，不存在梯度饱和问题；当输入小于或等于 0 时，该函数输出 0。因为 ReLU 函数中只存在线性关系，所以它的计算速度比 Sigmoid 函数和 Tanh 函数更快。ReLU 函数可以表示为式(5-4)，其曲线如图 5-5 所示。

$$\text{ReLU}(x) = \max(0, x) \tag{5-4}$$

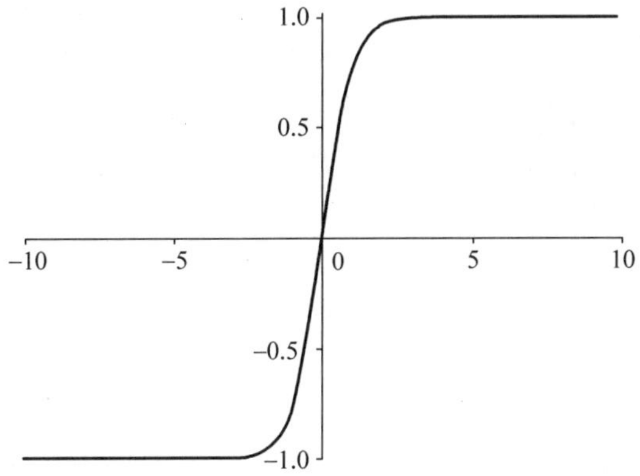

图 5-4　Tanh 函数

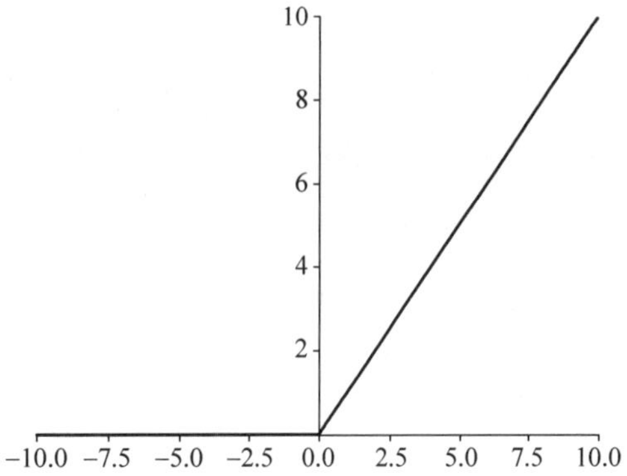

图 5-5　ReLU 函数

5.1.3　人工神经网络

人工神经元以层的形式组织，构成人工神经网络。虽然神经网络有许多不同的类型，但它们都遵循相似的基本原理。从原理上讲，神经网络可以被视为通用逼近器，即可以实现从一个向量空间到另一个向量空间的任意映射。此外，神经网络的另一个优势在于其能够捕获隐含在数据中的一些先验或未知信息，这些信息可能难以通过传统方法提取出来。这个过程被称为“神经网络学习”或“神经网络训练”。人工神经网络利用预先提供的输入输出数据，通过分析和研究两者之间存在的复杂联系和变化规律，最终通过挖掘出来的规律形成一个复杂的非线性函数。训练过程主要有两种类型：有监督和无监督。有监督的训练意味着神经网络知道真实的输出标签，然后通过计算网络输出和真实标签的误差来调整权重系数。无监督训练则表明真实的输出是未知的，其本质上可以看作一个统计方法，是在缺乏标签的前提下找到数据中潜在特征的一种训练方式。这两种训练方式在不同场景下都具有重要的应用，可以根据任务的性质和数据的可用性来选择适当的训练方法。

神经网络至少由两层组成：一个输入层和一个输出层。输入层中的源节点主要负责接收和传递输入数据，不进行计算。而输出层是网络的最后一层，该层中的"输出单元"需要对前一层的输入进行计算，用于生成最终的输出。只包含单层计算单元的前向神经网络被称为单层感知器，如图 5-6 所示。单层感知器是模式分类神经网络中最简单的一种。当一个有限的样本集是线性可分时，它可以被单层感知器正确分类。

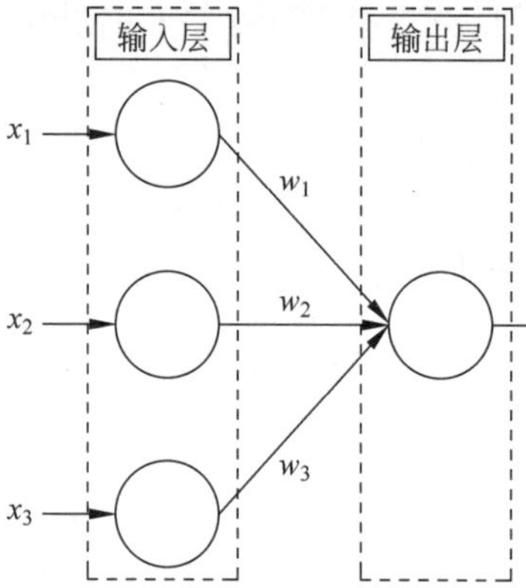

图 5-6　单层感知器

5.2 多层神经网络

多层神经网络也被称为多层感知机（Multilayer Perceptron，MLP）。由于单层感知机的表达能力有限，要实现更加复杂的函数拟合或特征提取，需要使用多层神经网络。多层神经网络由多个神经网络层组成，通常包括输入层、隐含层和输出层，每个层都包含多个神经元。位于输入层和输出层之间的层被称为隐含层，其计算节点也相应地被称为隐含神经元或隐含单元。通过添加一个或多个隐含层，神经网络可学习并提取更高阶的特征表示。神经网络是完全连接的，即网络的每一层的每个节点都连接到相邻的前向层的其他节点。在神经网络的设计中，输入层与输出层的节点数依据任务决定，因此往往是固定的。然而，隐含层的设计需要根据具体问题的复杂性进行调整，这是构建神经网络的关键之一。图 5-7 展示了一个多层感知机的模型架构，其包含以下 3 部分，分别是输入层、输出层和隐含层（2 层）。

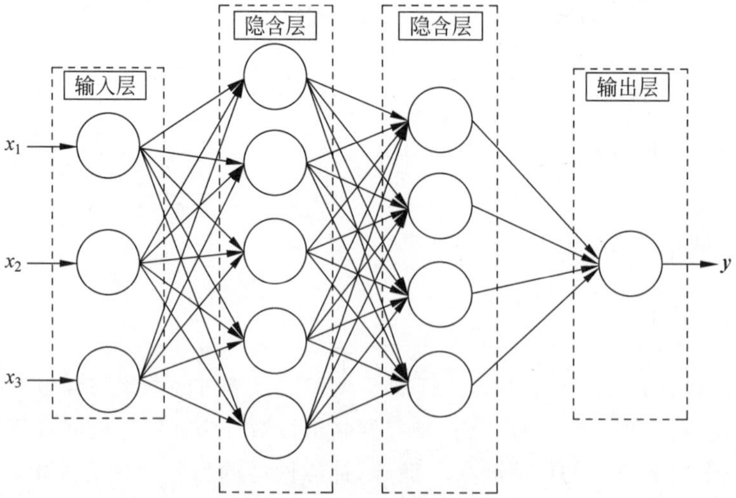

图 5-7　多层感知机的模型架构

（1）输入层：由输入数据的特征数量决定，通常情况下，每个输入特征对应一个神经元。以预测车辆行为为例，如果我们需要考虑车辆的速度、加速度、位置和方向这 4 个关键特征，那么我们会设计一个包含 4 个神经单元的输入层。每个神经单元负责接收和处理其中一个特征的信息，这有助于神经网络有效地理解和利用输入数据的各方面。

（2）输出层：根据任务需要输出的结果种类而定。例如，如果需要判断输入图片是小猫还是小狗，这是一个二分类问题，因此输出层将包含两个神经单元，每个神经单元对应一个可能的类别（小猫或小狗）。

（3）隐含层：需要工程师精心设计和测试，以获得一个较好的模型。

5.2.1　前向传播

前向传播过程可以简单理解为信息从神经网络的输入层逐层向前传递，每一层都通过加权和激活操作对信息进行处理，然后将处理后的信息传递给下一层，直到输出层生成最终的模型预测结果。图 5-8 展示了一次前向传播过程，$\boldsymbol{x}$ 表示一个训练样本，$\boldsymbol{y}$ 表示期望的输出。$\boldsymbol{W}$ 和 $\boldsymbol{b}$ 分别代表每一层的权重矩阵和偏置向量。

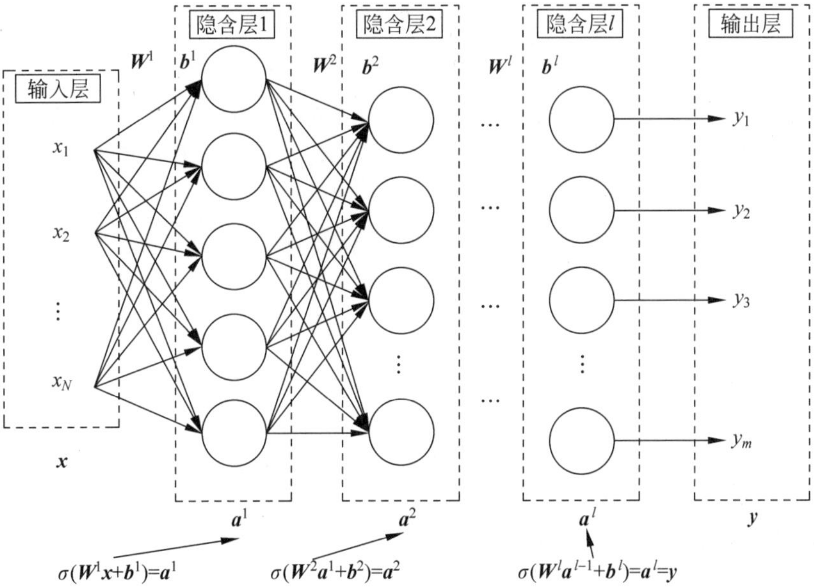

图 5-8　一次前向传播过程

5.2.2　反向传播算法

假设要构建一个图片分类系统，目标是对猫、狗和马进行分类。首先，需要收集大量关于这些动物的图片，并为每张图片标注正确的类别标签。在训练过程中，每张图片被输入模型中，模型会生成一个分数向量，其中每个类别都有一个相应的得分，我们的目标是使模型能够准确地预测最高得分对应的类别。但在没有经过训练的情况下，模型通常无法做到这一点。因此，引入一个目标函数，用来衡量模型的输出分数与期望分数之间的差距，然后通过调整内部可调参数（权重）来缩小这个差距。机器学习的核心任务就是通过反复的训练来找到合适的权值和偏置，使得系统的输出满足任务的需求。

当设计好神经网络的结构，且有训练样本时，在给定损失函数的情况下，最终的目标是通过优化神经网络中的参数权重 $\boldsymbol{W}$ 和偏置 $\boldsymbol{b}$，以使模型能够更准确地进行预测。为了实现这一目标，我们使用的主要算法是梯度下降法，也称作 BP（Back Propagation）算法，它是神经网络领域最成功及最常用的优化算法。本节主要介绍 BP 算法的推导过程。在开始推导之前，首先回顾一下链式法则。

法则 1：
$$y=g(x),\quad z=h(y)$$
$$\Delta x \to \Delta y \to \Delta z$$
$$\frac{\mathrm{d}z}{\mathrm{d}x}=\frac{\mathrm{d}z}{\mathrm{d}y}\frac{\mathrm{d}y}{\mathrm{d}x}$$

法则 2：
$$x=g(s),\quad y=h(s),\quad z=k(x,y)$$
$$\Delta \frac{\partial z}{\partial s}=\frac{\partial z}{\partial x}\frac{\partial x}{\partial s}+\frac{\partial z}{\partial y}\frac{\partial y}{\partial s}$$

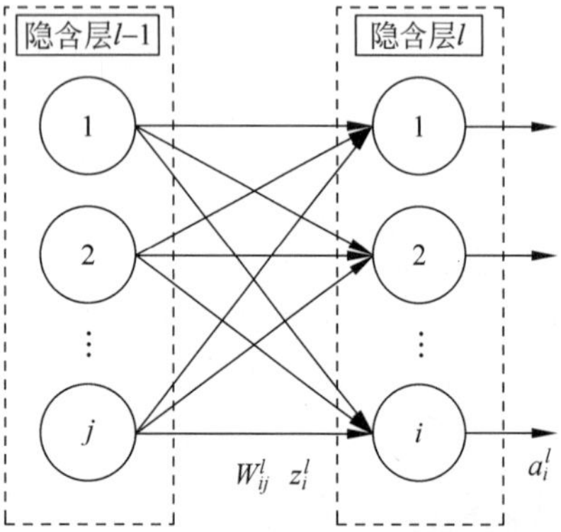

图 5-9 第 $l-1$ 层与第 l 层的神经网络

给定训练样本集合 $\{(x^1,\hat{y}^1),\cdots,(x^r,\hat{y}^r),\cdots,(x^R,\hat{y}^R)\}$，假定损失函数为

$$C(\boldsymbol{\theta})=\frac{1}{R}\sum_r \| y^r-\hat{y}^r \|^2=\frac{1}{R}\sum_r C^r(\boldsymbol{\theta}) \tag{5-5}$$

$$\nabla C(\boldsymbol{\theta})=\frac{1}{R}\sum_r \nabla C^r(\boldsymbol{\theta}) \tag{5-6}$$

其中，$\boldsymbol{\theta}$ 为损失函数中的参数向量，包含了神经网络中的 $\boldsymbol{W}$ 和 $\boldsymbol{b}$，这里的目标就是求出 $\partial C^r/\partial W_{ij}^l$ 和 $\partial C^r/\partial b_i^l$。图 5-9 所示为第 $l-1$ 层与第 l 层的神经网络。

根据链式法则，$\Delta W_{ij}^l \to \Delta z_i^l \cdots \to \Delta C^r$，$\partial C^r/\partial W_{ij}^l$ 其导致由两部分相乘所得：

$$\frac{\partial C^r}{\partial W_{ij}^l}=\frac{\partial z_i^l}{dW_{ij}^l}\frac{\partial C^r}{\partial z_i^l} \tag{5-7}$$

第一项 $\partial z_i^l/\partial W_{ij}^l$ 的计算过程如下。

当 $l>1$，即这里的观察对象是神经网络中间的两个隐含层时

$$z_i^l=\sum_j W_{ij}^l a_j^{l-1}+b_i^l \qquad \frac{\partial z_i^l}{\partial W_{ij}^l}=a_j^{l-1} \tag{5-8}$$

当 $l=1$，即神经网络只包含一个隐含层时

$$z_i^l=\sum_j W_{ij}^l x_j^r+b_i^l \qquad \frac{\partial z_i^l}{\partial W_{ij}^l}=x_j^r \tag{5-9}$$

归纳可得

$$\frac{\partial z_i^l}{\partial W_{ij}^l}=\begin{cases} x_j^r, & l=1 \\ a_j^{l-1}, & l>1 \end{cases} \tag{5-10}$$

第二项可以定义为 $\delta_i^l=\dfrac{\partial C^r}{\partial z_i^l}$，当 $l<L$ 时，观察的对象是中间的隐含层，根据链式法则，δ_i^l 与 δ_i^{l+1} 的关系如下：

$$\delta_i^l=\frac{\partial C^r}{\partial z_i^l}=\frac{\partial a_i^l}{\partial z_i^l}\frac{\partial C^r}{\partial a_i^l}=\frac{\partial a_i^l}{\partial z_i^l}\sum_k \frac{\partial z_k^{l+1}}{\partial a_i^l}\frac{\partial C^r}{\partial z_k^{l+1}} \tag{5-11}$$

其中的每一项可以表示为

$$\sigma'(z_i^l)=\frac{\partial a_i^l}{\partial z_i^l}W_{ki}^{l+1}=\frac{\partial z_k^{l+1}}{\partial a_i^l}\delta_k^{l+1}=\frac{\partial C^r}{\partial z_k^{l+1}} \tag{5-12}$$

可得

$$\delta_i^l = \sigma'(z_i^l) \sum_k W_{ki}^{l+1} \delta_k^{l+1} \tag{5-13}$$

当 $l=L$ 时，观察的对象是输出层：

$$\delta_i^L = \frac{\partial C^r}{\partial z_i^L} = \frac{\partial y_i^r}{\partial z_i^L} \frac{\partial C^r}{\partial y_i^r} = \sigma'(z_i^L) \frac{\partial C^r}{\partial y_i^r} \tag{5-14}$$

根据 $C^r = \| y^r - \hat{y}^r \|$，有

$$\delta^l = \begin{cases} (\boldsymbol{W}^{l+1})^{\mathrm{T}} \delta^{l+1} \odot \sigma'(z^l), & l < L \\ \nabla_{y^r} C^r \odot \sigma'(z^l), & l = L \end{cases} \tag{5-15}$$

此外，还需要计算$\partial C^r / \partial b_i^l$，其推导过程如下：

$$\frac{\partial C^r}{\partial b_i^l} = \frac{\partial z_i^l}{d b_i^l} \frac{\partial C^r}{\partial z_i^l} = \delta_i^l \tag{5-16}$$

因此，整个反向传播的过程本质就是先第一层正向计算$\partial z_i^l / \partial W_{ij}^l$，再从最后一层反向计算$\partial C^r / \partial z_i^l$，最后求出$\partial C^r / \partial W_{ij}^l$ 和$\partial C^r / \partial b_i^l$。

综上所述就是 BP 算法的流程，误差反向传播算法使用链式求导法则将输出层的误差反向传回网络，然后根据误差信息来调整权重参数，使得神经网络的权值具有较简单的梯度计算法。此过程从输出层开始，计算该层中的各个神经元权值的梯度，以确定它们对误差的贡献。然后基于上一层的梯度值，计算当前层参数的梯度值，并不断重复此过程，直到梯度信息传播至网络的第一层。

5.2.3　神经网络之特征提取 Word2Vec

在介绍 Word2Vec 之前，需要先解释一下词嵌入（word embedding）。词嵌入是一种文本表示方法，它将文中的词语转换为可计算、结构化的向量表示。由于文本是一种非结构化数据，因此不能直接计算和分析。词嵌入的作用就是将这些词语转换为向量，以便于在计算机上进行各种自然语言处理任务，如文本分类、情感分析等。下面介绍 3 种常见的文本表示方法。

1. one-hot 编码

假如要计算的文本中包含 4 个词：我、爱、大、家。可以将每个词表示为向量中的一个位置。因此，用 one-hot 编码来表示就会得到一个向量：

我：(1,0,0,0)　爱：(0,1,0,0)

大：(0,0,1,0)　家：(0,0,0,1)

每个词都被表示为一个唯一的向量，其中只有一个元素为 1，其余元素为 0，这种表示方法非常直观和易于理解。然而，在处理大型词汇表时，one-hot 编码会生成非常高维的稀疏向量。这不仅浪费了存储空间，还增加了计算的复杂性。此外，这种编码方式无法捕获词语之间的语义关系，因为每个词语都被视为彼此独立的。

2. 整数编码

这种编码方式也非常好理解，它用一种数字来代表一个词，继续使用上面的例子，则这 4 个词分别被编码为：

我：1　爱：2　大：3　家：4

将句子里的每个词拼起来就是可以表示一句话的向量。这种编码方式相对于 one-hot 编

码来说可以显著降低维度,但仍无法捕获词语之间的语义关系。

3. 词嵌入

词嵌入也是文本表示的一类方法,它并不特指某个具体的算法,而是指将文本中的词语映射为连续的低维向量的通用方法。相较于前面提到的两种方式,它有几个明显的优势:可以使用低维向量来表示文本,与 one-hot 编码相比,这不仅节省了存储空间,还降低了计算复杂性;在词嵌入的向量空间上,语义相似的词会比较接近;通用性强,适用于各种自然语言处理任务。

Word2Vec 是一种基于统计方法来获得词向量的词嵌入方法,由谷歌的 Mikolov 于 2013 年首次提出。虽然在 2018 年之前,Word2Vec 方式比较主流,但随着 BERT、GPT 等模型的出现,Word2Vec 不再是效果最好的方法。简而言之,Word2Vec 是一种将稀疏的 one-hot 形式的词向量通过一个一层的神经网络映射为一个 n(一般为几百)维的稠密向量的过程。Word2Vec 包括两个重要的模型:CBOW(Continuous Bag-of-Word)模型与 Skip-gram 模型,这两个模型分别如图 5-10 和图 5-11 所示。

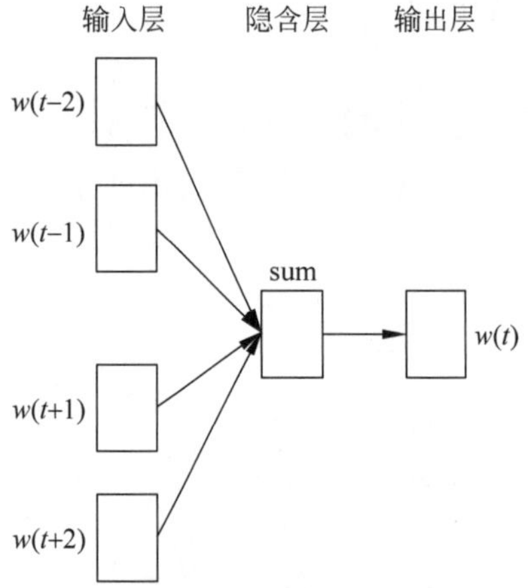

图 5-10 CBOW 模型

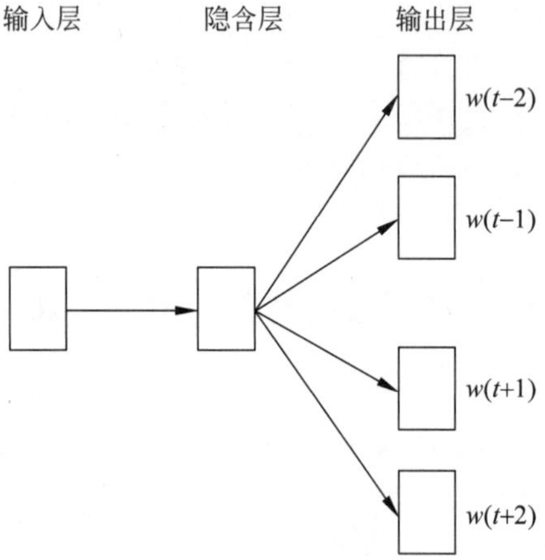

图 5-11 Skip-gram 模型

CBOW 模型通过上下文来预测当前词汇,试图从一句话中删除一个单词,然后预测被删除的单词是什么。与之不同,Skip-gram 模型则以当前单词来预测周围可能出现的上下文单词,即猜测前面和后面可能会出现哪些单词。CBOW 模型的训练过程如图 5-12 所示。

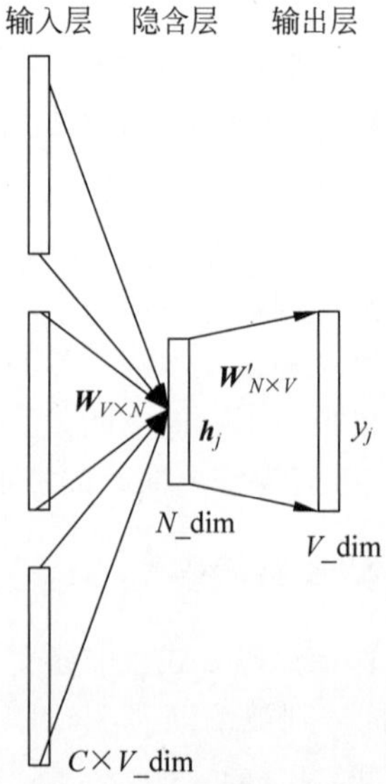

图 5-12 CBOW 模型的训练过程

(1) 输入层是上下文单词的 one-hot。假设单词向量空间的维度为 V,即整个词库的词典大小为 V,上下文单词窗口的大小为 C。

(2) 假设最终词向量的维度大小为 N,则图中的权值共享矩阵为 $\boldsymbol{W}$。$\boldsymbol{W}$ 的大小为 $V\times N$,并且初始化。

(3) 假设语料中有一句话"我爱大家"。如果现在关注"爱"这个词,令 $C=3$,则其上下文为"我""大""家"。模型把"我""大""家"的 one-hot 形式作为输入。易知其大小为 $1\times V$。C 个大小为 $1\times V$ 的向量分别跟同一个大小为 $V\times N$ 的权值共享矩阵 $\boldsymbol{W}$ 相乘,得到的是 C 个大小为 $1\times N$ 的隐含层。

(4) 将 C 个大小为 $1\times N$ 的隐含层取平均，得到一个大小为 $1\times N$ 的向量，即图 5-12 中的 $\boldsymbol{h}_i$。

(5) 输出权重矩阵 $\boldsymbol{W}'$ 的大小为 $N\times V$，并进行相应的初始化。

(6) 将得到的隐含层向量与输出权重矩阵相乘，并使用激活函数计算得到大小为 $1\times V$ 的向量。此向量的每一维代表语料库中的一个单词。概率中最大的索引所代表的单词为预测出的中间词。

(7) 将预测结果与真实值中的 one-hot 编码进行比较，求损失函数的极小值。

Word2Vec 的实现方法可以总结为：首先基于训练数据构建一个神经网络。当这个网络训练完成后，不直接将其用于处理新任务，而是需要使用该模型通过训练数据所学得的参数，如隐含层中的权重矩阵 $\boldsymbol{W}$。这些权重实际上代表了我们试图学习的词的特征表示。

5.3 卷积神经网络

近年来，随着人工神经网络的兴起，机器学习领域发生了很大的变化。这些受生物启发的计算模型在常规机器学习任务中的性能明显超越了以往各种形式的人工智能。其中最引人瞩目的人工神经网络架构形式之一是卷积神经网络(Convolutional Neural Networks，CNN)。最初，卷积神经网络主要用于计算机图像处理，但随着人们的不断探索和创新，它也被广泛应用于视频数据分析、自然语言处理、药物发现等领域。卷积神经网络的运作方式与标准的神经网络非常相似，由通过学习自我优化的神经元组成。每个神经元仍然会接收一个输入并执行一个操作(如一个标量积和一个非线性函数)——这是无数人工神经网络的基础。从输入的原始图像向量到最终的类别分数输出，整个网络仍然将表示一个单一的感知分数函数(权重)。最后一层包含与类别相关联的损失函数，传统人工神经网络开发的所有通用技巧和窍门仍然适用。卷积神经网络和传统的人工神经网络之间唯一的显著区别是，卷积神经网络主要用于图像内的模式识别领域。这允许将特定于图像的特性编码到架构中，使网络更适合于以图像为核心的任务，并进一步减少模型构建所需的参数。

卷积神经网络概念的产生可以追溯到 20 世纪 60 年代初期，当时 Hubel 和 Wiesel 通过对猫的大脑视觉皮层进行研究，首次提出了“感受野”这个新概念。感受野指的是卷积神经网络在每一层输出的特征图(feature map)上的像素点在输入图片上的映射区域。更通俗的解释是，特征图上的一个点对应输入图上的一个区域。1989 年，LeCun 将反向传播算法与权值共享结合，提出了卷积神经网络，并首次成功地将其应用到美国邮局的手写字符识别系统中。1998 年，LeCun 又提出了卷积神经网络的经典网络模型 LeNet-5，从而进一步提高手写字符识别的准确度。

通常，人们对外界的感知是从部分到整体的过程。在图像中，像素点之间的位置联系是局部的，即空间位置较远的像素点之间的相关性较弱。而卷积神经网络的每个神经元只需对局部图像进行感知，然后在更高层将这些局部的信息综合起来，从而获取全局信息。

卷积神经网络架构可用于手写数据集的分类，如图 5-13 所示。从这个示例可以发现卷积神经网络的基本功能可以分解为 4 个关键领域：输入层、卷积层(convolution layer)、池化层(pooling layer)及全连接层(fully-connected layer)。与其他形式的人工神经网络类似，输入层提供图像的原始像素信息。卷积层和池化层通常会设置多个，并采用交替方式排列，即一个卷积层连接一个池化层，再接一个卷积层，以此类推。通过这种简单的层次结构，卷积神经网络可以使用卷积和降采样技术对原始输入进行逐层转换，从而进行特征提取，并最终通过连接全连接层进行分类处理。卷积神经网络通过卷积操作和池化操作学习输入特征的局部模式。随着网络层数的叠加,卷积神经网络将不断地对这些局部信息进行组合和抽象,最终可以学习到更高级的特征。

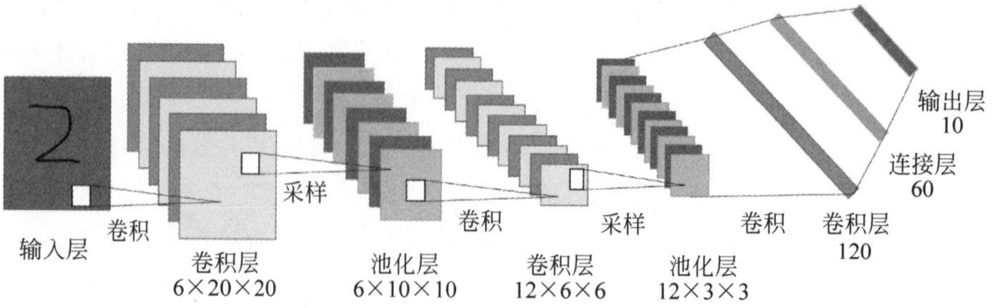

图 5-13 LeNet-5 卷积神经网络

接下来将详细描述每个层,并结合实际的例子来理解卷积神经网络是如何利用各个层在图片中进行特征提取的。

5.3.1 卷积层

卷积层在卷积神经网络的运作方式中起着至关重要的作用。该层的参数主要是可学习的卷积核。当数据到达卷积层时,卷积层将计算神经元的权重与连接到输入区域的标量的乘积,以确定连接到输入的局部区域的神经元的输出。当输入数据为图片时,实际上输入神经网络的并不是彩色图片,而是一系列数字。如图 5-14 所示,图像上有一个灰色方块组成的 X 形,其中灰色方块表示值为 1 的像素点,白色方块表示值为 0 的像素点。当神经网络要处理这么多数据信息时,卷积神经网络就能够充分发挥其优势。如果要识别出这个 X,只需要通过卷积神经网络识别出左下和右下的斜线即可。

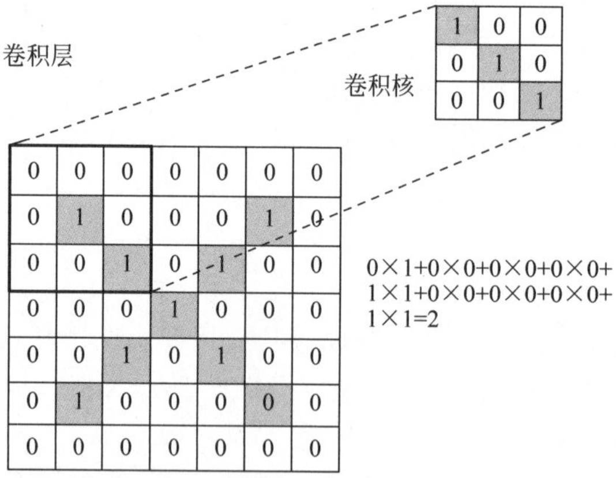

图 5-14 卷积核

卷积计算的结果如图 5-15 所示,可以看到图中数值越大,表示越符合卷积和右下斜线的特征,因此数值较大的区域基本上对应着原图上有斜线的部分。同理,如果想要计算左下斜线的部分,可以用左下斜线的卷积核进行相应的计算。

传统的神经网络和机器学习方法通常需要对图像进行复杂的预处理,以便提取特征,然后将得到的特征输入神经网络中。通过引入卷积操作,我们能够利用图片空间上的局部相关性,从而自动提取特征。一般情况下,卷积层包含多个卷积核,对应多个通道。这是由于权值共享,每个卷积核只负责捕获一种特征。如果想要提高卷积神经网络的表达能力,就需要设置更

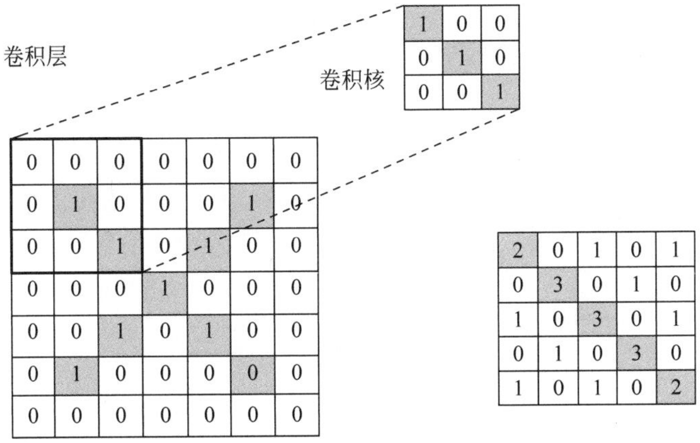

图 5-15 卷积计算的结果

多的卷积核。如图 5-16 所示，卷积操作有以下 3 个重要的参数。

(1) 卷积核尺寸：感受野的大小，一般指卷积核的长和宽，如 3×3 的卷积核。

(2) 卷积核步长：卷积核在核宽度方向上每次移动的距离。例如，步长为 1 表示每次移动 1 格，步长为 3 则表示每次移动 3 格。

(3) 卷积核的数量：对应卷积核输出特征的深度。每个卷积核的输出为一个通道，多个卷积核堆叠就会形成一个特征立方体。例如，如果有 4 个不同的卷积核，那么就会形成由 4 个特征平面组成的立方体。

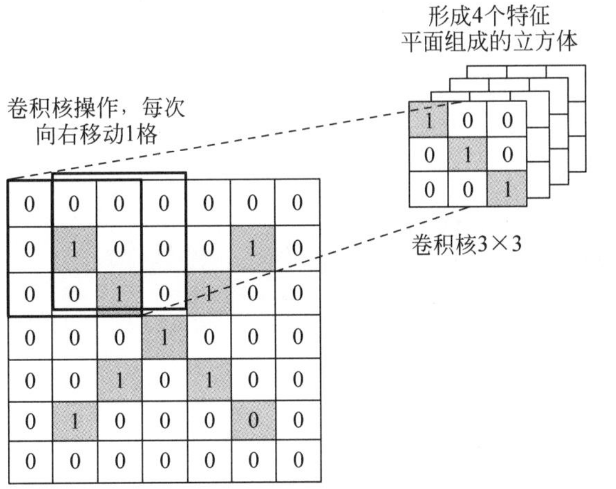

图 5-16 卷积核的参数

5.3.2 池化层

接下来进入池化层。实际上，一张图的像素非常多，因此计算它们的信息需要大量时间。为了减少计算负担，需要对图片进行压缩，而这正是池化层的作用。图像具有一种“静态性”的属性，即某个图像区域有用的特征极有可能在其他区域也适用。池化层的任务是根据不同位置的特征进行聚合和统计。其目的是逐步降低表示的维度，从而进一步降低参数数量和模型的计算复杂度。常见的池化方法包括以下 3 种。

(1) 最大池化(max pooling)：通过选取图像区域上某个特征的最大值来代表这个图像区域的特征。

(2) 最小池化(min pooling)：通过选取图像区域上某个特征的最小值来代表这个图像区

域的特征。

(3) 平均池化(average pooling)：通过计算图像区域上某个特征的平均值来代表这个图像区域的特征。

如图 5-17 所示，这里采用了最大池化方法。该过程非常简单，只需从 4 个像素点中保留最大值。通过多次迭代计算，最终可以得到一个更小的图像。可以看到，压缩后的图像仍然保留了原有的特征。

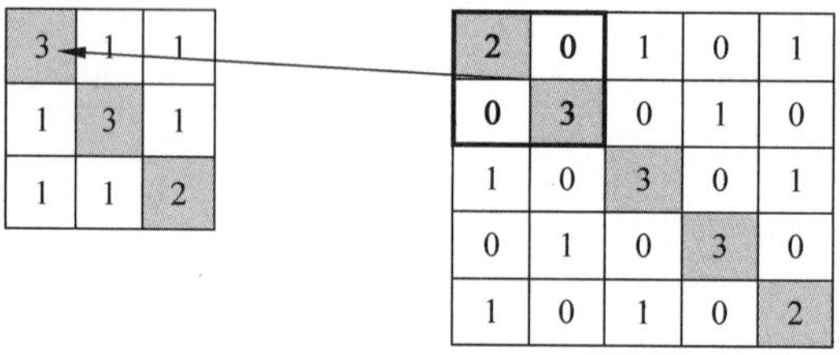

图 5-17 池化操作

5.3.3 全连接层

池化层得到的结果虽然已经提取了特征，计算机仍然无法直接识别这些特征。这时需要使用全连接层。如图 5-18 所示，将两个 3×3 的图像展开并拼接成一维数组。这个数组是从图片中提取的特征表示。在识别图片的类别之前，计算机会通过训练样本进行训练。完成训练后，计算机会为每个特定的图像保存一个特征向量。然后，计算机将用于识别图像的特征向量与训练后得到的特征向量进行比较，根据相似度进行识别。实际上，全连接层可以看作一个大小为 1×1 的卷积核的卷积层。全连接层中的每个单元都与前一层的所有单元紧密相连。在典型的卷积神经网络体系结构中，全连接层通常位于末端。如图 5-18 所示，经过训练的卷积神经网络可以成功识别字母 X。

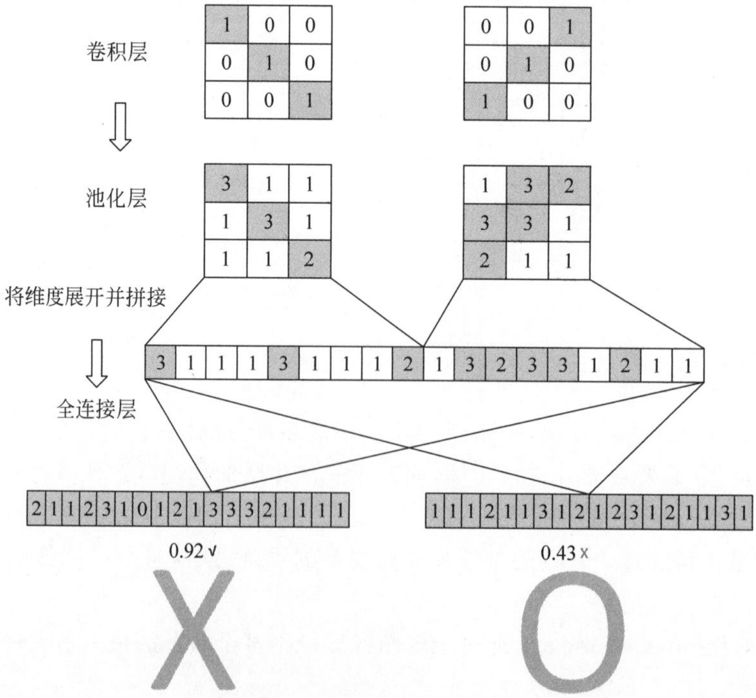

图 5-18 将图片展开并拼接

5.3.4 卷积神经网络的特点

卷积神经网络演变自多层感知机，具有局部连接、权值共享和降采样等特性，在图像处理方面表现出色。相比其他神经网络，卷积神经网络的特殊之处在于权值共享和局部连接。局部连接使得网络能够获取图像的局部特征，而权值共享则降低了网络的训练复杂度。此外，池化操作实现了数据的降维，使得低层次的局部特征能够组合成为更高层次的特征，从而获得整个图像的特征表示。

在传统的神经网络结构中，每个神经元都与上一层的所有神经元全连接。然而，在卷积神经网络中，上一层的神经元仅连接到下一层的部分神经元，如图 5-19 所示。

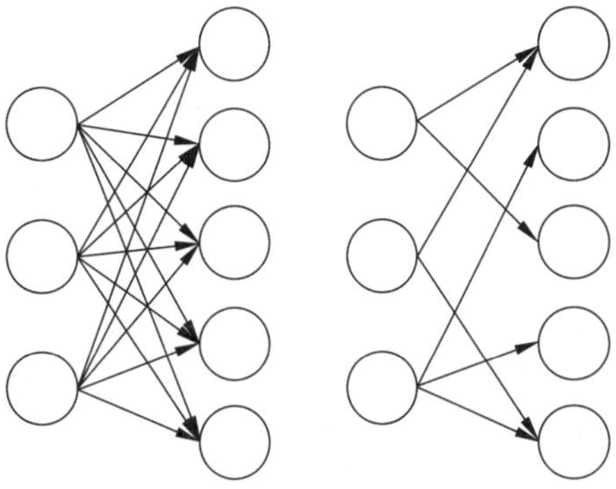

图 5-19 全连接与局部连接

在卷积神经网络中，图像像素之间存在局部相关性，每个像素点都有着具体的实际意义。为了减少模型参数并提取局部特征，采用稀疏的局部连接方式。

卷积核像一个滑动窗口，在整个输入图像中以特定步长滑动，通过卷积运算生成输入图像的特征图。这个特征图包含了卷积层所提取的局部特征，而卷积核则共享参数。在整个网络的训练过程中，卷积核中的权值会随着训练的进行而更新。因此，整张图像都使用同一个卷积核内的参数，实现了权值共享。

5.4 循环神经网络

5.4.1 序列数据

人工神经网络和卷积神经网络都属于前馈神经网络。前馈神经网络是一种静态网络，数据传递是单向的。这意味着网络的输出只取决于当前的输入，不具备记忆能力。在实际任务中，许多数据都具有上下文关联性，这些数据被称为序列数据，如文本、语音和视频等。这些数据长度不固定，而前馈神经网络的输入和输出是固定长度的，因此难以处理序列数据。在序列数据中，各元素之间存在一定的关联，因此，在处理序列数据时，需要考虑之前时间步的数据，而不仅仅是当前时间步的数据。

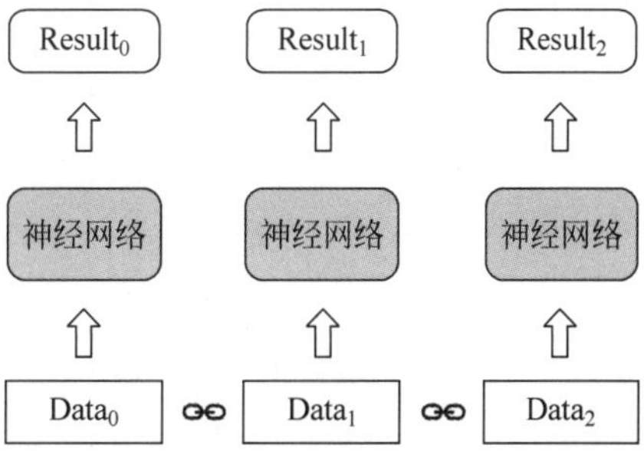

图 5-20 序列数据

现给定一组序列数据 $Data_{0,1,2}$，如图 5-20 所示。根据 $Data_0$ 可以预测 $Result_0$，当预测其他数据时，仍然只使用单个数据，并且每次使用的神经网络都是相同的。虽然这些数据具有顺序关系，但传统的神经网络结构无法学习到这些数据之间的相关性。

那么，如何使神经网络能够分析数据之间的相关性呢？可以想象一下人类是如何分析不同事物之间的关联的。最基本的方式就是记住之前发生的事件。如果让神经网络也具备这种记忆功能，它在分析数据 $Data_0$ 后，就可以将结果存储在记忆中。在分析 $Data_1$ 时，神经网络会产生新的记忆，这些新的记忆与旧的记忆有关？因此，可以调用旧的记忆来一起分析数据。然而，要分析更多有序数据，就需要用到循环神经网络(Recurrent Neural Networks，RNN)，它能够高效地处理序列数据，并记录各个时序的输出。由于先前时间步的输出会影响后续的输出，因此循环神经网络可以挖掘序列数据中的时序信息和语义信息。

5.4.2 循环神经网络

循环神经网络常用于语音识别、机器翻译、视频解析等领域，它模拟了人脑记忆功能。该网络利用周期性的隐含层节点连接来捕捉序列数据中的动态信息。在循环神经网络中，一个序列的当前输出与之前的输出相关联。具体而言，网络会对之前的数据加以记忆并将其应用于当前输出的计算中。这是通过隐含层之间的相互连接实现的，因此隐含层的输入不仅包括输入层的数据，还包括上一时刻隐含层的输出。将循环神经网络展开成一个全连接的神经网络，如图 5-21 所示。可以看到隐含层中的神经元不仅与上下层的神经元互相连接，还与同层的其他节点互相连接。

理论上，循环神经网络可以处理任意长度的序列数据。然而，在实际应用中，为了降低复杂度，通常会假设当前的状态只与前面的几个状态有关。循环神经网络由多个循环体堆叠而成，为了方便堆叠，循环体有两类输出：隐含层输出和最终输出。循环体及其按时间展开后的效果如图 5-22 所示。

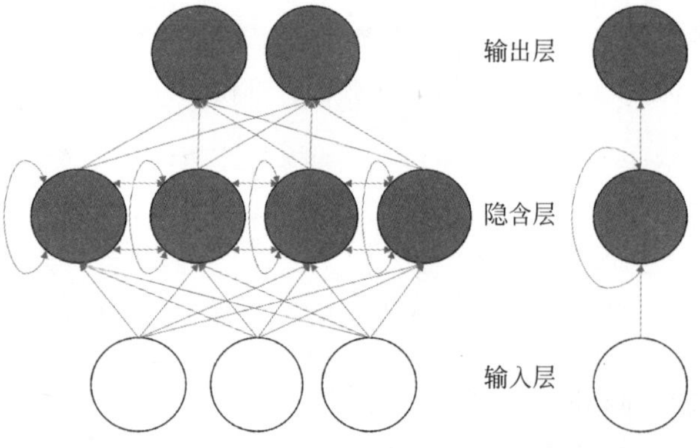

图 5-21 将循环神经网络展开成全神经网络

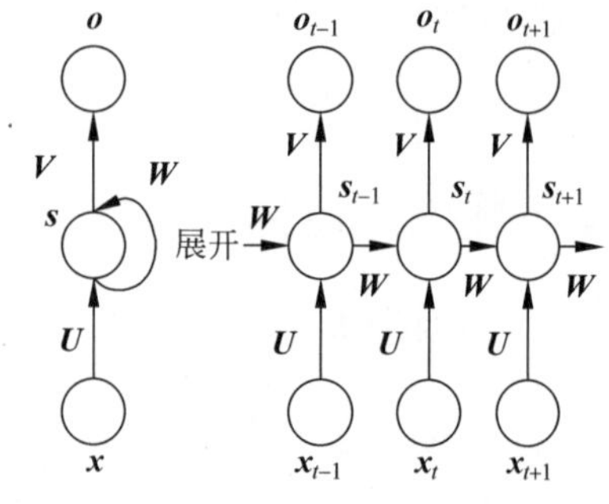

图 5-22 循环体及其按时间展开后的效果

在同一个隐含单元中，在 $t-1$ 时刻，接收了 $\boldsymbol{x}_{t-1}$ 的输入；在 t 时刻，接收了 $\boldsymbol{x}_t$ 的输入。在 $t+1$ 时刻，接收了 $\boldsymbol{x}_{t+1}$ 的输入。也就是说，同一个隐含单元中在不同时刻会接收到不同的输入。

$\boldsymbol{s}_t$ 的输入包括 $\boldsymbol{x}_t$ 和 $\boldsymbol{s}_{t-1}$，$\boldsymbol{x}_t$ 是当前时刻的输入，$\boldsymbol{s}_{t-1}$ 是上一时刻的信息。其中，$\boldsymbol{s}_t$ 是序列在时间 t 处的记忆单元，缓存了之前的信息。f 通常是非线性的激活函数，如 Tanh 函数或 ReLU 函数，$\boldsymbol{s}_t$ 的更新公式如下所示：

$$\boldsymbol{s}_t = f(\boldsymbol{U}\boldsymbol{x}_t + \boldsymbol{W}\boldsymbol{s}_{t-1}) \tag{5-17}$$

$\boldsymbol{o}_t$ 是序列在时间 t 处的输出，softmax 是激活函数，当然也可以使用其他的激活函数，其更新公式如下：

$$o_t = \text{softmax}(\boldsymbol{V}\boldsymbol{s}_t) \tag{5-18}$$

在传统神经网络中，每个网络层的参数都是独立的。然而，在循环神经网络中，每一步的输入都共享相同的 $\boldsymbol{U}$、$\boldsymbol{V}$ 和 $\boldsymbol{W}$ 参数集。换句话说，循环神经网络中的每一步所执行的任务都是相同的，只是输入数据不同，从而极大地减少了需要学习的参数数量。当展开循环神经网络时，它变成一个多层的网络。在一个多层传统神经网络中，连接 $\boldsymbol{x}_t$ 到 $\boldsymbol{s}_t$ 之间的 $\boldsymbol{U}$ 矩阵与连接 $\boldsymbol{x}_{t+1}$ 到 $\boldsymbol{s}_{t+1}$ 之间的 $\boldsymbol{U}$ 矩阵是不同的；然而，对于循环神经网络，这些 $\boldsymbol{U}$ 矩阵是相同的。同样地，连接 $\boldsymbol{s}_{t-1}$ 与 $\boldsymbol{s}_t$ 之间的 $\boldsymbol{W}$、连接 $\boldsymbol{s}_t$ 与 $\boldsymbol{o}_t$ 之间的 $\boldsymbol{V}$ 也是相同的。尽管图 5-22 中每个时间步都有输出，但并非每个时间步的输出都是必需的。例如，在需要预测一条语句表达的情感时，仅需要最后一个单词的输出，而不需要每个单词的输出。循环神经网络的关键在于隐含层，该层可以捕获序列信息。

5.4.3　循环神经网络的变体

在训练中，原始的循环神经网络随着训练时间的增加和网络层数的增多，容易出现梯度爆炸或梯度消失的问题，导致无法处理长序列数据和捕获长距离依赖关系的问题。为解决这一问题，提出了改进方案，即长短期记忆神经网络(Long Short-term Memory，LSTM)。本节将详细介绍 LSTM 的网络架构。

LSTM 是目前最知名、最成功的循环神经网络改进之一。它具备对重要的信息进行长期记忆的能力，一定程度上缓解了梯度消失的问题。与传统的循环神经网络相比，LSTM 在 $\boldsymbol{s}_{t-1}$、$\boldsymbol{x}_t$ 的基础上加了一个长时记忆状态 $\boldsymbol{c}_{t-1}$(cell state)来计算 $\boldsymbol{s}_t$，同时对网络模型内部进行了精心设计，增加了遗忘门 $\boldsymbol{f}_t$、输入门 $\boldsymbol{i}_t$、输出门 $\boldsymbol{o}_t$ 三个门控单元以及一个内部记忆神经元 $\tilde{\boldsymbol{c}}_t$。遗忘门 $\boldsymbol{f}_t$ 的作用是控制前一步记忆单元中信息被遗忘的程度，输入门 $\boldsymbol{i}_t$ 则控制当前记忆中的信息更新到记忆单元的程度，而输出门 $\boldsymbol{o}_t$ 则决定了当前的隐含状态的输出。在训练好的网络中，当输入序列不包含重要信息时，LSTM 遗忘门的值接近于 1，输入门的值接近于 0，这有助于保留过去的信息，实现了长时记忆的功能。然而，当输入序列中出现了重要信息，且该信息意味着之前的记忆不再重要时，输入门的值会接近于 1，而遗忘门的值会接近于 0，从而实现了旧记忆的遗忘，同时新的重要信息被纳入记忆。通过这样的设置，整个网络更容易学习到序列之间的长期依赖关系。

图 5-23 展示了 LSTM 的网络架构。

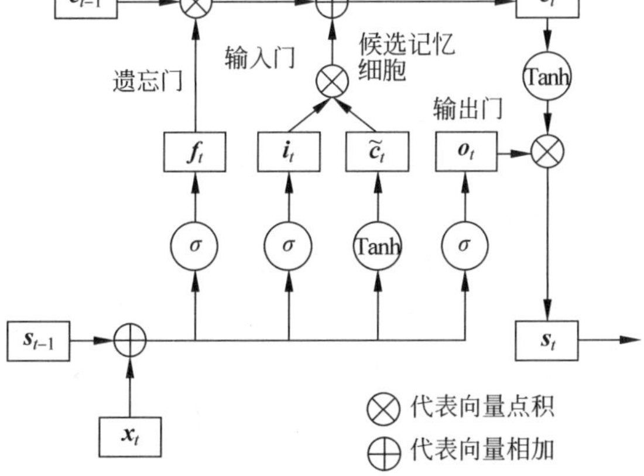

图 5-23　LSTM 的网络架构

经典的 LSTM 中，第 t 步的更新计算公式如下所示：

$$\boldsymbol{x}_{\text{input}} = \text{concat}(\boldsymbol{s}_{t-1}, \boldsymbol{x}_t) \tag{5-19}$$

遗忘门神经元：

$$\boldsymbol{f}_t = \sigma(\boldsymbol{x}_{\text{input}} \cdot \boldsymbol{W}_f + \boldsymbol{b}_f) \tag{5-20}$$

输入门神经元：

$$\boldsymbol{i}_t = \sigma(\boldsymbol{x}_{\text{input}} \cdot \boldsymbol{W}_i + \boldsymbol{b}_i) \tag{5-21}$$

记忆门神经元：

$$\tilde{\boldsymbol{c}}_t = \text{Tanh}(\boldsymbol{x}_{\text{input}} \cdot \boldsymbol{W}_c + \boldsymbol{b}_c) \tag{5-22}$$

遗忘后的长时记忆：

$$\tilde{\boldsymbol{c}}'_{t-1} = \boldsymbol{f}_t \cdot \boldsymbol{c}_{t-1} \tag{5-23}$$

输入后的记忆：

$$\tilde{\boldsymbol{c}}'_t = \boldsymbol{i}_t \odot \tilde{\boldsymbol{c}}_t \tag{5-24}$$

输出门神经元：

$$\boldsymbol{o}_t = \sigma(\boldsymbol{x}_{\text{input}} \boldsymbol{W}_o + \boldsymbol{b}_o) \tag{5-25}$$

t 时刻的长时记忆：

$$\boldsymbol{c}_t = \tilde{\boldsymbol{c}}'_{t-1} + \tilde{\boldsymbol{c}}'_t \tag{5-26}$$

t 时刻的短时记忆：

$$\boldsymbol{s}_t = \boldsymbol{o}_t \odot \text{Tanh}(\boldsymbol{c}_t) \tag{5-27}$$

其中，$\boldsymbol{x}_{\text{input}}$ 指的是对上一时刻 $t-1$ 的记忆状态 $\boldsymbol{s}_{t-1}$ 以及当前时刻 t 的向量输入 $\boldsymbol{x}_t$ 进行特征维度的拼接所得到的结果。σ 指的是 Sigmoid 函数。$\boldsymbol{W}_f$、$\boldsymbol{b}_f$、$\boldsymbol{W}_i$、$\boldsymbol{b}_i$、$\boldsymbol{W}_o$、$\boldsymbol{b}_o$ 是各个门神经元的可学习参数。遗忘门、输入门以及输出门均采用 Sigmoid 作为激活函数，因此输出向量 $\boldsymbol{f}_t$、$\boldsymbol{i}_t$、$\boldsymbol{o}_t$ 的每个元素均为 0～1，用于调节各维度信息流通过门的数量；而记忆门与遗忘门、输入门和输出门神经元的输出向量具有相同的维度。不同的是，记忆门使用的激活函数是 Tanh，因此其输出向量 $\tilde{\boldsymbol{c}}_t$ 的每个元素均为 -1～1。

5.4.4 双向 LSTM 之特征提取 ELMo

ELMo 于 2018 年 3 月提出，源自论文 *Deep contextualized word representations*。作者认为好的词表征模型应该能够同时兼顾两个问题：一是处理词语用法在语义和语法上的复杂用法；二是根据不同语境灵活调整词语的表征。传统的 Word2Vec 或者 Glove 只能解决第一个问题，它们生成的词向量是静态的，也就是说每个词的向量化表示是固定的。然而，很多单词在不同的语境下有不同的含义。例如，“我去洗手间方便一下”和“你今晚几点方便”这两句话中的“方便”表达的意思显然不同。因此，在这种情况下，需要一种动态的词向量能够根据语境来表示单词，ELMo 所做的就是这件事。该模型会根据上下文来推断每个词对应的词向量，并能够根据不同语境来理解多义词的含义。值得一提的是，ELMo 也是预训练语言模型的先河。

ELMo 的网络结构采用了双层双向 LSTM，该语言模型的训练任务目标是根据单词 w 的上下文来正确预测单词 w，其中 w 之前的单词序列称为上文，之后的单词序列称为下文。对于前向的 LSTM 中的第 t 个时刻而言，由于其模拟的是语言模型，所以第 t 个时刻的输出为

$$P(w_n \mid w_1, w_2, \cdots, w_{n-1}) \tag{5-28}$$

对于整个序列的输出有

$$P(h_1, h_2, \cdots, h_n) = \prod_{k=1}^{n} P(h_k \mid h_1, h_2, \cdots, h_{k-1}) \tag{5-29}$$

同理，对于后向的 LSTM 而言，其计算结果为

$$P(h_1,h_2,\cdots,h_n)=\prod_{k=1}^{n}P(h_k \mid h_{k+1},h_{k+2},\cdots,h_n) \tag{5-30}$$

综上所述，对于第一层的 BI-LSTM，可以综合前向和后向的两个 LSTM 得到输出的似然函数为

$$\sum_{i=1}^{n}\log(P(h_i))=\log(P(h_i \mid h_1,h_2,\cdots,h_{i-1});\theta_x,\theta_{\text{left}},\theta_s)+ \log(P(h_i \mid h_{i+1},h_{i+2},\cdots,h_n);\theta_x,\theta_{\text{right}},\theta_s) \tag{5-31}$$

其中，三个 θ 分别表示输入的参数、不同方向的 LSTM 的参数和 Softmax 的参数。图 5-24 展示的是 ELMo 的模型架构。

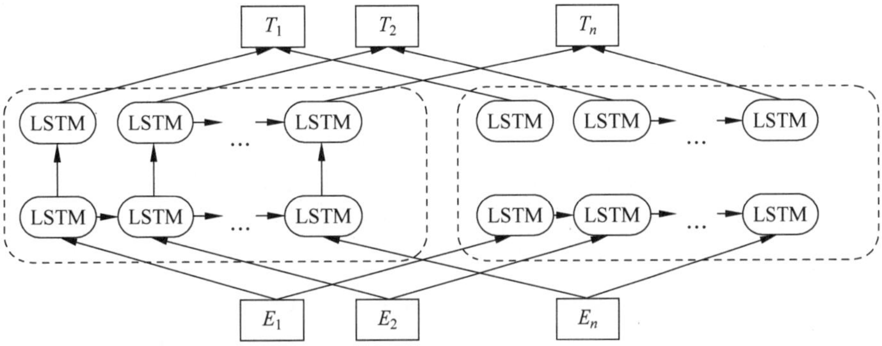

图 5-24　ELMo 预训练语言模型

图 5-24 左侧的前向双层 LSTM 代表正向编码器，它接收从左到右顺序排列的上下文文本(除了要预测的单词 w)context-before；右侧的逆向双层 LSTM 代表反方向编码器，接收从右到左逆序排列的下文文本 context-after。每个编码器都由两层 LSTM 堆叠而成。该网络结构在自然语言处理领域被广泛应用。通过使用大量的语料库训练该网络结构进行语言模型任务，可以事先预训练出模型。如果成功训练了该模型，在输入新的句子 X 时，每个单词都可以得到三个对应的嵌入向量；最底层是单词初始化的嵌入向量；第一层是双向 LSTM 中对应单词位置的嵌入向量，这一层更多地编码了单词的句法信息；第二层是 LSTM 中对应单词位置的嵌入向量，这一层更多地编码了单词的语义信息。因此，正向编码器和反向编码器都会获得相应单词的嵌入向量。接下来，为这三个嵌入向量中的每一个分配一个权重 a(可以通过学习获得)，并根据各自的权重进行加权求和以将它们整合成一个向量。然后，将整合后的向量作为输入 X 句子中对应单词的特征，用于下游任务。换句话说，ELMo 的预训练过程不仅学习了单词的嵌入向量，还学习了一个双层双向 LSTM 网络结构，这两者都非常有用。图的形式存在如图 5-25 所示。

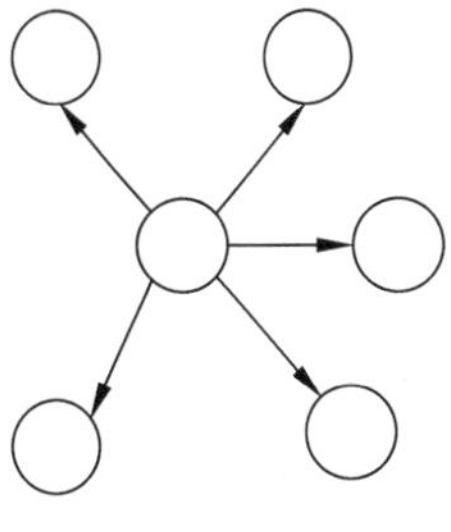

图 5-25　有向图

5.5　图神经网络

随着机器学习、深度学习的快速发展，语音、图像、自然语言处理等领域取得了巨大的突破。然而，这些领域中的数据通常具有非常简单的结构，例如序列或网格数据，而深度学习在处理这种类型的数据方面表现出色。然而，在实际工作中，并不是所有事物都能以序列或者网格形式来表示，例如，社交网络、知识图谱和生物网络等往往以图的形式存在，其中元素之间的

关系非常复杂。因此,许多学习任务需要有效地处理这种丰富的图数据。

图结构数据的复杂性对现有机器学习算法提出了重大挑战。图结构数据具有不规则性,每张图大小不同、节点无序,并且图中的每个节点都可以有不同数量的邻节点,这使得一些在图像中容易计算的重要运算(如卷积操作)不能直接应用于图结构数据。此外,现有机器学习算法的核心假设是实例之间彼此独立而图结构数据中的每个实例都与周围的其他实例相关,包含复杂的连接信息,用于捕获数据之间的依赖关系,包括引用、朋友关系和相互作用等。因此,如何利用深度学习方法对图结构的数据进行有效的分析和推理已经引起了广泛的研究与关注。图神经网络(GNN)是处理图结构数据中相邻节点间信息传播和聚合的重要技术,它有效地将深度学习的理念应用于非欧几里得空间的数据上。本节将分类介绍不同类型的图结构,并分析对比不同的图神经网络技术。

5.5.1 图结构定义

图神经网络所处理的数据为在欧氏空间内特征表示为不规则网络的图结构数据。基本的图结构定义为(G,V,E),其中V代表节点集合,E表示边集合。在空间上,图结构的变化可以从节点和边来进行区分,如边异构的有向图、权重图和边信息图,以及节点异构图。

(1) 有向图是指在图结构中,连接节点之间的边包含指向性关系,如图5-25所示。有向图节点之间的关联包含方向的传递性关系。对于图神经网络而言,这种传递关系类似于深度学习神经网络中神经元之间的信号传递结构。有向图的输入是各个节点所对应的参数。

(2) 权重图是指在图结构中的边包含权重信息,这些权重可以有效地描述节点之间相互作用的可靠程度,定量地表现关系的连接强度,如图5-26所示。

(3) 边信息图是指在图结构中存在不同结构的边,节点之间的关联关系可以包含权重、方向以及异构的关系,如图5-27所示。例如,在一个复杂的社交网络图中,节点之间的关系既可以是单向的"关注"关系,又可以是双向的"朋友"关系。对于包含复杂边信息的图结构,简单的权重限制无法直接表示复杂的关系。

(4) 节点异构图是指在图中的节点属于多个不同的类型的图结构,如图5-28所示。这种图结构往往可以根据异构节点的类型对其进行向量表示。为了实现节点的向量表示,可以使用one-hot等编码方式。

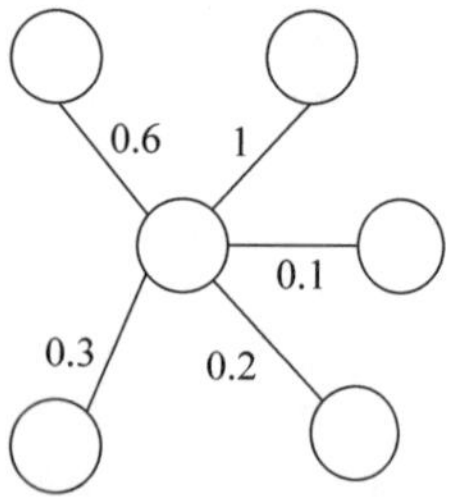

图5-26 权重图

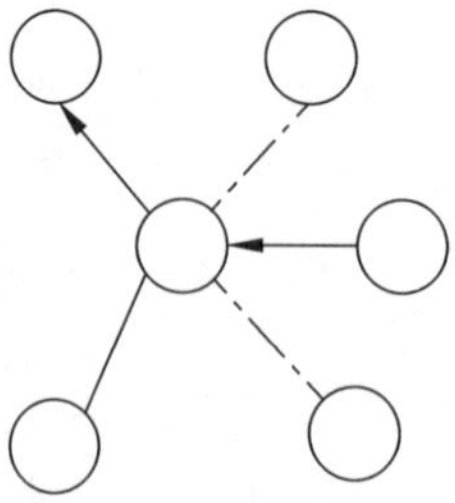

图5-27 边信息图

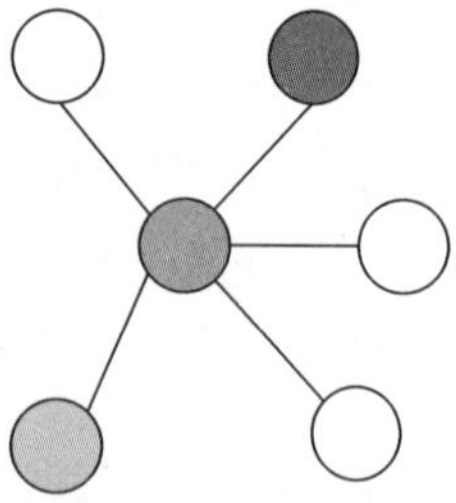

图5-28 节点异构图

5.5.2 通用的图神经网络框架

图神经网络在深度学习中的应用对于处理非欧几里得数据具有非常重要的意义。特别是,它可以用于传统贝叶斯因果网络的解释的、以定义深度神经网络关系可推理和因果可解释的问题。下面总结和归纳了现有的图神经网络算法,并提出了一个通用的图神经网络结构。这个图神经网络的推理过程包括以下几个步骤。

（1）图节点预表示：通过图嵌入(graph embedding)的方法对图中每个节点进行嵌入表示。

（2）图节点采样：对图中每个节点或节点对的正负样本进行采样。

（3）子图提取：提取图中每个节点的邻节点构建 n 阶子图，其中 n 表示子图包含目标节点的 n 阶(跳)邻节点，从而形成通用的子图结构。

（4）子图特征融合：对每个输入神经网络的子图进行局部或全局的特征提取。

（5）生成图神经网络和训练：定义网络的层数和输入输出的参数，并对图数据进行网络训练。

接下来将以几个经典的图神经网络模型为线索，介绍图神经网络的发展历程。

5.5.3　图卷积网络

图卷积网络(GCN)是图神经网络的"开山之作"，它首次成功地将卷积操作引入图结构数据处理中，并给出了具体的推导。其中涉及复杂的谱图理论，推导过程较为复杂，这里不再介绍。尽管推导过程比较复杂，但最终的结果非常简单明了。GCN 将原始图结构的数据 $G=(V,E)$映射到一个新的特征空间：

$$f^{G} \rightarrow f^{*} \tag{5-32}$$

GCN 的分层传播规则如下：

$$\boldsymbol{H}^{l+1}=\sigma(\check{\boldsymbol{D}}^{-\frac{1}{2}}\check{\boldsymbol{A}}\check{\boldsymbol{D}}^{-\frac{1}{2}}\boldsymbol{H}^{l}\boldsymbol{w}^{l}) \tag{5-33}$$

其中，$\check{\boldsymbol{A}}=\boldsymbol{A}+\boldsymbol{I}$，$\boldsymbol{A}$ 是原始的邻接矩阵，$\boldsymbol{I}$ 是单位矩阵，即对角线为 1，其余全为 0，$\check{\boldsymbol{D}}$ 是$\check{\boldsymbol{A}}$ 的度矩阵，$\boldsymbol{H}$ 是每一层所有节点的特征向量矩阵，对于输入层而言，$\boldsymbol{H}^{0}$ 就等于特征矩阵 $\boldsymbol{X}$，σ 是非线性激活函数，$\boldsymbol{w}^{l}$ 表示的是当前卷积层变换的可训练参数矩阵。GCN 善于学习编码图的结构信息，因此能够学习到更有效的节点表示，从而在下游任务中相较于传统方法表现出显著的提升。然而，GCN 也存在一些明显的缺点。首先，GCN 需要将整个图放到内存和显存，这会导致大量的内存和显存消耗，因此难以处理大型图；其次，GCN 在训练时，需要知道整个图的结构信息(包括待预测的节点)，这在某些现实任务中并不可行，例如使用今天训练的图模型来预测明天的数据，因为明天的节点信息是无法获取的。

5.5.4　GraphSAGE

为了解决 GCN 存在的两个缺点，研究人员提出了 GraphSAGE(Graph Sample and Aggregate)。在介绍 GraphSAGE 之前，需要先了解归纳式学习(inductive learning)和直推式学习(transductive learning)。由于图数据和其他类型数据有所不同，图数据中的每个节点都可以通过边的关系利用其他节点的信息。这带来了一个问题：当使用 GCN 进行训练时，它输入整个图，并在收集邻节点信息时使用测试和验证集的样本，这被称为直推式学习。然而，大多数机器学习问题都是归纳式学习，因为通常会将样本集分为训练/验证/测试，并且仅使用训练样本进行训练。这种方法的优势在于能够处理新加入的节点，并利用已知节点的信息生成嵌入向量来表示未知节点，而 GraphSAGE 正是采用这种方法实现的。GraphSAGE 是一种归纳式学习框架，其具体实现包括采样(sample)和聚合(aggregate)两个步骤。其中，采样指的是从邻节点中取得样本，而聚合是指获取邻节点的嵌入向量之后如何将这些嵌入向量汇聚以更新节点自身的嵌入向量信息。图 5-29 展示了 GraphSAGE 学习的过程。

第一步，对邻节点进行采样；第二步，使用聚合函数聚合这些邻节点信息以更新节点的表示向量(嵌入)；第三步，根据更新后的节点表示预测节点的标签。

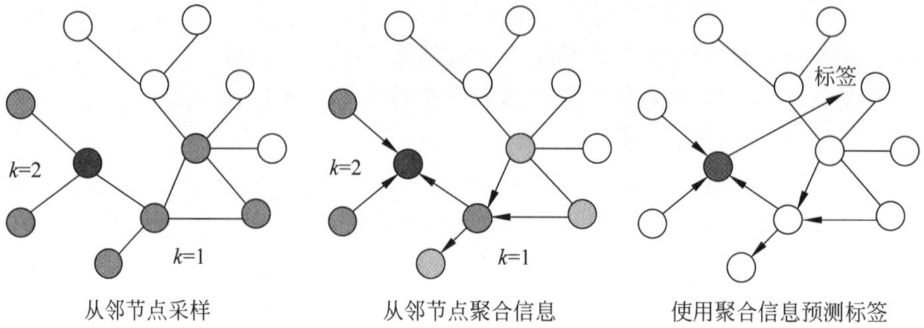

图 5-29 GraphSAGE 学习的过程

GraphSAGE 通过采样机制成功解决了 GCN 需要整个图信息的问题,并克服了 GCN 训练时内存和显存方面的限制。即使对于未知的新节点,GraphSAGE 也能够提供有效的表示。此外,该模型的参数数量与图中节点个数无关,从而使得 GraphSAGE 能够处理更大的图。然而,GraphSAGE 也存在一些缺点。由于每个节点可能具有大量邻节点,GraphSAGE 的采样方法未考虑不同邻节点的重要性差异,因此在聚合计算过程中,邻节点的重要性在不同节点间可能存在差异。

5.5.5 图注意力网络

为了解决 GraphSAGE 在聚合邻节点时未考虑不同邻节点重要性的问题,图注意力网络(Graph Attention Networks,GAT)借鉴了 Transformer 中的注意力机制。如今,注意力机制已经被广泛应用于基于序列的任务中,并具有放大数据中最重要部分影响的优点。在计算图中的每个节点的表示时,GAT 会根据邻节点特征的不同来为其分配不同的权值。GAT 的图卷积运算定义如下:

$$h_i^t=\sigma\left(\sum_{j\in N_i}\alpha(h_i^{t-1},h_j^{t-1})\boldsymbol{W}^{t-1}h_j^{t-1}\right) \tag{5-34}$$

其中,α 是一个注意力函数,它自适应地控制相邻节点 j 对于节点 i 的贡献。为了使模型更好地适应不同的子空间,并提高其拟合能力,该方法引入了多头注意力机制。这意味着同时使用多个自注意力计算,然后将计算的结果合并(连接或者求和):

$$h_i^t=\Vert_{k=1}^{K}\sigma\left(\sum_{j\in N_i}\alpha_k(h_i^{t-1},h_j^{t-1})\boldsymbol{W}_k^{t-1}h_j^{t-1}\right) \tag{5-35}$$

此外,由于 GAT 结构的特性,它无须使用预先构建好的图,因此 GAT 既适用于直推式学习,又适用于归纳式学习。训练 GCN 时无须了解整个图结构,只需知道每个节点的邻节点即可。

参考文献

[1] BENÍTEZ J M,CASTRO J L,REQUENA I. Are artificial neural networks black boxes? [J]. IEEE Transactions on Neural Networks,1997,8(5): 1156-1164.

[2] SIMON H. Neural networks: a comprehensive foundation[M]. Upper Saddle River: Prentice Hall,1998.

[3] SHARMA V,RAI S,D A. A comprehensive study of artificial neural networks[J]. International Journal of Advanced Research in Computer Science and Software Engineering,2012,2(10): 278-284.

[4] MCCULLOCH W S,PITTS W. A logical calculus of the ideas immanent in nervous activity[J]. The Bulletin of Mathematical Biophysics,1943,5: 115-133.

[5] EMILE A, KORST J. Simulated annealing and Boltzmann machines: a stochastic approach to

combinatorial optimization and neural computing[M]. New York: John Wiley and Sons, Inc. ,1989.

[6] GERALD M, ELROD D W, TRENARY R G. Computational neural networks as model-free mapping devices[J]. Journal of Chemical Information and Computer Sciences, 1992, 32(6): 732-741.

[7] SVOZIL D, KVASNICKA V, POSPICHAL J. Introduction to multi-layer feed-forward neural networks[J]. Chemometrics and Intelligent Laboratory Systems, 1997, 39(1): 43-62.

[8] LECUN Y, BENGIO Y, HINTON G. Deep learning[J]. Nature, 2015, 521(7553): 436-444.

[9] WERBOS P. New tools for prediction and analysis in the behavioral science[D]. Cambridge: Harvard University, 1974.

[10] MIKOLOV T, SUTSKEVER I, CHEN K, et al. Efficient estimation of word representations in vector space[C]. Proceedings of International Conference on Learning Representations, 2013.

[11] DEVLIN K J, CHANG M W, TOUTANOVA L K. Bert: pre-training of deep bidirectional transformers for language understanding[C]. Proceedings of Annual Conference of the North American Chapter of the Association for Computational Linguistics: Human Language Technologies, 2019, 1: 4171-4186.

[12] O'SHEA K, NASH R. An introduction to convolutional neural networks[J]. arXiv, 2015.

[13] HUBEL D H, WIESEL T N. Receptive fields and functional architecture of monkey striate cortex[J]. The Journal of physiology, 1968, 195(1): 215-243.

[14] LECUN Y, BOSER B, DENKER J S, et al. Backpropagation applied to handwritten zip code recognition[J]. Neural computation, 1989, 1(4): 541-551.

[15] LECUN Y, BOTTOU L, BENGIO Y, et al. Gradient-based learning applied to document recognition[C]. Proceedings of the IEEE, 1998, 86(11): 2278-2324.

[16] ZEILER M D, ROB F. Visualizing and understanding convolutional networks[C]. Proceedings of European Conference on Computer Vision, 2014, 13: 818-833.

[17] HOCHREITER S. SCHMIDHUBER J. Long short-term memory[J]. Neural Computation, 1997, 9(8): 1735-1780.

[18] CHUNG J, GULCEHRE C, CHO K, et al. Empirical evaluation of gated recurrent neural networks on sequence modeling[C]. In Conference and Workshop on Neural Information Processing Systems Workshop on Deep Learning, 2014.

[19] MATTHEW E P, MARK N, MOHIT I, et al. Deep contextualized word representations[C]. Proceedings of the Conference of the North American Chapter of the Association for Computational Linguistics: Human Language Technologies, 2018, 1: 2227-2237.

[20] PENNINGTON J, SOCHER R, MANNING C D. Glove: global vectors for word representation[C]. Proceedings of the Conference on Empirical Methods in Natural Language Processing, 2014: 1532-1543.

[21] ZHOU J, CUI G, HU S, et al. Graph neural networks: A review of methods and applications[J]. AI open, 2020, 1: 57-81.

[22] WU Z, PAN S, CHEN F, et al. A comprehensive survey on graph neural networks[J]. IEEE Transactions on Neural Networks and Learning Systems, 2020, 32(1): 4-24.

[23] ZHANG Z, CUI P, ZHU W. Deep learning on graphs: a survey[J]. IEEE Transactions on Knowledge and Data Engineering, 2020, 34(1): 249-270.

[24] KIPF T N, WELLING M. Semi-supervised classification with graph convolutional networks[C]. Proceedings of the International Conference on Learning Representations, 2016.

[25] HAMILTON W, YING Z, LESKOVEC J. Inductive representation learning on large graphs[C]. Advances in Neural Information Processing Systems, 2017, 1-11.

[26] VELICKOVIC P, CUCURULL G, CASANOVA A, et al. Graph attention networks[C]. Proceedings of the International Conference on Learning Representations, 2018, 1-12.

[27] VASWANI A, SHAZEER N, PARMAR N, et al. Attention is all you need[C]. Advances in Neural Information Processing Systems, 2017, 1-11.

案例导读

第6章

生成式表示学习

6.1 贝叶斯学习

贝叶斯学习是一种利用统计学技术进行学习和推理的机器学习方法,它能够利用概率表示事物的不确定性,因此能够实现对模型不确定性的建模。这种以概率为基础的机器学习方法成功应用在人工智能的多个领域,如计算机视觉、语音处理和自然语言处理。本节主要讲述贝叶斯学习的基本内容及应用。

近年来,基于概率的生成模型在机器学习领域日渐突出,其中含有隐含变量的概率生成式模型(generative model),由于其能够有效表示存在于数据中的隐含模式,已经被用于处理各种各样的问题。目前,已经有很多工作将贝叶斯学习和深度学习相结合(称为贝叶斯深度学习(Bayesian Deep Learning,BDL)),并且已经有很多工作表明深层的结构能够更好地获得层次化表示特征,在各种各样的任务中也取得了突出的效果。

贝叶斯学习将先验知识和观测变量结合,并用概率表示变量及模型参数之间的依赖关系,同时贝叶斯学习是机器学习中表示不确定性知识的理想模型。贝叶斯学习具有很多优点,最主要的是它能够很好地衡量和处理一些常见的"不确定性"问题。

(1) 贝叶斯学习能够处理不完全数据。由于贝叶斯学习会考虑变量之间的关系,因此它能提供直观的概率关系模型。当变量存在缺失值时,贝叶斯学习能够充分考虑这些关系来预测缺失值。

(2) 贝叶斯学习还能够获得变量间的因果关系。因果关系在对领域知识的理解中尤为重要。当存在干扰的情况时,因果关系能做出合理且准确的预测。例如,在医疗诊断中,系统往往已经统计过大量病患的发病症状以及他们被确诊为某种疾病的情况,这些病例会被用作贝叶斯模型的先验信息和领域知识。贝叶斯网络可以再通过样本的信息来修正学到的知识。当通过询问或查看医学图像了解到新的患者的症状时,系统可以根据他的症状追本溯源,更有效地为患者诊断。

(3) 通过对指定条件依赖关系的模型参数施加先验信息,贝叶斯学习可以在一定程度上避免过拟合,尤其是在数据不足的情况下。

目前,对贝叶斯学习理论的研究已经有了越来越重要的研究意义,而且它已经被成功应用到许多领域中,例如文本分类、金融预测、自动导航等领域。本章的主要内容围绕概率方法展开,因此会先介绍一些概率知识。最基础的是贝叶斯定理和最大似然法,在后续的内容中会反复使用到。

6.1.1 概率论基础

首先简单介绍概率论的两个重要规则，即加和规则和乘积规则。

对于连续变量，加和规则可以写为

$$p(y)=\int_x p(x,y)\mathrm{d}x \tag{6-1}$$

对于离散变量，加和规则可以写为

$$p(y)=\sum_x p(x,y) \tag{6-2}$$

乘积规则可以被表示为

$$p(x,y)=p(x \mid y)p(y) \tag{6-3}$$

在这里，如果随机变量 x 和 y 表示两个事件。$p(x,y)$被称为联合概率，可以看作 x 和 y 两个事件同时发生的概率。$p(y)$和 $p(x)$是边缘概率，分别对应事件 y 发生的概率以及事件 x 发生的概率。$p(x|y)$和 $p(y|x)$是条件概率，分别对应事件 y 发生的情况下，事件 x 发生的概率，以及事件 x 发生的情况下，事件 y 发生的概率。

把乘积规则扩展到多个变量的情况，即得到链式规则：

$$p(x_1,x_2,\cdots,x_N)=p(x_1)\prod_{i=2}^{N}p(x_i \mid x_1,x_2,\cdots,x_{i-1}) \tag{6-4}$$

根据乘积规则，可以得到两个条件概率 $p(x|y)$和 $p(y|x)$之间的关系：

$$p(y \mid x)=\frac{p(y)p(x \mid y)}{p(x)} \tag{6-5}$$

式(6-5)被称为贝叶斯定理，它是机器学习领域中非常重要的一个定理。贝叶斯定理中等式右边的分母可以用加和规则表示：

$$p(x)=\sum_y p(x,y)=\sum_y p(y)p(x \mid y) \tag{6-6}$$

其常被视为归一化常数，用来保证贝叶斯定理得到的条件概率 $p(y|x)$符合概率函数的基本性质。

6.1.2 贝叶斯定理

贝叶斯学习的主要特点是利用概率去表示不确定性，并结合概率规则来实现学习和推理，其目的是学习随机变量的概率分布。贝叶斯学派有两个重要组成部分：贝叶斯定理和贝叶斯假设。贝叶斯定理关联了事件的先验概率与后验概率。假定随机变量 x、w 的联合分布是 $p(x,w)$，边缘密度分别为 $p(x)$和 $\psi(w)$。一般情况下，假设 x 是观测变量，w 是未知参数变量，通过观测变量学习对未知参数变量分布的估计，利用贝叶斯公式得到：

$$p(w \mid x)=\frac{\psi(w)\cdot p(x \mid w)}{p(x)} \tag{6-7}$$

其中，$\psi(w)$表示 w 的先验分布。当 x 的分布是连续分布时，后验概率 $p(w|x)$可以写成积分形式：

$$p(w \mid x)=\frac{\psi(w)\cdot p(x \mid w)}{\int\psi(w)\cdot p(x \mid w)\mathrm{d}w} \tag{6-8}$$

当 x 的分布是离散分布时，后验概率 $p(w|x)$可以写成：

$$p(w \mid x)=\frac{\psi(w)\cdot p(x \mid w)}{\sum_w \psi(w)\cdot p(x \mid w)} \tag{6-9}$$

可以从后验概率的计算中看出,贝叶斯方法同时结合了参数的先验知识和样本信息,可以理解成利用观测样本对参数的初始假设进行修正。而传统的频率派对参数的估计则只是利用了样本,直接估计模型的参数。

贝叶斯的学习机制是对先验分布的期望值和样本均值以各自的精度进行加权平均,越高的精度对应越高的权重。如果先验分布是共轭分布,那么计算得到的后验分布可以作为下一次计算的先验信息,然后会根据样本信息再次利用贝叶斯定理更新先验信息。通过不断重复这样的操作,样本的信息会逐渐占主导。贝叶斯学习的优势也体现于此,它既可以在缺乏样本信息时依据先验进行推断,又可以在观测到大量样本之后避免先验信息带来的偏见,还能够缓解由后验信息带来的噪声影响。因此,如何合理地确定先验信息也成了贝叶斯学习的一个重要问题。

6.1.3 最大似然估计和 KL 散度

概率生成模型旨在探索数据生成的概率规律,最大似然估计是估计概率模型参数的常见方法,广泛用于求解概率模型参数。传统的生成式建模依赖于最大似然函数,等价于最小化数据样本分布 p_{data} 和生成器数据分布 p_{model} 之间的 KL 散度(KL divergence)。

6.1.3.1 最大似然估计

最大似然估计的思想很直观,即希望能够以最大的概率采样到训练集中所有样本。由于真实数据分布往往是非常复杂且不可知的,因此很难直接对其建模,而是用模型近似分布 p_{model} 去逼近真实分布。这里记一个概率生成模型的参数为$\boldsymbol{\theta}$,则该模型能够对某个概率分布进行估计。举个简单的例子,假设一个数据集含有 N 个样本,这 N 个样本是独立同分布(independently identically distribution,简称 i. i. d)的。于是,可以计算采样到这样一个数据集的概率,即似然函数值。该似然函数被定义为

$$L(\boldsymbol{\theta})=p_{\text{model}}(\boldsymbol{x}_1,\boldsymbol{x}_2,\cdots,\boldsymbol{x}_N;\boldsymbol{\theta})=\prod_{i=1}^{N}p_{\text{model}}(\boldsymbol{x}_i;\boldsymbol{\theta}) \tag{6-10}$$

在该式中,$\boldsymbol{x}_i$ 表示数据集中第 i 个样本,p_{model} 则是该生成模型概率分布。$\boldsymbol{x}_i$ 是观测到的样本,可以视为已知的成分,未知的成分则为参数$\boldsymbol{\theta}$,因此似然函数可以简单地看作模型参数的函数。一般情况下希望最大化似然函数,此时它表示以最大可能性生成这样的数据集。在此,使似然函数达到最大值的参数$\boldsymbol{\theta}^*$为最优参数。不过,用概率值的乘积表示最大似然函数会令模型十分复杂。此外,计算极值必然会涉及求导过程,但对 $L(\boldsymbol{\theta})$这样一个连乘表达式的求导显然也很困难,在计算机中实现还容易造成数值的下溢。因此,常常会对似然函数求对数值,得到对数似然函数(log likelihood function)。该操作得到的最优参数$\boldsymbol{\theta}^*$和原始似然函数的最优参数相同,但是巧妙地将乘积操作转换为求和操作,即

$$\begin{aligned}\boldsymbol{\theta}^* &=\underset{\boldsymbol{\theta}}{\arg\max}\prod_{i=1}^{N}p_{\text{model}}(\boldsymbol{x}_i;\boldsymbol{\theta})\\&=\underset{\boldsymbol{\theta}}{\arg\max}\log\prod_{i=1}^{N}p_{\text{model}}(\boldsymbol{x}_i;\boldsymbol{\theta})\\&=\underset{\boldsymbol{\theta}}{\arg\max}\sum_{i=1}^{N}\log p_{\text{model}}(\boldsymbol{x}_i;\boldsymbol{\theta})\end{aligned} \tag{6-11}$$

6.1.3.2　KL 散度

可以从 KL 散度的角度来理解最大似然估计，即通过最小化 KL 散度实现最小化两个概率分布的距离。当试图最小化真实样本数据的分布与模型对应的分布之间的 KL 散度时，可以得到下式：

$$\boldsymbol{\theta}^* = \underset{\boldsymbol{\theta}}{\arg\min}\, \mathrm{KL}[p_{\text{data}}(\boldsymbol{x}) \parallel p_{\text{model}}(\boldsymbol{x};\boldsymbol{\theta})] \tag{6-12}$$

其中 KL 散度被定义为

$$\mathrm{KL}(p_{\text{data}} \parallel p_{\text{model}}) = \int_{\boldsymbol{x}} p_{\text{data}}(\boldsymbol{x}) \log \frac{p_{\text{data}}(\boldsymbol{x})}{p_{\text{model}}(\boldsymbol{x})} \mathrm{d}\boldsymbol{x} \tag{6-13}$$

但是现实情况须注意一个问题，真实数据的分布往往是非常复杂且未知的，训练模型时能使用的训练集，只是来自真实数据分布的有限样本。为了计算 KL 散度，会用训练集的经验分布 p_{train} 近似真实数据的分布 p_{data}。此时，式(6-12)则可以重写为

$$\boldsymbol{\theta}^* = \underset{\boldsymbol{\theta}}{\arg\min}\, \mathrm{KL}[p_{\text{train}}(\boldsymbol{x}) \parallel p_{\text{model}}(\boldsymbol{x};\boldsymbol{\theta})] \tag{6-14}$$

当模型的参数为 $\boldsymbol{\theta}^*$ 时，此时模型表示的概率分布和训练集样本对应的经验分布最为贴合。实际上，在训练集中最大化对数似然函数和最小化 KL 散度其实是等价的。考虑 $\boldsymbol{x}$ 为连续变量的情况，并稍微调整式(6-11)，可以得到

$$\begin{aligned}
\boldsymbol{\theta}^* &= \underset{\boldsymbol{\theta}}{\arg\max} \sum_{i=1}^{N} \log p_{\text{model}}(\boldsymbol{x}_i;\boldsymbol{\theta}) \\
&= \underset{\boldsymbol{\theta}}{\arg\max} \frac{1}{N} \sum_{i=1}^{N} \log p_{\text{model}}(\boldsymbol{x}_i;\boldsymbol{\theta}) \\
&\approx \underset{\boldsymbol{\theta}}{\arg\max}\, E_{\boldsymbol{x}\sim p_{\text{data}}}(\boldsymbol{x})[\log p_{\text{model}}(\boldsymbol{x};\boldsymbol{\theta})] \\
&= \underset{\boldsymbol{\theta}}{\arg\max} \int_{\boldsymbol{x}} p_{\text{data}}(\boldsymbol{x}) \log p_{\text{model}}(\boldsymbol{x};\boldsymbol{\theta}) \mathrm{d}\boldsymbol{x} \\
&= \underset{\boldsymbol{\theta}}{\arg\max} \left[\int_{\boldsymbol{x}} p_{\text{data}}(\boldsymbol{x}) \log p_{\text{model}}(\boldsymbol{x};\boldsymbol{\theta}) \mathrm{d}\boldsymbol{x} - \int_{\boldsymbol{x}} p_{\text{data}}(\boldsymbol{x}) \log p_{\text{data}}(\boldsymbol{x}) \mathrm{d}\boldsymbol{x}\right] \\
&= \underset{\boldsymbol{\theta}}{\arg\max} \int_{\boldsymbol{x}} p_{\text{data}}(\boldsymbol{x}) \log \frac{p_{\text{model}}(\boldsymbol{x};\boldsymbol{\theta})}{p_{\text{data}}(\boldsymbol{x})} \mathrm{d}\boldsymbol{x} \\
&= \underset{\boldsymbol{\theta}}{\arg\min} \int_{\boldsymbol{x}} p_{\text{data}}(\boldsymbol{x}) \log \frac{p_{\text{data}}(\boldsymbol{x})}{p_{\text{model}}(\boldsymbol{x};\boldsymbol{\theta})} \mathrm{d}\boldsymbol{x} \\
&= \underset{\boldsymbol{\theta}}{\arg\min}\, \mathrm{KL}[p_{\text{data}}(\boldsymbol{x}) \parallel p_{\text{model}}(\boldsymbol{x};\boldsymbol{\theta})]
\end{aligned} \tag{6-15}$$

若 $\boldsymbol{x}$ 为离散变量，则推导过程类似。因此，最大化似然函数等价于最小化 KL 散度。

6.1.4　贝叶斯分类

利用贝叶斯方法不仅可以完成生成任务，还可以解决分类任务。本小节先简要介绍贝叶斯分类的过程，后面的内容会详细讲述生成的过程。

贝叶斯分类一般可以包括推断(inference)和决策(decision)两个过程。在推断过程中，利用训练样本 $\boldsymbol{x}$ 学习后验概率模型 $p(C_k|\boldsymbol{x})$。而在后续的决策过程中，利用后验概率模型进行分类。此外，还可以用更简单的方式，直接学习一个判别函数(discriminant function)。判别函数以 $\boldsymbol{x}$ 作为输入，直接输出决策结果。在实际应用中，一般有 3 种方法实现分类。

(1) 对每个类别 C_k 确定其类条件概率 $p(\boldsymbol{x}|C_k)$，可视为一个推断问题。假设已知先验

类分布概率 $p(C_k)$，便可以使用贝叶斯定理计算类后验概率 $p(C_k|\boldsymbol{x})$，即

$$p(C_k \mid \boldsymbol{x})=\frac{p(\boldsymbol{x} \mid C_k)p(C_k)}{p(\boldsymbol{x})} \tag{6-16}$$

其中，分母可以按照全概率公式表示成

$$p(\boldsymbol{x})=\sum_k p(\boldsymbol{x} \mid C_k)p(C_k) \tag{6-17}$$

分子为联合概率分布 $p(\boldsymbol{x},C_k)$。这种利用贝叶斯定理，得到后验概率分布 $p(C_k|\boldsymbol{x})$。对于一个新的样本 $\boldsymbol{x}_{\text{new}}$ 时，可以利用后验概率分布预测 $\boldsymbol{x}_{\text{new}}$ 的类别。这种对联合概率分布进行建模的方式被称为生成式模型，因为可以利用 $p(\boldsymbol{x}|C_k)$，通过采样生成出新的数据。

(2) 直接对后验类条件概率 $p(C_k|\boldsymbol{x})$进行函数逼近，然后对新的输入 $\boldsymbol{x}_{\text{new}}$ 进行分类的方法被称为判别式模型(discriminative model)。

(3) 第 3 种方法是直接对一个判别函数 $f(\boldsymbol{x})$建模，预测时将输入 $\boldsymbol{x}_{\text{new}}$ 映射为一个标签。例如，在多分类任务中，该判别函数可以直接将 $\boldsymbol{x}_{\text{new}}$ 映射到一个类别的标签，$f(\boldsymbol{x}_{\text{new}})=k$，说明 $\boldsymbol{x}_{\text{new}}$ 被判定为第 k 个类别。与第 2 种方法的不同是，该方法不是基于概率的输出。换言之，该方法是硬分类方法，而第 2 种方法则是软分类方法。

这 3 种分类方法各有优劣。第 1 种方法需要对 $\boldsymbol{x}$ 和 C_k 的联合概率分布 $p(\boldsymbol{x},C_k)=p(\boldsymbol{x}|C_k)p(C_k)$进行建模。其中，类先验概率 $p(C_k)$只需要统计训练集中标签为 C_k 的样本的比例近似得到。但是数据分布 $p(\boldsymbol{x}|C_k)$的确定则比较困难，因为样本 $\boldsymbol{x}$ 的维度一般非常高，往往依赖庞大的训练集才能较为精确地确定。用这种方法进行分类一般不够高效，而本章对数据的分类一般只需要求出后验概率 $p(C_k|\boldsymbol{x})$。但是，这种方法的优势在于它能通过边缘化概率分布 $p(\boldsymbol{x},C_k)$得到数据概率密度 $p(\boldsymbol{x})$。这种方法常被用于离群点检测和异常检测任务，因其对出现概率非常低的数据的检测非常有用。此外，生成式模型的一个最重要的优势在于它不仅能够实现分类，还能够生成新的样本，这是判别式模型所不具备的强大能力。相较于前两种方法，第 3 种方法更为简单。因为，它将推断和决策两个阶段合并，但缺点在于忽略了对后验概率 $p(C_k|\boldsymbol{x})$的建模。

6.1.5 概率生成式模型

本节侧重于介绍生成式模型，但它们也能够完成分类任务。所以，接下来将以简单的二分类问题为例，介绍如何利用生成式模型解决分类问题。首先介绍朴素贝叶斯模型(naive Bayesian)，它是利用贝叶斯定理实现分类的代表模型。朴素贝叶斯模型假定特征向量的各个特征之间相互独立，尽管这一强假设与实际状况可能不符，但其拥有较好的健壮性和效率。

在下面的例子中，使用 $\boldsymbol{x}$ 表示样本，y_i 表示其可能对应的标签，即 y_1 对应类别 1，y_2 对应类别 2。利用贝叶斯定理，可以计算 $\boldsymbol{x}$ 的标签为类别 1 的概率为：

$$p(y_1 \mid \boldsymbol{x})=\frac{p(y_1)p(\boldsymbol{x} \mid y_1)}{\sum_i p(y_i)p(\boldsymbol{x} \mid y_i)}=\frac{p(y_1)p(\boldsymbol{x} \mid y_1)}{p(y_1)p(\boldsymbol{x} \mid y_1)+p(y_2)p(\boldsymbol{x} \mid y_2)} \tag{6-18}$$

如果再令 $z=\ln\dfrac{p(y_1)p(\boldsymbol{x}|y_1)}{p(y_2)p(\boldsymbol{x}|y_2)}$，那么可以得到

$$p(y_1 \mid \boldsymbol{x})=\frac{1}{1+\mathrm{e}^{-z}}=\sigma(z) \tag{6-19}$$

即为 Sigmoid 函数。若把上面的例子扩展到多分类的任务，则有

$$p(y_k \mid \boldsymbol{x})=\frac{p(y_k)p(\boldsymbol{x} \mid y_k)}{\sum_i p(y_i)p(\boldsymbol{x} \mid y_i)}=\frac{\mathrm{e}^{z_k}}{\sum_i \mathrm{e}^{z_i}} \tag{6-20}$$

$p(y_k|\boldsymbol{x})$表示 $\boldsymbol{x}$ 属于类别 k 的概率，$\sum_i \mathrm{e}^{z_i}$ 被称为归一化指数，z_k 被定义为

$$z_k=\ln p(\boldsymbol{x},y_k)=\ln[p(y_k)p(\boldsymbol{x} \mid y_k)] \tag{6-21}$$

需要注意的是，在朴素贝叶斯的实际应用中，并不会去计算归一化常数的具体值。因为，对于任意一个类 y_k，类后验概率 $p(y_k|\boldsymbol{x})$的计算中都含有相同的分母。所以，只需要比较分子的大小就可以判断 $\boldsymbol{x}$ 最有可能从属的类别。

接下来，将具体的概率分布代入上述过程中，来更好地展现生成模型实现判别的具体过程。

假设类条件概率服从高斯分布，这是个很普遍的假设，本章将根据该假设计算后验概率。出于方便，再假设所有的类别都具有相同的协方差矩阵，这样可以得到类别 y_k 的类条件概率

$$p(\boldsymbol{x} \mid y_k)=\mathcal{N}(\boldsymbol{x} \mid \boldsymbol{\mu}_k,\boldsymbol{\Sigma})=\frac{1}{(2\pi)^{\frac{D}{2}}|\boldsymbol{\Sigma}|^{\frac{1}{2}}}\mathrm{e}^{-\frac{1}{2}(\boldsymbol{x}-\boldsymbol{\mu}_k)^{\mathrm{T}}\boldsymbol{\Sigma}^{-1}(\boldsymbol{x}-\boldsymbol{\mu}_k)} \tag{6-22}$$

其中，$\boldsymbol{\mu}_k$ 和 $\boldsymbol{\Sigma}$ 分别表示类别为 y_k 的样本分布的均值和协方差矩阵，D 为多维高斯分布的维度。若考虑只含有两个类的简单情况，可以计算后验概率

$$p(y_k \mid \boldsymbol{x})=\sigma(\boldsymbol{w}^{\mathrm{T}}\boldsymbol{x}+w_0) \tag{6-23}$$

根据之前对 z 的计算，可以得到

$$\begin{aligned} z&=\ln\frac{p(y_1)p(\boldsymbol{x} \mid y_1)}{p(y_2)p(\boldsymbol{x} \mid y_2)}=\ln\frac{p(\boldsymbol{x} \mid y_1)}{p(\boldsymbol{x} \mid y_2)}+\ln\frac{p(y_1)}{p(y_2)} \\ &=(\boldsymbol{\mu}_1-\boldsymbol{\mu}_2)^{\mathrm{T}}\boldsymbol{\Sigma}^{-1}\boldsymbol{x}-\frac{1}{2}\boldsymbol{\mu}_1^{\mathrm{T}}\boldsymbol{\Sigma}^{-1}\boldsymbol{\mu}_1+\frac{1}{2}\boldsymbol{\mu}_2^{\mathrm{T}}\boldsymbol{\Sigma}^{-1}\boldsymbol{\mu}_2+\ln\frac{p(y_1)}{p(y_2)} \end{aligned} \tag{6-24}$$

通过定义

$$\boldsymbol{w}=\boldsymbol{\Sigma}^{-1}(\boldsymbol{\mu}_1-\boldsymbol{\mu}_2) \tag{6-25}$$

$$w_0=-\frac{1}{2}\boldsymbol{\mu}_1^{\mathrm{T}}\boldsymbol{\Sigma}^{-1}\boldsymbol{\mu}_1+\frac{1}{2}\boldsymbol{\mu}_2^{\mathrm{T}}\boldsymbol{\Sigma}^{-1}\boldsymbol{\mu}_2+\ln\frac{p(y_1)}{p(y_2)} \tag{6-26}$$

可以得到后验概率

$$p(y_k \mid \boldsymbol{x})=\sigma(\boldsymbol{w}^{\mathrm{T}}\boldsymbol{x}+w_0) \tag{6-27}$$

因为引入了与类概率的协方差矩阵相同的强假设，与 $\boldsymbol{x}$ 有关的二次型会被全部消去，得到一个简洁形式的 Sigmoid 函数，它的参数是与 $\boldsymbol{x}$ 有关的线性函数。最终得到的决策边界由 $p(y_k|\boldsymbol{x})$给出。根据后验概率的数学形式，有如下观察。

(1) 由于其参数是 $\boldsymbol{x}$ 的线性函数，因此决策边界在输入空间是线性的。

(2) 类先验概率密度 $p(y_k)$只存在于偏置 w_0 中，起到平移决策面的作用。

对于更加一般的多分类情况，仿照前述的计算过程，可以得到

$$z_k=\boldsymbol{w}_k^{\mathrm{T}}\boldsymbol{x}+w_k \tag{6-28}$$

其中

$$\boldsymbol{w}_k=\boldsymbol{\Sigma}^{-1}\boldsymbol{\mu}_k \tag{6-29}$$

$$w_k=-\frac{1}{2}\boldsymbol{\mu}_1{}^{\mathrm{T}}\boldsymbol{\Sigma}^{-1}\boldsymbol{\mu}_1+\ln p(y_k) \tag{6-30}$$

6.1.6 最大似然解

在前面几个小节中,已经明确了类条件概率密度 $p(\boldsymbol{x}|y_k)$的具体形式,接下来,本小节将介绍如何使用最大似然来确定概率模型中的参数。假设有一个数据集$\{\boldsymbol{x}_n, l_n\}, n=1,2,\cdots,N$。先考虑简单的二分类的情况,即 $l_n=0$ 对应类别 1,$l_n=1$ 对应类别 2。令类别 1 的先验概率为 $p(y_1)=\tau$,类别 2 的先验概率为 $p(y_2)=1-\tau$。若样本 $\boldsymbol{x}_n$ 来自类别 1 或者类别 2,则有

$$p(\boldsymbol{x}_n, y_1)=p(y_1)p(\boldsymbol{x}_n \mid y_1)=\tau \cdot \mathcal{N}(\boldsymbol{x}_n \mid \boldsymbol{\mu}_1, \boldsymbol{\Sigma}) \tag{6-31}$$

$$p(\boldsymbol{x}_n, y_2)=p(y_2)p(\boldsymbol{x}_n \mid y_2)=(1-\tau) \cdot \mathcal{N}(\boldsymbol{x}_n \mid \boldsymbol{\mu}_2, \boldsymbol{\Sigma}) \tag{6-32}$$

给定 N 个样本,可以计算它们的似然函数

$$p(\boldsymbol{X}, \boldsymbol{l} \mid \tau, \boldsymbol{\mu}_1, \boldsymbol{\mu}_2, \boldsymbol{\Sigma})=\prod_{n=1}^{N}[\tau\, \mathcal{N}(\boldsymbol{x}_n \mid \boldsymbol{\mu}_1, \boldsymbol{\Sigma})]^{l_n}[(1-\tau)\, \mathcal{N}(\boldsymbol{x}_n \mid \boldsymbol{\mu}_2, \boldsymbol{\Sigma})]^{1-l_n} \tag{6-33}$$

其中,$\boldsymbol{l}=(l_1, l_2, \cdots, l_N)$。为了计算方便,往往会将最大化似然函数问题转换为最大化对数似然函数问题,即将上式转换为

$$\ln p(\boldsymbol{X}, \boldsymbol{l} \mid \tau, \boldsymbol{\mu}_1, \boldsymbol{\mu}_2, \boldsymbol{\Sigma})=\sum_{n=1}^{N}\{l_n \ln[\tau\, \mathcal{N}(\boldsymbol{x}_n \mid \boldsymbol{\mu}_1, \boldsymbol{\Sigma})]+(1-l_n)\ln[(1-\tau)\, \mathcal{N}(\boldsymbol{x}_n \mid \boldsymbol{\mu}_2, \boldsymbol{\Sigma})]\} \tag{6-34}$$

通过计算$\dfrac{\partial \ln p(\boldsymbol{X}, \boldsymbol{l} | \tau, \boldsymbol{\mu}_1, \boldsymbol{\mu}_2, \boldsymbol{\Sigma})}{\partial \tau}=0$,可以得到

$$\tau=\frac{\sum_{n=1}^{N} I(l_n \in y_1)}{N} \tag{6-35}$$

其中,$I(\cdot)$为指示函数。当括号内的条件成立,它的值为 1,否则为 0。值得注意的是,τ 的最大似然估计就是 y_1 中样本在所有样本中的比例。这个结论可以推广到多类别的情形。在多类别的情况下,类别 y_k 的先验概率 $p(y_k)$的最大似然估计值等于类别 y_k 在所有样本中的比例。

同样地,通过计算$\dfrac{\partial \ln p(\boldsymbol{X}, \boldsymbol{l} | \tau, \boldsymbol{\mu}_1, \boldsymbol{\mu}_2, \boldsymbol{\Sigma})}{\partial \boldsymbol{\mu}_1}=\boldsymbol{0}$ 可得$\boldsymbol{\mu}_1$ 的最大似然估计结果为

$$\boldsymbol{\mu}_1=\frac{1}{N_1}\sum_{n=1}^{N} I(l_n \in y_1)\boldsymbol{x}_n \tag{6-36}$$

其中,$N_1=\sum_{n=1}^{N} I(l_n \in y_1)$。可以发现,$\boldsymbol{\mu}_1$ 的最大似然估计就是标签为 y_1 的所有样本的均值。类似地,可以得到$\boldsymbol{\mu}_2$ 的最大似然估计为

$$\boldsymbol{\mu}_2=\frac{1}{N_2}\sum_{n=1}^{N} I(l_n \in y_2)\boldsymbol{x}_n \tag{6-37}$$

最后计算$\dfrac{\partial \ln p(\boldsymbol{X}, \boldsymbol{l} | \tau, \boldsymbol{\mu}_1, \boldsymbol{\mu}_2, \boldsymbol{\Sigma})}{\partial \boldsymbol{\Sigma}}=\boldsymbol{0}$,得到协方差矩阵$\boldsymbol{\Sigma}$ 的最大似然估计值:

$$\boldsymbol{\Sigma}=\frac{1}{N_1}\boldsymbol{\Sigma}_1+\frac{1}{N_2}\boldsymbol{\Sigma}_2 \tag{6-38}$$

其中,$\boldsymbol{\Sigma}_1$ 和$\boldsymbol{\Sigma}_2$ 为不同类别样本的协方差矩阵:

$$\boldsymbol{\Sigma}_1=\frac{1}{N_1}\sum_{l_n \in y_1}(\boldsymbol{x}_n-\boldsymbol{\mu}_1)(\boldsymbol{x}_n-\boldsymbol{\mu}_1)^{\mathrm{T}} \tag{6-39}$$

$$\boldsymbol{\Sigma}_2=\frac{1}{N_2}\sum_{l_n\in y_2}(\boldsymbol{x}_n-\boldsymbol{\mu}_2)(\boldsymbol{x}_n-\boldsymbol{\mu}_2)^{\mathrm{T}} \tag{6-40}$$

$\boldsymbol{\Sigma}$ 对应两个协方差矩阵的加权平均。需要注意的是，最大似然解可以很容易地扩展到多个类别的情况。

6.2 近似推断

在贝叶斯深度学习中，推断可以视为对预测分布进行近似求解的过程。然而，在结构化的图模型中，隐含变量间存在相互作用，因此推断难以实现。例如，在有向概率图中，一个可见变量的父节点之间存在"相消解释"(explain away)。此外，可能存在隐含变量的维度很高或者后验概率分布非常复杂的情况。因此，虽然精确算法可以在大多数情况下为推理提供令人满意的解，但其所需要的时间或空间复杂性往往是不可接受的。例如，当节点或节点集"几乎"是条件独立时，节点概率可以由节点邻居的子集确定。因此，近似推断算法被广泛应用，从而缓解上述问题，以提高推断准确性。

目前，近似推断算法主要分为两大类：第一类是基于随机采样的方法。这类方法借助采样技术从目标分布中抽取样本，从而降低计算该概率分布下相关期望的复杂度。第二类是基于某些强假设的方法，这些方法通过假设目标分布的形状或者随机变量之间存在条件独立性等，从而近似地完成推断，其典型代表为变分推断。值得注意的是近似的结果并不准确，其不能真正地最大化目标函数$\mathcal{L}$。

6.2.1 马尔可夫链蒙特卡洛采样

推断常涉及期望的计算。然而，当概率密度函数形式复杂以及积分范围涉及多维时，计算期望往往变得十分困难。因此，基于采样的方法旨在通过随机采样来近似求解期望，避免估计形式复杂的概率密度函数，同时也保证了计算的高效性。值得注意的是，当采样基数足够大时，所估计的期望将无限接近真实值。

具体地，假设存在一个概率分布为 $p(x)$，那么一个函数 $f(x)$在该概率分布下的期望可以写成

$$E_p[f]=\int f(x)p(x)\mathrm{d}x \tag{6-41}$$

如果能够在 $p(x)$上独立地采样一组样本$\{x_1,x_2,\cdots,x_N\}$，那么式(6-41)可以通过计算这组样本在函数 $f(x)$上取值的平均值来近似求解

$$E_p[f]\approx\frac{1}{N}\sum_{i=1}^{N}f(x_i) \tag{6-42}$$

因此，现在问题的关键转变为如何根据概率分布进行采样。要强调的是，这个近似方法对高维随机变量也是成立的。这样做的优点在于，计算和高维随机变量 $\boldsymbol{x}$ 有关的函数在某个分布下的精确期望需要通过计算多重积分，这样的求解是十分困难的，而该近似技术可以忽略分布的形式且能避免计算多重积分。这意味着，这类方法也可以用于求解高维概率分布的近似期望，从而避免多维积分和复杂函数形式带来的影响。

马尔可夫链蒙特卡洛(Markov Chain Monte Carlo，MCMC)是机器学习中常见的采样框架。它能实现在一大类概率分布中采样，且能很好地适配高维概率分布。MCMC 的核心在于通过构造"平稳分布为 p 的马尔可夫链"来产生样本。在讨论 MCMC 采样前，需要先介绍马

尔可夫链的性质以及平稳分布的概念。图 6-1 展示了一个一阶的马尔可夫链，其中有向箭头对应着变量之间的依赖关系，随机变量表示不同时刻的系统状态。

图 6-1 马尔可夫链的图例

其中，系统的下一时刻的状态只依赖于当前时刻的状态，而不依赖于以往任何时刻的状态。该性质可以表示为

$$p(x_{t+1} \mid x_1, x_2, \cdots, x_t) = p(x_{t+1} \mid x_t) \tag{6-43}$$

当阶数增加时，下一时刻的状态依赖也会增加。对于链中的任意一个时刻的系统状态，其概率可以表示为

$$p(x_{t+1}) = \sum_{x_t} p(x_{t+1} \mid x_t) p(x_t) \tag{6-44}$$

当马尔可夫链运行足够长的时间之后，会达到一个平衡状态。此后，链上每个时刻的系统状态变量将服从一个不变的概率分布，即平稳分布。平稳状态需要满足细节平衡条件。假设平稳马尔可夫链的状态转移概率(从状态 x 转变为 x' 的概率)为 $T(x' \mid x)$，在 t 时刻状态的分布 $p(x_t)$ 为平稳分布，细节平衡(detailed balance)条件，被定义为

$$p(x_t) T(x_{t+1} \mid x_t) = p(x_{t+1}) T(x_t \mid x_{t+1}) \tag{6-45}$$

需要注意的是，细节平衡条件是一个充分非必要条件。

总之，MCMC 采样的目标是构造一条马尔可夫链，使其达到平稳状态时的平稳分布逼近目标分布。然后从平稳分布中采样，通过得到的样本即可以近似计算期望。

Metropolis-Hasting(MH)算法是一种典型 MCMC 采样方法。假设当前时刻为 t，状态为 x_t，从转移概率 $T(x^* \mid x_t)$ 采样候选状态 x^*，并以概率 $A(x^* \mid x_t)$ 接受这个候选样本，那么根据细节平衡条件，平稳状态可以表示为

$$p(x_t) T(x^* \mid x_t) A(x^* \mid x_t) = p(x^*) T(x_t \mid x^*) A(x_t \mid x^*) \tag{6-46}$$

其中接受率

$$A(x^* \mid x_t) = \min\left(1, \frac{p(x^*) T(x_t \mid x^*)}{p(x_t) T(x^* \mid x_t)}\right) \tag{6-47}$$

可以证明以这种形式的接受率可以达到平稳分布：

$$\begin{aligned} p(x_t) T(x^* \mid x_t) A(x^* \mid x_t) &= p(x_t) T(x^* \mid x_t) \cdot \min\left(1, \frac{p(x^*) T(x_t \mid x^*)}{p(x_t) T(x^* \mid x_t)}\right) \\ &= \min[p(x_t) T(x^* \mid x_t), p(x^*) T(x_t \mid x^*)] \\ &= p(x^*) T(x_t \mid x^*) \cdot \min\left(1, \frac{p(x_t) T(x^* \mid x_t)}{p(x^*) T(x_t \mid x^*)}\right) \\ &= p(x^*) T(x_t \mid x^*) A(x_t \mid x^*) \end{aligned} \tag{6-48}$$

吉布斯采样(Gibbs Sampling)，也是一种广泛使用的 MCMC 采样方法，它通常用于从高维概率分布中采样。具体地，可以看作 MH 算法的一个特例。假设要采样的概率分布为 $p(x) = p(x_1, x_2, \cdots, x_N)$，且已经选定了马尔可夫链的初始状态，那么在一个轮次内的采样步骤为：

(1) 随机或者以某个顺序选择随机变量 x_i；

(2) 固定 x_i 以外的变量的取值，计算条件概率 $p(x_i \mid x_{\setminus i})$，其中 $x_{\setminus i} = \{x_1, x_2, \cdots, x_{i-1}, x_{i+1}, \cdots, x_N\}$；

(3) 根据 $p(x_i|x_{\backslash i})$ 采样 x_i，用采样值代替原始值。

举一个具体的例子说明采样过程，假设存在一个由 3 个随机变量构成的联合概率分布 $p(x_1,x_2,x_3)$，且已经完成了 t 轮的采样，那么在 $t+1$ 轮的过程如下：

(1) 固定 x_2^t 和 x_3^t，从概率分布 $p(x_1|x_2^t,x_3^t)$ 中采样 x_1^{t+1}；

(2) 固定 x_3^t，用 x_1^{t+1} 替换 x_1^t，从概率分布 $p(x_2|x_1^{t+1},x_3^t)$ 中采样 x_2^{t+1}；

(3) 固定 x_1^{t+1}，用 x_2^{t+1} 替换 x_2^t，从概率分布 $p(x_3|x_1^{t+1},x_2^{t+1})$ 中采样 x_3^{t+1}。

前面提到吉布斯采样是 MH 算法的一个特例，这是由于它每次采样的接受率都为 1。在吉布斯采样 x_i 的过程中，固定 $x_{\backslash i}$ 不变，此时 x 到 x^* 的转移概率 $T(x^*|x)=p(x_i^*|x_{\backslash i})$。由于在每次 … $=x_{\backslash i}^*$。此外，$p(x)=p(x_i|x_{\backslash i})p(x_{\backslash i})$。因此接受概率 …

$$\ldots \frac{p(x_i^* \mid x_{\backslash i}^*)p(x_{\backslash i}^*)p(x_i \mid x_{\backslash i}^*)}{p(x_i \mid x_{\backslash i})p(x_{\backslash i})p(x_i^* \mid x_{\backslash i})} \tag{6-49}$$

6.2.2 证 …

精确推 … 一个含有可见变量 $\boldsymbol{v}$ 和隐含变量 $\boldsymbol{h}$ 的概率图模型，其目 … 目标分布 $p(\boldsymbol{v})$ 可能难以求解。为了解决这个问题，一个 … 逼近对数似然目标的下界。

假定 …

$$\log p(\ldots \frac{q(\boldsymbol{h} \mid \boldsymbol{v})}{p(\boldsymbol{h} \mid \boldsymbol{v})}=\log \frac{p(\boldsymbol{v},\boldsymbol{h})}{q(\boldsymbol{h} \mid \boldsymbol{v})}+\log \frac{q(\boldsymbol{h} \mid \boldsymbol{v})}{p(\boldsymbol{h} \mid \boldsymbol{v})} \tag{6-50}$$

对等式两 … 期望，

$$\int \log p(\boldsymbol{v} \ldots$$

$$\ldots \boldsymbol{h} \mid \boldsymbol{v})\mathrm{d}\boldsymbol{h}+\int \log \frac{q(\boldsymbol{h} \mid \boldsymbol{v})}{p(\boldsymbol{h} \mid \boldsymbol{v})}\cdot q(\boldsymbol{h} \mid \boldsymbol{v})\mathrm{d}\boldsymbol{h}$$

$$\ldots \Big] + \mathrm{KL}[q(\boldsymbol{h} \mid \boldsymbol{v}) \,\|\, p(\boldsymbol{h} \mid \boldsymbol{v})]$$

$$\ldots)-\log q(\boldsymbol{h} \mid \boldsymbol{v})]+\mathrm{KL}[q(\boldsymbol{h} \mid \boldsymbol{v}) \,\|\, p(\boldsymbol{h} \mid \boldsymbol{v})]$$

$$\ldots] + \underbrace{H[q(\boldsymbol{h} \mid \boldsymbol{v})]}_{\text{第二项}} + \underbrace{\mathrm{KL}[q(\boldsymbol{h} \mid \boldsymbol{v}) \,\|\, p(\boldsymbol{h} \mid \boldsymbol{v})]}_{\text{第三项}} \tag{6-51}$$

其中，第 … 似分布 $q(\boldsymbol{h}|\boldsymbol{v})$ 下的期望，第二项是近似后验分布的熵 … 之间的 KL 散度。值得注意的是，$\mathcal{L}(\boldsymbol{v},\boldsymbol{h},q)=E_{q(\boldsymbol{h}|\boldsymbol{v})}$ … 据下界(evidence lower bound，ELBO)，或称作变分自由能(variational free energy)。$\mathcal{L}(\boldsymbol{v},\boldsymbol{h},q)$ 提供了对数似然函数 $\log p(\boldsymbol{v})$ 的一个下界。当 q 越接近 p，得到的下界就越紧致，而当分布 q 和 p 完全相同时，$\log p(\boldsymbol{v})=\mathcal{L}(\boldsymbol{v},\boldsymbol{h},q)$。

6.2.3 变分推断

虽然 MCMC 采样有很好的理论基础，且在渐近意义下能够采样到符合目标概率分布的样本，但是马尔可夫链从起始状态到平稳状态所需要花费的时间(即燃烧期，burning time)非常漫长，并且难以确定何时达到平稳状态。不同的问题往往需要设计不同的状态转移概率。此外，基于 MCMC 采样所需要的开销也非常大。因此，MCMC 虽然能实现高维数据的采样，但是仍面临许多问题。与基于随机采样的 MCMC 方法不同，变分推断提供了一种新的近似推断框架，其核心思想是将复杂困难的原问题转换为易于处理的简单问题，从而令求解过程可行有效。

机器学习的学习目标是求解能使损失函数 $J(x)$ 最小化的 x。然而，在有些时候，希望求解的不是输入变量，而是一个函数 f。为此，需要先引入泛函(functional)的概念。泛函指的是一个关于函数 f 的函数，用 $J(f)$ 表示。熵是一个典型的泛函，它以概率分布作为输入，以 $H(p)=-\int p(x)\log p(x)\mathrm{d}x$ 作为输出。就像一个函数对其自变量求导数一样，可以计算泛函导数(functional derivative)。当输入函数趋于无穷小时，泛函导数对应泛函的值的变化情况。因此，泛函导数常用于解决函数空间上的优化问题。对于一个特定的 x，对泛函 $J(f)$ 求关于 f 的偏导数，被称为变分导数(functional derivative)，记作 $\frac{\partial J}{\partial f(x)}$。

机器学习常常会将在函数空间对泛函的优化转换为对神经网络中参数的学习。通过优化方法对参数进行求解，从而大大地简化了原问题的难度。值得一提的是，基于神经网络的变分推断有良好的处理非常复杂问题的能力。

对于一个含有隐含变量的概率生成模型，变分推断会将求解最大似然估计的问题转换为对证据下界$\mathcal{L}$优化的问题

$$\mathcal{L}(\boldsymbol{x};\boldsymbol{\theta})\leqslant \log p_{\text{model}}(\boldsymbol{x};\boldsymbol{\theta}) \tag{6-52}$$

虽然变分推断求得的解是带有限制的近似解，但这些近似解已经能够满足需求，并能使得求解过程可控、可行、高效。

稍微修改式(6-51)，并用 $\boldsymbol{x}$ 表示可见变量，$\boldsymbol{z}$ 表示隐含变量，再用 $q(\boldsymbol{z})$ 代替 $q(\boldsymbol{h}|\boldsymbol{v})$，可以得到 $\text{ELBO}=\mathcal{L}(\boldsymbol{x},\boldsymbol{z},q)=E_{q(\boldsymbol{z})}[\log p(\boldsymbol{x},\boldsymbol{z})]+H[q(\boldsymbol{z})]$。因此，最优化概率分布 $q(\boldsymbol{z})$ 就能最大化$\mathcal{L}(\boldsymbol{x},\boldsymbol{z},q)$。当$\mathcal{L}(\boldsymbol{x},\boldsymbol{z},q)$实现最大化时，必须保证最小化 $\text{KL}[q(\boldsymbol{z})\parallel p(\boldsymbol{h}|\boldsymbol{v})]$，即令 $q(\boldsymbol{z})$ 和 $p(\boldsymbol{h}|\boldsymbol{v})$ 完全一致。虽然最小化 $\text{KL}[q(\boldsymbol{z})\parallel p(\boldsymbol{h}|\boldsymbol{v})]$ 或 $\text{KL}[p(\boldsymbol{h}|\boldsymbol{v})\parallel q(\boldsymbol{z})]$ 都能够达到同样的目的，但在基于优化的推断问题中，通常会选择最小化 $\text{KL}[q(\boldsymbol{z})\parallel p(\boldsymbol{h}|\boldsymbol{v})]$。原因在于计算 $\text{KL}[q(\boldsymbol{z})\parallel p(\boldsymbol{h}|\boldsymbol{v})]$ 涉及计算在概率分布 q 下的期望。如果挑选形式比较简单的 q，可以简化计算期望的开销。反之，计算 $\text{KL}[p(\boldsymbol{h}|\boldsymbol{v})\parallel q(\boldsymbol{z})]$ 则需要计算真实后验分布下的期望，而该分布通常是未知的，这会导致计算的不可行。

由于需要处理的模型对真实的概率分布进行操作并不可行，因此需要寻找能令 $\text{KL}[q(\boldsymbol{z})\parallel p(\boldsymbol{h}|\boldsymbol{v})]$ 最小的近似概率分布 $q(\boldsymbol{z})$。对 $q(\boldsymbol{z})$ 有两个主要的约束：

(1) 充分限制 $q(\boldsymbol{z})$ 的范围，使得在这个范围内的概率分布都是可以处理的；

(2) 这个范围需要足够大，保证在其中能够找到足够近似真实后验概率分布的分布。

其中，后验概率分布的假设决定了变分推断结果的好坏，如果假设不恰当，即使使用足够大的数据和强大的优化算法，也难以得到足够紧致的下界。一个限制近似概率分布 $q(\boldsymbol{z})$ 的方法是使用参数概率分布 $q(\boldsymbol{z}|\boldsymbol{\omega})$，这样做可以令$\mathcal{L}$成为$\boldsymbol{\omega}$ 的函数，并能够使用一些非线性最优化方法确定最优参数。

在对变分下界的近似过程中，通常会通过不彻底的优化过程或者对分布进行强假设，可以得到一个相对松弛的下界。虽然无法得到精确的推断结果，但是这种假设可以大大降低计算开销。一个常用的假设是平均场理论(mean field theory)。它可以将变量 $\boldsymbol{z}$ 拆分为一组相互

独立的变量z_i，从而$q(z)$可以被分解为

$$q(z)=\prod_i q(z_i) \tag{6-53}$$

平均场理论用可以完全因子化的概率分布去近似真实的后验概率分布。因此，对于证据下界的优化问题可以表示为

$$L(q)=\int_z q(z)\log p(x,z)\mathrm{d}z-\int_z q(z)\log q(z)\mathrm{d}z \tag{6-54}$$

其中，令①$=\int_z q(z)\log p(x,z)\mathrm{d}z$以及②$=\int_z q(z)\log q(z)\mathrm{d}z$，并假设$z$对应的所有变量$z_i$之间相互独立，且$x$对应的所有变量$x_i$之间相互独立。当固定和$j$有关的项时，可以得到

$$\begin{aligned}
①&=\int_z q(z)\log p(x,z)\mathrm{d}z=\int_{z_1,z_2,\cdots,z_M}\left[\prod_{i=1}^{M}q_i(z_i)\right]\log p(x,z)\mathrm{d}z_1\mathrm{d}z_2\cdots\mathrm{d}z_M\\
&=\int_{z_1,z_2,\cdots,z_M}q_j(z_j)\left\{\left[\prod_{i\neq j}^{M}q_i(z_i)\right]\log p(x,z)\mathrm{d}z_1\mathrm{d}z_2\cdots\mathrm{d}z_{j-1}\mathrm{d}z_{j+1}\cdots\mathrm{d}z_M\right\}\mathrm{d}z_j\\
&=\int_{z_j}q_j(z_j)E_{\prod_{i\neq j}^{M}q_i(z_i)}[\log p(x,z)]\mathrm{d}z_j
\end{aligned} \tag{6-55}$$

以及

$$\begin{aligned}
②&=\int_z q(z)\log q(z)\mathrm{d}z=\int_{z_1,z_2,\cdots,z_M}\left[\prod_{i=1}^{M}q_i(z_i)\right]\left[\sum_{i=1}^{M}\log q_i(z_i)\right]\mathrm{d}z_1\mathrm{d}z_2\cdots\mathrm{d}z_M\\
&=\int_{z_1,z_2,\cdots,z_M}\left[\prod_{i=1}^{M}q_i(z_i)\right][\log q_1(z_1)+\log q_2(z_2)+\cdots+\log q_M(z_M)]\mathrm{d}z_1\mathrm{d}z_2\cdots\mathrm{d}z_M
\end{aligned} \tag{6-56}$$

为了简化②的表达式，可以单独计算

$$\begin{aligned}
&\int_{z_1,z_2,\cdots,z_M}\left[\prod_{i=1}^{M}q_i(z_i)\right]\log q_j(z_j)\mathrm{d}z_1\mathrm{d}z_2\cdots\mathrm{d}z_M\\
&=\int_{z_1,z_2,\cdots,z_M}q_1(z_1)q_2(z_2)\cdots q_M(z_M)\log q_j(z_j)\mathrm{d}z_1\mathrm{d}z_2\cdots\mathrm{d}z_M\\
&=\int_{z_1,z_2,\cdots,z_M}q_j(z_j)\log q_j(z_j)\mathrm{d}z_j\left[\prod_{i\neq j}^{M}q_i(z_i)\right]\mathrm{d}z_1\mathrm{d}z_2\cdots\mathrm{d}z_{j-1}\mathrm{d}z_{j+1}\cdots\mathrm{d}z_M\\
&=\int_{z_j}q_j(z_j)\log q_j(z_j)\mathrm{d}z_j\int_{z_1,z_2,\cdots,z_{j-1},z_{j+1},\cdots,z_M}\left[\prod_{i\neq j}^{M}q_i(z_i)\right]\mathrm{d}z_1\mathrm{d}z_2\cdots\mathrm{d}z_{j-1}\mathrm{d}z_{j+1}\cdots\mathrm{d}z_M\\
&=\int_{z_j}q_j(z_j)\log q_j(z_j)\mathrm{d}z_j
\end{aligned} \tag{6-57}$$

再把这个结论代入②，可以得到

$$\begin{aligned}
②&=\sum_{i=1}^{M}\int_{z_i}q_i(z_i)\log q_i(z_i)\mathrm{d}z_i\\
&=\int_{z_j}q_j(z_j)\log q_j(z_j)\mathrm{d}z_j+\text{常数}
\end{aligned} \tag{6-58}$$

令①中的$E_{\prod_{i\neq j}^{M}q_i(z_i)}[\log p(x,z)]=\log\hat{p}(x,z_j)$，那么

$$①-②=\int_{z_j}q_j(z_j)\log\frac{\hat{p}(x,z_j)}{q_j(z_j)}\mathrm{d}z_j=-\mathrm{KL}(q_j\parallel\hat{p}(x,z_j))\leqslant 0 \tag{6-59}$$

需要强调的是，在变分推断中，不需要对概率分布 q 设置特定的参数化形式来精确近似后验分布，而只需要考虑其分解方式，通过优化证据下界来获得分解得到的最优的概率分布。

6.3 概率图模型

概率图模型是一种能简洁表示变量之间关系的工具。它以概率为基础描述变量之间的依赖关系或独立关系，并将这些关系以图结构表示出来。图结构便于直观地理解随机变量之间的关系。如图 6-2 所示，每个随机变量(或一组随机变量)被视为一个节点，节点之间的边表示它们之间存在的依赖关系。概率图模型对应的联合概率分布可以表示成一组因子(factor)的乘积，其中每个因子对应一个随机变量的子集。此外，概率图模型有很多优势，不仅能够进行因果推理和处理不确定性，也能高效处理一些比较复杂的计算，如边缘计算。

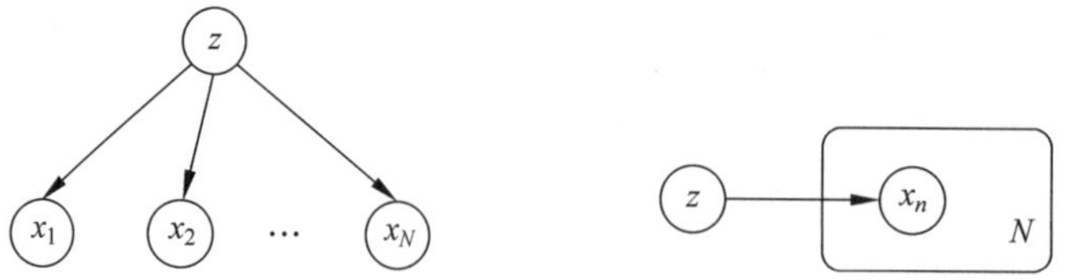

(a) 有向图表示的联合概率分布　　(b) 相应的盘式记法所表示的联合概率分布

图 6-2　有向图模型

概率图模型主要分为有向图模型(如因子图(factor graph)和贝叶斯网络(Bayesian network))和无向图模型(也被称为马尔可夫随机场)。有向图模型中节点之间由有向的链接关联，该方向体现了随机变量之间的因果关系，而无向图模型中节点之间的链接则没有方向。目前也有一些同时包含有向链接与无向链接的混合图模型被提出，从而结合有向图和无向图的优势。

在本节内容中，主要介绍一些基于贝叶斯方法的深度学习模型。它们通过引入对隐含变量、神经网络的参数或指定依赖关系的模型参数的先验知识，在一定程度上(尤其是在数据不足的情况下)避免过拟合问题。

6.3.1 盘式记法

为了更好地理解概率图模型，先要了解概率图的表示形式。图 6-2(a)表示了一个有向图模型，其中随机变量 z 和一组随机变量 $\{x_1, x_2, \cdots, x_N\}$ 之间的有向箭头代表随机变量的依赖关系。它可以刻画为如下形式的联合概率分布

$$p(x,z)=p(z)\prod_{n=1}^{N}p(x_n \mid z) \tag{6-60}$$

其中 $p(x_n|z)$ 体现随机变量 x_n 对随机变量 z 的依赖。若 $\{x_1, x_2, \cdots, x_N\}$ 满足独立同分布，那么可以把它们画在一个盘内，并在盘内标出变量的个数。关系图可以转换为更加简洁的盘式记法(plate notation)，如图 6-2(b)所示。

为了区分变量是否能被直接观测，一般可以直接观测的节点添加阴影。如图 6-3 所示，$\{x_1, x_2, \cdots, x_N\}$ 是一组可被观测的随机变量，被称为观测变量(observed variable)，它们被标记了阴影；而 z 则是不能被直接观测的随机变量，被称为隐含变量(latent variable)，因此，不需要标记阴影。

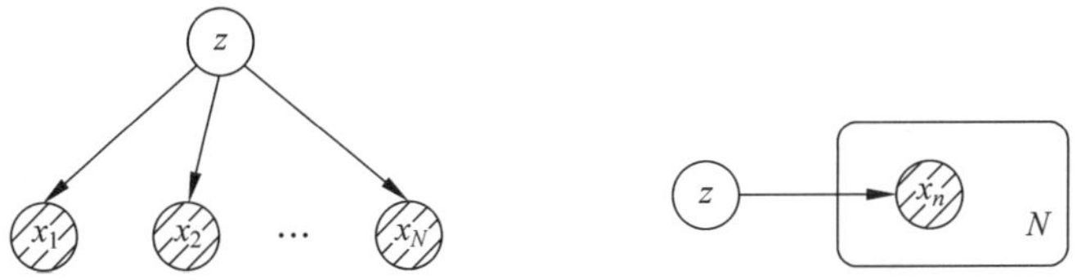

(a) 引入了观测变量的联合概率分布　(b) 相应的盘式记法所表示的联合概率分布

图 6-3 对可以直接观测的节点添加阴影

6.3.2 马尔可夫随机场

马尔可夫随机场(Markov Random Field,MRF)也被称为马尔可夫网络(Markov network)或者无向图模型。在一个马尔可夫随机场中,每个节点对应一个或一组随机变量,节点之间的链接都是无向的。然而,无向链接体现了随机变量间复杂的相互作用,导致后验概率难以处理。因此,需要利用条件独立性质来简化无向图模型的复杂性。

在马尔可夫随机场中可以利用"分离"的概念体现条件独立性。给定节点集 B,节点集 A 中任意一个节点到节点集 C 中任意一个节点经过的路径中一定包含节点集 B 中的节点,此时称节点集 A 和节点集 C 被节点集 B 分离,节点集 B 为分离集(separating set),节点集 A 和节点集 C 满足独立性。注意,当节点集 A 中任意节点到节点集 C 中任意节点之间可能经过的所有路径都被集合 B 阻断时,该独立条件才满足。如果存在至少一条路径未被集合 B 阻断,该性质不一定成立。图 6-4 所示为节点集 B 分离节点集 A 和节点集 C 的示意图,其中每个虚线椭圆内的节点都属于同一个集合。

为了更加清楚地理解这个概念,分别用 x_A、x_B 和 x_C 表示 A、B、C 节点集,得到化简后的图 6-5。从图 6-5 中,可以直观地发现 x_A 和 x_C 在给定 x_B 时条件下独立,记作 $x_A \perp x_C | x_B$。值得注意的是此处没有考虑节点之间的条件独立性,而是直接考虑集合间的条件独立性。而这也可以容易地推广到节点间的条件独立。因为当集合中只存在一个节点时,集合之间的独立性自然而然变成节点之间的独立性,如图 6-5 所示。

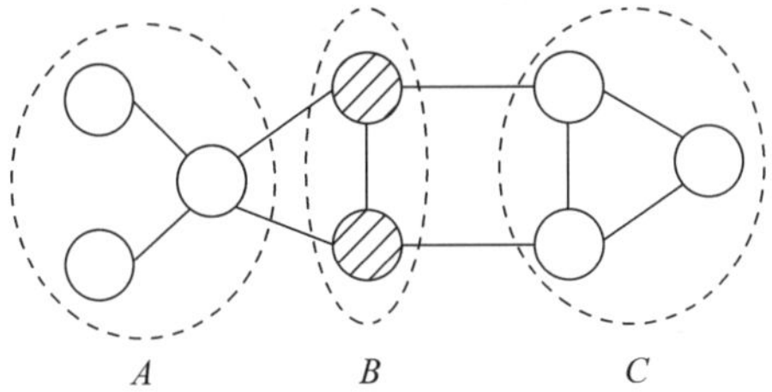

图 6-4 节点集 B 分离节点集 A 和节点集 C 的示意图

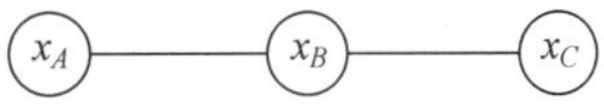

图 6-5 图 6-4 简化后的示例

图 6-6 是一个简单的马尔可夫随机场的例子。对于图中一个任意的节点子集,如果其中任意两个节点之间都存在连接,则这个节点子集被称为一个团(clique)。如果在这个团中添加任意一个额外的节点都会使新的节点子集不能构成团,那么这个团被称作极大团(maximal clique)。在图 6-6 中,$\{x_1,x_2\}$,$\{x_1,x_4\}$,$\{x_2,x_3\}$,$\{x_2,x_4\}$,$\{x_3,x_4\}$,$\{x_1,x_2,x_3\}$,$\{x_2,x_3,x_4\}$都是团,且$\{x_1,x_2,x_3\}$和$\{x_2,x_3,x_4\}$为极大团。在马尔可夫随机场中,多个变量之间的联合概率分布能被分解成多个因子的乘积,其中每个因子都对应一个关于团的函数。不失一般性,可以仅考虑每个因子对应的是一个极大团的函数。因为任意一个

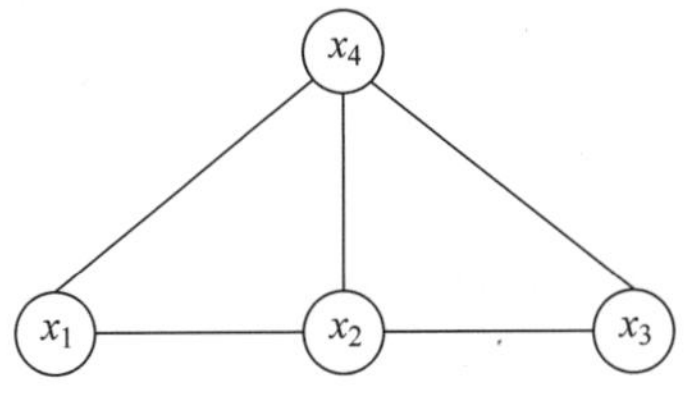

图 6-6 由 4 个节点组成的无向图

团一定是极大团的一个子集，这意味着一个团中变量的关系一定会被反映在该团所在的极大团的变量关系中。

假设存在一个随机变量的集合$\{x_1,x_2,\cdots,x_N\}$，集合中的极大团都被简单记作x_C，那么这些随机变量的联合概率分布就可以被分解为

$$p(x)=p(x_1,x_2,\cdots,x_N)=\frac{1}{Z}\prod_{C}\psi_C(x_C) \tag{6-61}$$

根据图6-6，可以写出该无向图模型对应的联合概率分布为

$$p(x)=\frac{1}{Z}\psi_{123}(x_1,x_2,x_3)\psi_{234}(x_2,x_3,x_4) \tag{6-62}$$

其中$Z=\sum_{x}\prod_{C}\psi_C(x_C)$被称为配分函数(partition function)，可以理解为一个归一化常数。值得注意的是对配分函数进行精确计算是十分困难的，这通常涉及指数级的计算复杂度。ψ_C为团C对应的势函数(potential function)。当$\psi_C(x_C)\geqslant 0$时，能够保证$p(x)$是一个概率分布。为了保证势函数恒正，往往会把势函数定义为指数形式，即

$$\psi_C(x_C)=\exp\{-E(x_C)\} \tag{6-63}$$

$E(\cdot)$被叫作能量函数(energy function)，该指数表示被称为玻尔兹曼分布(Boltzmann distribution)。当把式(6-63)代入式(6-61)时，可以发现总的能量等价于将所有的极大团的能量相加。

1. 因子图

无向图模型的表达具有模糊性问题。具体地说，无向图模型中每个势函数必须是某个团的子集，但团内部的具体关系是无法确定的。图6-7(a)是一个由3个节点构成的简单的无向图，其中极大团$\{x_1,x_2,x_3\}$对应的势函数为$\psi_{123}(x_1,x_2,x_3)$。图6-7(b)是一个因子图，小正方形对应的因子$f(x_1,x_2,x_3)=\psi_{123}(x_1,x_2,x_3)$。图6-7(c)是另一个因子图，它的因子满足$f_1(x_1,x_2)f_2(x_2,x_3)f_3(x_1,x_3)=\psi_{123}(x_1,x_2,x_3)$。图6-7(a)是一个由3个节点组成的团，它的因子图可能对应图6-7(b)，一个有3个节点的因子；也可能对应图6-7(c)，它存在有3个因子，每个因子包含2个节点。图6-7(b)和图6-7(c)这两个因子图都能对应到图6-7(a)的无向图，但是反映了不同的团内表示。因此，因子图常被用于无向图建模且起到十分重要的作用。使用因子图进行分解的操作也十分简单，只需要在原有节点上增加新的节点来表示因子本身即可。通过引入因子，可以将无向图模型所表示的一组随机变量的联合概率分布表示为因子的乘积

$$p(x)=\prod_{s}f_s(x_s) \tag{6-64}$$

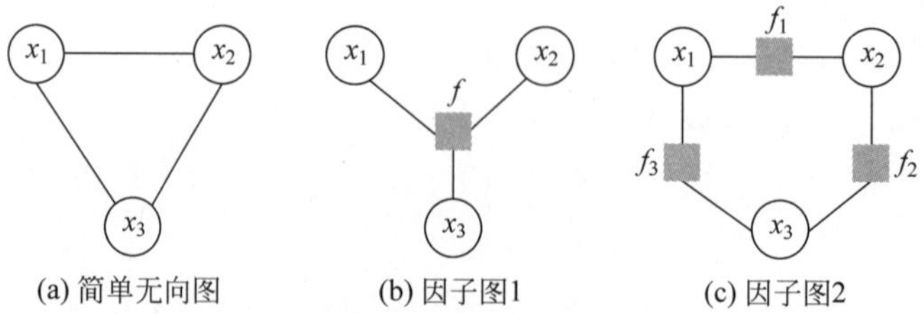

图6-7　简单无向图及因子图

其中，x_s是所有随机变量x的一个子集。以图6-7(c)的因子图为例，其所对应的联合概率分布可以表示为

$$p(x)=f_1(x_1,x_2)f_2(x_2,x_3)f_3(x_1,x_3) \tag{6-65}$$

2. 玻尔兹曼机

玻尔兹曼机(Boltzmann machine)是一类带有隐含变量的概率生成模型。该模型能够建模输入样本各个维度之间深层次的联系,从而学习到数据内部复杂的结构与关系。一个简单的玻尔兹曼机如图 6-8 所示。在训练玻尔兹曼机的过程中,需要同时用到 MCMC 方法和变分方法。玻尔兹曼机的每个节点都是一个二值向量,通过对概率分布进行采样,玻尔兹曼机可以学习比较复杂或者未知的概率分布。玻尔兹曼机包含了可见变量(visible variables)$\boldsymbol{v}\in\{0,1\}^D$ 和隐含变量(hidden variables)$\boldsymbol{h}\in\{0,1\}^P$。隐含变量的引入使得玻尔兹曼机拥有更加强大的能力,它不仅能够模拟可见变量之间的线性关系,还能够充当可见单元之间的高阶交互。玻尔兹曼机使用能量函数建模$\boldsymbol{v}$ 和 $\boldsymbol{h}$ 之间的关系:

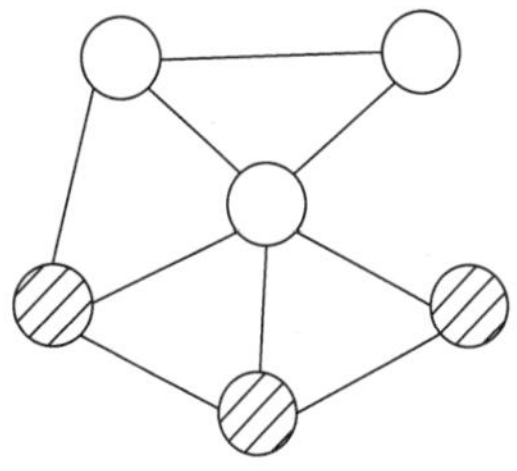

图 6-8 一个简单的玻尔兹曼机

$$E(\boldsymbol{v},\boldsymbol{h}\mid\boldsymbol{\theta})=-\frac{1}{2}\boldsymbol{v}^{\mathrm{T}}\boldsymbol{A}\boldsymbol{v}-\frac{1}{2}\boldsymbol{h}^{\mathrm{T}}\boldsymbol{B}\boldsymbol{h}-\boldsymbol{v}^{\mathrm{T}}\boldsymbol{C}\boldsymbol{h}-\boldsymbol{\alpha}^{\mathrm{T}}\boldsymbol{v}-\boldsymbol{\beta}^{\mathrm{T}}\boldsymbol{h} \tag{6-66}$$

其中$\boldsymbol{\theta}=\{\boldsymbol{A},\boldsymbol{B},\boldsymbol{C},\boldsymbol{\alpha},\boldsymbol{\beta}\}$是模型的参数,$\boldsymbol{A}$ 刻画了可见层和可见层之间的关系,$\boldsymbol{B}$ 刻画了隐含层和隐含层之间的关系,$\boldsymbol{C}$ 刻画了可见层和隐含层之间的关系。对于可见变量$\boldsymbol{v}$,它的概率可以表示为

$$p(\boldsymbol{v}\mid\boldsymbol{\theta})=\frac{p^*(\boldsymbol{v}\mid\boldsymbol{\theta})}{Z(\boldsymbol{\theta})}=\frac{1}{Z(\boldsymbol{\theta})}\sum_{\boldsymbol{h}}\exp\{-E(\boldsymbol{v},\boldsymbol{h}\mid\boldsymbol{\theta})\} \tag{6-67}$$

其中,$p^*(\boldsymbol{v}\mid\boldsymbol{\theta})$是未归一化的概率,$Z(\boldsymbol{\theta})=\sum_{\boldsymbol{v}}\sum_{\boldsymbol{h}}\exp\{-E(\boldsymbol{v},\boldsymbol{h}\mid\boldsymbol{\theta})\}$ 是配分函数。相应的条件概率可以表示为

$$p(v_i=1\mid\boldsymbol{h},v_{-i})=\sigma\left(\sum_{j=1}^{P}C_{ij}h_j+\sum_{k\neq i}^{D}A_{ik}v_k+\alpha_i\right) \tag{6-68}$$

$$p(h_j=1\mid\boldsymbol{v},h_{-j})=\sigma\left(\sum_{i=1}^{D}C_{ij}v_j+\sum_{m\neq j}^{P}B_{jm}h_j+B_j\right) \tag{6-69}$$

接下来将推导上述这两个条件概率。首先利用条件概率公式,可以得到

$$\begin{aligned}p(v_i\mid\boldsymbol{h},v_{-i})&=\frac{p(\boldsymbol{v},\boldsymbol{h})}{p(v_{-i},\boldsymbol{h})}=\frac{\frac{1}{Z}\exp\{-E(\boldsymbol{v},\boldsymbol{h})\}}{\sum_{v_i}\frac{1}{Z}\exp\{-E(\boldsymbol{v},\boldsymbol{h})\}}\\&=\frac{\exp\left\{\frac{1}{2}\boldsymbol{v}^{\mathrm{T}}\boldsymbol{A}\boldsymbol{v}+\frac{1}{2}\boldsymbol{h}^{\mathrm{T}}\boldsymbol{B}\boldsymbol{h}+\boldsymbol{v}^{\mathrm{T}}\boldsymbol{C}\boldsymbol{h}+\boldsymbol{\alpha}^{\mathrm{T}}\boldsymbol{v}+\boldsymbol{\beta}^{\mathrm{T}}\boldsymbol{h}\right\}}{\sum_{v_i}\exp\left\{\frac{1}{2}\boldsymbol{v}^{\mathrm{T}}\boldsymbol{A}\boldsymbol{v}+\frac{1}{2}\boldsymbol{h}^{\mathrm{T}}\boldsymbol{B}\boldsymbol{h}+\boldsymbol{v}^{\mathrm{T}}\boldsymbol{C}\boldsymbol{h}+\boldsymbol{\alpha}^{\mathrm{T}}\boldsymbol{v}+\boldsymbol{\beta}^{\mathrm{T}}\boldsymbol{h}\right\}}\\&=\frac{\exp\left\{\frac{1}{2}\boldsymbol{v}^{\mathrm{T}}\boldsymbol{A}\boldsymbol{v}+\boldsymbol{v}^{\mathrm{T}}\boldsymbol{C}\boldsymbol{h}+\boldsymbol{\alpha}^{\mathrm{T}}\boldsymbol{v}\right\}}{\sum_{v_i}\exp\left\{\frac{1}{2}\boldsymbol{v}^{\mathrm{T}}\boldsymbol{A}\boldsymbol{v}+\boldsymbol{v}^{\mathrm{T}}\boldsymbol{C}\boldsymbol{h}+\boldsymbol{\alpha}^{\mathrm{T}}\boldsymbol{v}\right\}}\\&=\frac{\exp\left\{\frac{1}{2}\boldsymbol{v}^{\mathrm{T}}\boldsymbol{A}\boldsymbol{v}+\boldsymbol{v}^{\mathrm{T}}\boldsymbol{C}\boldsymbol{h}+\boldsymbol{\alpha}^{\mathrm{T}}\boldsymbol{v}\right\}}{\exp\left\{\frac{1}{2}\boldsymbol{v}^{\mathrm{T}}\boldsymbol{A}\boldsymbol{v}+\boldsymbol{v}^{\mathrm{T}}\boldsymbol{C}\boldsymbol{h}+\boldsymbol{\alpha}^{\mathrm{T}}\boldsymbol{v}\right\}\Big|_{v_i=0}+\exp\left\{\frac{1}{2}\boldsymbol{v}^{\mathrm{T}}\boldsymbol{A}\boldsymbol{v}+\boldsymbol{v}^{\mathrm{T}}\boldsymbol{C}\boldsymbol{h}+\boldsymbol{\alpha}^{\mathrm{T}}\boldsymbol{v}\right\}\Big|_{v_i=1}}\end{aligned} \tag{6-70}$$

其中,分子可以进一步化简:

$$
\begin{aligned}
&\exp\left\{\frac{1}{2}\boldsymbol{v}^{\mathrm{T}}\boldsymbol{A}\boldsymbol{v}+\boldsymbol{v}^{\mathrm{T}}\boldsymbol{C}\boldsymbol{h}+\boldsymbol{\alpha}^{\mathrm{T}}\boldsymbol{v}\right\} \\
&=\exp\left\{\frac{1}{2}\sum_{d=1}^{D}\sum_{k=1}^{D}v_dA_{dk}v_k+\sum_{d=1}^{D}\sum_{j=1}^{P}v_dC_{dj}h_j+\sum_{l=i}^{D}\alpha_lv_l\right\} \\
&=\exp\left\{\frac{1}{2}\left(\sum_{d\neq i}^{D}\sum_{k\neq i}^{D}v_dA_{dk}v_k+2\sum_{k\neq i}^{D}v_iA_{ik}v_k\right)+\sum_{d\neq i}^{D}\sum_{j=1}^{P}v_dC_{dj}h_j+\sum_{j=1}^{P}v_iC_{dj}h_j+\sum_{l\neq i}^{D}\alpha_lv_l+\alpha_iv_i\right\}
\end{aligned}
\tag{6-71}
$$

若 $v_i=0$ 时,$\exp\left\{\frac{1}{2}\boldsymbol{v}^{\mathrm{T}}\boldsymbol{A}\boldsymbol{v}+\boldsymbol{v}^{\mathrm{T}}\boldsymbol{C}\boldsymbol{h}+\boldsymbol{\alpha}^{\mathrm{T}}\boldsymbol{v}\right\}$可以重写为

$$
\begin{aligned}
&\exp\left\{\frac{1}{2}\boldsymbol{v}^{\mathrm{T}}\boldsymbol{A}\boldsymbol{v}+\boldsymbol{v}^{\mathrm{T}}\boldsymbol{C}\boldsymbol{h}+\boldsymbol{\alpha}^{\mathrm{T}}\boldsymbol{v}\right\}\Bigg|_{v_i=0} \\
&=\exp\left\{\frac{1}{2}\left(\sum_{d\neq i}^{D}\sum_{k\neq i}^{D}v_dA_{dk}v_k+2\sum_{k\neq i}^{D}v_iA_{ik}v_k\right)+\sum_{d\neq i}^{D}\sum_{j=1}^{P}v_dC_{dj}h_j+\right. \\
&\left.\sum_{j=1}^{P}v_iC_{dj}h_j+\sum_{l\neq i}^{D}\alpha_lv_l+\alpha_iv_i\right\}\Bigg|_{v_i=0} \\
&=\exp\left\{\frac{1}{2}\sum_{d\neq i}^{D}\sum_{k\neq i}^{D}v_dA_{dk}v_k+\sum_{d\neq i}^{D}\sum_{j=1}^{P}v_dC_{dj}h_j+\sum_{l\neq i}^{D}\alpha_lv_l\right\}
\end{aligned}
\tag{6-72}
$$

若 $v_i=1$ 时,$\exp\left\{\frac{1}{2}\boldsymbol{v}^{\mathrm{T}}\boldsymbol{A}\boldsymbol{v}+\boldsymbol{v}^{\mathrm{T}}\boldsymbol{C}\boldsymbol{h}+\boldsymbol{\alpha}^{\mathrm{T}}\boldsymbol{v}\right\}$则可以改写为

$$
\begin{aligned}
&\exp\left\{\frac{1}{2}\boldsymbol{v}^{\mathrm{T}}\boldsymbol{A}\boldsymbol{v}+\boldsymbol{v}^{\mathrm{T}}\boldsymbol{C}\boldsymbol{h}+\boldsymbol{\alpha}^{\mathrm{T}}\boldsymbol{v}\right\}\Bigg|_{v_i=1} \\
&=\exp\left\{\frac{1}{2}\left(\sum_{d\neq i}^{D}\sum_{k\neq i}^{D}v_dA_{dk}v_k+2\sum_{k\neq i}^{D}v_iA_{ik}v_k\right)+\sum_{d\neq i}^{D}\sum_{j=1}^{P}v_dC_{dj}h_j+\right. \\
&\left.\sum_{j=1}^{P}v_iC_{dj}h_j+\sum_{l\neq i}^{D}\alpha_lv_l+\alpha_iv_i\right\}\Bigg|_{v_i=1} \\
&=\exp\left\{\frac{1}{2}\sum_{d\neq i}^{D}\sum_{k\neq i}^{D}v_dA_{dk}v_k+\sum_{k\neq i}^{D}A_{ik}v_k+\sum_{d\neq i}^{D}\sum_{j=1}^{P}v_dC_{dj}h_j+\sum_{j=1}^{P}C_{dj}h_j+\sum_{l\neq i}^{D}\alpha_lv_l+\alpha_i\right\}
\end{aligned}
\tag{6-73}
$$

基于上述公式,可以很容易地得到

$$
\begin{aligned}
&p(v_i=1\mid\boldsymbol{h},v_{-i}) \\
&=\frac{\exp\left\{\frac{1}{2}\boldsymbol{v}^{\mathrm{T}}\boldsymbol{A}\boldsymbol{v}+\boldsymbol{v}^{\mathrm{T}}\boldsymbol{C}\boldsymbol{h}+\boldsymbol{\alpha}^{\mathrm{T}}\boldsymbol{v}\right\}\Big|_{v_i=1}}{\exp\left\{\frac{1}{2}\boldsymbol{v}^{\mathrm{T}}\boldsymbol{A}\boldsymbol{v}+\boldsymbol{v}^{\mathrm{T}}\boldsymbol{C}\boldsymbol{h}+\boldsymbol{\alpha}^{\mathrm{T}}\boldsymbol{v}\right\}\Big|_{v_i=0}+\exp\left\{\frac{1}{2}\boldsymbol{v}^{\mathrm{T}}\boldsymbol{A}\boldsymbol{v}+\boldsymbol{v}^{\mathrm{T}}\boldsymbol{C}\boldsymbol{h}+\boldsymbol{\alpha}^{\mathrm{T}}\boldsymbol{v}\right\}\Big|_{v_i=1}} \\
&=\frac{1}{1+\exp\left(-\left(\sum_{k\neq i}^{D}A_{ik}v_k+\sum_{j=1}^{P}C_{dj}h_j+\alpha_i\right)\right)} \\
&=\sigma\left(\sum_{k\neq i}^{D}A_{ik}v_k+\sum_{j=1}^{P}C_{dj}h_j+\alpha_i\right)
\end{aligned}
\tag{6-74}
$$

其中，$\sigma(\cdot)$是 Sigmoid 函数。$p(v_i|\boldsymbol{h},v_{-i})$服从二项分布，所以 $p(v_i=0|\boldsymbol{h},v_{-i})=1-p(v_i=1|\boldsymbol{h},v_{-i})$。$p(h_j|\boldsymbol{v},h_{-j})$的推导也类似，所以此处不做详细推导。

下面介绍利用变分推断学习玻尔兹曼机的过程。一般地，在利用变分推断求解模型参数的过程中，需要最大化变分下界，其中变分下界被定义为

$$\begin{aligned}\mathcal{L}=\text{ELBO}&=\log p_{\boldsymbol{\theta}}(\boldsymbol{v})-\text{KL}(q_{\boldsymbol{\phi}}\parallel p_{\boldsymbol{\theta}})\\&=\sum_{\boldsymbol{h}}q_{\boldsymbol{\phi}}(\boldsymbol{h}\mid\boldsymbol{v})\log p_{\boldsymbol{\theta}}(\boldsymbol{v},\boldsymbol{h})+H(q_{\boldsymbol{\phi}})\end{aligned} \tag{6-75}$$

$\boldsymbol{\phi}=\{\phi_j\}_{j=1}^{P}$ 是分布 $q_{\boldsymbol{\phi}}$ 的参数。为了简化优化过程，常常会使用平均场理论，即令 $q_{\boldsymbol{\phi}}(\boldsymbol{h}\mid\boldsymbol{v})=\prod_{j=1}^{P}q_{\boldsymbol{\phi}}(h_j\mid\boldsymbol{v})$。于是，通过求解最优参数，以使得变分下界最大化

$$\begin{aligned}\phi_j^*&=\underset{\phi_j}{\text{argmax}}\sum_{\boldsymbol{h}}q_{\boldsymbol{\phi}}(\boldsymbol{h}\mid\boldsymbol{v})\log p_{\boldsymbol{\theta}}(\boldsymbol{v},\boldsymbol{h})+H(q_{\boldsymbol{\phi}})\\&=\underset{\phi_j}{\text{argmax}}\left\{\sum_{\boldsymbol{h}}q_{\boldsymbol{\phi}}(\boldsymbol{h}\mid\boldsymbol{v})\cdot\left[-\log Z+\frac{1}{2}\boldsymbol{v}^{\mathrm{T}}\boldsymbol{A}\boldsymbol{v}+\frac{1}{2}\boldsymbol{h}^{\mathrm{T}}\boldsymbol{B}\boldsymbol{h}+\boldsymbol{v}^{\mathrm{T}}\boldsymbol{C}\boldsymbol{h}+\boldsymbol{\alpha}^{\mathrm{T}}\boldsymbol{v}+\boldsymbol{B}^{\mathrm{T}}\boldsymbol{h}\right]\right\}+H(q_{\boldsymbol{\phi}})\\&=\underset{\phi_j}{\text{argmax}}\left\{\sum_{\boldsymbol{h}}q_{\boldsymbol{\phi}}(\boldsymbol{h}\mid\boldsymbol{v})\cdot\left(-\log Z+\frac{1}{2}\boldsymbol{v}^{\mathrm{T}}\boldsymbol{A}\boldsymbol{v}+\boldsymbol{\alpha}^{\mathrm{T}}\boldsymbol{v}\right)+\sum_{\boldsymbol{h}}q_{\boldsymbol{\phi}}(\boldsymbol{h}\mid\boldsymbol{v})\cdot\right.\\&\qquad\left.\left(\frac{1}{2}\boldsymbol{h}^{\mathrm{T}}\boldsymbol{B}\boldsymbol{h}+\boldsymbol{v}^{\mathrm{T}}\boldsymbol{C}\boldsymbol{h}+\boldsymbol{B}^{\mathrm{T}}\boldsymbol{h}\right)\right\}+H(q_{\boldsymbol{\phi}})\\&=\underset{\phi_j}{\text{argmax}}\sum_{\boldsymbol{h}}q_{\boldsymbol{\phi}}(\boldsymbol{h}\mid\boldsymbol{v})\cdot\left(\frac{1}{2}\boldsymbol{h}^{\mathrm{T}}\boldsymbol{B}\boldsymbol{h}+\boldsymbol{v}^{\mathrm{T}}\boldsymbol{C}\boldsymbol{h}+\boldsymbol{B}^{\mathrm{T}}\boldsymbol{h}\right)+H(q_{\boldsymbol{\phi}})\\&=\underset{\phi_j}{\text{argmax}}\frac{1}{2}\sum_{\boldsymbol{h}}q_{\boldsymbol{\phi}}(\boldsymbol{h}\mid\boldsymbol{v})\cdot\boldsymbol{h}^{\mathrm{T}}\boldsymbol{B}\boldsymbol{h}+\sum_{\boldsymbol{h}}q_{\boldsymbol{\phi}}(\boldsymbol{h}\mid\boldsymbol{v})\cdot\boldsymbol{v}^{\mathrm{T}}\boldsymbol{C}\boldsymbol{h}+\sum_{\boldsymbol{h}}q_{\boldsymbol{\phi}}(\boldsymbol{h}\mid\boldsymbol{v})\cdot\boldsymbol{B}^{\mathrm{T}}\boldsymbol{h}+H(q_{\boldsymbol{\phi}})\end{aligned} \tag{6-76}$$

令$\begin{cases}①=\sum_{\boldsymbol{h}}q_{\boldsymbol{\phi}}(\boldsymbol{h}\mid\boldsymbol{v})\cdot\boldsymbol{v}^{\mathrm{T}}\boldsymbol{C}\boldsymbol{h}\\②=\frac{1}{2}\sum_{\boldsymbol{h}}q_{\boldsymbol{\phi}}(\boldsymbol{h}\mid\boldsymbol{v})\cdot\boldsymbol{h}^{\mathrm{T}}\boldsymbol{B}\boldsymbol{h}\\③=H(q_{\boldsymbol{\phi}})\\④\sum_{\boldsymbol{h}}q_{\boldsymbol{\phi}}(\boldsymbol{h}\mid\boldsymbol{v})\cdot\boldsymbol{B}^{\mathrm{T}}\boldsymbol{h}\end{cases}$，并分别计算①、②、③关于$\phi_j$ 的偏导，则有

$$\begin{aligned}①&=\sum_{\boldsymbol{h}}q_{\boldsymbol{\phi}}(\boldsymbol{h}\mid\boldsymbol{v})\cdot\boldsymbol{v}^{\mathrm{T}}\boldsymbol{C}\boldsymbol{h}\\&=\sum_{\boldsymbol{h}}\prod_{j=1}^{P}q_{\boldsymbol{\phi}}(h_j\mid\boldsymbol{v})\cdot\sum_{d=1}^{D}\sum_{j=1}^{P}v_dC_{dj}h_j\\&=\sum_{d=1}^{D}\sum_{j=1}^{P}v_dC_{dj}\phi_j\end{aligned} \tag{6-77}$$

$$\frac{\partial①}{\partial\phi_j}=\sum_{d=1}^{D}v_dC_{dj} \tag{6-78}$$

$$②=\sum_{j=1}^{P}\sum_{p\neq j}^{P}\phi_jB_{jp}\phi_p \tag{6-79}$$

$$\frac{\partial②}{\partial\phi_j}=\sum_{p\neq j}^{P}B_{jp}\phi_p \tag{6-80}$$

$$③=-\sum_{j=1}^{P}[\phi_j\log\phi_j+(1-\phi_j)\log(1-\phi_j)] \tag{6-81}$$

$$\frac{\partial ③}{\partial \phi_j}=-\log\frac{\phi_j}{1-\phi_j} \tag{6-82}$$

$$④=\sum_{j=1}^{P}B_j\phi_j \tag{6-83}$$

$$\frac{\partial ④}{\partial \phi_j}=\sum_{j=1}^{P}B_j \tag{6-84}$$

令$\frac{\partial \mathcal{L}}{\partial \phi_j}=\frac{\partial(①+②+③+④)}{\partial \phi_j}=0$，可以得到

$$\phi_j=\sigma\left(\sum_{p\neq j}^{P}B_{jp}\phi_p+\sum_{d=1}^{D}v_dC_{dj}+\sum_{j=1}^{P}B_j\right) \tag{6-85}$$

一个比较直接的求解$\boldsymbol{\phi}$的方法是利用坐标上升法，固定$\{\phi_p\}_{p\neq j}$，然后更新ϕ_j。在每次的更新中，优化变分下界，循环这样的过程直至$\boldsymbol{\phi}=\{\phi_j\}_{j=1}^{P}$均不再变化。此时的参数$\boldsymbol{\phi}^*$就是想要求解的最优参数。

虽然利用平均场理论能简化参数估计过程，但是它存在一定的局限性。例如，平均场假设变分后验概率分布能被完全因子分解，因而它们往往很难精确到近似真实的后验概率分布。在这种情况下，深度玻尔兹曼机的性能很容易受到影响。为了解决这个问题并且保持深度玻尔兹曼机生成的特征的表达能力，借助一类易于处理且具有表达能力的概率分布是一种可行的解决方案。

3. 受限玻尔兹曼机

受限玻尔兹曼机(Restricted Boltzmann Machine，RBM)是只包含了两层结构(即可见层和隐含层)的无向概率图模型。它的可见变量和隐含变量分别位于可见层和隐含层中。作为玻尔兹曼机的一个特例，RBM也能建模输入数据的不同维度的高阶联系。图6-9是一个RBM的示意图，它是一个二部图，即只存在隐含变量和可见变量之间的连接，而隐含层和可见层各自的内部不存在连接。也就是说，RBM可以看作能量函数中的$\boldsymbol{A}=\boldsymbol{B}=\boldsymbol{0}$时玻尔兹曼机的特例。这使得对于RBM的学习和推断相较于玻尔兹曼机变得简单。此处，作者提出将关联隐含变量和可见变量之间的权重设为$\boldsymbol{W}$，而不是$\boldsymbol{C}$。

RBM作为其他深度模型的重要组成部分，如深度置信网络和深度玻尔兹曼机。在这些深度模型中，RBM被用于特征提取。通过堆叠多层RBM可以获得更高阶的特征。目前已经有比较完善的理论和实验结果证实这些深度模型的有效性。然而，RBM不适合计算给定样本的准确的概率。因为准确的概率计算避免不了要计算归一化常数Z。目前已经有许多工作利用概率分布中的规则来近似计算Z，从而获得有效的概率分布，在本书中不做相关介绍。

RBM的分布也由一个能量函数来定义：

$$p(\boldsymbol{v},\boldsymbol{h})=\frac{1}{Z}\exp\{-E(\boldsymbol{v},\boldsymbol{h})\} \tag{6-86}$$

其中，Z是归一化常数。如图6-10所示，可以通过因子分解的方法来刻画联合概率分布$p(\boldsymbol{v},\boldsymbol{h})$。具体地，为每个变量添加各自的因子节点，可见变量与隐含变量之间的连接也添加对应的因子节点。根据之前提到的利用因子分解表示联合概率分布的方法，联合概率分布$p(\boldsymbol{v},\boldsymbol{h})$还可以写成

$$p(\boldsymbol{v},\boldsymbol{h})=\prod_{v_i\in\boldsymbol{v}}f_{\boldsymbol{v}}(v_i)\prod_{h_j\in\boldsymbol{h}}f_{\boldsymbol{h}}(h_j)\prod_{v_i\in\boldsymbol{v},h_j\in\boldsymbol{h}}f_{\boldsymbol{vh}}(v_i,h_j) \tag{6-87}$$

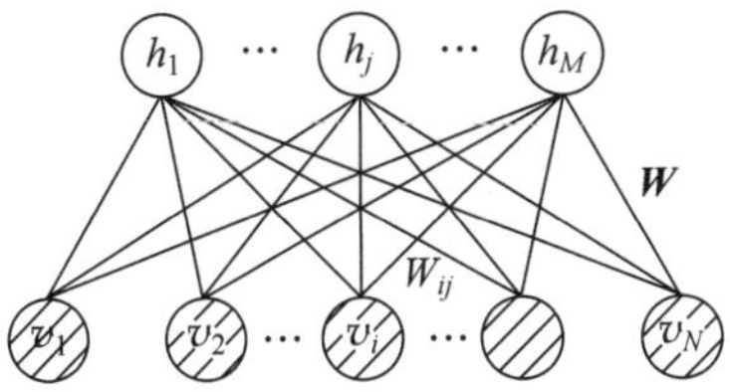

图 6-9 RBM 的示意图

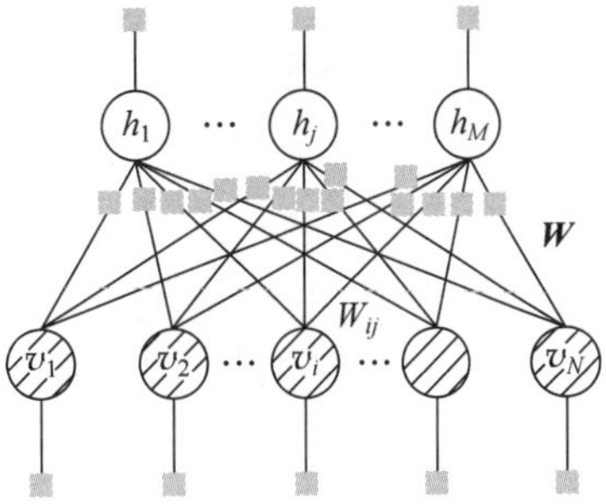

图 6-10 因子分解后的 RBM

若令

$$\begin{cases}\prod_{v_i\in\boldsymbol{v}} f_{\boldsymbol{v}}(v_i)=\exp\{\boldsymbol{\alpha}^{\mathrm{T}}\boldsymbol{v}\}\\ \prod_{h_j\in\boldsymbol{h}} f_{\boldsymbol{h}}(h_j)=\exp\{\boldsymbol{\beta}^{\mathrm{T}}\boldsymbol{h}\}\\ \prod_{v_i\in\boldsymbol{v},h_j\in\boldsymbol{h}} f_{\boldsymbol{vh}}(v_i,h_j)=\exp\{\boldsymbol{v}^{\mathrm{T}}\boldsymbol{Wh}\}\end{cases} \tag{6-88}$$

则能量函数 $E(\boldsymbol{v},\boldsymbol{h})$定义为

$$E(\boldsymbol{v},\boldsymbol{h})=-\boldsymbol{\alpha}^{\mathrm{T}}\boldsymbol{v}-\boldsymbol{\beta}^{\mathrm{T}}\boldsymbol{h}-\boldsymbol{v}^{\mathrm{T}}\boldsymbol{Wh} \tag{6-89}$$

1) RBM 的条件分布

由于 RBM 是一个无向图模型，因此当给定$\boldsymbol{v}$ 时，隐含单元 h_l 之间相互独立，于是可以写出条件分布的计算形式为

$$p(\boldsymbol{h}\mid\boldsymbol{v})=\prod_{l=1}^{M} p(h_l\mid\boldsymbol{v}) \tag{6-90}$$

当隐含单元 $h_l=1$ 时，可以得到其条件概率为

$$\begin{aligned}p(h_l=1\mid\boldsymbol{v})&=p(h_l=1\mid\boldsymbol{v},h_{-l})=\frac{p(h_l=1,h_{-l},\boldsymbol{v})}{p(\boldsymbol{v},h_{-l})}\\&=\frac{p(h_l=1,h_{-l},\boldsymbol{v})}{\sum_{h_l} p(\boldsymbol{v},\boldsymbol{h})}=\frac{p(h_l=1,h_{-l},\boldsymbol{v})}{p(h_l=1,h_{-l},\boldsymbol{v})+p(h_l=0,h_{-l},\boldsymbol{v})}\end{aligned} \tag{6-91}$$

$p(h_l=1|\boldsymbol{v})=p(h_l=1|\boldsymbol{v},h_{-l})$能成立是根据无向图中的条件独立性。现在固定 h_l，那么能量函数可以写成

$$-E(\boldsymbol{h},\boldsymbol{v})=\left(\sum_{i\neq l}^{M}\sum_{j=1}^{N} h_i W_{ij} v_j+\sum_{j=1}^{N} h_l W_{lj} v_j+\sum_{j=1}^{N}\alpha_j v_j+\sum_{i\neq l}^{M}\beta_i h_i+\beta_l h_l\right) \tag{6-92}$$

令

$$\begin{cases}H_l(\boldsymbol{v})=\sum_{j=1}^{N} W_{lj} v_j+\beta_l\\ H_{-l}(h_{-l},\boldsymbol{v})=\sum_{i\neq l}^{M}\sum_{j=1}^{N} h_i W_{ij} v_j+\sum_{j=1}^{N}\alpha_j v_j+\sum_{i\neq l}^{M}\beta_i h_i\end{cases} \tag{6-93}$$

则能量函数可以简写成 $E(\boldsymbol{h},\boldsymbol{v})=-h_l\cdot H_l(\boldsymbol{v})-H_{-l}(h_{-l},\boldsymbol{v})$，那么

$$p(h_l=1\mid \boldsymbol{v})=\frac{\frac{1}{Z}\exp\{-H_l(\boldsymbol{v})-H_{-l}(h_{-l},\boldsymbol{v})\}}{\frac{1}{Z}\exp\{-H_l(\boldsymbol{v})-H_{-l}(h_{-l},\boldsymbol{v})\}+\frac{1}{Z}\exp\{-H_{-l}(h_{-l},\boldsymbol{v})\}}$$

$$=\frac{1}{1+\exp\{-H_l(\boldsymbol{v})\}}=\sigma(H_l(\boldsymbol{v}))=\sigma\left(\sum_{j=1}^{N}W_{lj}v_j+\beta_l\right) \tag{6-94}$$

因此,当 $h_l=0$ 时,有

$$p(h_l=0\mid \boldsymbol{v})=1-\sigma\left(\sum_{j=1}^{N}W_{lj}v_j+\beta_l\right) \tag{6-95}$$

其中,$\sigma(\cdot)$通常是 Sigmoid 函数,其具有如下性质

$$\begin{aligned}\sigma(-x)&=\frac{1}{1+\mathrm{e}^{x}}\\&=\frac{\mathrm{e}^{-x}}{\mathrm{e}^{-x}+1}\\&=1-\frac{1}{1+\mathrm{e}^{-x}}=1-\sigma(x)\end{aligned} \tag{6-96}$$

因此,合并 $h_l=1$ 和 $h_l=0$ 的情况,一个通用的表达式可被定义为

$$p(h_l\mid \boldsymbol{v})=\sigma\left((2h_l-1)\sum_{j=1}^{N}W_{lj}v_j+\beta_l\right) \tag{6-97}$$

代入式(6-90),就可以得到 $p(\boldsymbol{h}|\boldsymbol{v})$的具体表达式。类似地,利用条件独立性,可以得到

$$p(\boldsymbol{v}\mid \boldsymbol{h})=\prod_{l=1}^{N}p(v_l\mid \boldsymbol{h}) \tag{6-98}$$

其中,

$$p(v_l\mid \boldsymbol{h})=\sigma\left((2v_l-1)\sum_{i=1}^{N}h_iW_{il}+\alpha_l\right) \tag{6-99}$$

2) RBM 的学习

在 RBM 的学习过程中,需要用到最大似然法来最大化对数似然函数 $\log p(\boldsymbol{v})$,其中 $p(\boldsymbol{v})$可以通过下式得到

$$\begin{aligned}p(\boldsymbol{v})&=\sum_{\boldsymbol{h}}\frac{1}{Z}\exp\{-E(\boldsymbol{h},\boldsymbol{v})\}\\&=\sum_{\boldsymbol{h}}\frac{1}{Z}\exp\{\boldsymbol{h}^{\mathrm{T}}\boldsymbol{W}\boldsymbol{v}+\boldsymbol{\alpha}^{\mathrm{T}}\boldsymbol{v}+\boldsymbol{\beta}^{\mathrm{T}}\boldsymbol{h}\}\\&=\frac{\exp\{\boldsymbol{\alpha}^{\mathrm{T}}\boldsymbol{v}\}}{Z}\sum_{h_1,h_2,\cdots,h_M}\exp\{\boldsymbol{h}^{\mathrm{T}}\boldsymbol{W}\boldsymbol{v}+\boldsymbol{\beta}^{\mathrm{T}}\boldsymbol{h}\}\\&=\frac{\exp\{\boldsymbol{\alpha}^{\mathrm{T}}\boldsymbol{v}\}}{Z}\sum_{h_1,h_2,\cdots,h_M}\exp\left\{\sum_{i=1}^{M}(h_i\boldsymbol{W}_i\boldsymbol{v}+\beta_ih_i)\right\}\\&=\frac{\exp\{\boldsymbol{\alpha}^{\mathrm{T}}\boldsymbol{v}\}}{Z}\sum_{h_1}\exp\{h_1\boldsymbol{W}_1\boldsymbol{v}+\beta_1h_1\}\cdots\sum_{h_M}\exp\{h_M\boldsymbol{W}_M\boldsymbol{v}+\beta_Mh_M\}\\&=\frac{\exp\{\boldsymbol{\alpha}^{\mathrm{T}}\boldsymbol{v}\}}{Z}(1+\exp\{\boldsymbol{W}_1\boldsymbol{v}+\beta_1\})\cdots(1+\exp\{\boldsymbol{W}_M\boldsymbol{v}+\beta_M\})\end{aligned}$$

$$=\frac{\exp\{\boldsymbol{\alpha}^{\mathrm{T}}\boldsymbol{v}\}}{Z}\cdot\exp\{\log(1+\exp\{\boldsymbol{W}_1\boldsymbol{v}+\beta_1\})\}\cdots\exp\{\log(1+\exp\{\boldsymbol{W}_M\boldsymbol{v}+\beta_M\})\}$$

$$=\frac{1}{Z}\exp\left\{\boldsymbol{\alpha}^{\mathrm{T}}\boldsymbol{v}+\sum_{i=1}^{M}\log(1+\exp\{\boldsymbol{W}_i\boldsymbol{v}+\beta_i\})\right\}$$

$$=\frac{1}{Z}\exp\left\{\boldsymbol{\alpha}^{\mathrm{T}}\boldsymbol{v}+\sum_{i=1}^{M}\mathrm{softplus}(\boldsymbol{W}_i\boldsymbol{v}+\beta_i)\right\} \tag{6-100}$$

至此，就可以利用优化方法最小化$-\log p(\boldsymbol{v})$来学习模型的参数。

6.3.3 有向图模型

有向图中所有边都是有方向的，边的方向由一个箭头指示。在概率图中，箭头指向的目标节点对应的随机变量的概率分布由源节点所对应的随机变量的概率分布所定义。

1. 有向图的条件独立性

与无向图类似，有向图中的条件独立性也是多变量分布的一个重要概念。有向图模型可以分解为三种基本的图结构。通过对这些图结构进行分析，可以很容易判断节点变量之间的条件独立性。

节点 x_B 与两条有向边的尾部相连接，因此被称为关于该路径“尾到尾”(tail-to-tail)连接。如图 6-11 所示，如果节点 x_B 是可观测的，那么 x_A 到 x_C 的路径将被阻断，从而令节点 x_A 和节点 x_C 变得条件独立。

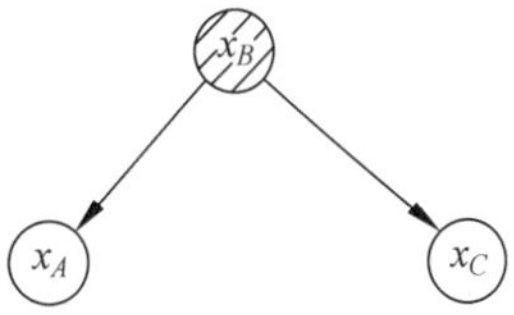

图 6-11　有向图中“尾到尾”的示意图

该图所表示的联合概率分布为

$$p(x_A,x_B,x_C)=p(x_A\mid x_B)p(x_C\mid x_B)p(x_B) \tag{6-101}$$

在以变量 x_B 为条件的情况下，x_A 和 x_C 的条件概率分布为

$$p(x_A,x_C\mid x_B)=\frac{p(x_A,x_B,x_C)}{p(x_B)}=p(x_A\mid x_B)p(x_C\mid x_B) \tag{6-102}$$

式(6-102)证明了条件独立性，即以变量 x_B 为条件，变量 x_A 和变量 x_C 相互独立，记作

$$x_A\perp x_C\mid x_B \tag{6-103}$$

类似地，如图 6-12 所示的情形，节点 x_B 同时与一条有向边的尾部和另一条有向边的头部相连接，因此被称为关于节点 x_A 到节点 x_C 的路径“头到尾”(head-to-tail)。在“头到尾”的情形中，如果能够观测到节点 x_B，那么它也会阻断 x_A 到 x_C 的路径，从而令节点 x_A 和节点 x_C 变得条件独立。为了证明这个结论，先写出图 6-12 所表示的联合概率分布

$$p(x_A,x_B,x_C)=p(x_C\mid x_B)p(x_B\mid x_A)p(x_A) \tag{6-104}$$

于是

$$\begin{aligned}p(x_A,x_C\mid x_B)&=\frac{p(x_A,x_B,x_C)}{p(x_B)}\\&=\frac{p(x_A,x_B)p(x_C\mid x_B)}{p(x_B)}\\&=p(x_A\mid x_B)p(x_C\mid x_B)\end{aligned} \tag{6-105}$$

上式证明了“头到尾”情形下的条件独立性，记作

$$x_A\perp x_C\mid x_B \tag{6-106}$$

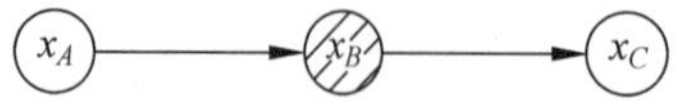

图 6-12 有向图中"头到尾"的示意图

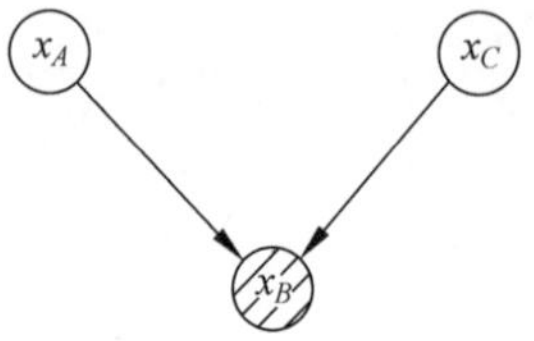

图 6-13 有向图中"头到头"的示意图

有向图模型的最后一种基本图结构：节点 x_B 关于节点 x_A 到节点 x_C 的路径"头到头"(head-to-head)连接，如图 6-13 所示。与前面两种情况不同的是，当节点 x_B 可被观测时，节点 x_A 和节点 x_C 之间的路径并不会被阻断，即 x_A 和 x_C 相互依赖；反之，如果节点 x_B 未被观测，节点 x_A 和节点 x_C 之间的路径才会被阻断，即 x_A 和 x_C 相互条件独立。同理，首先写出图 6-13 所表示的联合概率分布

$$p(x_A, x_B, x_C) = p(x_B \mid x_A, x_C) p(x_C) p(x_A) \tag{6-107}$$

接着，在给定 x_B 条件下，计算条件概率分布

$$\begin{aligned} p(x_A, x_C \mid x_B) &= \frac{p(x_A, x_B, x_C)}{p(x_B)} \\ &= \frac{p(x_A) p(x_C) p(x_B \mid x_A, x_C)}{p(x_B)} \end{aligned} \tag{6-108}$$

通常情况下，$p(x_B|x_A, x_C) \neq p(x_B)$，所以 x_A 和 x_C 不相互独立。然而，如果没有观测到节点 x_B，那么有

$$p(x_A, x_C) = \sum_{x_B} p(x_B \mid x_A, x_C) p(x_C) p(x_A) = p(x_C) p(x_A) \tag{6-109}$$

此时 x_A 和 x_C 相互条件独立，记作 $x_A \perp x_C \parallel \phi$。

2. 信念网络

Sigmoid 信念网络(Sigmoid belief network)可以认为是有向的玻尔兹曼机，其所包含的随机变量都是二值随机变量。假定模型中总共有 T 个节点，并用 S_i 表示每个节点。随机变量的集合 $\boldsymbol{S} = \{S_1, S_2, \cdots, S_T\}$，其中包括了可见变量和隐含变量，即 $\boldsymbol{S} = \{\boldsymbol{v}, \boldsymbol{h}\}$。由于 Sigmoid 信念网络是一个有向图模型，因此可以选用祖先采样(ancestral sampling)。在祖先采样中，一般会假设变量已经从小到大排序。以图 6-14 为例，采样过程将从序号最小的节点开始，逐渐按序采样。因此，$\boldsymbol{h}^{(1)}$ 中节点的下标都会比 $\boldsymbol{h}^{(2)}$ 大。通过下标比较，初始节点可选 S_j。对于节点 S_i，需要对条件概率分布 $p(S_i) = p(S_i \mid \text{par}(S_i))$ 采样，其中 $\text{par}(S_i) = \{S_j, S_{j+1}\}$ 表示节点 S_i 的父节点，祖先采样的优点在于它可以很好地保证条件独立性。例如在已经采样了 S_j 的情况下，后续采样 S_i 和 S_{i+1} 后，就构成了有向图中"尾到尾"的情形，因此 S_i 和 S_{i+1} 相互独立。

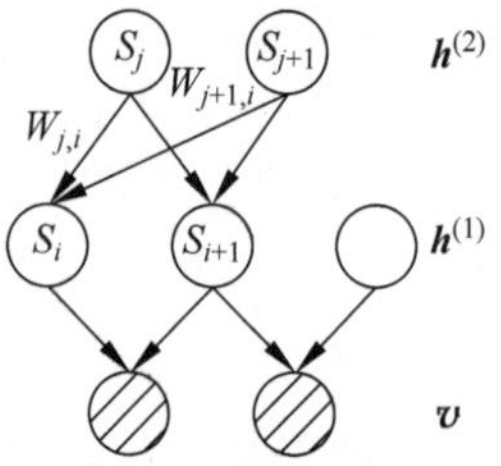

图 6-14 一个简单的 Sigmoid 信念网络

1) Sigmoid 信念网络的学习

由于 Sigmoid 信念网络是玻尔兹曼机的变体，它的条件概率分布也可以用和推导玻尔兹曼机的条件概率分布相似的方法推导得到。这里直接给出 Sigmoid 信念网络的条件概率形式：

$$\begin{cases} p(S_i=1 \mid S_j, j \in \mathrm{par}(i))=\sigma\left(\sum_{j \in \mathrm{par}(i)} W_{ij} \cdot S_j\right) \\ p(S_i=0 \mid S_j, j \in \mathrm{par}(i))=\sigma\left(-\sum_{j \in \mathrm{par}(i)} W_{ij} \cdot S_j\right) \end{cases} \tag{6-110}$$

由于 S_i 的取值只能是 0 或 1,可以将两种情况合并

$$\begin{cases} p(S_i=1 \mid S_j, j \in \mathrm{par}(i))=\sigma\left(S_i^* \sum_{j \in \mathrm{par}(i)} W_{ij} \cdot S_j\right) \\ S_i^*=2S_i-1 \end{cases} \tag{6-111}$$

根据条件概率分布,可以得到联合概率分布为

$$p(\boldsymbol{S})=\prod_i p(S_i \mid S_j, j \in \mathrm{par}(i))=p(\boldsymbol{v}, \boldsymbol{h}) \tag{6-112}$$

学习模型的参数需要使用最大似然法。需要注意的是,最大化的似然函数只与观测变量的集合$\boldsymbol{v}$ 有关。因此,对数似然函数可写为

$$\log p(\boldsymbol{v})=\sum_{v_i \in \boldsymbol{v}} \log p(v_i) \tag{6-113}$$

为了估计参数值,需要对式(6-113)求偏导。以对其中一个权重进行求导为例:

$$\begin{aligned} \frac{\partial \log p(v_i)}{\partial W_{ij}} &= \frac{1}{p(v_i)} \cdot \frac{\partial p(v_i)}{\partial W_{ij}} \\ &= \frac{1}{p(v_i)} \cdot \frac{\partial \sum_{\boldsymbol{h}} p(v_i, \boldsymbol{h})}{\partial W_{ij}} \\ &= \sum_{\boldsymbol{h}} \frac{1}{p(v_i)} \cdot \frac{\partial p(v_i, \boldsymbol{h})}{\partial W_{ij}} \\ &= \sum_{\boldsymbol{h}} \frac{p(\boldsymbol{h} \mid v_i)}{p(\boldsymbol{h}, v_i)} \cdot \frac{\partial p(v_i, \boldsymbol{h})}{\partial W_{ij}} \\ &= \sum_{\boldsymbol{h}} \frac{p(\boldsymbol{h} \mid v_i)}{p(\boldsymbol{S})} \cdot \frac{\partial p(\boldsymbol{S})}{\partial W_{ij}} \end{aligned} \tag{6-114}$$

其中,$\frac{1}{p(\boldsymbol{S})} \cdot \frac{\partial p(\boldsymbol{S})}{\partial W_{ij}}$可以被转换为可以直接计算的形式

$$\begin{aligned} &\frac{1}{p(\boldsymbol{S})} \cdot \frac{\partial p(\boldsymbol{S})}{\partial W_{ij}} \\ &= \frac{1}{\prod_i p(S_i \mid S_j, j \in \mathrm{par}(i))} \cdot \frac{\partial \prod_{k \neq i} p(S_k \mid S_j, j \in \mathrm{par}(k)) \cdot p(S_i \mid S_j, j \in \mathrm{par}(i))}{\partial W_{ij}} \\ &= \frac{1}{p(S_i \mid S_j, j \in \mathrm{par}(i))} \cdot \frac{\partial p(S_i \mid S_j, j \in \mathrm{par}(i))}{\partial W_{ij}} \\ &= \frac{1}{\sigma\left((S_i^* \sum_{j \in \mathrm{par}(i)} W_{ij} \cdot S_j\right)} \cdot \frac{\partial \sigma\left(S_i^* \sum_{j \in \mathrm{par}(i)} W_{ij} \cdot S_j\right)}{\partial W_{ij}} \end{aligned}$$

$$= \frac{1}{\sigma\left(S_i^* \sum_{j\in \mathrm{par}(i)} W_{ij} \cdot S_j\right)} \cdot \sigma\left(S_i^* \sum_{j\in \mathrm{par}(i)} W_{ij} \cdot S_j\right) \cdot \sigma\left(-S_i^* \sum_{j\in \mathrm{par}(i)} W_{ij} \cdot S_j\right) \cdot S_i^* S_j$$

$$= \sigma\left(-S_i^* \sum_{j\in \mathrm{par}(i)} W_{ij} \cdot S_j\right) \cdot S_i^* S_j \tag{6-115}$$

根据式(6-114)和式(6-115)可得似然函数对权重 W_{ij} 的偏导为

$$\begin{aligned}\frac{\partial \log p(\boldsymbol{v})}{\partial W_{ij}} &= \frac{\partial \sum_{v_i\in \boldsymbol{v}} \log p(v_i)}{\partial W_{ij}} \\ &= \sum_{v_i\in \boldsymbol{v}} \sum_{\boldsymbol{h}} \frac{p(\boldsymbol{h} \mid v_i)}{p(\boldsymbol{S})} \cdot \frac{\partial p(\boldsymbol{S})}{\partial W_{ij}} \\ &= \sum_{v_i\in \boldsymbol{v}} \sum_{\boldsymbol{h}} p(\boldsymbol{h} \mid v_i) \cdot \sigma\left(-S_i^* \sum_{j\in \mathrm{par}(i)} W_{ij} \cdot S_j\right) \cdot S_i^* S_j\end{aligned} \tag{6-116}$$

值得注意的是，

$$p(\boldsymbol{S} \mid v_i) = p(\boldsymbol{h},\boldsymbol{v} \mid v_i) = p(\boldsymbol{h} \mid v_i) \tag{6-117}$$

因此用 $p(\boldsymbol{S}|v_i)$替换式(6-116)中的 $p(\boldsymbol{h}|v_i)$，可以得到

$$\begin{aligned}\frac{\partial \log p(\boldsymbol{v})}{\partial W_{ij}} &= \sum_{v_i\in \boldsymbol{v}} \sum_{\boldsymbol{h}} p(\boldsymbol{S} \mid v_i) \cdot \sigma\left(-S_i^* \sum_{j\in \mathrm{par}(i)} W_{ij} \cdot S_j\right) \cdot S_i^* S_j \\ &= E_{(\boldsymbol{h},\boldsymbol{v})\sim p(\boldsymbol{S}|\boldsymbol{v})}\left[\sigma\left(-S_i^* \sum_{j\in \mathrm{par}(i)} W_{ij} \cdot S_j\right) \cdot S_i^* S_j\right]\end{aligned} \tag{6-118}$$

其中，可以通过 MCMC 采样近似计算后验概率 $p(\boldsymbol{S}|v_i)$相关的期望，再通过梯度下降法学习模型参数。然而，利用 MCMC 的方法计算梯度的值，一般只适合小规模网络。如果网络规模很大，MCMC 将难达到平稳分布。其主要原因是在给定观测变量$\boldsymbol{v}$ 的条件下，$\boldsymbol{h}$ 中变量不再独立，从而导致 $p(\boldsymbol{S}|\boldsymbol{v})$难以求解。

2）醒眠算法

虽然 Sigmoid 信念网络生成可见变量的过程非常高效，但是在观测到可见变量的情况下，推断隐含变量是十分困难的。因为根据有向图的性质，这会对应"头到头"的情况。如在图 6-14 中，如果给定 v_k，S_i 和 S_{i+1} 则不相互独立。一个简单的方法是在每一对含有有向边的节点间添加一条反向边，并使用醒眠算法（wake sleep algorithm）来学习模型的参数。为了在 Sigmoid 信念网络应用醒眠算法，如图 6-15 所示，研究者引入判别连接来改变原始图中的"头到头"的情况。假设判别连接中的权重为 $\boldsymbol{R}$，这就可以将近似后验分布 $p(\boldsymbol{h}|\boldsymbol{v})$的近似分布 $q(\boldsymbol{h}|\boldsymbol{v})$视为一个参数为 $\boldsymbol{R}$ 的函数。

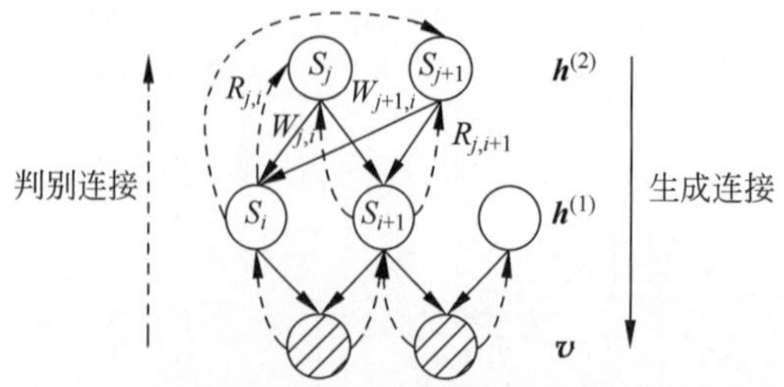

图 6-15　添加了反向边的 Sigmoid 信念网络

训练一个用$\boldsymbol{v}$ 推断$\boldsymbol{h}$ 的网络的难点在于无法得到$\boldsymbol{h}$ 的标签实现有监督地训练模型。也就是说，在给定$\boldsymbol{v}$ 的情况下，无法得到一个合适的 $\boldsymbol{h}$。醒眠算法通过从模型分布中抽样$\boldsymbol{v}$ 和$\boldsymbol{h}$ 来解决这个难题。在 Sigmoid 信念网络中，首先执行自上而下的祖先采样得到一个推断网络，再用这个网络自下而上执行反向的映射。醒眠算法的主要缺点在于它只能在有高概率的$\boldsymbol{v}$ 上训练判别网络。

醒眠算法由唤醒和睡眠两个阶段组成。在该算法中，用$\boldsymbol{\theta}$ 表示生成过程使用到的参数$\boldsymbol{W}$，若存在偏置项，则$\boldsymbol{\theta}=\{\boldsymbol{W},\boldsymbol{b}\}$。同样地，$\boldsymbol{\phi}$ 表示判别过程使用到的参数$\boldsymbol{R}$。在唤醒阶段（wake phase）固定$\boldsymbol{\phi}$，并执行如下步骤：

（1）从可见层自下而上传播逐步激活神经元，从而获得各层的样本。

（2）学习生成网络（生成连接）中的参数$\boldsymbol{\theta}$，其数学表达如下

$$\begin{aligned}\boldsymbol{\theta}^{*}&=\underset{\boldsymbol{\theta}}{\operatorname{argmax}}E_{q_{\boldsymbol{\phi}}(\boldsymbol{h}|\boldsymbol{v})}[\log p_{\boldsymbol{\theta}}(\boldsymbol{h},\boldsymbol{v})]\\&=\underset{\boldsymbol{\theta}}{\operatorname{argmax}}\,\mathcal{L}(\boldsymbol{\theta})\\&=\underset{\boldsymbol{\theta}}{\operatorname{argmin}}\mathrm{KL}[q_{\boldsymbol{\phi}}(\boldsymbol{h}\mid\boldsymbol{v})\parallel p_{\boldsymbol{\theta}}(\boldsymbol{h}\mid\boldsymbol{v})]\end{aligned}\tag{6-119}$$

在完成唤醒阶段后，就进入睡眠阶段（sleep phase）。在这个阶段，固定$\boldsymbol{\theta}^{*}$，并执行如下步骤：

（1）顶层隐含层自上而下传播，激活神经元，获得各层样本。与自下而上传播不同的是，在隐含变量的驱动下，自上而下传播所获得的样本是完全虚拟的，而自下而上传播则由观测变量驱动。

（2）学习判别网络（判别连接）中的参数$\boldsymbol{\phi}$，其优化目标可以表示为

$$\begin{aligned}\boldsymbol{\phi}^{*}&=\underset{\boldsymbol{\phi}}{\operatorname{argmax}}\,E_{p_{\boldsymbol{\theta}}(\boldsymbol{h},\boldsymbol{v})}[\log q_{\boldsymbol{\phi}}(\boldsymbol{h}\mid\boldsymbol{v})]\\&=\underset{\boldsymbol{\phi}}{\operatorname{argmax}}\int_{h}p_{\boldsymbol{\theta}}(\boldsymbol{h},\boldsymbol{v})\log q_{\boldsymbol{\phi}}(\boldsymbol{h}\mid\boldsymbol{v})\mathrm{d}\boldsymbol{h}\\&=\underset{\boldsymbol{\phi}}{\operatorname{argmax}}\int_{h}p_{\boldsymbol{\theta}}(\boldsymbol{v})p_{\boldsymbol{\theta}}(\boldsymbol{h}\mid\boldsymbol{v})\log q_{\boldsymbol{\phi}}(\boldsymbol{h}\mid\boldsymbol{v})\mathrm{d}\boldsymbol{h}\\&=\underset{\boldsymbol{\phi}}{\operatorname{argmax}}\int_{h}p_{\boldsymbol{\theta}}(\boldsymbol{h}\mid\boldsymbol{v})\log q_{\boldsymbol{\phi}}(\boldsymbol{h}\mid\boldsymbol{v})\mathrm{d}\boldsymbol{h}\\&=\underset{\boldsymbol{\phi}}{\operatorname{argmax}}\int_{h}p_{\boldsymbol{\theta}}(\boldsymbol{h}\mid\boldsymbol{v})\log\frac{q_{\boldsymbol{\phi}}(\boldsymbol{h}\mid\boldsymbol{v})}{p_{\boldsymbol{\theta}}(\boldsymbol{h}\mid\boldsymbol{v})}p_{\boldsymbol{\theta}}(\boldsymbol{h}\mid\boldsymbol{v})\mathrm{d}\boldsymbol{h}\\&=\underset{\boldsymbol{\phi}}{\operatorname{argmax}}\int_{h}p_{\boldsymbol{\theta}}(\boldsymbol{h}\mid\boldsymbol{v})\log\frac{q_{\boldsymbol{\phi}}(\boldsymbol{h}\mid\boldsymbol{v})}{p_{\boldsymbol{\theta}}(\boldsymbol{h}\mid\boldsymbol{v})}\mathrm{d}\boldsymbol{h}+\int_{h}p_{\boldsymbol{\theta}}(\boldsymbol{h}\mid\boldsymbol{v})\log p_{\boldsymbol{\theta}}(\boldsymbol{h}\mid\boldsymbol{v})\mathrm{d}\boldsymbol{h}\\&=\underset{\boldsymbol{\phi}}{\operatorname{argmax}}-\mathrm{KL}[p_{\boldsymbol{\theta}}(\boldsymbol{h}\mid\boldsymbol{v})\parallel q_{\boldsymbol{\phi}}(\boldsymbol{h}\mid\boldsymbol{v})]\\&=\underset{\boldsymbol{\phi}}{\operatorname{argmin}}\,\mathrm{KL}[p_{\boldsymbol{\theta}}(\boldsymbol{h}\mid\boldsymbol{v})\parallel q_{\boldsymbol{\phi}}(\boldsymbol{h}\mid\boldsymbol{v})]\end{aligned}\tag{6-120}$$

通过对比唤醒和睡眠两个阶段，可以发现两者的目标函数是不同的。此外，醒眠算法作为一种启发式算法，其目标在于追求计算的高效性。然而，它并不能保证获得精确解，甚至可能面临无法收敛的情况。

6.3.4 变分自编码器

变分自编码器（Variational Auto-Encoder，VAE）是一个将变分推断融合到自编码器中的有向图模型，其主体架构与自编码器相同，也包含一个概率编码器和一个概率解码器。概率编

码器可以看作一个判别网络，主要将输入的样本转换为隐含变量，从而近似变分后验概率；而概率解码器是一个生成网络，使得隐含变量能够生成满足预定概率分布的样本。此外，它以变分下界作为优化目标。

为了和大多数文献的表示形式相统一，本文在对 VAE 的介绍中使用 $\boldsymbol{x}$ 表示样本，z 表示隐含变量。前面的内容已经说明对数似然可以拆解成变分下界和 KL 散度的和。现在将它的形式修改为

$$\log p(\boldsymbol{x}) = \text{ELBO} + \text{KL}[q(z \mid \boldsymbol{x}) \parallel p(z \mid \boldsymbol{x})] \tag{6-121}$$

其中变分下界可表示为

$$\text{ELBO} = E_{q(z|\boldsymbol{x})}[\log p(\boldsymbol{x} \mid z)] - \text{KL}[q(z \mid \boldsymbol{x}) \parallel p(z)] \leqslant \log p(\boldsymbol{x}) \tag{6-122}$$

基于变分思想，在 VAE 中，概率编码器 $q_{\boldsymbol{\phi}}(z|\boldsymbol{x})$将一个数据样本 $\boldsymbol{x}$ 嵌入成一个隐含变量 z，即不能被直接观测到的随机变量。概率解码器 $p_{\boldsymbol{\theta}}(\boldsymbol{x}|z)$将隐含变量 z 重构回原始输入，且不会令重构结果和原始输入的差距太大，其中$\boldsymbol{\phi}$ 和$\boldsymbol{\theta}$ 分别是编码器和解码器的参数。训练 VAE 的目标函数被定义为

$$\mathcal{L}_{\text{VAE}} = E_{q_{\boldsymbol{\phi}}(z|\boldsymbol{x})}[\log p_{\boldsymbol{\theta}}(\boldsymbol{x} \mid z)] - \text{KL}[q_{\boldsymbol{\phi}}(z \mid \boldsymbol{x}) \parallel p(z)] \tag{6-123}$$

为了实现对样本的生成，通常使用一个正态分布对隐含变量 z 的分布进行建模，该分布被记作 $p_{\text{model}}(z)$。VAE 先从 $p_{\text{model}}(z)$中随机采样，然后再通过生成网络 $p_{\boldsymbol{\theta}}(\boldsymbol{x}|z)$将 z 恢复成原始空间中的样本 $\boldsymbol{x}$，从而实现样本生成。VAE 的示意图如图 6-16 所示。

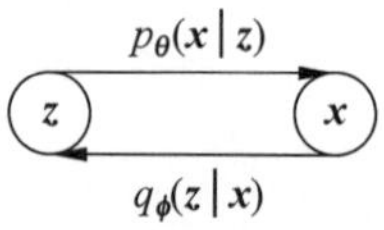

图 6-16　VAE 的示意图

VAE 通过最大化与观测变量 $\boldsymbol{x}$ 相关联的变分下界$\mathcal{L}_{\text{VAE}}$来训练模型中的参数。当 z 是连续变量时，可以通过从 $q_{\boldsymbol{\phi}}(z|\boldsymbol{x})$中采样 z 的样本来最大化$\mathcal{L}_{\text{VAE}}$，最后实现反向传播，从而更新参数$\boldsymbol{\theta}$。同时，也可以通过最大化变分下界达到学习模型参数的目的，其优化目标如下

$$\begin{aligned}
\langle \boldsymbol{\phi}^*, \boldsymbol{\theta}^* \rangle &= \underset{\boldsymbol{\phi},\boldsymbol{\theta}}{\operatorname{argmax}} \text{ELBO} \\
&= \underset{\boldsymbol{\phi},\boldsymbol{\theta}}{\operatorname{argmax}} E_{q_{\boldsymbol{\phi}}(\boldsymbol{Z}|\boldsymbol{X})}[\log p_{\boldsymbol{\theta}}(\boldsymbol{X} \mid \boldsymbol{Z})] + \text{KL}[q_{\boldsymbol{\phi}}(\boldsymbol{Z} \mid \boldsymbol{X}) \parallel p(\boldsymbol{Z})]
\end{aligned} \tag{6-124}$$

因此，式子中的所有期望项都可以使用 MCMC 方法来近似。式(6-124)中的期望项和 KL 散度项可以进一步简化。为了方便，考虑只存在一个样本的例子。具体期望项可以改写为

$$\begin{aligned}
&\int q_{\boldsymbol{\phi}}(z \mid \boldsymbol{x}) \log p_{\boldsymbol{\theta}}(z \mid \boldsymbol{x}) \mathrm{d}z \\
&= \int \mathcal{N}(z \mid \boldsymbol{\mu}, \boldsymbol{\sigma}) \log \mathcal{N}(z \mid \boldsymbol{0}, \boldsymbol{I}) \mathrm{d}z \\
&= E_{z \sim \mathcal{N}(z|\boldsymbol{\mu},\boldsymbol{\sigma})}[\log \mathcal{N}(z \mid \boldsymbol{0}, \boldsymbol{I})] \\
&= E_{z \sim \mathcal{N}(z|\boldsymbol{\mu},\boldsymbol{\sigma})}\left[-\frac{D}{2}\log(2\pi) - \frac{1}{2}z^{\mathrm{T}}z\right] \\
&= -\frac{D}{2}\log(2\pi) - \frac{1}{2}\sum_{i=1}^{D}(\mu_i^2 + \sigma_i^2)
\end{aligned} \tag{6-125}$$

KL 散度项则可以改写为

$$\begin{aligned}
&\int q_{\boldsymbol{\phi}}(z \mid \boldsymbol{x}) \log q_{\boldsymbol{\phi}}(z \mid \boldsymbol{x}) \mathrm{d}z \\
&= \int \mathcal{N}(z \mid \boldsymbol{\mu}, \boldsymbol{\sigma}) \log \mathcal{N}(z \mid \boldsymbol{\mu}, \boldsymbol{\sigma}) \mathrm{d}z \\
&= E_{z \sim \mathcal{N}(z|\boldsymbol{\mu},\boldsymbol{\sigma})}[\log \mathcal{N}(z \mid \boldsymbol{\mu}, \boldsymbol{\sigma})]
\end{aligned}$$

$$=E_{z\sim\mathcal{N}(z|\boldsymbol{\mu},\boldsymbol{\sigma})}\left[-\frac{D}{2}\log(2\pi\mid\boldsymbol{\Sigma}\mid)-\frac{1}{2}(z-\boldsymbol{\mu})^{\mathrm{T}}\boldsymbol{\Sigma}^{-1}(z-\boldsymbol{\mu})\right]$$

$$=-\frac{D}{2}\log(2\pi)-\frac{1}{2}\sum_{i=1}^{D}(1+\log\sigma_i^2) \tag{6-126}$$

其中，D 为隐含向量的维度。结合这两个结果，可以得到

$$-\mathrm{KL}[q_{\boldsymbol{\phi}}(z\mid \boldsymbol{x})\parallel p_{\boldsymbol{\theta}}(z\mid \boldsymbol{x})]=\frac{1}{2}\sum_{i=1}^{N}(1+\log\sigma_i^2-\mu_i^2-\sigma_i^2) \tag{6-127}$$

若存在 N 个样本，那么目标函数可以转换为

$$\langle\boldsymbol{\phi}^*,\boldsymbol{\theta}^*\rangle=\underset{\boldsymbol{\phi},\boldsymbol{\theta}}{\operatorname{argmax}}E_{q_{\boldsymbol{\phi}}(\boldsymbol{Z}|\boldsymbol{X})}[\log p_{\boldsymbol{\theta}}(\boldsymbol{X}\mid\boldsymbol{Z})]+\mathrm{KL}[q_{\boldsymbol{\phi}}(\boldsymbol{Z}\mid\boldsymbol{X})\parallel p_{\boldsymbol{\theta}}(\boldsymbol{Z})]$$

$$\approx\underset{\boldsymbol{\phi},\boldsymbol{\theta}}{\operatorname{argmax}}\frac{1}{2N}\sum_{i=1}^{N}\sum_{d=1}^{D}[(1+\log\sigma_{i,d}^2-\mu_{i,d}^2-\sigma_{i,d}^2)]+\frac{1}{N}\sum_{i=1}^{N}\log p_{\boldsymbol{\theta}}(\boldsymbol{x}_i\mid \boldsymbol{z}_i) \tag{6-128}$$

等式右边第一项 $E_{q_{\boldsymbol{\phi}}(\boldsymbol{Z}|\boldsymbol{X})}[\log p_{\boldsymbol{\theta}}(\boldsymbol{X}|\boldsymbol{Z})]$是真正的目标函数。第二项 $\mathrm{KL}[q_{\boldsymbol{\phi}}(\boldsymbol{Z}|\boldsymbol{X})\parallel p_{\boldsymbol{\theta}}(\boldsymbol{Z})]$可以看作一个正则化项，是对第一项的约束，用于防止过拟合。

然而，若直接从分布中采样 z，会导致计算图被切断，从而无法利用反向传播的方法计算梯度。为了解决这个问题，VAE 使用了重参数化方法。如图 6-17 所示，首先会假设存在一个噪声分布$\boldsymbol{\varepsilon}\sim\mathcal{N}(\boldsymbol{0},\boldsymbol{I})$，并在该分布中进行采样。接着构造 z 与 $\boldsymbol{\varepsilon}$ 之间的关系，即 $z=\boldsymbol{\mu}+\boldsymbol{\Sigma}^{\frac{1}{2}}\cdot\boldsymbol{\varepsilon}$，从而保证了端到端的训练方式。其中，$\boldsymbol{\mu}$ 和 $\boldsymbol{\Sigma}$ 对应 $q_{\boldsymbol{\phi}}(z|\boldsymbol{x})$的均值和协方差矩阵。

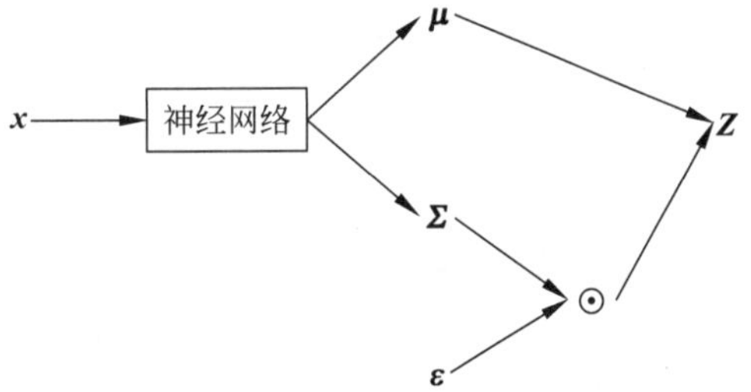

图 6-17 使用了重参数化技巧的变分自编码器的示意图

VAE 有良好的数学理论支持，并且容易实现。相较于玻尔兹曼机，VAE 的关键优势在于可以直接扩展到深度模型架构，而玻尔兹曼机为了确保模型便于学习和推断，需要非常仔细地设计模型结构。此外，VAE 能和广泛应用的可微算子族相结合。然而，VAE 生成的目标样本通常不够清晰、真实。这可能是因为 VAE 以似然函数的下界为目标进行优化的方式实际上与均方误差类似，容易忽略像素中特征或亮度的微小变化。

6.3.5 混合概率图模型

深度信念网络(Deep Belief Network，DBN)是混合概率图模型的典型代表。如图 6-18 所示，DBN 是一个混合的概率图模型，它的上半部分是一个 RBM(无向图模型)，下半部分是一个 Sigmoid 信念网络(有向图模型)。$\boldsymbol{W}^{(l)}$ 是第 l 层的权重矩阵，$\boldsymbol{b}^{(l)}$ 对应第 l 层的偏置向量。DBN 的隐含变量通常是二值变量，可见变量则一般是实数或者二值变量。它的顶部两层是无向连接的，其他层则是有向连接，箭头指向下方的网络层。当使用 DBN 生成样本时，DBN 顶部无向图的部分可以看作有向图部分的先验知识。因此会先用顶部的 RBM 采样，然后使用祖先采样法自上而下采样，最终生成期望的样本。

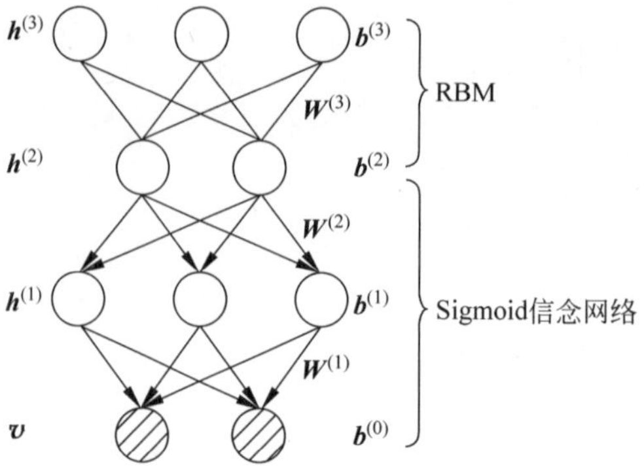

图 6-18 DBN 的结构

一般地，DBN 的联合概率密度为

$$
\begin{aligned}
p(\boldsymbol{v},\boldsymbol{h}^{(1)},\boldsymbol{h}^{(2)},\boldsymbol{h}^{(3)}) &= p(\boldsymbol{v} \mid \boldsymbol{h}^{(1)},\boldsymbol{h}^{(2)},\boldsymbol{h}^{(3)})p(\boldsymbol{h}^{(1)},\boldsymbol{h}^{(2)},\boldsymbol{h}^{(3)}) \\
&= p(\boldsymbol{v} \mid \boldsymbol{h}^{(1)})p(\boldsymbol{h}^{(1)},\boldsymbol{h}^{(2)},\boldsymbol{h}^{(3)}) \\
&= p(\boldsymbol{v} \mid \boldsymbol{h}^{(1)})p(\boldsymbol{h}^{(1)} \mid \boldsymbol{h}^{(2)})p(\boldsymbol{h}^{(2)} \mid \boldsymbol{h}^{(3)}) \\
&= \prod_i p(\boldsymbol{v}_i \mid \boldsymbol{h}^{(1)}) \prod_j p(\boldsymbol{h}_j^{(1)} \mid \boldsymbol{h}^{(2)})p(\boldsymbol{h}^{(2)} \mid \boldsymbol{h}^{(3)})
\end{aligned}
\tag{6-129}
$$

其中，最后一个等式中对 $p(\boldsymbol{v} \mid \boldsymbol{h}^{(1)})$ 的分解利用到了“尾到尾”的结构。由于 DBN 的底部是一个 Sigmoid 信念网络，因此可以得到

$$p(\boldsymbol{v}_i \mid \boldsymbol{h}^{(1)}) = \sigma([\boldsymbol{W}_{:,i}^{(1)}]^{\mathrm{T}}\boldsymbol{h}^{(1)} + \boldsymbol{b}_i^{(1)}) \tag{6-130}$$

$$p(\boldsymbol{h}_j^{(1)} \mid \boldsymbol{h}^{(2)}) = \sigma([\boldsymbol{W}_{:,j}^{(2)}]^{\mathrm{T}}\boldsymbol{h}^{(2)} + \boldsymbol{b}_j^{(2)}) \tag{6-131}$$

其中，$\boldsymbol{W}_{:,i}^{(l)}$ 代表第 l 层的权重矩阵的 i 列，$\boldsymbol{h}^{(l)}$ 是第 l 个隐含层的一个隐含向量。而顶部是一个 RBM 模型，其联合概率分布表示为

$$p(\boldsymbol{h}^{(2)},\boldsymbol{h}^{(3)}) = \frac{1}{Z}\exp\{[\boldsymbol{h}^{(3)}]^{\mathrm{T}}\boldsymbol{W}^{(3)}\boldsymbol{h}^{(2)} + [\boldsymbol{h}^{(2)}]^{\mathrm{T}}\boldsymbol{b}^{(2)} + [\boldsymbol{h}^{(3)}]^{\mathrm{T}}\boldsymbol{b}^{(3)}\} \tag{6-132}$$

那么整个模型的训练参数可以写成 $\boldsymbol{\theta} = \{\boldsymbol{W}^{(1)},\boldsymbol{W}^{(2)},\boldsymbol{W}^{(3)},\boldsymbol{b}^{(0)},\boldsymbol{b}^{(1)},\boldsymbol{b}^{(2)},\boldsymbol{b}^{(3)}\}$。

值得注意的是，DBN 可以看成多层 RBM 的叠加。假设一个最基本的 RBM 模型 $\{\boldsymbol{v},\boldsymbol{h}^{(1)}\}$，将模型的无向边改为两条有向边，如图 6-19 所示，那么可以计算得到 $p(\boldsymbol{v}) = \sum_{\boldsymbol{h}^{(1)}} p(\boldsymbol{v},\boldsymbol{h}^{(1)}) = \sum_{\boldsymbol{h}^{(1)}} p(\boldsymbol{h}^{(1)})p(\boldsymbol{v} \mid \boldsymbol{h}^{(1)})$。图 6-20 展示了一个叠加两层 RBM 的 DBN。$p(\boldsymbol{h}^{(1)})$ 对应第一个隐含层表示的概率分布，$p(\boldsymbol{h}^{(2)})$ 则对应第二个隐含层表示的概率分布。DBN 顶部的 RBM 被训练为第一个隐含层中的隐含变量采样定义的先验概率分布，而第一个隐含层由可见变量驱动。通过不断堆叠这样的 RBM，可以令 DBN 变得任意深，其中每个新的 RBM 可以看作前一个 RBM 的先验。图 6-21 展示了填叠两层 RBM 的过程。

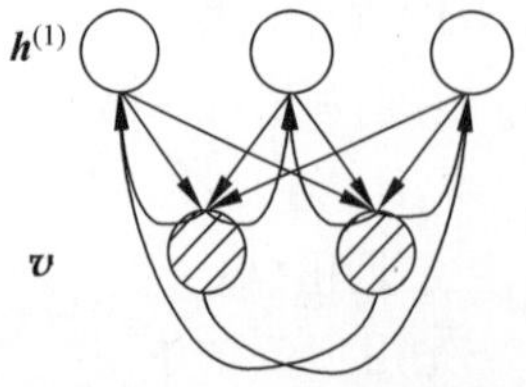

图 6-19 将无向边转换为两条有向边的 RBM

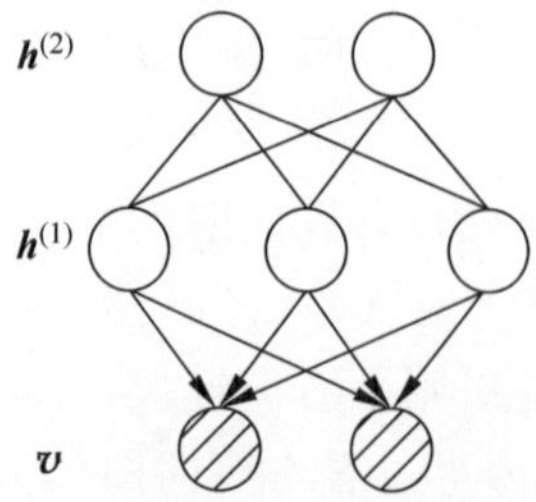

图 6-20 叠加两层 RBM 的 DBN

这个不断堆叠的过程可以不断提高变分下界。若第一个 RBM 已经被训练好，那么就可以固定 $p(\boldsymbol{v} \mid \boldsymbol{h}^{(1)})$，如果要在上面添加新的网络层，那么利用求和法则可以得到 $p(\boldsymbol{h}^{(1)})=\sum_{\boldsymbol{h}^{(2)}} p(\boldsymbol{h}^{(1)}, \boldsymbol{h}^{(2)})$，但此时的 $\boldsymbol{h}^{(1)}$ 同时受到了 $\boldsymbol{h}^{(2)}$ 和 $\boldsymbol{v}$ 的作用。为了消除可见层的作用，防止出现"头到头"的情形，要去掉 $\boldsymbol{v} \rightarrow \boldsymbol{h}^{(1)}$ 的有向边，保证 $\boldsymbol{h}^{(1)}$ 只受到 $\boldsymbol{h}^{(2)}$ 带来的作用。当删除掉有向边，这个 RBM 也就转换为 Sigmoid 信念网络。$\boldsymbol{W}^{(2)}$ 的初始值会用已经训练好的 $\boldsymbol{W}^{(1)}$ 赋值，所以上层网络的起始能力已经与下层网络相当。由于对第二层 RBM 的学习能够继续最大化对数似然函数 $\log p(\boldsymbol{h}^{(1)})$ 和变分下界 ELBO，所以对上层 RBM 的训练会继续加强它的能力。

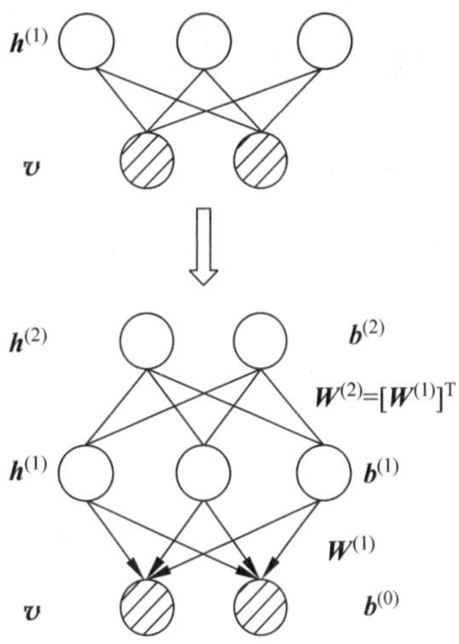

图 6-21 叠加两层 RBM 的 DBN 的过程

为了进一步证明叠加 RBM 可以提高变分下界，现在重新推导对数似然的下界

$$
\begin{aligned}
\log p(\boldsymbol{v}) &= \log \sum_{\boldsymbol{h}^{(1)}} p(\boldsymbol{v}, \boldsymbol{h}^{(1)}) = \log \frac{1}{N} \sum_{\boldsymbol{h}^{(1)}} \frac{p(\boldsymbol{v}, \boldsymbol{h}^{(1)})}{q(\boldsymbol{h}^{(1)} \mid \boldsymbol{v})} \cdot q(\boldsymbol{h}^{(1)} \mid \boldsymbol{v}) \\
&= \log E_{q(\boldsymbol{h}^{(1)} \mid \boldsymbol{v})}\left[\frac{p(\boldsymbol{v}, \boldsymbol{h}^{(1)})}{q(\boldsymbol{h}^{(1)} \mid \boldsymbol{v})}\right] \geqslant E_{q(\boldsymbol{h}^{(1)} \mid \boldsymbol{v})}\left[\log \frac{p(\boldsymbol{v}, \boldsymbol{h}^{(1)})}{q(\boldsymbol{h}^{(1)} \mid \boldsymbol{v})}\right] \\
&= \sum_{\boldsymbol{h}^{(1)}} q(\boldsymbol{h}^{(1)} \mid \boldsymbol{v})[\log p(\boldsymbol{v}, \boldsymbol{h}^{(1)}) - \log q(\boldsymbol{h}^{(1)} \mid \boldsymbol{v})]
\end{aligned}
$$

在推导过程中，使用了杰森不等式得到对数似然的下界。假设已经训练好了 $\boldsymbol{v}$ 和 $\boldsymbol{h}^{(1)}$，那么 $q(\boldsymbol{h}^{(1)} \mid \boldsymbol{v})$ 和 $p(\boldsymbol{v} \mid \boldsymbol{h}^{(1)})$ 可以被固定，于是有

$$
\begin{aligned}
&\sum_{\boldsymbol{h}^{(1)}} q(\boldsymbol{h}^{(1)} \mid \boldsymbol{v})[\log p(\boldsymbol{v}, \boldsymbol{h}^{(1)}) - \log q(\boldsymbol{h}^{(1)} \mid \boldsymbol{v})] \\
&= \sum_{\boldsymbol{h}^{(1)}} q(\boldsymbol{h}^{(1)} \mid \boldsymbol{v}) \log p(\boldsymbol{h}^{(1)}) + \text{常量}
\end{aligned} \tag{6-133}
$$

所以，叠加 RBM 时能增大隐含层的对数似然函数 $\log p(\boldsymbol{h}^{(1)})$，从而实现对 ELBO 的提升。

由于 DBN 的有向边存在"相消解释"的问题，并且无向边的节点之间会相互作用，因此在最大化对数似然函数时不仅要解决边缘化隐含变量难以处理的推断问题，还需要处理计算配分函数的问题，所以对 DBN 进行推断是十分困难的。为了减小推断的难度，这里介绍一种贪心的预训练 DBN 的方式，其过程如图 6-22 所示。

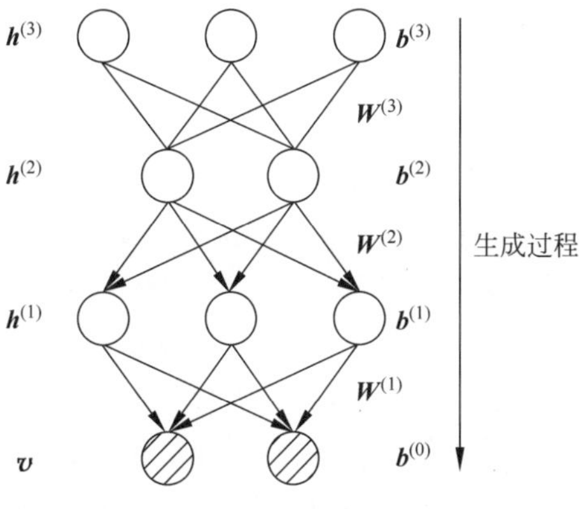

图 6-22 DBN 的贪心预训练过程

在预训练阶段，DBN 会进行贪心的逐层训练，此时目标函数为

$$\mathrm{ELBO}=\sum_{\boldsymbol{h}^{(1)}} q(\boldsymbol{h}^{(1)} \mid \boldsymbol{v}) \log p(\boldsymbol{v}, \boldsymbol{h}^{(1)})-\sum_{\boldsymbol{h}^{(1)}} q(\boldsymbol{h}^{(1)} \mid \boldsymbol{v}) \log q(\boldsymbol{h}^{(1)} \mid \boldsymbol{v}) \tag{6-134}$$

其中，$q(\boldsymbol{h}^{(1)}|\boldsymbol{v})$是一个近似的后验概率分布。

在训练阶段，模型会自下而上一层层训练，有向结构视为无向结构。例如，训练完第一层后，得到 $\boldsymbol{W}^{(1)}$ 和 $\boldsymbol{b}^{(1)}$，再利用观测变量的样本代入概率分布 $q(\boldsymbol{h}^{(1)} \mid \boldsymbol{v})=\prod_i q(\boldsymbol{h}_i^{(1)} \mid \boldsymbol{v})=\prod_i \sigma(\boldsymbol{W}_{i,:}^{(1)} \cdot \boldsymbol{v}+\boldsymbol{b}_i^{(1)})$ 就可以求得 $\boldsymbol{h}^{(1)}$ 中的样本。以此类推，就可以求得所有上层的参数。当 DBN 完成预训练后，可以再使用醒眠算法或反向传播算法进行微调。

这样训练完的 DBN 拥有有向图的优势，能够有效地实现自上而下采样。同样地，它也有明显的不足。由于 DBN 使用近似的后验概率替代真实后验概率，且近似后验概率和真实后验概率差距比较大，因此模型效果并不显著。

6.4 生成对抗网络

生成对抗网络(Generative Adversarial Network，GAN)是一种可微的无监督生成模型框架，它能够对一些数据进行训练进而生成十分真实的样本。如图 6-23 所示，在 GAN 的训练过程中会产生两个参与者，并在两个参与者之间建立最小-最大博弈，即建立具有不同目标的两个参与者。第一个参与者(生成器)试图通过从随机的隐含变量 $\boldsymbol{z}$ 生成和真实世界中非常相似的样本来欺骗第二个参与者(判别器)。第二个参与者(判别器)能够区分假样本(生成的样本)和真实样本，并返回样本为真实样本的概率。这两个网络都有各自的目标函数，判别器希望最大化目标函数，而生成器希望最小化目标函数，两者都试图以最佳方式优化自身来实现各自的目标。GAN 的训练目标定义如下：

$$V(G,D)=E_{\boldsymbol{x}\sim p_{\text{data}}(\boldsymbol{x})}[\log D(\boldsymbol{x})]+E_{\boldsymbol{z}\sim p(\boldsymbol{z})}[\log(1-D(G(\boldsymbol{z})))] \tag{6-135}$$

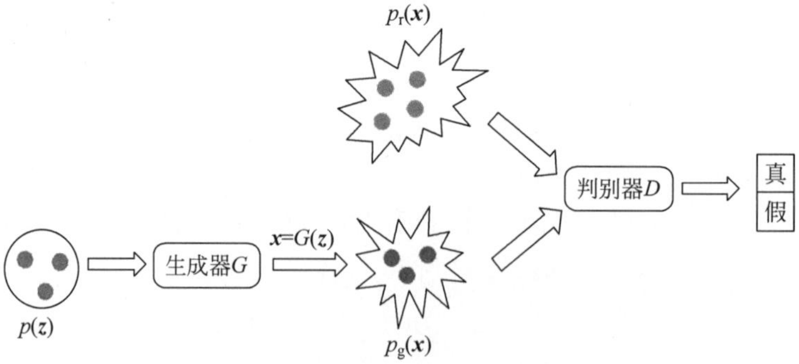

图 6-23　GAN 的执行过程

GAN 对生成模型的发展具有里程碑的意义。作为一类强大的生成模型，GAN 具有诸多优点：①它可以生成各种非常真实的样本，包括无法与真实数据相区分的高质量图像、视频和音频等类型的数据。②GAN 能够实现单输入和多模态的输出。③GAN 是一类无监督的生成模型，且与其他无监督的生成模型相比，GAN 的表现非常优秀。④GAN 是一个可微分的模型，可以直接使用梯度下降法进行优化，而且不需要用到近似推断和逼近配分函数的方法。⑤它能做到快速推理，也就是说模型在经过训练后，能很快得到生成样本。

虽然 GAN 在生成模型中取得了很大成功，但仍存在一些明显的不足。①GAN 不适用于

任何显式密度函数；相反，GAN对密度函数的学习通过两个参与者在最小-最大博弈游戏中实现。②GAN的训练非常不稳定。③GAN生成的数据不可逆。④GAN生成的数据缺乏内在的评估指标，也就是说很难用一种公认的标准评估样本生成的质量。

GAN可以生成非常真实、高质量的数据，已经在人工智能的多个领域有了广泛应用，如计算机图像、三维建模、语音和语言的序列学习等。然而GAN很难捕获到所有真实数据的多样性，训练的模型一般只能学习到一个或几个目标分布的模式，而不能覆盖所有可能的训练模式，这会导致模型进入"模式崩塌"(mode collapse)的状态。此时GAN生成的样本缺少多样性，因为其没有完全包含真实数据分布的多样性。

6.4.1 二项分布的最大似然估计

在生成过程中，我们的目标是利用模型得到的人工分布去逼近真实分布，但是数据的真实分布往往是非常复杂的。如果能够知道真实分布，就可以直接在真实分布上采样，得到足够真实的样本。然而，这一般只能得到一个真实分布的近似分布。值得强调的是，虽然近似分布不能做到足够真实，但也已经和真实的分布十分贴近。

接下来叙述一个简单的学习生成模型的过程，可以通过它来理解GAN的原理。现在假设存在一个服从二项分布的随机变量 y，其中 $y=1$ 的概率为 p，$y=0$ 的概率为 $1-p$，p 被视为参数，那么可以将随机变量 y 的概率分布写作

$$p(y)=p^{y}(1-p)^{1-y},\quad 0<p<1 \tag{6-136}$$

如果在 $p(y)$ 上采样了一组样本 $Y=\{y_1,y_2,\cdots,y_N\}$，那么最优的参数可以通过最大似然估计得到

$$\begin{aligned}
p^* &= \underset{p}{\operatorname{argmax}}\ \mathcal{L}(p) \\
&= \underset{p}{\operatorname{argmax}}\ \log \mathcal{L}(p) \\
&= \underset{p}{\operatorname{argmax}}\ \log \prod_{i=1}^{N} p(y_i) \\
&= \underset{p}{\operatorname{argmax}}\ \log \prod_{i=1}^{N} p^{y_i}(1-p)^{1-y_i} \\
&= \underset{p}{\operatorname{argmax}} \left\{ \sum_{i=1}^{N} [y_i \log p(y_i) + (1-y_i)\log(1-p(y_i))] \right\} \\
&= \underset{p}{\operatorname{argmax}}\ \frac{1}{N} \left\{ \sum_{i=1}^{N} [y_i \log p(y_i) + (1-y_i)\log(1-p(y_i))] \right\}
\end{aligned} \tag{6-137}$$

当 $y_i=0$ 时，$y_i\log p(y_i)=0$；当 $y_i=1$ 时，$(1-y_i)\log[(1-p(y_i))]=0$，则

$$\begin{aligned}
p^* &= \underset{p}{\operatorname{argmax}}\ \frac{1}{N} \left\{ \sum_{y_i=1} \log p(y_i) + \sum_{y_i=0} \log(1-p(y_i)) \right\} \\
&\approx \underset{p}{\operatorname{argmax}}\ E_y[\log p(y)] + E_y[\log(1-p(y))]
\end{aligned} \tag{6-138}$$

假如存在数据集 $\boldsymbol{X}=\{\boldsymbol{x}_{\mathrm{r}},\boldsymbol{x}_{\mathrm{g}}\}$，其中 $\boldsymbol{x}_{\mathrm{r}}$ 为真实样本，$\boldsymbol{x}_{\mathrm{g}}$ 为生成的样本。假设存在一个参数为 $\boldsymbol{\phi}$ 的判别函数 $y=D(\boldsymbol{x};\boldsymbol{\phi})$，它能接收一个样本作为输入，并输出一个介于0和1之间的值用于判断输入样本是真实样本的概率，可以用条件分布 $p(y|\boldsymbol{x};\boldsymbol{\phi})$ 表示这个概率。此时，可以重写最大似然的估计过程。假设采集了 N 个样本，即 $\{(x_1,y_1),(x_2,y_2),\cdots,(x_N,y_N)\}$，此时每个样本的标签 y_i 都是已知的，因为当样本来自真实数据时 $y_i=1$，若样本由生

成器生成则 $y_i=0$,从而有

$$
\begin{aligned}
\boldsymbol{\phi}^* &= \underset{\boldsymbol{\phi}}{\operatorname{argmax}}\, L(\boldsymbol{\phi}) \\
&= \underset{\boldsymbol{\phi}}{\operatorname{argmax}} \log \mathcal{L}(\boldsymbol{\phi}) \\
&= \underset{\boldsymbol{\phi}}{\operatorname{argmax}} \log \prod_{i=1}^{N} p(y_i \mid \boldsymbol{x}_i;\boldsymbol{\phi}) \\
&= \underset{\boldsymbol{\phi}}{\operatorname{argmax}} \log \prod_{i=1}^{N} [p(y_i \mid \boldsymbol{x}_i;\boldsymbol{\phi})]^{y_i}[1-p(y_i \mid \boldsymbol{x}_i;\boldsymbol{\phi})]^{1-y_i} \\
&= \underset{\boldsymbol{\phi}}{\operatorname{argmax}} \left\{ \sum_{i=1}^{N} [y_i \log p(y_i \mid \boldsymbol{x}_i;\boldsymbol{\phi}) + (1-y_i)\log(1-p(y_i \mid \boldsymbol{x}_i;\boldsymbol{\phi}))] \right\} \\
&= \underset{\boldsymbol{\phi}}{\operatorname{argmax}} \frac{1}{N} \left\{ \sum_{i=1}^{N} [y_i \log p(y_i \mid \boldsymbol{x}_i;\boldsymbol{\phi}) + (1-y_i)\log(1-p(y_i \mid \boldsymbol{x}_i;\boldsymbol{\phi}))] \right\} \\
&= \underset{\boldsymbol{\phi}}{\operatorname{argmax}} \frac{1}{N} \left\{ \sum_{\boldsymbol{x}_i \in \boldsymbol{x}_\mathrm{r}} \log p(y_i \mid \boldsymbol{x}_i;\boldsymbol{\phi}) + \sum_{\boldsymbol{x}_i \in \boldsymbol{x}_\mathrm{g}} \log(1-p(y_i \mid \boldsymbol{x}_i;\boldsymbol{\phi})) \right\} \\
&\approx \underset{\boldsymbol{\phi}}{\operatorname{argmax}}\, E_{\boldsymbol{x}\sim p_\mathrm{r}(\boldsymbol{x})}[\log p(y \mid \boldsymbol{x};\boldsymbol{\phi})] + E_{\boldsymbol{x}\sim p_\mathrm{g}(\boldsymbol{x})}[\log(1-p(y \mid \boldsymbol{x};\boldsymbol{\phi}))]
\end{aligned}
\tag{6-139}
$$

其中,p_r 和 p_g 分别为真实数据和生成数据的分布。这个目标函数对应二项分布的最大似然函数。因为最大似然的训练能够收敛,所以该目标函数也应是能够收敛的。在 GAN 中,用判别器 $D(\boldsymbol{x};\boldsymbol{\phi})$去近似 $p(y|\boldsymbol{x};\boldsymbol{\phi})$,其中判别器 $D(\boldsymbol{x};\boldsymbol{\phi})$是一个神经网络,$\boldsymbol{\phi}$ 是神经网络的参数。

6.4.2 生成器

当判别器得到最优的参数$\boldsymbol{\phi}^*$后,判别器更新为 $D(\boldsymbol{X};\boldsymbol{\phi}^*)$。此时的判别器已经有较好的能力区分生成样本和真实样本。此时需要促使生成器提升能力来生成足够真实的样本重新欺骗判别器。

GAN 的生成器是一个能够生成“虚假”样本的函数 G,其参数为$\boldsymbol{\theta}$。它以一个随机生成的噪声为 $\boldsymbol{z}$ 输入,输出生成样本的过程被表示为 $\boldsymbol{x}_\mathrm{g}=G(\boldsymbol{z};\boldsymbol{\theta})$。从概率分布的角度看,该过程也可以被表示为 $\boldsymbol{x}\sim p_\mathrm{g}(\boldsymbol{x}|\boldsymbol{z};\boldsymbol{\theta})$。一个优秀的生成器能够生成足够真实的样本,也就是说,生成的样本能够导致判别器判别错误,不能够区分真实样本和生成样本的差异,这样的判别器会将假样本判别为“真”。假如有 N 个生成的样本对$\{(\boldsymbol{x}_1,y_1=0),(\boldsymbol{x}_2,y_2=0),\cdots,(\boldsymbol{x}_N,y_N=0)\}$,可以用似然函数表示这种情况:

$$
\begin{aligned}
\mathcal{L}(\boldsymbol{\theta}) &= \log \prod_{i=1}^{N} p(y_i \mid \boldsymbol{x}_i;\boldsymbol{\phi}^*) \\
&= \log \prod_{i=1}^{N} p(y_i \mid \boldsymbol{x}_i;\boldsymbol{\phi}^*)^{y_i}[1-p(y_i \mid \boldsymbol{x}_i;\boldsymbol{\phi}^*)]^{1-y_i} \\
&= \sum_{i=1}^{N} y_i \log p(y_i \mid \boldsymbol{x}_i;\boldsymbol{\phi}^*) + (1-y_i)\log[1-p(y_i \mid \boldsymbol{x}_i;\boldsymbol{\phi}^*)] \\
&= \sum_{i=1}^{N} \log[1-p(y_i \mid \boldsymbol{x}_i;\boldsymbol{\phi}^*)]
\end{aligned}
\tag{6-140}
$$

其中,$p(y_i|\boldsymbol{x}_i;\boldsymbol{\phi}^*)$对应判别器 D 的输出。需要注意的是,对数似然函数是关于$\boldsymbol{\theta}$ 的函数,而

推导过程中却没有$\boldsymbol{\theta}$，这是因为$\boldsymbol{x}_i=G(\boldsymbol{z}_i;\boldsymbol{\theta})$中包含了$\boldsymbol{\theta}$。只需要最大化该式就可以让判别器尽最大可能判断正确，反之如果要令判别器误判则需要最小化上式。因此，需要最小化似然函数，即

$$\begin{aligned}\boldsymbol{\theta}^* &= \underset{\boldsymbol{\theta}}{\operatorname{argmin}}\ \mathcal{L}(\boldsymbol{\theta}) \\ &= \underset{\boldsymbol{\theta}}{\operatorname{argmin}} \sum_{i=1}^{N} \log[1-p(y_i \mid \boldsymbol{x}_i;\boldsymbol{\phi}^*)] \\ &= \underset{\boldsymbol{\theta}}{\operatorname{argmin}} \frac{1}{N}\sum_{i=1}^{N} \log[1-p(y_i \mid \boldsymbol{x}_i;\boldsymbol{\phi}^*)] \\ &\approx \underset{\boldsymbol{\theta}}{\operatorname{argmin}}\ E_{\boldsymbol{x}\sim p(\boldsymbol{x}\mid \boldsymbol{z};\boldsymbol{\theta})}[\log[1-p(y \mid \boldsymbol{x};\boldsymbol{\phi}^*)]]\end{aligned} \tag{6-141}$$

6.4.3 生成对抗网络的交替优化

对式(6-139)和式(6-141)进行改写，可以得到

$$\begin{cases} D^* = \underset{D}{\operatorname{argmax}}\ E_{\boldsymbol{x}\sim p_{\mathrm{r}}(\boldsymbol{x})}[\log D(\boldsymbol{x})] + E_{\boldsymbol{z}\sim p_{\mathrm{g}}(\boldsymbol{z})}[\log(1-D(G(\boldsymbol{z})))] \\ G^* = \underset{G}{\operatorname{argmin}}\ E_{\boldsymbol{z}\sim p_{\mathrm{g}}(\boldsymbol{z})}[\log(1-D^*(\boldsymbol{z}))] \end{cases} \tag{6-142}$$

其中，D^* 和 G^* 分别表示优化后的判别器和生成器。这两个式子对应了 GAN 交替训练的两个步骤：①使用真实数据中采样的数据和生成的数据训练判别器得到 D^*；②固定住 D^* 来训练生成器，使得生成的样本尽量迷惑 D^*，令其误判，从而可得到最优的生成器 G^*。可以将上面两个式子合并，则有

$$G^* = \underset{G}{\operatorname{argmin}}\underset{D}{\max}\ E_{\boldsymbol{x}\sim p_{\mathrm{r}}(\boldsymbol{x})}[\log D(\boldsymbol{x})] + E_{\boldsymbol{z}\sim p(\boldsymbol{z})}[\log(1-D(G(\boldsymbol{z})))] \tag{6-143}$$

argminmax 实际上是 GAN 对上面两个不同目标优化步骤的交替操作。现在用 $V(G,D)$替换上式中两个数学期望的和，则上式被简化为

$$G^* = \underset{G}{\operatorname{argmin}}\underset{D}{\max}\ V(G,D) \tag{6-144}$$

值得注意的是，在实践中，GAN 的最佳目标函数并不等价于最大似然函数，而是一种带有启发式动机的变体。在该变体中，生成器的目标只提高判别器判断错误的对数概率，而不降低正确预测的对数概率。

对 GAN 的优化实际上等价于优化两个分布 $p(x)$和 $q(x)$之间的 JS 散度(Jensen-Shannon divergence)。虽然 KL 散度也常用于衡量两个概率分布之间的差异，但是 KL 散度不具有对称性，也就是说如果调换 $p(x)$和 $q(x)$，KL 散度的值也会发生变化。JS 散度的提出则满足了对称性的需求

$$\mathrm{JS}(p \parallel q) = \frac{1}{2}\mathrm{KL}\left(p(x) \parallel \frac{p(x)+q(x)}{2}\right) + \frac{1}{2}\mathrm{KL}\left(q(x) \parallel \frac{p(x)+q(x)}{2}\right) \tag{6-145}$$

在对判别器的优化过程中需要固定 G^*，优化判别器 D。在此，将 $V(G,D)$转换为关于 $D(\boldsymbol{x})$的函数 $f(D)$

$$\begin{aligned} V(G,D) &= E_{\boldsymbol{x}\sim p_{\mathrm{r}}(\boldsymbol{x})}[\log D(\boldsymbol{x})] + E_{\boldsymbol{z}\sim p_{\mathrm{g}}(\boldsymbol{z})}[\log(1-D(G(\boldsymbol{z})))] \\ &= E_{\boldsymbol{x}\sim p_{\mathrm{r}}(\boldsymbol{x})}[\log D(\boldsymbol{x})] + E_{\boldsymbol{z}\sim p_{\mathrm{g}}(\boldsymbol{z})}[\log(1-D(\boldsymbol{x}))] \\ &= \int_{\boldsymbol{x}} p_{\mathrm{r}}(\boldsymbol{x})\log D(\boldsymbol{x})\mathrm{d}\boldsymbol{x} + \int_{\boldsymbol{x}} p_{\mathrm{g}}(\boldsymbol{x})\log(1-D(\boldsymbol{x}))\mathrm{d}\boldsymbol{x} \\ &= \int_{\boldsymbol{x}} [p_{\mathrm{r}}(\boldsymbol{x})\log D(\boldsymbol{x}) + p_{\mathrm{g}}(\boldsymbol{x})\log(1-D(\boldsymbol{x}))]\mathrm{d}\boldsymbol{x} = f(D) \end{aligned} \tag{6-146}$$

于是，最优的判别器 D^* 可以通过最大化 $V(G,D)$ 得到

$$D^* = \underset{D}{\operatorname{argmax}} V(G,D) = \underset{D}{\operatorname{argmax}} f(D) \tag{6-147}$$

将 $D(x)$ 视为函数 $f(D)$ 的自变量，便可以求 $f(D)$ 对 D 的偏导数，于是有

$$\frac{\partial f}{\partial D} = \frac{p_{\mathrm{r}}(\boldsymbol{x}) - D(\boldsymbol{x})[p_{\mathrm{r}}(\boldsymbol{x}) + p_{\mathrm{g}}(\boldsymbol{x})]}{D(\boldsymbol{x})(1 - D(\boldsymbol{x}))} = 0 \tag{6-148}$$

因此，可以得到最优的判别器

$$D^*(\boldsymbol{x}) = \frac{p_{\mathrm{r}}(\boldsymbol{x})}{p_{\mathrm{r}}(\boldsymbol{x}) + p_{\mathrm{g}}(\boldsymbol{x})} \tag{6-149}$$

将式(6-149)代入 $V(G,D)$，有

$$\begin{aligned}
\max_D V(G,D) &= V(G,D^*) \\
&= E_{\boldsymbol{x}\sim p_{\mathrm{r}}(\boldsymbol{x})}\left[\log \frac{p_{\mathrm{r}}(\boldsymbol{x})}{p_{\mathrm{r}}(\boldsymbol{x}) + p_{\mathrm{g}}(\boldsymbol{x})}\right] + E_{\boldsymbol{x}\sim p_{\mathrm{g}}(\boldsymbol{x})}\left[\log \frac{p_{\mathrm{g}}(\boldsymbol{x})}{p_{\mathrm{r}}(\boldsymbol{x}) + p_{\mathrm{g}}(\boldsymbol{x})}\right] \\
&= \int_{\boldsymbol{x}} p_{\mathrm{r}}(\boldsymbol{x})\left[\log \frac{p_{\mathrm{r}}(\boldsymbol{x})}{p_{\mathrm{r}}(\boldsymbol{x}) + p_{\mathrm{g}}(\boldsymbol{x})}\right]\mathrm{d}\boldsymbol{x} + \int_{\boldsymbol{x}} p_{\mathrm{g}}(\boldsymbol{x})\left[\log \frac{p_{\mathrm{g}}(\boldsymbol{x})}{p_{\mathrm{r}}(\boldsymbol{x}) + p_{\mathrm{g}}(\boldsymbol{x})}\right]\mathrm{d}\boldsymbol{x} \\
&= \int_{\boldsymbol{x}} p_{\mathrm{r}}(\boldsymbol{x})\left[\log \frac{\frac{1}{2}p_{\mathrm{r}}(\boldsymbol{x})}{\frac{1}{2}(p_{\mathrm{r}}(\boldsymbol{x}) + p_{\mathrm{g}}(\boldsymbol{x}))}\right]\mathrm{d}\boldsymbol{x} + \int_{\boldsymbol{x}} p_{\mathrm{g}}(\boldsymbol{x})\left[\log \frac{\frac{1}{2}p_{\mathrm{g}}(\boldsymbol{x})}{\frac{1}{2}(p_{\mathrm{r}}(\boldsymbol{x}) + p_{\mathrm{g}}(\boldsymbol{x}))}\right]\mathrm{d}\boldsymbol{x} \\
&= -2\log 2 + \int_{\boldsymbol{x}} p_{\mathrm{r}}(\boldsymbol{x})\left[\log \frac{p_{\mathrm{r}}(\boldsymbol{x})}{\frac{1}{2}(p_{\mathrm{r}}(\boldsymbol{x}) + p_{\mathrm{g}}(\boldsymbol{x}))}\right]\mathrm{d}\boldsymbol{x} + \\
&\quad \int_{\boldsymbol{x}} p_{\mathrm{g}}(\boldsymbol{x})\left[\log \frac{p_{\mathrm{g}}(\boldsymbol{x})}{\frac{1}{2}(p_{\mathrm{r}}(\boldsymbol{x}) + p_{\mathrm{g}}(\boldsymbol{x}))}\right]\mathrm{d}\boldsymbol{x}
\end{aligned} \tag{6-150}$$

其中，第一项是一个常数，第二、三项分别是两个 KL 散度：$\mathrm{KL}\left(p_{\mathrm{r}} \| \frac{p_{\mathrm{r}}+p_{\mathrm{g}}}{2}\right)$ 和 $\mathrm{KL}\left(p_{\mathrm{g}} \| \frac{p_{\mathrm{r}}+p_{\mathrm{g}}}{2}\right)$。可以发现这两个 KL 散度的和恰好对应了一个 JS 散度，因此上式可以写成

$$\max_D V(G,D) = V(G,D^*) = -2\log 2 + 2\mathrm{JS}(p_{\mathrm{r}} \| p_{\mathrm{g}}) \tag{6-151}$$

这个目标函数会在 $p_{\mathrm{r}} = p_{\mathrm{g}} = \frac{p_{\mathrm{r}}+p_{\mathrm{g}}}{2}$ 时取到最大值，此时 $D^* = \frac{1}{2}$。这意味着此时生成器所生成的样本已经能让判别器无法分辨出真假。

接下来对生成器优化需要固定 D^*。当判别器达到最优时，生成器的损失函数恰好是两个分布的 JS 散度。当 JS 散度取到最小值时，可以得到最优生成器 G^*，因此损失函数可以表示为

$$\begin{aligned}
G^* &= \underset{G}{\operatorname{argmin}} \max_D V(G,D) \\
&= \underset{G}{\operatorname{argmin}} V(G,D^*) = \underset{G}{\operatorname{argmin}} \mathrm{JS}(p_{\mathrm{r}} \| p_{\mathrm{g}})
\end{aligned} \tag{6-152}$$

确定了损失函数之后，就可以通过梯度下降法求得 G^*，其中 $\boldsymbol{\theta}$ 表示 G 的参数，η 则是学习率

$$\boldsymbol{\theta} \leftarrow \boldsymbol{\theta} - \eta \frac{\partial \mathrm{JS}(p_{\mathrm{r}} \| p_{\mathrm{g}})}{\partial \boldsymbol{\theta}} \tag{6-153}$$

6.4.4 GAN的训练问题

自从GAN被提出以来，它的显著效果以及不同领域下的应用一度使它成为非常有影响力的生成模型之一，但是GAN面临训练困难的问题，这使其无法很好地应用于某些复杂的数据生成任务。

在对GAN的分析中可以发现，在训练得到最优判别器的条件下，GAN的损失函数可以等价转换为真实数据分布 p_r 和模型对应的生成分布 p_g 之间的JS散度。现在做一个合理的假设，判别器训练越久，那么它将会越接近最优判别器，最小化生成器的损失函数也越接近真实数据分布和生成分布之间的JS散度。但是该假设成立的一个关键因素在于真实数据分布和生成分布间存在重叠区域。只有在有适当的重叠区域时，JS散度才能够实现拉近两者之间的距离。

生成器生成的高维样本实际上是来自一个低维的随机分布，所以其本质上依然是处在一个低维的流形上，并不能遍历整个高维空间。此外，生成器一开始往往是随机初始化的，因此真实分布和生成分布在一开始就很难有重叠部分，或者说重叠部分可以忽略不计。现在考虑两个分布分别是在没有重叠或者重叠可忽略的情况下，JS散度的大小。

(1) 当 $p_r=0, p_g=0$ 时，$\mathrm{JS}(p_r \| p_g)=0, V(G, D^*)=-2\log 2$；

(2) 当 $p_r=0, p_g \neq 0$ 时，$\mathrm{JS}(p_r \| p_g)=\log 2, V(G, D^*)=-\log 2$；

(3) 当 $p_r \neq 0, p_g=0$ 时，$\mathrm{JS}(p_r \| p_g)=\log 2, V(G, D^*)=-\log 2$；

(4) 当 $p_r \neq 0, p_g \neq 0$ 时，因为两个分布重叠可忽略，所以 $\mathrm{JS}(p_r \| p_g)=0, V(G, D^*)=-2\log 2$。

这4种情况说明了当真实分布和生成分布之间的重叠可忽略时，两个分布之间的JS散度为常数。这导致目标函数无法指导生成器参数优化的方向。从更直观的角度理解，当判别器足够强时，生成器很难找到突破口去打败判别器。值得注意的是，上述是建立在假设判别器训练良好的前提下所做出的分析。而当判别器训练不好时，损失函数无法转换为对JS散度的优化，同样无法指导生成器的学习。

6.5 扩散模型

6.5.1 扩散模型简介

扩散模型(diffusion model)是一种生成模型，其扩散过程由马尔可夫链定义，主要包括前向和逆向两个步骤。以图像输入为例，在前向阶段，通过逐渐向图像引入噪声，直到图像逐渐变成完全的高斯噪声；在逆向阶段，学习如何将这些高斯噪声逐渐还原为原始图像。

在之前的小节中提到，生成对抗网络模型因其对抗性训练的性质而导致训练潜在不稳定性且生成多样性较少，而变分自动编码器较大程度依赖于替代损失。扩散模型与生成对抗网络、变分自动编码器等其他生成模型最显著的不同在于它的潜在变量与原始图像的维度相同，并且其学习过程是固定的。相对于这两种生成模型类型，扩散模型具有以下优点：易于训练，模型不容易崩溃，并且对生成过程具有更好的控制，更容易生成高质量的图像。扩散生成模型的出现为计算机图像生成领域带来了重大突破，使得生成高质量图像变得更加可行，有潜力应用于许多领域，包括计算机图形学、医学图像处理、电影特效等。当然，扩散模型作为生成模型在其他生成式人工智能中也得到了成功的应用。本节将以经典的扩散模型DDPM为案例，介绍基于马尔可夫链的扩散模型的核心概念，并重点关注其前向过程、逆向过程和模型训练过程。

6.5.2 前向过程

所谓前向过程，就是在原始图像 x_0 逐步添加噪声，每一步得到的图像 x_t 只与上一步的结果 x_{t-1} 相关，直到第 T 步的图像 x_T 变为纯高斯噪声，前向过程如图 6-24 所示。

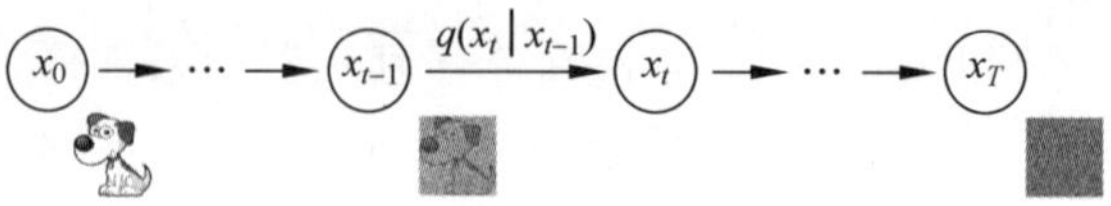

图 6-24 前向过程

前向过程是通过逐步添加噪声来生成样本的马尔可夫链。具体来说，由于前向过程中图像 x 只和上一时刻的 x_{t-1} 有关，该过程可以被视为马尔可夫过程，满足：

$$q(x_{1:T} \mid x_0) = \prod_{t=1}^{T} q(x_t \mid x_{t-1}) \tag{6-154}$$

$$q(x_t \mid x_{t-1}) = \mathcal{N}(x_t ; \sqrt{1-\beta_t}\, x_{t-1}, \beta_t 1) \tag{6-155}$$

令 $\alpha_t = 1-\beta_t$，$\bar{\alpha}_t = \prod_{i=1}^{t} \alpha_t$，$\beta_t \in (0,1)$ 且 $\beta_1 < \cdots < \beta_T$，则

$$\begin{aligned}
x_t &= \sqrt{1-\beta_t}\, x_{t-1} + \beta_t \varepsilon_1 \\
&= \sqrt{a_t}\, x_{t-1} + \sqrt{1-\alpha_t}\, \varepsilon_1 \\
&= \sqrt{a_t}\,(\sqrt{a_{t-1}}\, x_{t-2} + \sqrt{1-\alpha_{t-1}}\, \varepsilon_2) + \sqrt{1-\alpha_t}\, \varepsilon_1 \\
&= \sqrt{a_t a_{t-1}}\, x_{t-2} + (\sqrt{a_t(1-\alpha_{t-1})}\, \varepsilon_2 + \sqrt{1-\alpha_t}\, \varepsilon_1) \\
&= \sqrt{a_t a_{t-1}}\, x_{t-2} + \sqrt{1-\alpha_t \alpha_{t-1}}\, \bar{\varepsilon}_2 = \cdots \\
&= \sqrt{\bar{\alpha}_t}\, x_0 + \sqrt{1-\bar{a}_t}\, \bar{\varepsilon}_t
\end{aligned} \tag{6-156}$$

其中，$\varepsilon_1, \varepsilon_2, \cdots \sim \mathcal{N}(0,1)$ 和 $\bar{\varepsilon}_2 \sim N(0,1)$ 都服从均值为 0、方差为 1 的标准高斯分布。上述的推导用到了重参数技巧(reparameterization trick)，可参考 VAE 中的使用。其中式(6-156)可由式(6-157)推导得出：

$$\begin{aligned}
&\sqrt{a_t(1-\alpha_{t-1})}\, \varepsilon_2 \sim \mathcal{N}(0, a_t(1-\alpha_{t-1})1) \\
&\sqrt{1-\alpha_t}\, \varepsilon_1 \sim \mathcal{N}(0, (1-\alpha_t)1) \\
&\sqrt{a_t(1-\alpha_{t-1})}\, \varepsilon_2 + \sqrt{1-\alpha_t}\, \varepsilon_1 \sim \mathcal{N}(0, [\alpha_t(1-\alpha_{t-1}) + (1-\alpha_t)]1) \\
&= \mathcal{N}(0, (1-\alpha_t \alpha_{t-1})1)
\end{aligned} \tag{6-157}$$

进一步，为了方便表示，式(6-156)可以改写为

$$q(x_t \mid x_0) = \mathcal{N}(x_t ; \sqrt{\bar{a}_t}\, x_0, (1-\bar{a}_t)1) \tag{6-158}$$

观察式(6-158)不难发现，当 $T \to \infty$ 时，前向过程会使得 x_T 最后收敛到标准高斯分布。

6.5.3 逆向过程

前向阶段是加噪声的过程，而逆向阶段则是将噪声去除。如果能得到逆向过程的分布 $q(x_{t-1}|x_t)$，那么通过输入的高斯噪声将生成一个真实的样本。由于无法直接推断 $q(x_{t-1}|x_t)$，因此将使用深度学习模型去拟合分布 $q(x_{t-1}|x_t)$。逆向过程如图 6-25 所示。

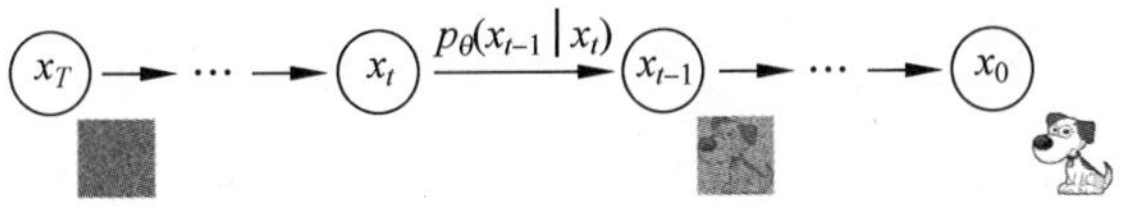

图 6-25 逆向过程

逆向过程通过缓慢去除噪声来生成样本的马尔可夫链。具体来说，$q(x_{t-1}|x_t)$由贝叶斯公式可得

$$q(x_{t-1} \mid x_t, x_0) = \frac{q(x_t \mid x_{t-1}, x_0) \cdot q(x_{t-1} \mid x_0)}{q(x_t \mid x_0)} \tag{6-159}$$

由前向过程可以得到$q(x_t|x_{t-1},x_0)$分布，将前向过程的推导代入上式，可得出如下推导：

$$\begin{aligned}
&q(x_{t-1} \mid x_t, x_0) \\
&= q(x_t \mid x_{t-1}, x_0) \frac{q(x_{t-1} \mid x_0)}{q(x_t \mid x_0)} \\
&\propto \exp\left(-\frac{1}{2}\left(\frac{(x_t - \sqrt{\alpha_t} x_{t-1})^2}{\beta_t} + \frac{(x_{t-1} - \sqrt{\bar{\alpha}_{t-1}} x_0)^2}{1-\bar{\alpha}_{t-1}} - \frac{(x_t - \sqrt{\bar{\alpha}_t} x_0)^2}{1-\bar{\alpha}_t}\right)\right) \\
&= \exp\left(-\frac{1}{2}\left(\frac{x_t^2 - 2\sqrt{\alpha_t} x_t x_{t-1} + \alpha_t x_{t-1}^2}{\beta_t} + \frac{x_{t-1}^2 - 2\sqrt{\bar{\alpha}_{t-1}} x_0 x_{t-1} + \bar{\alpha}_{t-1} x_0^2}{1-\bar{\alpha}_{t-1}} - \frac{(x_t - \sqrt{\bar{\alpha}_t} x_0)^2}{1-\bar{\alpha}_t}\right)\right) \\
&= \exp\left(-\frac{1}{2}\left(\left(\frac{\alpha_t}{\beta_t} + \frac{1}{1-\bar{\alpha}_{t-1}}\right) x_{t-1}^2 - \left(\frac{2\sqrt{\alpha_t}}{\beta_t} x_t + \frac{2\sqrt{\bar{\alpha}_{t-1}}}{1-\bar{\alpha}_{t-1}} x_0\right) x_{t-1} + C(x_t, x_0)\right)\right)
\end{aligned} \tag{6-160}$$

由上述推导可以得出$q(x_{t-1}|x_t,x_0)$的均值和方差。其均值由高斯噪声组成，而方差由事先定义的参数组成。具体来说，均值和方差分别表示如下：

$$\tilde{\mu}_t(x_t, x_0) = \frac{\sqrt{\alpha_t}(1-\bar{\alpha}_{t-1})}{1-\bar{\alpha}_t} x_t + \frac{\sqrt{\bar{\alpha}_{t-1}}\beta_t}{1-\bar{\alpha}_t} x_0 \tag{6-161}$$

$$\tilde{\sigma}_t^2 = \tilde{\beta}_t = \frac{1-\bar{\alpha}_{t-1}}{1-\bar{\alpha}_t} \cdot \beta_t \tag{6-162}$$

更进一步，由前向过程可得

$$x_0 = \frac{1}{\sqrt{\bar{\alpha}_t}}(x_t - \sqrt{1-\bar{\alpha}_t}\bar{\varepsilon}_t) \tag{6-163}$$

将上式代入式(6-161)中可以推导出：

$$\begin{aligned}
\tilde{\mu}_t &= \frac{\sqrt{\alpha_t}(1-\bar{\alpha}_{t-1})}{1-\bar{\alpha}_t} x_t + \frac{\sqrt{\bar{\alpha}_{t-1}}\beta_t}{1-\bar{\alpha}_t} \frac{1}{\sqrt{\bar{\alpha}_t}}(x_t - \sqrt{1-\bar{\alpha}_t}\varepsilon_t) \\
&= \frac{1}{\sqrt{\alpha_t}}\left(x_t - \frac{1-\alpha_t}{\sqrt{1-\bar{\alpha}_t}}\varepsilon_t\right)
\end{aligned} \tag{6-164}$$

因此，可以定义模型 $p_\theta(x_{t-1} \mid x_t) = \mathcal{N}(x_{t-1}; \mu_\theta(x_t, t), \sum_\theta(x_t, t))$ 去学习 $q(x_{t-1}|x_t)$ 分布。通过式(6-164)可以得出，模型实际学习的一个过程是学习噪声分布 $\varepsilon_\theta(x_t, t)$。在测试阶段，对于一个全新采样的噪声，并不知道其是由一张图像与具体哪个高斯噪声给合成出来的(采样的方法有无数种)。实际上，最终网络要进行的是对噪声的预测，这一结论也非常符合直觉。

6.5.4 模型训练

前面谈到，逆向过程让模型去预估噪声 $\varepsilon_\theta(x_t,t)$，那么应该如何设计损失函数呢？模型训练的目标是在真实数据分布下，最大化模型预测分布的对数似然函数，即优化在 $x_0\sim q(x_0)$下的 $p_\theta(x)$交叉熵：

$$\mathcal{L}=\mathbb{E}_{q(x_0)}[-\log p_\theta(x_0)] \tag{6-165}$$

进一步，引入变分操作，得出关于 $q(x_{t-1}|x_t)$的分布，如下所示：

$$\begin{aligned}
\mathcal{L}&=\mathbb{E}_{q(x_0)}[-\log p_\theta(x_0)]\\
&=-\mathbb{E}_{q(x_0)}\log\left((p_\theta(x_0)\cdot\int p_\theta(x_{1:T})\mathrm{d}x_{1:T}\right)\\
&=-\mathbb{E}_{q(x_0)}\log\left(\int p_\theta(x_{0:T})\mathrm{d}x_{1:T}\right)\\
&=-\mathbb{E}_{q(x_0)}\log\left(\int q(x_{1:T}\mid x_0)\frac{p_\theta(x_{0:T})}{q(x_{1:T}\mid x_0)}\mathrm{d}x_{1:T}\right)\\
&=-\mathbb{E}_{q(x_0)}\log\left(\mathbb{E}_{q(x_{1:T}|x_0)}\frac{p_\theta(x_{0:T})}{q(x_{1:T}\mid x_0)}\right)\\
&\leqslant-\mathbb{E}_{q(x_0)}\ \mathbb{E}_{q(x_{1:T}|x_0)}\log\frac{p_\theta(x_{0:T})}{q(x_{1:T}\mid x_0)}\\
&=-\mathbb{E}_{q(x_{0:T})}\log\frac{p_\theta(x_{0:T})}{q(x_{1:T}\mid x_0)}\\
&=\mathbb{E}_{q(x_{0:T})}\log\frac{q(x_{1:T}\mid x_0)}{p_\theta(x_{0:T})}=\mathcal{L}_{\mathrm{VLB}}
\end{aligned} \tag{6-166}$$

由马尔可夫链的性质对$\mathcal{L}_{\mathrm{VLB}}$进一步推导，可得

$$\begin{aligned}
\mathcal{L}_{\mathrm{VLB}}&=\mathbb{E}_{q(x_{0:T})}\left[\log\frac{q(x_{1:T}\mid x_0)}{p_\theta(x_{0:T})}\right]\\
&=\mathbb{E}_q\Bigg[D_{\mathrm{KL}}(q(x_T\mid x_0)\parallel p_\theta(x_T))+\\
&\qquad\sum_{t=2}^{T}D_{\mathrm{KL}}(q(x_{t-1}\mid x_t,x_0)\parallel p_\theta(x_{t-1}\mid x_t))-\log p_\theta(x_0\mid x_1)\Bigg]
\end{aligned} \tag{6-167}$$

其中，第一项为常数项，第二项和第三项可以合并成一项，表示为$\mathcal{L}_{t-1}(1\leqslant t\leqslant T)$。对$\mathcal{L}_{t-1}$进一步推导得

$$\begin{aligned}
\mathcal{L}_{t-1}&=\mathbb{E}_{x_0,\varepsilon}\left[\frac{1}{2\left\|\sum_\theta(x_t,t)\right\|_2^2}\parallel\tilde{\boldsymbol{\mu}}_t(x_t,x_0)-\boldsymbol{\mu}_\theta(x_t,t)\parallel^2\right]\\
&=\mathbb{E}_{x_0,\varepsilon}\left[\frac{1}{2\left\|\sum_\theta\right\|_2^2}\left\|\frac{1}{\sqrt{\alpha_t}}\left(x_t-\frac{1-\alpha_t}{\sqrt{1-\bar{\alpha}_t}}\varepsilon_t\right)-\frac{1}{\sqrt{\alpha_t}}\left(x_t-\frac{1-\alpha_t}{\sqrt{1-\bar{\alpha}_t}}\varepsilon_\theta(x_t,t)\right)\right\|^2\right]\\
&=\mathbb{E}_{x_0,\varepsilon}\left[\frac{(1-\alpha_t)^2}{2\alpha_t(1-\bar{\alpha}_t)\left\|\sum_\theta\right\|_2^2}\parallel\varepsilon_t-\varepsilon_\theta(x_t,t)\parallel^2\right]\\
&=\mathbb{E}_{x_0,\varepsilon}\left[\frac{(1-\alpha_t)^2}{2\alpha_t(1-\bar{\alpha}_t)\left\|\sum_\theta\right\|_2^2}\parallel\varepsilon_t-\varepsilon_\theta(\sqrt{\bar{\alpha}_t}x_0+\sqrt{1-\bar{\alpha}_t}\varepsilon_t,t)\parallel^2\right]
\end{aligned} \tag{6-168}$$

所以，最终的目标损失可以简化为：

$$\mathcal{L}_{\text{simple}}(\theta)=\mathbb{E}_{t,x_0,\varepsilon}[\|\varepsilon-\varepsilon_\theta(\sqrt{\bar{\alpha}_t}x_0+\sqrt{1-\bar{\alpha}_t}\varepsilon,t)\|^2] \tag{6-169}$$

通过以上计算过程，不难发现，最终模型所学习的前向过程就是去拟合每个时刻的噪声。然后，通过学习得到的噪声，在逆向过程中逐步去除噪声，最终恢复出原始图像。DDPM 算法训练过程描述如算法 6-1 所示。

算法 6-1　DDPM 训练算法

输入：数据集 D；

步数参数 T；

$$\beta_t\in(0,1) \text{ 且 } \beta_1<\cdots<\beta_T, \alpha_t=1-\beta_t, \bar{\alpha}_t=\prod_{i=1}^{t}\alpha_t$$

过程：

1. **repeat**
2. 　从数据集中采样数据：$x_0\sim D(x_0)$；
3. 　随机选取步长：$t\sim \text{Uniform}(\{1,2,\cdots,T\})$；
4. 　采样标准高斯噪声 $\varepsilon\sim\mathcal{N}(0,1)$；
5. 　执行梯度下降过程对于式(6-168)：$\nabla_\theta\|\varepsilon-\varepsilon_\theta(\sqrt{\bar{\alpha}_t}x_0+\sqrt{1-\bar{\alpha}_t}\varepsilon,t)\|^2$；
6. **until** 模型收敛

输出：模型参数 θ；

DDPM 算法采样过程描述如算法 6-2 所示。

算法 6-2　DDPM 样本生成

输入：采样标准高斯噪声：$x_T\sim\mathcal{N}(0,1)$；

训练得到的模型参数 θ；

步数参数 T；

$$\beta_t\in(0,1) \text{ 且 } \beta_1<\cdots<\beta_T, \alpha_t=1-\beta_t, \bar{\alpha}_t=\prod_{i=1}^{t}\alpha_t$$

过程：

1. **for** $t=T,\cdots,1$ **do**
2. 　**if** $t>1$ **then**
3. 　　采样高斯噪声：$z\sim\mathcal{N}(0,1)$；
4. 　**else**
5. 　　$z=0$；
6. 　**end if**
7. $x_{t-1}=\frac{1}{\sqrt{\alpha_t}}\left(x_t-\frac{1-\alpha_t}{\sqrt{1-\bar{\alpha}_t}}\varepsilon_\theta(x_t,t)\right)+\delta_t z$；
8. 　随机选取步长：$t\sim\text{Uniform}(\{1,2,\cdots,T\})$；
9. **end for**

输出：生成图像 x_0；

值得注意的是，算法 6-2 中的 δ_t 由式(6-170)计算所得。此外，通过观察可以发现，在前向过程中，对于加噪操作可以不用连续进行，而是通过采样不同时刻进行加噪。然而，在采样过程时，必须要逐步去除噪声。并且，为了生成更加清晰且高质量的图像，去噪过程需要进行多次重复迭代。

参考文献

[1] WANG H, YEUNG D Y. A survey on Bayesian deep learning[J]. ACM Computing Surveys (CSUR), 2020, 53(5): 1-37.

[2] JORDAN M I, GHAHRAMANI Z, JAAKKOLA T S, et al. An introduction to variational methods for graphical models[J]. Machine learning, 1999, 37(2): 183-233.

[3] SAUL L K, TOMMI J, MICHAEL I J. Mean field theory for sigmoid belief networks[J]. Journal of Artificial Intelligence Research, 1996, 4: 61-76.

[4] HINTON G E. Boltzmann machine[EB]. Scholarpedia, 2007, 2(5): 1668.

[5] ACKLEY D, HINTON G, SEJNOWSKI T. A learning algorithm for boltzmann machines[J]. Cognitive Science, 1985, 9(1): 147-169.

[6] CARREIRA-PERPINAN M A. HINTON G. On contrastive divergence learning[C]. International Workshop on Artificial Intelligence and Statistics, 2005: 33-40.

[7] ARJOVSKY M, CHINTALA S, BOTTOU L. Wasserstein generative adversarial networks[C]//International Conference on Machine Learning. PMLR, 2017: 214-223.

[8] ZHANG N, DING S, ZHANG J, et al. An overview on restricted Boltzmann machines[J]. Neurocomputing, 2018, 275: 1186-1199.

[9] HINTON G E. Deep belief networks[EB]. Scholarpedia, 2009, 4(5): 5947.

[10] GOODFELLOW I, POUGET-ABADIE J, MIRZA M, et al. Generative adversarial nets[C]. Advances in Neural Information Processing Systems, 2014, 27: 2672-2680.

[11] ARJOVSKY M, CHINTALA S, BOTTOU L. Wasserstein generative adversarial networks[C]. Proceedings of the International Conference on Machine Learning: 2017: 214-223.

[12] HO J, JAIN A, ABBEEL P. Denoising diffusion probabilistic models[C]. Advances in Neural Information Processing Systems, 2020, 33: 6840-6851.

案例导读

第7章

对比式表示学习

7.1 无监督表示学习

在大数据时代,如何有效地利用数据,抽取其中的特征进行分析和预测,从而深入地挖掘数据背后的隐含价值,是机器学习领域中的一个重大挑战。深度神经网络的出现驱动了机器学习领域的不断发展。凭借大型标注数据集的有力支持和其自身强大的特征挖掘能力,深度神经网络已被广泛应用于各类机器学习领域,如计算机视觉、自然语言处理以及图网络分析领域。然而,“天下没有免费的午餐”,随着有监督表示学习方法的不断发展,问题地接踵而至。首先,在流媒体场景下,数据规模呈爆炸式增长,手工标注数据无法有效地适配数据增长的速度,并且十分耗时耗力。其次,随着模型深度的不断扩展,有监督表示学习方法对训练数据的需求越发庞大,标注成本也随之水涨船高。许多研究工作者难以负担其沉重的经济成本,使得研究工作难以为继。此外,有监督表示学习方法还存在另外一个显著的问题——过于依赖标签信息的指引。显然,手工标注过程中不可避免地会出现标注错误的情况,导致引入不必要的噪声。而且,特征与标签之间存在过强的依赖关系,也会限制模型的泛化性[①]和健壮性[②],使其学习到的特征无法有效地迁移到不同的下游任务。因此,无监督表示学习方法的研究是十分必要且具有现实意义的。它有别于有监督表示学习方法,不再依赖于标签信息的指引,而是完全依靠数据本身,引导模型去洞察数据的不变性特征[③]。通过这种方式学习到的特征具有更好的泛化性,不再局限于特定任务的相关知识,能够更好地迁移到多种不同的下游任务中。

本节以自然语言处理为例,阐明有监督表示学习方法和无监督表示学习方法之间的差异。众所周知,文字的含义是抽象而又深邃的。一个英语单词就可能包含多个意思,更遑论汉字中的一词多义。当组合成句子、段落或文章时,不同上下文的语义联系又赋予了它们各自不同的词义变化。例如,书生背着的“包袱”是指用布包起来的衣物包裹;就职演讲者的“包袱”意指

① 泛化性指当模型遇到未知样本或不同任务时,其仍能保持相当水平的竞争力。

② 健壮性指模型对于输入扰动或对抗样本的适应性。当面对标签错误的情况时,有监督模型可能就会因此训练出错误的模型。例如,在猫狗图片分类的任务中,如果狗的图片被标记成了猫,那么模型很可能就会错误地记住这个答案。这不仅影响了模型对狗的分类,还会影响其对猫的分类。

③ 不变性特征指的是数据中存在的本质特征。以狗的图像为例,一张狗的图像包括了狗的轮廓、毛色和行为姿态,这些特征体现了“狗”这个概念。这也是为什么人类能够仅通过观察某些狗的照片,就能举一反三地从其他动物中分辨出其从未见过的狗。

精神上的负担；而相声术语中的“包袱”则指的是逗笑观众的笑料。然而，有监督表示学习方法往往“生硬”地学习单词和标签之间的映射关系，难以有效地利用上下文中所蕴含的语义关联来推断词义，从而导致对词义的错误理解。就像初中学生仅通过单词书死记硬背单词，不借助阅读课文巩固，虽然掌握了单词书中所记录的单词词义，但在进行完形填空练习时，却无法熟练地推断出正确的单词。

此外，即便模型较好地掌握了单词的词义，但当模型遇到文本摘要这种需要深刻理解语言的语义信息和语法规则的任务时，还需要进行额外地手工标注和模型训练，这极大地增加了经济和时间成本。无监督表示学习方法则从语料本身出发，设计不同的无监督方式，如遮罩语言和语句预测，使得模型不必耗费巨大的标注成本也能够学习到更深层次的高阶语义信息，并保证学习到的特征具有良好的泛化性。

不可否认，在过去很长一段时间里，与有监督表示学习方法相比，无监督表示学习方法的性能差强人意。但随着新的无监督学习方法的提出，无监督表示学习方法逐渐成为有监督表示学习方法的有力竞争者。无监督表示学习方法的分类如图 7-1 所示，其可以分为 3 类：

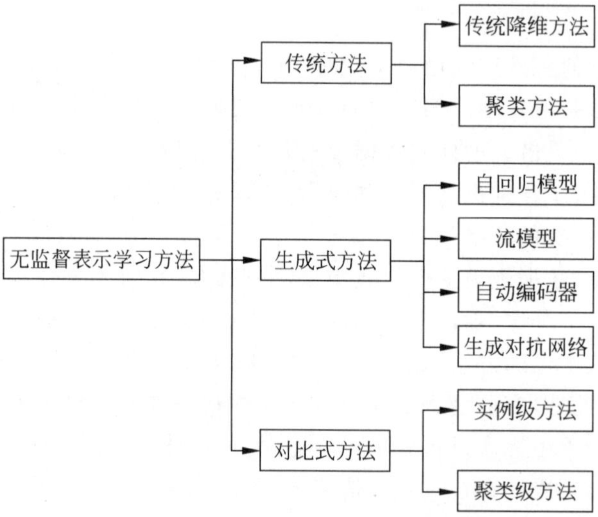

图 7-1 无监督表示学习方法的分类

(1) 第一类方法是在前面章节介绍过的一些传统方法(见第 2、3 章)，其多用于聚类或者数据降维，如主成分分析、K-means 算法、KNN 算法等。

(2) 第二类是第 6 章所提到的生成式方法，如自回归模型、流模型、自动编码器和生成对抗网络。

(3) 第三类则是本章将要介绍的对比式方法。对比式表示学习的出现逐渐弥合了无监督表示学习方法与有监督表示学习方法之间的鸿沟，甚至在某些机器学习任务中，无监督表示学习方法实现了性能的反超，该类方法也让目前机器学习领域又向前迈进了一步。

7.2 对比式表示学习概述

近年来，对比式表示学习受到了广泛的关注，其研究涵盖了机器学习中的多种任务，如计算机视觉中的行人重新识别任务、自然语言处理中的文本分类任务以及图网络分析中的节点分类任务等。如此备受关注的方法，它的核心思想是什么？它具体是如何进行表示学习的？为什么它会被广泛关注和应用？作为一种新兴的无监督表示学习方法，它的优势又体现在什么地方？针对上述几个问题，本节将概括性地介绍对比式表示学习的核心思想和主要组成部分，并且将其与第 6 章介绍的生成式表示学习进行比较，归纳出对比式表示学习的特点。

对比式表示学习方法的核心思想来源于：人类在学习的过程中并不需要记住某个事物的全部细节，只需要记住它的某些显著性特征，便能够轻易地识别出该事物。这源于：意味着表示学习方法并不一定要关注到样本的每一个细节，而只需要保证学到的特征能够将样本与其他样本区分开来即可。

如图 7-2 所示，对比式表示学习旨在通过正样本对和负样本对的对比，学习一个编码器 f，将样本 $\boldsymbol{x}\in\mathbb{R}^d$ 从原始空间嵌入一个低维且密集的特征空间中，从而提取到可用来区分不同数据的判别性特征。具体过程可用如下数学公式来描述：

$$f:\boldsymbol{x}\rightarrow\boldsymbol{x}',\quad \boldsymbol{x}'\in\mathbb{R}^{d'},\quad d\gg d' \tag{7-1}$$

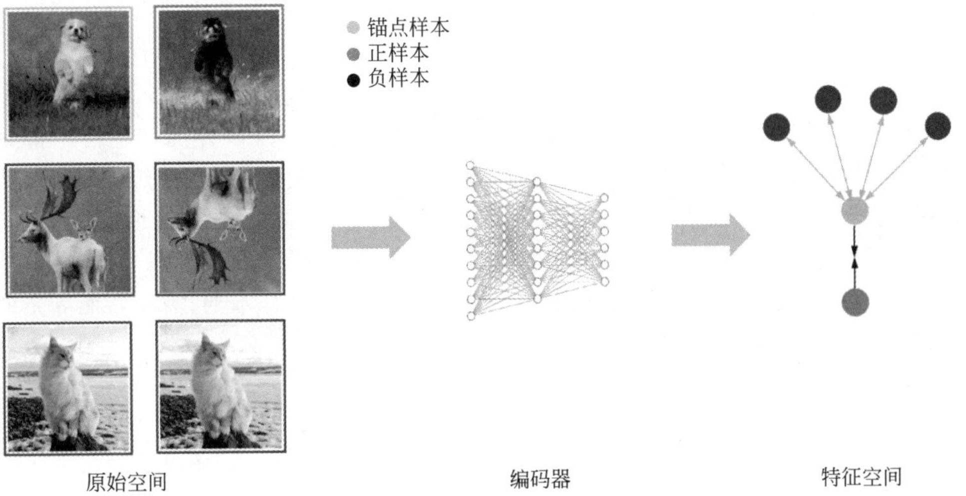

图 7-2 对比式表示学习的核心思想

其中，$\boldsymbol{x}'\in\mathbb{R}^{d'}$ 代表学习到的特征表示，d 和 d' 分别表示原始空间的维度和潜在特征空间的维度，并且原始空间的维度远大于特征空间的维度。对于任意样本 $\boldsymbol{x}$，要使其在特征空间中尽可能地向其正样本靠拢，同时尽可能地远离其负样本，其数学表示如下：

$$\text{score}(f(\boldsymbol{x}),f(\boldsymbol{x}^+))\gg\text{score}(f(\boldsymbol{x}),f(\boldsymbol{x}^-)) \tag{7-2}$$

其中 $\boldsymbol{x}$ 被称作锚点(anchor)，$\boldsymbol{x}^+$ 表示与锚点 $\boldsymbol{x}$ 相似的正样本(positive sample)，$\boldsymbol{x}^-$ 表示与锚点 $\boldsymbol{x}$ 不相似的负样本(negative sample)，score(·)是一个度量函数(metric function)，用来度量样本之间的相似程度。

目前，对比式表示学习的研究工作主要围绕以下 4 个重要问题展开。

(1) 特征编码器的选择与确定。针对不同形式的数据，设计或者采用已有的特征编码器进行特征提取是表示学习中一项不可或缺的工作。例如，对于图像数据，各种卷积神经网络(如 ResNet 和 VGG)就常被用于特征提取；对于视频数据而言，3D 卷积神经网络则更加适合①；面对序列化的自然语言数据时，早期工作主要采用循环神经网络(RNN)及其各种变体(如 LSTM 和 GRU)来对其进行特征建模②，而目前更多的工作采用自注意力模型(如 Transformer 和 BERT)进行更高效的特征提取；针对图或者网络这类高度稀疏且非线性的拓

① 事实上，对于视频数据，早期工作更多地会采用卷积神经网络和递归神经网络的混合模型来实现特征挖掘。

② 除了比较常见的递归神经网络外，传统的隐马尔可夫方法、卡尔马滤波方法以及与递归神经网络一同出现的神经图灵机也可以对序列化数据进行建模。

扑数据,图神经网络是目前比较流行且有效的编码器,其可分为基于谱分解和基于空间的图卷积神经网络。后者与前者不同,它更加关注局部的拓扑结构,实现了归纳式的学习。一个优秀的编码器所提取到的特征要能够尽可能地保留数据中的重要信息。更多编码器的具体细节可参见第 5 章。

(2) 正负样本的确立。由于对比式表示学习的核心思想在于对比锚点样本与其正负样本之间的差异,因此如何确定正负样本变得尤为重要。一般来说,只要能找到正确且无偏的正负样本,一定程度上可有效保证对比式表示学习的性能。正负样本的确立通常被归纳为两个问题:一是如何产生正负样本;二是如何选择正负样本。

正负样本的产生一般借助数据增强技术,如在计算机视觉中对图像进行旋转、模糊等。不同的数据类型具有不同的数据增强方式。在自然语言处理和图网络分析任务中,数据增强设计仍是一个开放性问题。在对比式表示学习中,数据样本在经过数据增强后会生成关于自身的副本,即为正样本,而其他样本及其数据增强后得到的副本都可被视作负样本。

正负样本的选择主要包括以下两种情况。第一种情况是数据中存在着天然的对比关系。例如,对于一张图片而言,其自身就可以被视为正样本,而除自身以外的其他样本都是负样本①。其自身的像素级别的局部表示和整张图片的全局表示之间也存在天然的对比关系。第二种情况则是通过不同的采样方式来选择正负样本。最简单的一种方式就是直接采用传统的聚类方法寻找正负样本:同一类簇中的样本互为正样本对,而不同类簇间的样本则被视为负样本对;或者使用最近邻算法:将最近的 K 个样本被视为锚点样本的正样本,而剩余的样本则被当作负样本。

(3) 相似性度量的选择。在得到了正负样本之后,如何度量锚点样本与正负样本之间的相似度也是对比式表示学习研究的一个重要问题。然而这一部分的研究事实上是早于对比式表示学习的。它同样也是一个热门的研究方向,通常称为度量学习。传统的度量方法一般包括欧氏距离、曼哈顿距离等,但这些传统度量方法存在"维度诅咒"的问题。因此,在对比式表示学习中一般使用互信息来度量特征表示之间的相似程度(特征空间中样本特征的距离),二者之间的互信息越大则说明它们之间越相似,反之,则说明它们越不相似。然而,作为一个度量连续随机变量之间信息交叠程度的度量衡,互信息通常无法直接计算。因此,一般采用近似计算的方式来对其进行逼近。

(4) 对比式框架的设计。依据不同的数据类型,大量的对比式框架被提出。以计算机视觉为例,比较具有代表性的工作包括 DIM、MoCo 以及 SimCLR 等。目前这些框架的主流归类方式有两种。其中一种归类方式是依据对比框架所探索的信息层级,可以将其分为实例级对比表示学习和聚类级对比表示学习。如图 7-3 所示,虚线左侧为实例级对比表示学习,虚线右侧为聚类级对比表示学习。虚线箭头表示二者互为负样本,而实线箭头则表示互为正样本。实例级对比表示学习的样本对通常由两个实例(图片)的特征组成:狗与狗之间可以构成正样本对,而狗和鹿之间则构成负样本对;而聚类级对比表示学习的样本对通常由实例和聚类原型(聚类中心)组成。另一种归类方式则是依据是否显式地使用负样本,将对比式框架分为基于负例的方法和基于非对称结构的方法。

对比式表示学习的蓬勃发展源于其强大的性能,其实现了无监督表示学习方法对有监督表示学习方法的性能反超。这里列举两个实际的案例:

(1) 在未标记的 ImageNet 数据上训练并使用线性分类器评估的对比表示学习方法超过

① 这是最早的实例级(instance-level)对比式表示学习的正负样本选择方式。

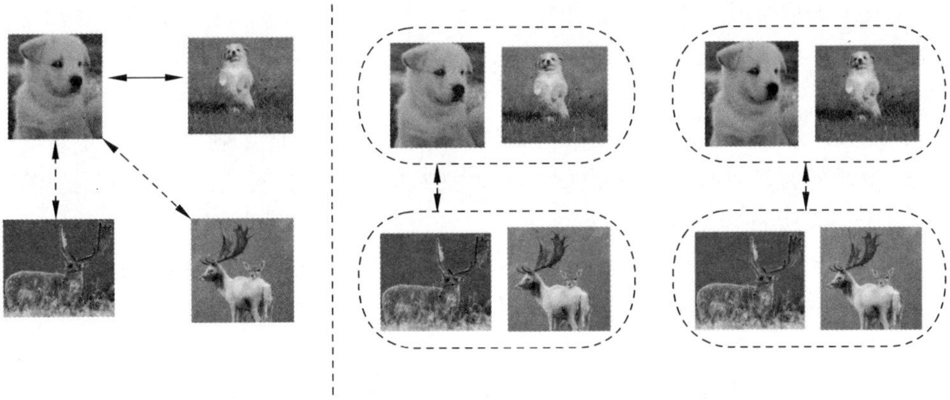

图 7-3　实例级对比表示学习和聚类级对比表示学习

了有监督表示学习的 AlexNet 的准确性。此外,相比纯粹的有监督表示学习,它们也能更有效率地使用标记数据。

(2) ImageNet 上的对比式预训练模型能成功地迁移到其他下游任务,并优于有监督的预训练模型。

对比式表示学习和生成式表示学习作为两种主流的无监督表示学习,二者有诸多不同。生成式表示学习和对比式表示学习的区别如图 7-4 所示。

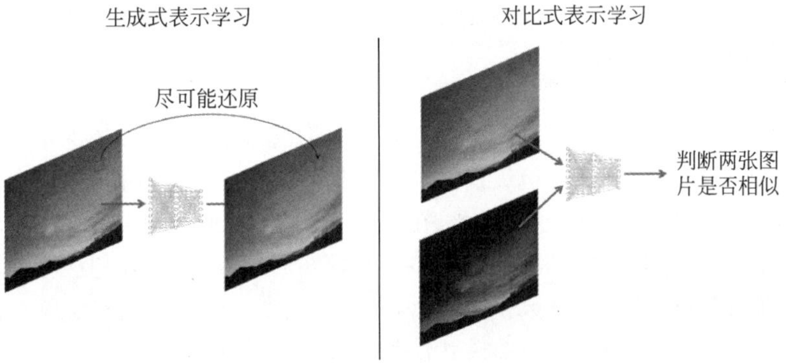

图 7-4　生成式表示学习和对比式表示学习的区别

首先,两者之间最大的差异在于目标任务不同。以图像数据为例,生成式表示学习旨在对输入图片进行重构,力图精确地还原图像的每一像素。因此,它更加关注于像素级别的特征。而对比式表示学习则不然,其通过将锚点与正样本和负样本的特征进行对比以学习样本的特征表示。通过该方法学习到的特征往往具有显著的判别特性,蕴含了样本中的高阶信息。其次,二者使用不同的损失函数。以自动编码器为例,生成式表示学习往往采用 L_1 损失或者 L_2 损失来度量像素的损耗;而对比式表示学习则一般采用基于互信息的损失,例如 NCE 损失、InfoNCE 损失和 JSD 损失等,以此度量正负样本之间的信息交叠程度。再者,生成式表示学习通常采用的是单路网络结构,而对比式表示学习则更常使用孪生网络(siamese network)结构。

相对于生成式表示学习,对比式表示学习具有什么优势呢?在讨论这个问题前,首先需要强调,无论是对比式表示学习还是生成式表示学习都有自己的优势所在,并不存在绝对意义上的孰优孰劣。对比式表示学习虽然在一些任务上表现出了较强的竞争力,但其并不能取代生成式表示学习。事实上,生成式表示学习也具有独特的优势,这里不再赘述。回到之前的问题,以图像数据为例,分析生成式表示学习可能存在的一些问题,主要包括以下三点:

(1) 生成式表示学习方法的无监督任务难度相对较高。它要求像素级的重构,这意味着隐含层中的数据编码必须包含很多细节信息。这容易造成不必要的计算浪费,并且无法保证模型性能。

(2) 生成式表示学习方法更加注重像素级别的特征重构,而忽略了样本中更重要的全局潜在特征。这个问题可以被简单理解为"断章取义",即编码器只关注到一小部分的像素信息,而忽略了整张图像所表达的语义信息。

(3) 基于像素的目标通常假设各像素之间是独立的,导致模型对相关性或复杂结构进行建模的能力降低。换句话说,模型通过简单的数据重构,无法很好地掌握图像本质信息(轮廓、光影等),可能仅是"记"住了每一像素点。

对比式表示学习方法则正好弥补了生成式表示学习方法的这些缺点。一方面,对比式表示学习是典型的判别式无监督学习。相较于生成式表示学习,对比式表示学习的任务难度相对较低。它只需要保证相似的实例在特征空间中比较接近,而不相似的实例在特征空间中距离比较远。另一方面,对比式表示学习强调相似样本的特征在特征空间中保持集中,因此它能够捕捉到样本所蕴含的不变性特征,如图片的轮廓、语义以及纹理等,而样本的语义信息则与其不变性特征紧密相关。因此,只需要学习到同一类样本的共性,就能够很好地保留住数据的本质信息,做出良好的判断。综上所述,通过对比式表示学习得到的特征能较好地适应于不同的下游任务,并且能够训练性能强大的模型。

7.3 数据增强

现实世界中虽然已有海量的数据,但模型对于数据的需求仍然在不断扩大,尤其是在工业界,为保证模型的性能通常需要百亿级别的训练数据。然而,采集、制作数据需要高昂的成本,并且有人工标注所带来的诸多问题。因此,在有监督学习中,通常只有少量的标注数据可用。数据增强是一个缓解数据稀缺问题的有效方式,它旨在通过数据的不同变换操作,从有限数据中产生更多的等价数据,从而提升数据集质量,在一定程度上满足了现实需求。数据增强还能够增加样本的多样性,从而提升模型的健壮性和泛化性。此外,数据增强不仅可以用于有监督表示学习,还可以用于无监督表示学习。在对比式表示学习中,数据增强能够提供大量用于对比的样本。同时,不同的增强变换方式产生了数据样本的多视角信息,从而帮助对比式模型更好地学习数据中的不变性特征。

7.3.1 计算机视觉中的数据增强

数据增强技术在计算机视觉领域应用广泛,大致可分为两类:第一类是基于手工设计的数据增强;第二类则是基于生成模型的数据增强。第一类数据增强方法包括颜色变换、几何变换、基于上下文的变换等。而第二类数据增强方法则是通过生成模型,依据不同模态的输入数据(如图像、文本或语音等)生成对应的增强图像。

第一类数据增强方法通过不同的图像处理技术,在尽可能不破坏图像判别特征的前提下,对图像进行某些操作,获得新的增强样本。例如,随机裁剪(几何变换)以及随机裁剪再拼接(基于上下文的变换)等,具体示例如图 7-6 所示。此类方法简单高效,因此常被用于对比式表示学习的数据预处理。它们可提供多个可对比的视角,使得编码器能够在对比的过程中学习到与其增强无关的不变性特征。此外,它们能够提供较为有效的对比样例,使模型在具有差异的正样本对之间也能学习到高阶的语义特征。当图 7-5(a)和图 7-5(c)作为正样本对时,模型则需要尽可能地去拉近这两张图片在隐含特征空间中的距离。也就是说,模型需要去学习二者之间相近的原因。这意味着它需要理解图 7-5(a)和图 7-5(c)实际上描述了同一个对象,即图 7-5(c)只是在图 7-5(a)上做了一些变换而已,但是其语义信息仍然是"狗"。

(a) 原始图像　　(b) 随机裁剪　　(c) 随机裁剪再拼接

图 7-5　基于图像处理技术的数据增强的示例

基于生成模型的数据增强方法是另一类常用的数据增强方法,这类方法常借助各种生成模型生成一些训练集从未出现但服从相同数据分布的样本。该类方法常用于稀有类别样本的生成。一般地,它将训练集数据作为生成目标,训练一个生成对抗网络,并借助训练好的生成器不断生成新的样本。虽然该类方法难以保证生成样本的质量,但是它能够为对比式表示学习方法提供更加丰富的样本。由于生成的数据样本在数据集中是从未出现过的,因此它能够使编码器更具泛化性和鲁棒性,从而对于一些噪声样本和未知样本也能进行有效的甄别。图 7-6 给出了使用生成对抗网络进行数据增强的示例。假设现在需要更多关于夜晚城市的图片,而现有数据集中只有城市白天的图片时,就可以通过循环生成对抗网络(cycle GAN)将白天城市的图片转换为夜晚风格的照片,从而实现数据增强。

图 7-6　基于生成对抗网络的数据增强示例

7.3.2　自然语言处理中的数据增强

自然语言数据与图像不同,自然语言是离散的,而且其具有语法规则和上下文语义的约束,这使得数据增强方法在自然语言处理中难以被推广和使用。但是,数据的稀缺性问题在自然语言处理领域中同样也是一个亟待解决的问题。因此，如何进行文本数据的增强是一个十分迫切的工作。接下来将介绍近年来关于文本数据增强的方法，它们大致可以分为 3 类：基于改述(paraphrase)的方法、基于噪声(noising)的方法以及基于采样(sampling)的方法。

基于改述的方法通常只会轻微地改变句子的内容，增强后的文本语义信息与原文本相似，不影响上下文理解。基于改述方法的概况如图 7-7 所示，这类方法可以分为 3 种不同粒度的方法，包括单词级别(word-level)、短语级别(phrase-level)和句子级别(sentence-level)。这 3 类主要涉及 6 种方法：近义词词典 (thesaurus)、语义向量、遮罩语言模型(MLM)、人工规则、机器翻译和模型生成。

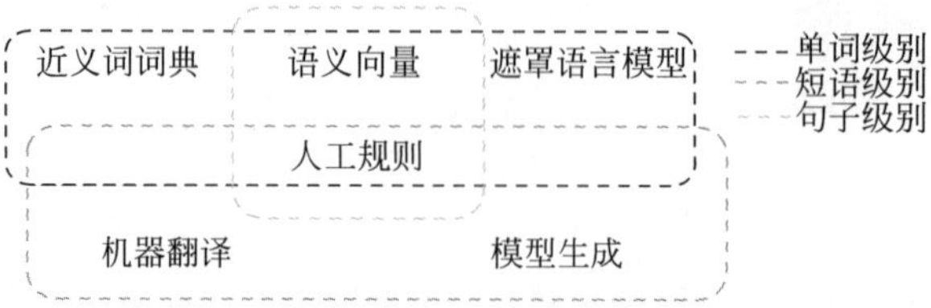

图 7-7　基于改述方法的概况

近义词词典方法通常使用近义词或者上位词替换原文中的某个单词。由于替换为反义词和下位词会导致语义发生彻底的变化，因此它们不能作为替换的选择。这种数据增强方式十分简单，但缺陷也十分明显，主要为以下 3 点：

(1) 产生的增强数据的语义多样性低；

(2) 无法解决语义模糊的问题；

(3) 对于替换词的数量仍有限制，过多的替换也会导致语义的改变。

语义向量方法与近义词词典方法相似，不同之处在于语义向量方法是以特征空间中的词语相似性作为挑选近义词的依据。该方法同样简单，其通过特征相似性度量决定近义词，因此该方法所能替换的选择十分广阔，在一定程度上增强了替换的灵活性。然而，虽然此方法可以产生比近义词词典方法更多样的样本，但单词级别的替换难以有效地产生多样性样本，依然无法解决语义模糊的问题。此外，更多的替换选择也带来了更高的替换风险，对于替换词数量的选择变得更加难以确定。

MLM 是 BERT 中提出的一种遮罩单词产生不同语句的方法。这种方法保留了语句的上下文信息，使得模型可以避免语义模糊的情况①。但这种方法同样是单词级别的增强，并且过多的遮罩容易遮挡住关键词，这一样会引起语义信息的缺失和改变。

人工规则方法则是使用现有的词典或规则，生成单词级别或者词组级别的增强数据。具体地，这类方法使用缩写、时态变化、否定改变原句，并借助依赖树(句法树)规范句子的语法，从而生成句子级别的增强数据。这种方法简单且能保持句子原意，但同样地，只是改变了语法规则却没有对语义信息进行增强。

机器翻译方法也是一个直观且不会产生语句歧义的数据增强方法。其核心思想就是借助回译的方式，先将处理的语言转换为另外一种语言，然后翻译回原语言。一般地，增强后的语句的表述方式发生变化，但其语义不会发生改变。

模型生成方法则是借助生成对抗网络，从而生成语义相似的语句。这种方法的多样性高，但是需要大量的训练数据且训练难度很大。

由于不同的语句可能会传递相同的意思，因此，通过适当的噪声注入，基于噪声的方法可

① 现实情况中，即使文章中缺失一些单词，也可以依据上下文得知文章的内容。

以让模型学习到更加充分的语义信息。该方法相对直观，且容易理解。如图 7-8 所示，交换(swapping)方法是指随机选取句子中的两个词汇进行交换；删除(deletion)方法则是随机删除句子中的某些单词。由于基于噪声的方法比较简单易懂，这里不再多做说明。

方法	示例	
	原始数据	增强数据
交换	小明吃了一个苹果和梨。	小明吃了一个梨和苹果。
删除	小明吃了一个苹果和梨。	小明吃了一个~~苹果~~和梨。
插入	小明吃了一个苹果和梨。	小明吃了一个苹果和梨。 和小红
替换	小明养了一只猫。	小明养了一只暹罗猫。

图 7-8 基于噪声的方法示例

基于采样的方法则需要先学习原始数据的分布，然后在学到的数据分布上对数据进行采样。该类方法相比另外两类方法而言，能够产生更加多样的数据，同时它也能提升模型的健壮性和泛化性。在这类方法中，也存在规则和生成方法，相比上述改述方法中的人工规则和模型生成，二者之间的区别主要在于基于采样的方法依赖于具体标签和数据格式。这类方法可以依据具体任务训练一个句子到句子(seq2seq)模型，从而产生增强样本，或者通过任务的标签训练一个较好的判别器，以此过滤生成器所产生的样本。此外，也可以直接利用训练好的判别器为无标签数据分配伪标签，从而实现数据的增强。这种方法固然能生成更具多样性的样本，但是训练一个优秀的生成器或判别器需要大量的训练数据、庞大的计算资源和标签数据作为支撑。值得强调的是，不同的文本数据增强方法事实上都十分依赖于具体的任务场景，因此系统地比较这些方法并分析它们对不同任务的性能影响将是一个有趣的研究。

7.3.3 图网络分析中的数据增强

图网络是一种高度稀疏的非线性拓扑数据。对于不同的拓扑数据而言，其拓扑结构所反映的性质截然不同。例如，社交网络的拓扑反映了用户节点之间的关系，而分子结构则反映了药物特性。面对如何增强图网络数据的这样一个开放性问题，许多研究人员提出了对应的解决方案。他们主要从图数据的两个重要组成部分出发，即属性特征和拓扑结构(邻接矩阵)，通过采用随机地删除和遮罩产生增强数据。常见的方法包括随机删边、随机删点以及属性维度遮罩等，具体如图 7-9 所示。这类方法背后有一个关键假设，即通过限制增强程度，只修改小部分的原始图，从而保证与任务相关的信息不会被显著改变。然而，这个假设显然是一个强假设。这种随机的增强方式可能会引入许多不必要的噪声，破坏图网络的拓扑和语义信息。

图扩散(graph diffusion)是另一种常用的图网络数据增强方式。它打破了以往信息传递仅限于一阶邻域的限制，实现了节点信息长期依赖性的获得。这对于图表示学习而言是十分重要的，因为更丰富的邻域信息反映了更加全面的拓扑结构关系。图扩散方法不仅为图对比式表示学习提供了更加全局的增强视角，同时也可被视为一个等效滤波器，用于减少原图中的天然噪声。该方法基于核技术，可以被表示成如下形式：

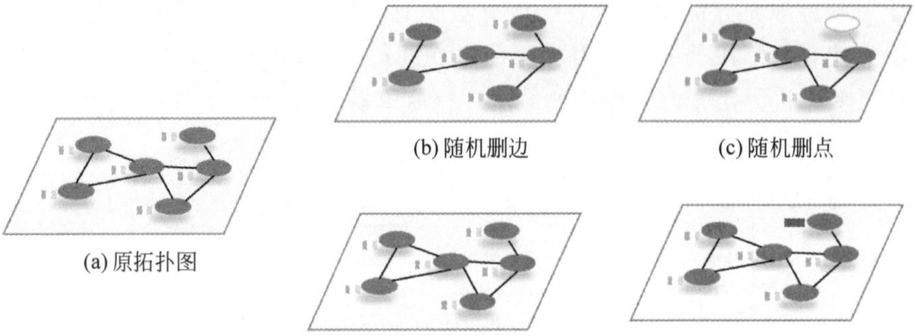

(a) 原拓扑图　(b) 随机删边　(c) 随机删点　(d) 属性维度遮罩　(e) 节点属性

图 7-9　随机遮罩的数据增强方式

$$S=\sum_{k=0}^{\infty}\theta_k \boldsymbol{T}^k \tag{7-3}$$

其中，$\boldsymbol{T}^k \in \mathbb{R}^{N\times N}$ 为广义转移矩阵(generalized transition matrix)，用于刻画邻接矩阵的转换形式；θ_k 为加权系数，用于决定全局和局部信息的探索比例。当满足 $\sum_{k=0}^{\infty}\theta_k=1, \theta_k\in[0,1]$，且广义转移矩阵 $\boldsymbol{T}$ 的特征值 $\lambda_i\in[0,1]$ 时，保证其收敛性。在给定一个邻接矩阵 $\boldsymbol{A}\in\mathbb{R}^{N\times N}$ 和对角矩阵 $\boldsymbol{D}\in\mathbb{R}^{N\times N}$ 的情况下，这里给出了两个广义图扩散的实例 Heat 核和 PPR (Personalized Page Rank)核。Heat 核的数学表示形式如下：

$$S^{\text{Heat}}=\exp(t\boldsymbol{A}\boldsymbol{D}^{-1}-t) \tag{7-4}$$

而 PPR 核可以被定义为

$$S^{\text{PPR}}=\alpha(\boldsymbol{I}_n-(1-\alpha)\boldsymbol{D}^{-\frac{1}{2}}\boldsymbol{A}\boldsymbol{D}^{-\frac{1}{2}})^{-1} \tag{7-5}$$

这里，广义转移矩阵 $\boldsymbol{T}$ 可以被定义为 $\boldsymbol{A}\boldsymbol{D}^{-1}$，而加权系数 θ_k 则分别设置为 $\alpha(1-\alpha)^k$ 和 $\mathrm{e}^{-t}(t^k/k!)$。α 表示转换概率，t 为扩散时间。值得注意的是，图扩散与随机增加边的操作是不同的，图扩散是依据高阶的拓扑信息进行增加边的操作，而非随机增加。

此外，还有一些其他的图网络数据增强方法，如基于生成对抗网络的方法等。基于生成对抗网络方法的核心也是通过不同的方式去扰动图的拓扑结构或者属性特征来实现图的增强。近期的工作中有许多方法关注到了利用生成对抗网络的方法来提升对比式表示学习的质量，感兴趣的读者可以阅读相关文献。图网络的数据增强方法虽然已经广泛投入应用，但也留下了一些值得思考的问题。一方面，这些增强方法难以适配所有的场景。例如，删边操作对于学习 DNA 分子图或者化学分子图而言，显然并不合适。当苯环结构被随机删除若干边后，其所代表的化学性质将被完全破坏。那么，是否存在某些通用的图增强方法来处理不同领域的图？还是必须结合领域相关的知识来实现数据增强？另一方面，图的拓扑结构实际上反映了实体之间的交互关系(联系)，当对其扰动时，假定随机方法在一定程度上不会破坏数据原有的信息或引入大量噪声，那么如何合理地设定其增强的限度呢？这些留待读者思考。

7.4　正负样本的选择

除了数据增强外，决定正负样本质量的关键在于如何选择正负样本。最常规的选择方式是将样本自身视作正样本(可以是自身增强样本或动量更新的自身副本)，而将其他样本都视作负样本。这种方式是一种局部与局部的对比方式,其简单有效,且在数据足够充足的条件下具有十分强大的性能。全局和局部表示的对比是另一种对比设置。以一张图片为例,其局部像素块与全图特征之间具有相似性,而与另一张图像的全局特征之间直觉上应该是不相似的。上述方式都非常直观自然,但是它们仍然存在一些缺陷。首先,数据集的数量实际上是十分庞大的,而一般情况下,计算力是有限的。如果选取所有其他样本作为负样本,计算开销可能过于昂贵。其次,正样本通常仅选取自身的副本,在数量上远小于负样本选取的数量。这容易引发人们的深思,即正样本的选取只能局限于自身吗?是否还有其他样本可以作为正样本?如果选取多个正样本性能会不会更好?再者,虽然有研究证明随着负样本的增多,对比模型的效果越强,但是冗余、错误的负样本并不能提高对比的效率。因此,如何对正负样本进行采样是一个十分重要的研究。选择恰当的正负样本不仅可以节省对比框架的计算开销,而且能够提升模型学习到的表示的质量。

7.4.1 正样本采样

正负样本的采样是一种通用的技术,无论是计算机视觉,还是自然语言处理、图网络分析,都可以借助同样的原理进行正负样本的采样。因此,在本小节中我们会着重介绍采样的思想,而不会特别强调所介绍方法的具体应用领域。众所周知,相比其他无监督表示学习方法,对比式表示学习的计算开销是十分庞大的。因此,为了节省计算开销,通常会采用随机采样的方式。然而,该方式往往伴随着极大的不确定性和不可忽视的噪声问题。此外,随机采样的方式也不适用于正样本。换句话说,随机选择的正样本并不可靠。为了解决随机采样带来的种种问题,研究者提出了硬采样(hard sampling)方法,即选择正确但难以区分的样本作为正样本。它的核心思想在于让模型有能力区分那些难以区分的训练样本,从而使模型学习到更好的判别特征。事实上,容易区分的样本难以为模型提供十分有效的学习帮助,还容易浪费计算能力。值得一提的是,硬采样也称作硬挖掘(hard mining),在度量学习领域中已经有很深的积淀,对比式表示学习可以很好地借鉴其中的思想。

现有的大多数方法都关注于负样本的采样,而鲜少有工作研究正样本的采样。造成这种现象的原因或许是因为自身作为正样本的天然性、使用单一正样本就能达到的优良效果,以及正负样本采样方法思想上的相似性。然而,选择有效的正样本是能够帮助模型学习到更好的表示。Wang 等关注到了正样本的重要性,提出了一种正例硬采样方法。如图 7-10 所示,该方法首先基于连续性假设(一个高度密集的特征区域中的样本点通常是相似的),通过 KNN 方法构建样本之间的链接关系,从而得到不依赖于标签的正样本集合。值得注意的是,当 K 选择足够小时就可以避免选择到 B 这样的偏离点。接着,基于硬挖掘思想,该方法选择正样本集合中与锚点样本相似度最低的若干样本作为正样本(图中 C 点)。这个方法虽然简单却十分有效,并且可以很好地扩展到不同方法中。此外,如图 7-11 所示,可以使用聚类方法处理数据样本,将与锚点样本同一类簇的样本视作一个正样本集合;或者结合 KNN 方法、聚类方法以及领域先验知识,将满足条件的样本视作正样本集合。再依据不同的度量方式计算锚点样本与正样本之间的相似度,选择相似度最低的样本作为正样本。从中不难看出,正样本的选择并不局限于自身,可以选取多个不同的正样本。只要选取的方式合适,正样本也能为对比式表示学习提供良好的性能支持。

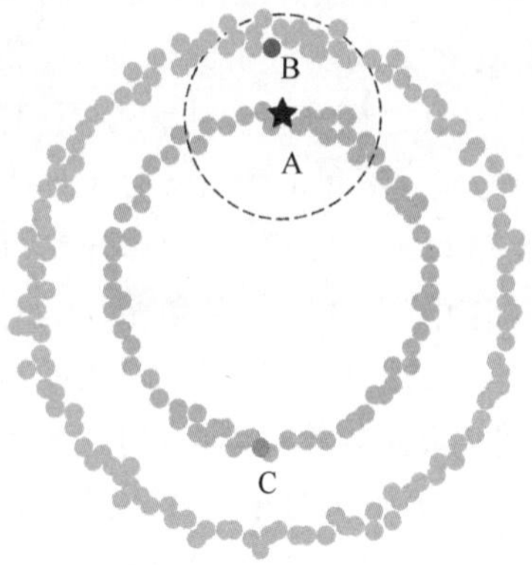

图 7-10 正例硬采样方法示例。A 为锚点样本，B 为偏离点，C 为难分硬正样本

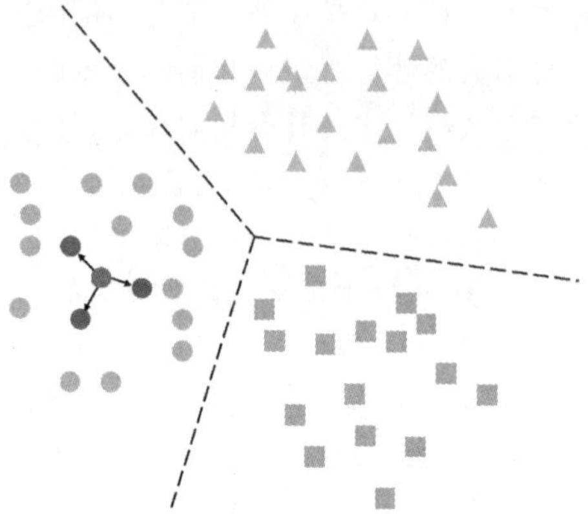

图 7-11 正样本采样方法示例。使用 KNN 和聚类方法结合，将同一类簇且满足 K 近邻的样本点作为正样本集合

7.4.2 负样本采样

负样本采样方法在对比式表示学习中扮演着十分重要的角色。第一，它能够极大地减少计算代价。早期的负样本采样方法的目的是优化计算效率。对于千万级别的数据集而言，计算每个样本和其他所有样本之间的相似度所产生的计算代价是不可接受的。因此，需要利用采样的方式减少负样本的数量。第二，负采样能够提升模型性能。即便能够负担起高昂的计算代价，但是并非每一个负样本都能起到良好的优化效果。大量研究发现采用一小部分的关键负样本就可以使得模型达到使用全部负样本的性能水平。第三，正样本和负样本数量本身就不匹配。换句话说，负样本可以来自多个不同的类别，而正样本只包括一个类别。因此，负样本能够提供更多的判别信息。第四，在优化过程中，正样本之间的得分很早就可以达到一个较高的水平，而负样本之间的得分可能还处于一个尚待优化的状态。这意味着优化正样本之间相似度所取得的收益十分有限。此时，优化负样本之间的相似度所获得的收益实际上占主导地位。第五，合适的负样本能够加速收敛过程，并且能够使得样本在对比空间中获得良好的均匀性，从而增强模型的判别能力。

负样本采样的方法主要分为以下几种：静态负采样、硬负采样、对抗式负采样以及基于额外信息的负采样。

静态负采样即给每个样本分配固定的采样权重，并依据采样的权重进行负样本的选择。比较常见的方法就是随机负采样，即随机从负样本候选集中选择若干负样本。基于流行度的负采样方法（Popularity-based Negative Sampling，PNS）是其中比较具有代表性的方法，它给出了一种启发式的分配采样权重的策略：根据频次（度）决定样本被选为负样本的概率，选择的概率与频次（度）呈指数关系。

由于静态负采样方法并不会随着训练过程而改变选择的内容，因此它无法动态地选择更加有利的负样本。事实上，优化小部分重要的难以区分的负样本就能够达到优化全部负样本的效果。因此，硬负采样被广泛应用于选择难以区分的负样本（也称为硬负样本）。[①] 对于模型而言，学习这些难以区分硬负样本是更有效的。该思想可以类比人类的学习过程：不断学习那些简单易懂的知识，收益是比较低的；而如果掌握了晦涩难懂的知识以后再学习简单的

① 硬负样本指与正样本相似的负样本，也等价于容易被模型错误分类的样本。

知识就显得十分轻松容易。在对比式表示学习中，硬负采样是一种十分重要的负采样技术。近年来比较具有代表性的工作是 Robinson 等提出的一种用于对比式表示学习的负采样方法。其将硬负样本的采样分布定义为

$$q_{\beta}^{-}(\boldsymbol{x}^{-})=q_{\beta}(\boldsymbol{x}^{-} \mid y(\boldsymbol{x}) \neq y(\boldsymbol{x}^{-})) \tag{7-6}$$

式中，$y(\boldsymbol{x})\neq y(\boldsymbol{x}^{-})$ 表示负样本 $\boldsymbol{x}^{-}$ 与锚点样本 $\boldsymbol{x}$ 不属于同一类。借助一个各向同性的 Mises-Fisher 分布，可以得到

$$q_{\beta}(\boldsymbol{x}^{-}) \propto \mathrm{e}^{\beta f(\boldsymbol{x})^{\mathrm{T}} f(\boldsymbol{x}^{-})} \cdot p(\boldsymbol{x}^{-}) \tag{7-7}$$

其中，f 表示编码函数，超参数 β 表示浓度参数，$p(\boldsymbol{x}^{-})$ 表示负样本的采样分布。根据条件概率公式，可以很容易地得到以下关系

$$q_{\beta}(\boldsymbol{x}^{-})=\tau^{-} q_{\beta}^{-}(\boldsymbol{x}^{-})+\tau^{+} q_{\beta}^{+}(\boldsymbol{x}^{-}) \tag{7-8}$$

在这里，$\tau^{+}=p(y(\boldsymbol{x})=y(\boldsymbol{x}^{-}))$，$\tau^{-}=1-\tau^{+}$，以及 $q_{\beta}^{+}(\boldsymbol{x}^{-})=q_{\beta}(\boldsymbol{x}^{-} \mid y(\boldsymbol{x})=y(\boldsymbol{x}^{-}))\propto \mathrm{e}^{\beta f(\boldsymbol{x})^{\mathrm{T}} f(\boldsymbol{x}^{-})} \cdot p^{+}(\boldsymbol{x}^{-})$。

接着，利用简单等式变换可将式(7-8)重新整理为如下数学表达形式：

$$q_{\beta}^{-}(\boldsymbol{x}^{-})=\frac{q_{\beta}(\boldsymbol{x}^{-})-\tau^{+} q_{\beta}^{+}(\boldsymbol{x}^{-})}{\tau^{-}} \tag{7-9}$$

实际上，所需的负样本是无法直接从式(7-9)得到的，因此需要借助蒙特卡洛重要性采样(Monte-Carlo importance sampling)技术进行采样得到负样本。值得注意的是，该方法将采样过程融于对比损失优化的过程中，从而避免了显式的采样过程。

另外两种常见的负采样方法分别是对抗式负采样和基于额外信息的负采样。前者通常利用对抗生成网络学习负样本采样分布，从而进行有效的负采样。这种方法不需要显式地学习负样本采样分布，在性能上具有一定优势。但是，对于大规模数据而言，计算代价比较昂贵，而且存在网络难以训练的问题。后者则着重于引入一些额外的领域相关知识，这与基于领域相关知识的数据增强有些类似。举一个简单的例子，在图网络分析中，根据六度分离理论，距离目标节点足够远的节点可以被视作负样本；或者在计算机视觉领域，显然可以将与锚点样本不同类别却比较相似的图片作为负样本，如，“碗”和“盆”“方凳”和“桌子”等。这种方法极大地依赖于相关领域知识，并且可能对于不同的任务和数据集都需要进行大量的分析和研究。不可否认，这种方法能够提供良好的性能支持，但并不普适。

7.5 相似性度量

对比式表示学习的核心在于区分正负样本，即使得正样本对在特征空间中尽可能地接近，而负样本对之间尽可能地远离。在之前的小节中提到了如何构造正负样本对，但留下一个至关重要的问题——如何衡量样本之间的关系。只有能够度量样本之间的关系时，对比式表示学习才能实现将正样本拉近，将负样本推远的目的。本节将从传统的度量方式开始介绍，然后引入当前对比式表示学习中比较主流的相似性度量方式——互信息度量，最后介绍基于互信息对比损失的相关理论分析。

7.5.1 传统的度量方式

距离度量即综合评定两个事物之间相异程度的一种度量。两个事物越接近，它们的距离也就越小；两个事物越疏远，它们的距离也就越大。相似性度量的方法种类繁多，一般根据实

际问题进行选用。值得注意的是，距离度量的设置并不是随意的。给定一个样本集合Ω(包含全部样本)，一个好的距离度量方式 $\mathrm{dis}(x,y)$: $\Omega\times\Omega\to\mathbb{R}^+$ 需要满足以下 3 个性质。

(1) 正定性：$\mathrm{dis}(x,y)\geqslant 0, x,y\in\Omega$；$\mathrm{dis}(x,y)=0$，当且仅当 $x=y$。

(2) 对称性：$\mathrm{dis}(x,y)=\mathrm{dis}(y,x), x,y\in\Omega$。

(3) 三角不等式：$\mathrm{dis}(x,y)\leqslant\mathrm{dis}(x,z)+\mathrm{dis}(z,y), x,y,z\in\Omega$。

通常而言，前两条性质比较容易满足，而第三条性质在一些具体问题中可能会被放宽限制。

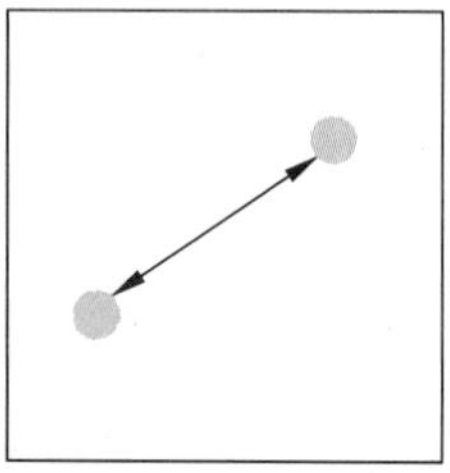

图 7-12 欧氏距离

欧氏距离(Euclidean distance)也称欧几里得距离，如图 7-12 所示。它作为最常见也最基础的相似性度量方式，被广泛应用于机器学习任务中，如聚类分析。它的计算方式简单自然，其数学表达式如下：

$$\mathrm{dis}(\boldsymbol{x},\boldsymbol{y})=\sqrt{\sum_{i=1}^{d}(x_i-y_i)^2} \tag{7-10}$$

其中，$\boldsymbol{x},\boldsymbol{y}\in\mathbb{R}^d$ 表示维度均为 d 的两个样本点。

然而，欧氏距离不具有尺度不变性。这意味着计算出的距离可能会受特征的量纲影响而有所偏斜。因此在使用这种距离度量之前，通常需要对数据进行归一化。此外，随着数据维度的增加，使用欧氏距离会产生“维度诅咒”问题。而且，欧氏距离单独考虑每个特征维度的相似性，忽略了不同特征维度之间可能存在的耦合性。不过，欧氏距离对于处理低维数据样本而言，还是拥有比较良好的度量性能的。值得一提的是，欧氏距离可以视作闵可夫斯基距离的一个特例。闵可夫斯基距离是一个相对复杂的度量方法。它是在规范向量空间(n 维实空间)中使用的一种度量方法，其数学表达形式如下：

$$\mathrm{dis}(\boldsymbol{x},\boldsymbol{y})=\left(\sum_{i=1}^{n}|x_i-y_i|^p\right)^{\frac{1}{p}} \tag{7-11}$$

其中，p 是超参数，通常可以依据个人经验进行选择。选择不同的 p 值则可以得到不同的常见度量方式，如当 $p=2$ 时为欧氏距离；当 $p=1$ 时，则为曼哈顿距离。同理，该度量方式最明显的缺点也在于 p 的选择难度。一个不合适的 p 值将会直接影响模型的效果。

另一种度量方式是余弦相似度，它常用来解决高维数据距离度量问题。余弦相似度是通过计算两个向量之间角度的余弦值来度量距离，如图 7-13 所示。两个方向完全相同的向量的余弦相似度为 1，而两个方向截然相反的向量的相似度为 −1。值得注意的是，余弦相似度会对向量进行归一化，即它只关注于向量之间的夹角，与模长无关。余弦相似度公式为

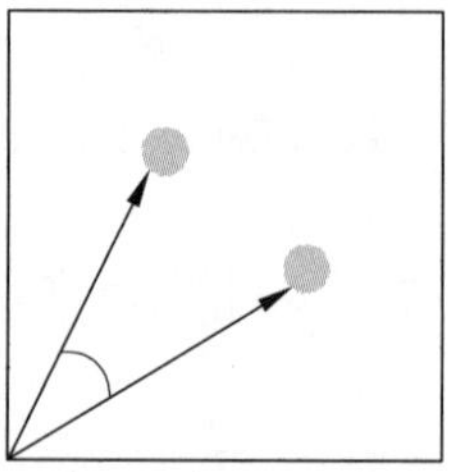

图 7-13 余弦相似度

$$\mathrm{dis}(\boldsymbol{x},\boldsymbol{y})=\frac{\boldsymbol{x}\cdot\boldsymbol{y}}{\|\boldsymbol{x}\|\cdot\|\boldsymbol{y}\|} \tag{7-12}$$

虽然余弦相似度方法在一定程度上克服了“维度诅咒”问题，但是它没有考虑特征值之间的差异性，而是完全关注方向上的相关性。以推荐系统为例，余弦相似度没有考虑不同用户之间的评分等级差异。然而，在处理文本数据时，余弦相似度还是一种比较有效的方法。例如，当一个词在一个文档中出现的频率高于另一个文档时，这并不一定意味着一个文档与该词的关系更大。此外，文档的长度是不均匀的，因此通常很少关注词频大小，所以余弦相似度更能发挥其作用。

汉明距离是指两个向量之间相差的数值，如图 7-14 所示。它通常用于比较两个长度相等

的二进制字符串。同时，它也可以用来比较字符串之间的相似度，计算彼此不同的字符数。显然，这种方法适用于离散特征间的相似性度量，而且必须保证特征长度一致。虽然大多数现有表示学习方法学习到的特征表示都是同维的，但是它们通常都是连续的。因此，该方法更加适用于计算机网络上传输数据时的纠错/检测。

Haversine 距离则是指球面上两点之间的经度和纬度距离，如图 7-15 所示。它与欧氏距离非常相似，二者计算的都是两点之间的最短距离。其主要区别在于欧氏距离度量的是欧几里得空间中两点的距离，而 Haversine 距离被用于度量非欧几里得空间中两点的距离。Haversine 距离的数学公式如下所示：

$$\mathrm{dis}(\boldsymbol{x},\boldsymbol{y}) = 2R\arcsin\left(\sqrt{\sin^2\left(\frac{\varphi_1-\varphi_2}{2}\right)+\cos(\varphi_1)\cos(\varphi_2)\sin^2\left(\frac{\lambda_1-\lambda_2}{2}\right)}\right) \tag{7-13}$$

其中，φ_1、φ_2 表示两点的纬度，λ_1、λ_2 表示两点的经度，R 为球体半径。这种距离测量方法的一个缺点是，它假定各点位于一个球体上。而在实践中，这种情况很少发生，例如，地球并不是数学意义上完美的球体。这可能会导致度量计算出现较大偏差。

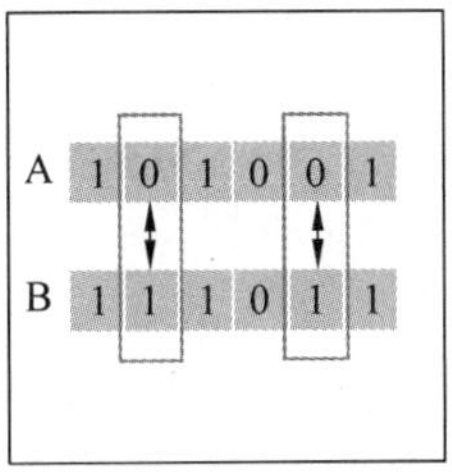

图 7-14　汉明距离

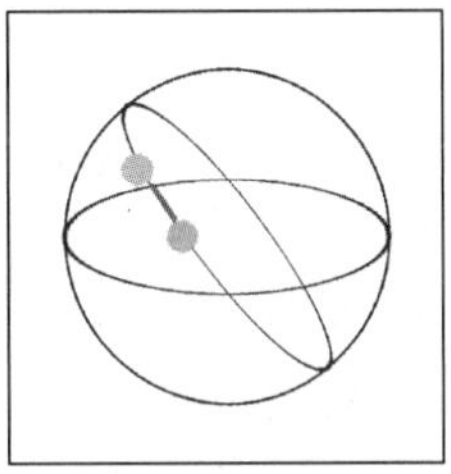

图 7-15　Haversine 距离

7.5.2　互信息度量

在对比式表示学习过程中，所学习到的表示（嵌入）通常处于一个非线性且连续的空间中。因此，所需要度量的相似度应该是样本特征之间的相关程度，而非简单的欧氏距离。虽然余弦相似度提供了一个不错的备选方案，但这种相似性度量方式仍过于简单。它会忽略关于值的差异性，不能很好地刻画特征之间的关联程度。针对这个问题，一个有趣的解决方案是引入核方法来进一步提升度量能力。但对于每个问题都需要精心设计或选择合适的核函数。这显然是不切实际的。因此，有研究者借助香农在信息论中提出的互信息度量，以此来衡量两个样本之间的本质相关性。

互信息的概念起源于信息论，它衡量了两个随机变量间的依赖程度。具体来说，给定两个随机变量 X 和 Y，它们之间的互信息可以定义为

$$I(X,Y) = \sum_{x,y} p(x,y)\log\frac{p(x,y)}{p(x)p(y)} \tag{7-14}$$

值得一提的是，互信息可以改写成 KL 散度的形式：

$$I(X,Y) = \mathrm{KL}(Q \parallel P) \tag{7-15}$$

其中，Q 表示 X 和 Y 的联合概率分布 $P(X,Y)$，P 表示 X 和 Y 的边缘概率分布乘积 $P(X)P(Y)$。从这一角度出发，互信息也可以理解为区分正样本与负样本分布之间的度量尺度。相比简单的范式距离和内积度量，在特征空间中，互信息显然具有更好的度量效果。此外，互信息还可以表示为

$$I(X,Y) = H(X) - H(X \mid Y) = H(Y) - H(Y \mid X) \tag{7-16}$$

其中，$H(X)$是 X 的信息熵，$H(X|Y)$则是在给定 Y 的情况下，X 的条件信息熵。从这个角

度，互信息有了另一种解释，即在已知 Y 的条件下而促使 X 不确定性减少的度量。为了方便读者理解式(7-16)，以及互信息和信息熵之间的关系，这里给出简单的证明。首先，信息熵 $H(X)$ 可以被定义成如下形式：

$$H(X)=-\sum_{x\in X}p(x)\log p(x) \tag{7-17}$$

X 的条件熵 $H(X|Y)$ 可以定义为

$$H(X\mid Y)=-\sum_{x\in X}\sum_{y\in Y}p(x,y)\log p(x\mid y) \tag{7-18}$$

此时可以很容易地得到

$$\begin{aligned}I(X,Y)&=H(X)-H(X\mid Y)\\&=-\sum_{x\in X}p(x)\log p(x)+\sum_{x\in X}\sum_{y\in Y}p(x,y)\log p(x\mid y)\\&=\sum_{x\in X}\sum_{y\in Y}p(x,y)(\log p(x\mid y)-\log p(x))\\&=\sum_{x\in X}\sum_{y\in Y}p(x,y)\left(\log\frac{p(x\mid y)}{p(x)}\right)\\&=\sum_{x\in X}\sum_{y\in Y}p(x,y)\left(\log\frac{p(x,y)}{p(x)p(y)}\right)\end{aligned} \tag{7-19}$$

虽然互信息具有良好的理论依据，是一种十分理想的相似度度量方式，但是计算连续随机变量之间的互信息仍然是一个巨大的挑战。近年来，许多工作致力于设计不同的方法来进行互信息度量。它们的核心思想在于优化求解样本间互信息的下界，其中最具代表性的方法包括 InfoNCE、JSD(Jensen Shannon Divergence)以及 MINE(Mutual Information Neural Estimation)等。

InfoNCE 是其中最为经典的一个方法。它衍变于噪声对比估计(NCE)，但与 NCE 方法不同，NCE 仅考虑将正确样本与噪声样本区分开，这意味着它仅考虑了一个二分类问题。事实上，噪声样本(在对比中可以认为是负样本)并不能简单地归于一类，它们之间也存在差异性。因此，InfoNCE 在 NCE 基础上做出了一些细微的改进，其公式表示如下：

$$\mathcal{L}=-\mathbb{E}_X\left(\log\frac{f_k(x_{t+k},c_t)}{\sum_{x_j\in X}f_k(x_j,c_t)}\right) \tag{7-20}$$

其中，$f_k(x_{t+k},c_t)=\exp(\boldsymbol{z}_{t+k}^{\mathrm{T}}W_k c_t)$，$\boldsymbol{z}$ 为 $\boldsymbol{x}$ 的特征表示，W 为神经网络参数。实际上，在对比式表示学习中更常见的表示形式如下：

$$\mathcal{L}=-\mathbb{E}_{\substack{\boldsymbol{x}\sim p\\ \boldsymbol{x}^+\sim p_{\boldsymbol{x}}^+}}\left[\log\frac{\mathrm{e}^{f(\boldsymbol{x})^{\mathrm{T}}f(\boldsymbol{x}^+)}}{\mathrm{e}^{f(\boldsymbol{x})^{\mathrm{T}}f(\boldsymbol{x}^+)}+Q\,\mathbb{E}_{\boldsymbol{x}^-\sim q}\left[\mathrm{e}^{f(\boldsymbol{x})^{\mathrm{T}}f(\boldsymbol{x}^-)}\right]}\right] \tag{7-21}$$

其中，p 表示数据样本 $\boldsymbol{x}$ 的分布，$p_{\boldsymbol{x}}^+$ 表示 $\boldsymbol{x}$ 对应正样本 $\boldsymbol{x}^+$ 的分布，q 表示 $\boldsymbol{x}$ 对应负样本 $\boldsymbol{x}^-$ 的分布。f 为编码函数，通常依据不同的数据形式采用不同的编码器。Q 为负样本的个数。此外，在许多对比式表示学习模型中，有时会看到 InfoNCE 公式中可能还会包含一个温度系数 τ：

$$\mathcal{L}=-\mathbb{E}_{\substack{\boldsymbol{x}\sim p\\ \boldsymbol{x}^+\sim p_{\boldsymbol{x}}^+}}\left(\log\frac{\mathrm{e}^{f(\boldsymbol{x})^{\mathrm{T}}f(\boldsymbol{x}^+)/\tau}}{\mathrm{e}^{f(\boldsymbol{x})^{\mathrm{T}}f(\boldsymbol{x}^+)/\tau}+Q\,\mathbb{E}_{\boldsymbol{x}^-\sim q}\left(\mathrm{e}^{f(\boldsymbol{x})^{\mathrm{T}}f(\boldsymbol{x}^-)/\tau}\right)}\right) \tag{7-22}$$

温度系数是一个非常重要的超参数，能直接影响模型的训练效果。它可以控制 InfoNCE 中编码函数 f 估计的逻辑(logits)分布的形状，从而控制模型对于负样本的区分度。温度系数

τ 取值越大，logits 分布则越平滑。此时，模型将对所有的负样本一视同仁，导致模型难以学习到不同负样本之间的差异性，只能产生表征能力较弱的特征表示；反之，若温度系数 τ 取值越小，则会使得 logits 分布越尖锐集中，此时模型会重点关注难分类的负样本，但很容易受到伪负样本的影响，导致模型难以收敛或出现泛化能力差的问题。

JSD 估计是另外一种常见的互信息估计方法。它与 InfoNCE 一样，但 JSD 仅提供了一个关于互信息的定性估计值。换言之，它与互信息的真实值成正比关系，并不需要求解一个精确的互信息近似值。许多实验也证明了这种定性估计的方式具有良好的效果。这或许是因为对比式表示学习本身并不关注度量的实际值，只需要能够体现样本特征向量之间的远近关系即可。因此，JSD 也经常作为对比式表示学习的损失，其数学表示为

$$\mathcal{L}=-\mathbb{E}_{\substack{x\sim p\\ x^+\sim p^+}}(\log(f(\boldsymbol{x},\boldsymbol{x}^+)))-\mathbb{E}_{\substack{x\sim p\\ x^+\sim p^-}}(\log(1-f(\boldsymbol{x},\boldsymbol{x}^-))) \tag{7-23}$$

可以发现，无论是 InfoNCE 还是 JSD，都和机器学习中常用的分类损失的形式相同，InfoNCE 与 softmax 函数的表示形式相同，而 JSD 则与逻辑回归函数的形式相吻合。

上述两种方法实现了互信息的定性估计，而接下来要介绍的 MINE 则实现了更为精确的互信息值估计。基于 KL 散度的 Donsker-Varadhan 表示形式，可以将式(7-15)改写成如下形式：

$$D_{\mathrm{KL}}(\mathbb{Q}\parallel\mathbb{P})=\sup_{F:\Omega\to\mathbf{R}}\mathbb{E}_{\mathbf{Q}}(F)-\log\mathbb{E}_{\mathbf{P}}(\mathrm{e}^F) \tag{7-24}$$

其中，F 表示泛函空间中的任一函数，互信息的大小实际上就是该函数的上确界。但值得注意的是，这实际上仍是在优化互信息的下界，即

$$\begin{aligned}I(X,Y)&=D_{\mathrm{KL}}(p(x,y)\parallel p(x)p(y))\\&=\sup_{F:\Omega\to\mathbf{R}}\mathbb{E}_{p(x,y)}(F(x,y))-\log(\mathbb{E}_{p(x)p(y)}(\mathrm{e}^{F(x,y)}))\\&\geqslant\sup_{F:\Omega\to\mathbf{R}}\mathbb{E}_{p(x,y)}(F_\theta(x,y))-\log(\mathbb{E}_{p(x)p(y)}(\mathrm{e}^{F_\theta(x,y)}))\end{aligned} \tag{7-25}$$

其中，θ 是神经网络的参数空间，F_θ 是以 θ 为参数的神经网络。MINE 将一个神经网络拟合为函数 F_θ，并通过梯度上升来逼近上确界，从而实现对于互信息下界的估计。虽然该估计方式更为精确，但在对比式表示学习中不太常见。因为现有的对比方法更多地只是需要互信息来定性地估计样本之间的相似度，而并不需要精确地计算出互信息的大小。不过，一个精确的互信息度量是否能够使得对比模型的性能获得更为显著的提升也许是今后值得探索的一个问题。

7.5.3 理论分析

前面的小节介绍了不同的互信息度量方式，而本小节将以对比式表示学习中常用的 InfoNCE 为例，从理论推导的角度来说明互信息和优化 InfoNCE 对比损失之间的关系。

首先，再次给出互信息的表示形式：

$$\begin{aligned}I(x,y)&=\sum_{x,y}p(x,y)\log\frac{p(x,y)}{p(x)p(y)}\\&=\sum_{x,y}p(x,y)\log\frac{p(x\mid y)}{p(x)}\\&=\mathbb{E}_{p(x,y)}\left(\log\frac{p(x\mid y)}{p(x)}\right)\end{aligned} \tag{7-26}$$

此时，估计 x,y 之间的互信息就可以转换为如何计算式(7-26)中的概率密度比 $\frac{p(x|y)}{p(x)}$。基

于 NCE 的思想，可以将该密度比分为两个估计部分。第一部分即估计目标分布 $p(x|y)$，第二部分 $p(x)$则可以视作一个噪声分布，此时就可以将原问题转换为一个二分类问题。要特别注意的是，因为 InfoNCE 将每一个负样本视作单独的一个类，其可视为一个多分类问题，所以，对于给定的一组数据 $X=\{x_1,x_2,\cdots,x_n\}$，能够准确找到一个正样本和 $N-1$ 个负样本的情况可以表示为如下形式：

$$\begin{aligned} p(d=i \mid X,y) &= p(x \mid y) \\ &= \frac{p(x_i \mid y)\prod_{l\neq i} p(x_l)}{\sum_{j=1}^{N} p(x_j \mid y)\prod_{l\neq j} p(x_l)} \\ &= \frac{\dfrac{p(x_i \mid y)}{p(x_i)}}{\sum_{j=1}^{N} \dfrac{p(x_j \mid y)}{p(x_j)}} \end{aligned} \tag{7-27}$$

上述公式实际上就是一个 softmax 损失，因此就可以使用一个函数来逼近式(7-26)中的密度比：

$$f(x,y) \propto \frac{p(x \mid y)}{p(x)} \tag{7-28}$$

接着，将式(7-28)代入式(7-20)，可以得到

$$\begin{aligned} \mathcal{L} &= -\mathbb{E}_X \log\left(\frac{\dfrac{p(x_i \mid y)}{p(x_i)}}{\dfrac{p(x_i \mid y)}{p(x_i)} + \sum_{x_j \in X_{\text{neg}}} \dfrac{p(x_j \mid y)}{p(x_j)}}\right) \\ &= \mathbb{E}_X \log\left(1 + \frac{p(x_i)}{p(x_i \mid y)} \sum_{x_j \in X_{\text{neg}}} \frac{p(x_j \mid y)}{p(x_j)}\right) \\ &\approx \mathbb{E}_X \log\left(1 + \frac{p(x_i)}{p(x_i \mid y)} (N-1)\, \mathbb{E}_{x_j \in X_{\text{neg}}} \frac{p(x_j \mid y)}{p(x_j)}\right) \\ &= \mathbb{E}_X \log\left(1 + \frac{p(x_i)}{p(x_i \mid y)} (N-1)\right) \\ &\geqslant \mathbb{E}_X \log\left(\frac{p(x_i)}{p(x_i \mid y)} N\right) \\ &= -I(x_i, y) + \log(N) \end{aligned} \tag{7-29}$$

从式(7-29)可以发现，优化 InfoNCE 确实是在优化互信息的下界，并且其优化的近似程度取决于负样本的个数。这也是人们会关注于负样本的原因之一。

7.6 对比框架

对比式表示学习的有效性不仅体现在它对模型性能的提升作用，更在于它的通用性。它能够应用于不同的机器学习领域，包括计算机视觉、自然语言处理和图网络分析等。接下来将重点介绍几个不同领域的对比式表示学习框架。

7.6.1　计算机视觉中的对比式表示学习

对比式表示学习在近年来受到了广泛的关注，并在图像任务中取得了良好的效果。通常可将其分为两个大类：基于实例级别对比的方法和基于聚类级别对比的方法。此外，另一种比较流行的分类方式是将对比式表示学习方法分为基于负样本的方法和无负样本方法。本书中主要采用第一种分类方式。

基于实例级别对比的方法，顾名思义，是将对比目标设置在两个样本实例之间。如果它们互为正样本对，则拉近它们在潜在空间之间的距离，反之亦然。DIM 最早关注到了局部像素区域的特征与图像全局特征之间的高度相关性。具体地，DIM 主张一张图的全局特征应与该图的局部特征高度相关，而与另外一张图的局部特征不相关，其模型框架如图 7-16 所示。为了抽取到本质特征，以更好地适配于下游任务，DIM 巧妙地将锚点图像的全局特征和局部特征分布视作联合分布，而将锚点图像的局部特征和其他图像全局特征的分布视作边缘概率分布。通过最大化互信息的方式，将正负样本区分开。作为 DIM 方法的扩展，AMDIM 在 DIM 的基础上引入多视角学习方法。如图 7-17 所示，AMDIM 模型通过数据增强的方式，构建了锚点图像的不同增强视图，并且最大化多个视图中提取特征之间的互信息，促使模型捕获更高阶的图像信息。值得注意的是，它可以使用不同的图像增强方式，以提供更加丰富的对比材料，从而使得模型更好地从对比中学习到不变性特征。这种利用数据中全局和局部信息进行对比的方式在其他领域中也常被使用，后续会介绍该方法在图网络分析和自然语言处理中的具体应用。

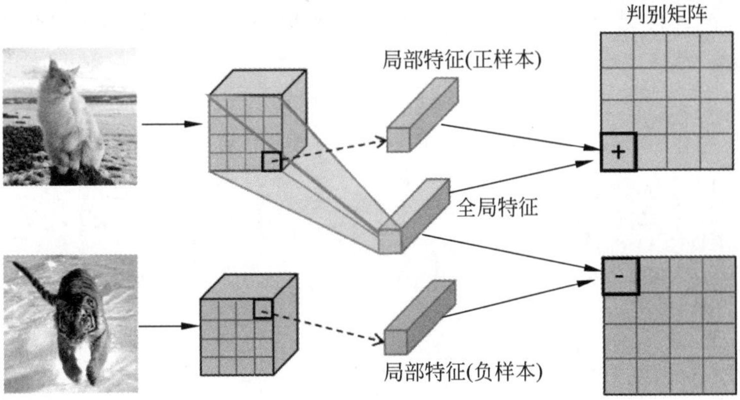

图 7-16　DIM 模型框架

CMC 类似 AMDIM，也引入了多视角学习的思想，旨在通过最大化多个视角特征之间的互信息，增强模型对图像信息的学习能力。但其并未对比局部像素表示与全局图像表示，而是将锚点图像表示与其增强图像表示视作正样本对，将锚点图像表示和其他图像(或其他图像的增强图像)表示视作负样本对。为了更好地寻找负样本，CMC 使用了 memory bank 技术来存储负样本特征表示。该技术不仅能够扩展负样本的多样性[①]，而且能够大大降低模型的计算复杂度[②]。然而，在 memory bank 方法中，每个被存储的样本只有在被采样到的情况下才会进行更新，而且即便是最新的更新结果也包含历史的编码结果。这导致了样本对之间的映射不

① memory bank 技术使得对比可以选择的负样本不再局限于同一个 batch 中的其他图片，而是扩展到整个数据集，从而增加负样本的多样性。

② memory bank 技术构建一个存储结构记录并随机从中采样出负样本的特征表示，从而模型在计算对比损失时不必重新计算每个负样本的前向传播过程。

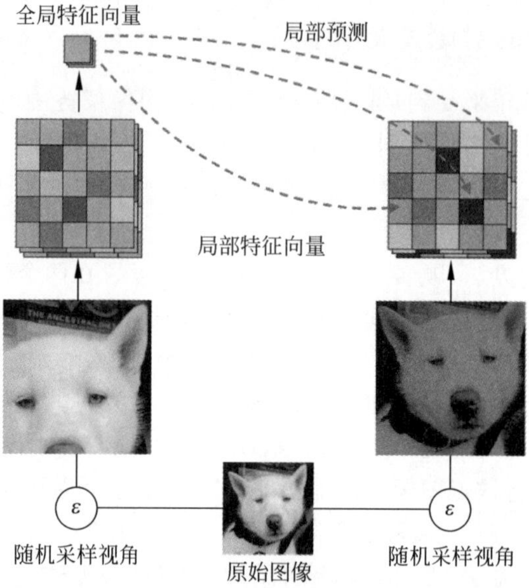

图 7-17 AMDIM 模型

一致的问题。也就是说，每次采样得到的 K 个负样本，其特征表示来自多个时期的编码器的输出，而当锚点样本与映射不匹配时，对比的结果就很可能是错误的——负样本可能与正样本特征重叠。为了解决这个问题，MoCo 模型提出了动态队列存储负样本技术，并使用动量更新的技巧对特征表示进行更新，解决了内存开销昂贵和更新滞后的问题，并且提供了足够多样的负样本。MoCo 模型再次证明了负样本的重要性：选择一个合适且映射匹配的负样本能够有效提升对比式表示学习的性能。MoCo 模型与两种传统的对比式表示学习方法的对比示意如图 7-18 所示，其中图 7-18(b)清晰地描述了 memory bank 技术的整体过程。

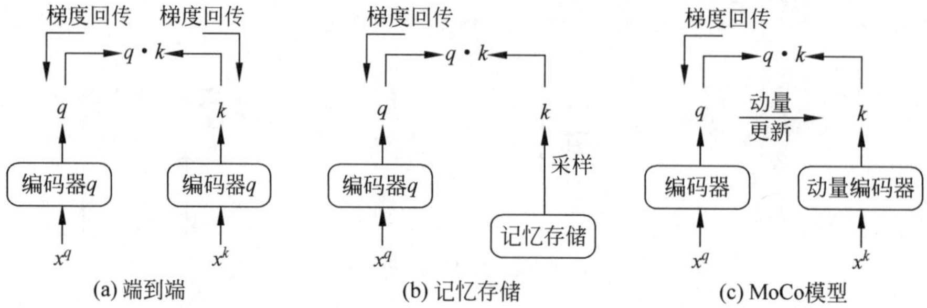

图 7-18 MoCo 模型与两种传统方法的对比示意

无论是 memory bank 技术还是动态队列技术，事实上都致力于打破 batch 对于负样本数量的影响。然而，SimCLR 却反其道而行之：只要 batch 足够大，实际上并不需要使用 memory bank 技术或动态队列技术也可以获得足够丰富的对比材料。而样本的多样性则可以通过数据增强的方式得到提升。SimCLR 主要关注正负样本的生成(不同的数据增强)对于样本质量的影响，探索了图像增强、批数据大小等因素对特征表示学习的影响。如图 7-19 所示，该框架十分简洁和精练，它仅通过最大化一张图像两个视角的特征的相似度，来刻画正样本间的相互联系，而将同一个 batch 中的其他图像及其增强图像视作负样本。需要特别注意的是，它在特征编码器后添加了一个非线性映射器。使用这个映射器的原因主要有以下两点。

(1) 它可以用于增强度量能力。在 7.4.3 节中，曾讨论过在对比式表示学习中，互信息损失是通过一个神经网络来估计正样本和负样本的分布比。非线性映射函数实际上就相当于用于估计式(7-26)中分布比的神经网络。而如果没有这个非线性映射器,则退化为使用普通的内积方法。

(2) 非线性映射器能够将不同视角的增强样本投射到相同的特征空间。只有保证特征处于相同的特征空间中,分布的估计才具有意义。

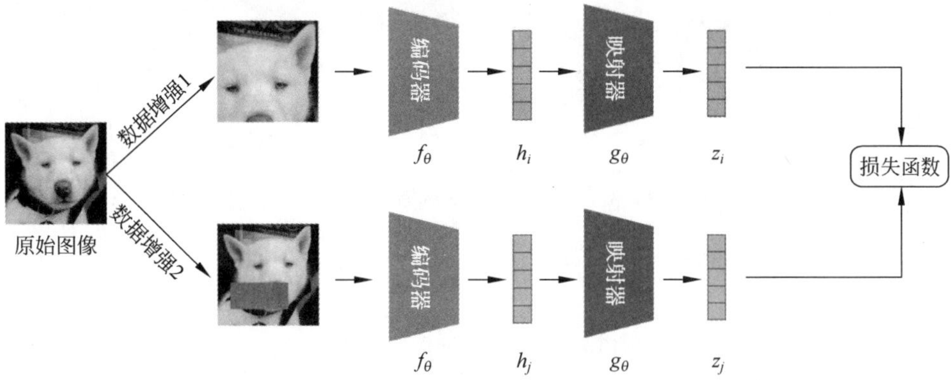

图 7-19 SimCLR 模型框架

不过,SimCLR 常被诟病,被认为是计算能力的胜利。因为它需要在一个 batch 中得到足够多的样本,并且进行多种不同的增强。但这并不能抹杀其框架的有效性和创见性。事实上,后续很多方法都采用了类似 SimCLR 的孪生网络框架和增加非线性映射器的技术。例如,MoCo-v2 结合了 SimCLR 模型的优势,对原先的 MoCo 模型进行了扩展,使得模型在节省内存开销的同时,获得了更为优质的特征表示。

在通常情况下,对比式表示学习方法都需要使用负样本,以避免模型坍缩。而负样本的质量和数量也决定了模型的质量。然而,BYOL 是一个特例,它借助非对称结构实现了不需要负样本的对比框架,其模型框架如图 7-20 所示。

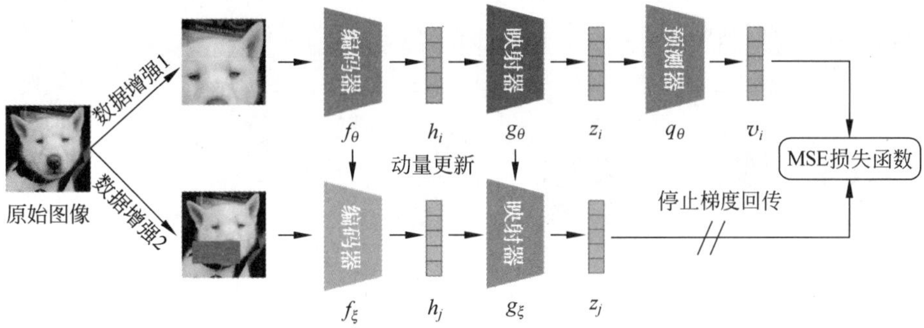

图 7-20 BYOL 模型框架

之所以称 BYOL 是一个非对称结构的对比框架,主要体现在以下两方面:

(1) 与 SimCLR 不同,BYOL 在其中一路网络中增设了一个预测器(predictor),使得两路网络结构不对称。

(2) 在更新梯度时,采用了动量更新的方式。因此,二者的参数更新速度也是不对称的。

正是这种不对称结构使得 BYOL 模型能够避免坍缩。此外,也有学者认为是模型中的 Batch Normalization(BN)层为模型提供了隐式的负样本对比。不过,目前 BYOL 不需要负样本也能获得强大性能的理由仍然是一个开放问题。值得注意的是,BYOL 并没有使用基于互信息的对比损失,而是使用了 MSE 损失,即度量特征之间的欧氏距离。从中可以得到一个启示:互信息度量方式在对比式表示学习中并非不可替代。Simsiam 模型进一步简化了 BYOL

模型。如图 7-21 所示，虽然 Simsiam 模型保留了与 BYOL 模型相同的网络结构和梯度剪枝操作，但是它不再使用动量更新技术，并且将损失函数替换为余弦损失。值得注意的是，这类带 stop-gradient 孪生网络的优化过程本质上是一种类 EM 算法的更新方式。感兴趣的读者可以参考相关文献，这里不做赘述。

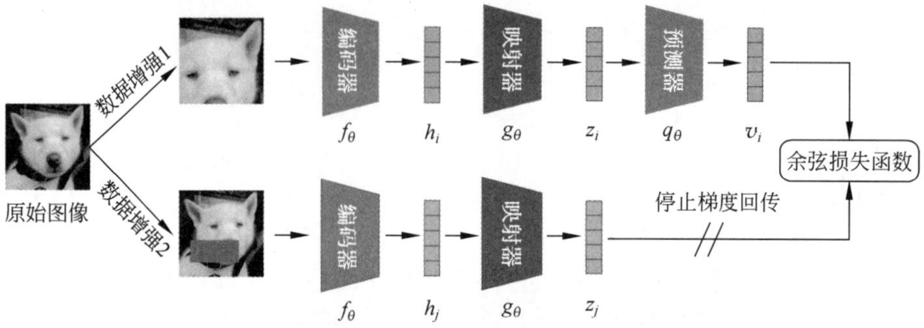

图 7-21 Simsiam 模型框架

基于聚类级别对比的方法是对比式表示学习中另一类重要方法。与基于实例级别对比的方法不同，它考虑了聚类级别(cluster-level)的特征，这有助于探索实例之间的内在联系。以含有猫和狗的两个类别的数据集为例，显然一张猫的图片与自身可以构成正样本对关系，但是对于其他猫的图片，如果将其与狗的图片一样被视作负样本对，那么可能会使得学习到的特征丧失了猫图像中的不变性语义特征，甚至包含了错误的语义特征。受 DeepCluster 方法的启发，Local Aggregation(LA)方法最先尝试探索聚类级别的对比表示学习。如图 7-22 所示，对于一个给定的锚点样本$\boldsymbol{v}_i$，它的正样本由邻近邻居集合(close neighbors)和背景邻居集合(background neighbors)的交集构成，而它的负样本则由背景邻居构成。邻近邻居集合由 K-means 方法产生，即，将与锚点样本属于同一聚类类簇的样本当作邻近邻居。背景邻居集合则由 K 近邻算法产生，即，将给定锚点样本的背景邻居定义为在特征空间中与锚点样本距离最近的 K 个样本点，其中距离通过特征空间上的余弦距离来确定。

图 7-22 LA 模型框架

据此，该方法提出了 LA 损失：

$$\mathcal{L}=\log \frac{p(C^{(i)} \cap B^{(i)} \mid \boldsymbol{v}^{(i)})}{p(B^{(i)} \mid \boldsymbol{v}^{(i)})} \tag{7-30}$$

其中，$p(A \mid v)=\sum_{i \in A} p(i \mid v)$，$p(i \mid v)=\frac{\exp(\boldsymbol{v}_i^{\mathrm{T}} v/\tau)}{\sum_{j=1}^{N} \exp(\boldsymbol{v}_j^{\mathrm{T}} v/\tau)}$，$C^{(i)}$为邻近邻居集合，$B^{(i)}$为背景邻居集合。该方法将局部区域中相似且具有相同聚类类别的样本紧密地团结在一起，将邻近却不属于同一类簇的样本推开。这种设计不仅能让模型自然地选择出难分样本，同时还能挖掘到实例间的关联关系。或者说，这不仅考虑到锚点图像与自身增强图像之间的高度相似性，还考虑了与其他相似样本之间的联系。另外，InvP 模型很好地拓展了聚类级别对比方法能力，甚至超过了 MoCo 等方法。该方法借助局部平滑性假设，将特征空间距离最近的样本作为真正样本，即局部紧致的样本作为同一类簇的样本。在此基础上，它提出了硬正采样的方法，通过优化较为疏远的正样本来保存样本中的不变性特征，从而增强了特征表示的健壮性和泛化性。但它仍无法摆脱 memory bank 所带来的内存开销问题，严重限制了方法的实时性和延展性。而为摆脱此限制，Caron 等提出一个在线方法(SWAV)。它利用对比聚类的思想，假设通过不同增强方式得到的数据特征表示应该同属一类，将原本的实例相似性度量问题转变为分类问题，即预测某个图像是否与其另一路增强图像同属于某一聚类类簇。SWAV 模型框架如图 7-23 所示。Caron 等还利用同样的思想对 DeepCluster 进行改进，提出了 DeepCluster-v2，该方法可以看作 SWAV 方法的特例，即在整个数据集上进行额外的无参聚类而不是在线聚类。值得注意的是，SWAV 方法表面上似乎没有使用负样本，但事实上它的分类损失相当于 InfoNCE 损失，其中正样本是锚点样本所归属类簇的聚类中心，而负样本则被定义为其他类簇的聚类中心。

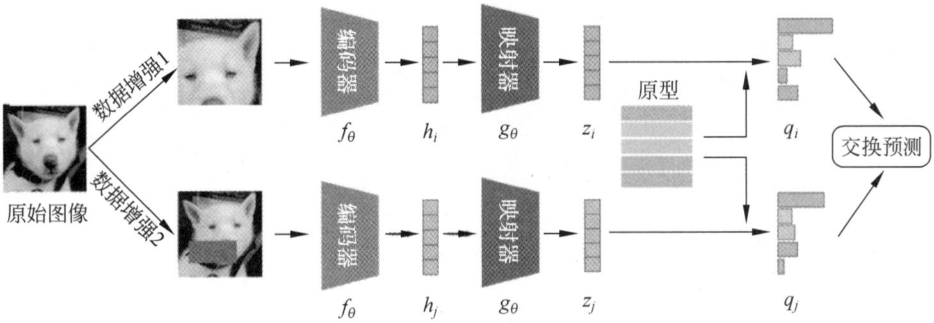

图 7-23　SWAV 模型框架

视频表示学习也是计算机视觉领域中的一个重要问题。与静态图像任务相比，动态视频中含有丰富的时序特征，如何利用动态视频所蕴含的丰富信息作为自监督信号，成为无监督对比视频表示学习所要考虑的首要问题。无监督对比视频表示学习通常是基于无监督对比图像表示学习框架扩展而来。例如，VideoMoCo 是在 MoCo 框架的基础上进行改进，构建了无监督视频表示学习的方法，其模型框架如图 7-24 所示。一方面 VideoMoCo 引入对抗生成机制，通过自适应地生成时间遮罩，从而帮助模型关注到焦点以外的信息；另一方面，它利用了时间衰减的特性进行密钥编码，对原先 MoCo 动态序列存储的更新方式进行了扩展，以便适配视频表示学习。

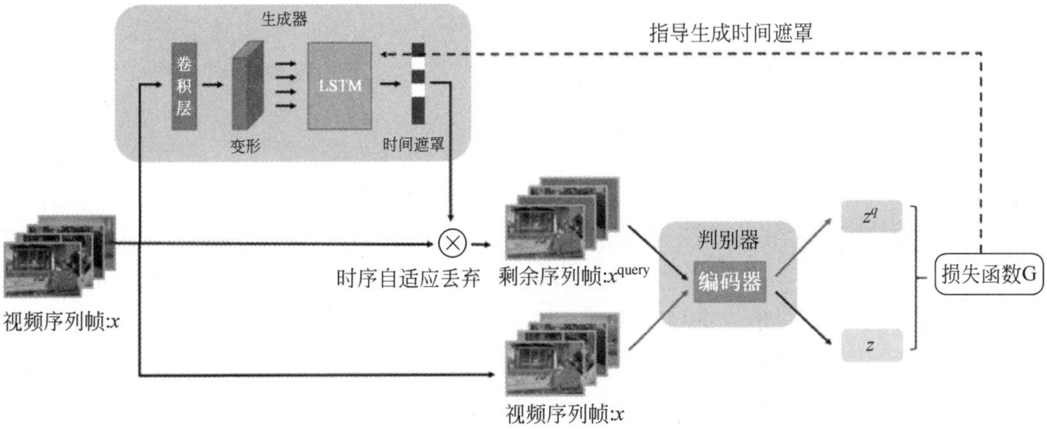

图 7-24　VideoMoCo 模型框架

VIE 模型则对 LA 方法进行拓展。它将局部聚合的思想用于动态视频数据，并获得了良好的效果。VIE 模型框架如图 7-25 所示。该方法的贡献在如下两方面：

（1）它通过动态-静态双路提取器抽取视频帧不同视角的特征。

（2）它利用 LA 的对比方法，抽取出帧与帧之间的相似性特征。值得注意的是，它同时也继承了 LA 方法中所使用的 memory bank，受到内存开销的限制。

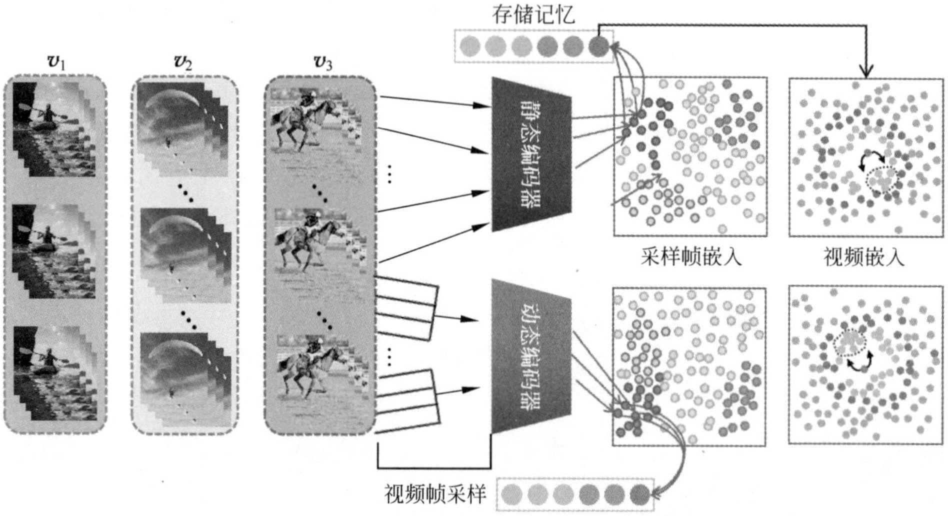

图 7-25 VIE 模型框架

另一类方法是将视频相关的特定任务作为自监督信号，如速度预测、视频播放次序预测等。这类方法在基础的视频有监督方法上，加入了对比式表示学习方法，从而使得模型性能实现显著提升。Wang 等受电影制作中蒙太奇手法的启发，让神经网络自适应地从生成的“速度”标签中学习，将视频速度作为重要的自监督信号，从而学习到视频中的时空信息。同时，该模型引入对比式表示学习方法，强化了模型对速度特征的学习能力。Huang 等提出了一种构造自监督信号的视频表示学习方法，将上下文信息与运动预测解耦。该方法借助两路对比式表示学习任务，使得模型能够更好地将视频中的运动信息从驳杂的上下文信息中分离出来，获得细粒度的视频运动特征。

7.6.2 图网络分析中的对比式表示学习

随着对比式表示学习在计算机视觉领域的繁荣发展，图网络分析领域的许多研究者受这些工作的启发提出了许多图对比模型。根据对比目标设置的不同，图对比模型大致可以分为 3 类：第一类方法关注于局部-全局特征间的对比；第二类方法则强调不同视角之间节点嵌入的相互对齐；第三类方法则基于邻接相似性，将对比目标设置在目标节点和邻居节点的特征之间。

第一类方法的典型代表为 DGI。该模型受 DIM 模型启发，首次将对比式表示学习引入图表示学习中，构建了一个无监督图表示学习的通用框架。它的核心思想是，通过最大化局部节点特征表示与全局特征表示之间的互信息来学习节点特征表示。如图 7-26 所示，DGI 首先利用图卷积模型提取出每个节点的特征表示；接着，使用读出函数(Readout Function)计算全局特征表示；最后，最大化特征空间中正样本的特征表示和全局特征表示之间的互信息，最小化负样本的特征表示和全局特征表示之间的互信息。其中，正样本来自原图的节点，而负样本为被扰动过的原图的节点。尽管 DGI 做了一个重要的尝试，但它选择的读出函数需要满足一个严格限制,即该函数必须属于单射函数。此外,DGI 选择的读出函数是非常简单的平均操作。不过这种简单方式获得的全局表示并不理想,可能会导致模型忽略节点之间的差异性,从而得到一个糟糕的全局特征表示。尽管如此,MVGRL 和 GIC 仍然致力于这种全局与局部嵌入之间的对比。

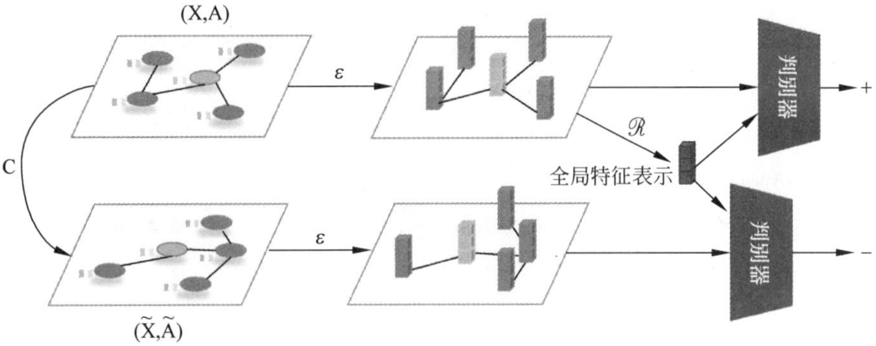

图 7-26　DGI 模型框架

MVGRL 模型框架图如图 7-27 所示。它采用了孪生网络结构和对称的损失计算方式,旨在最大化原图节点嵌入与增强图全局特征表示之间、增强图节点特征表示和原图全局特征表示之间的互信息,类似于对称的 DGI。值得注意的是,MVGRL 采用的图增强方式为图扩散(graph diffusion)。这和 DGI 采用的随机扰动不同(随机扰动通过交换邻接矩阵的行构造多视图,这会完全破坏图的原有语义信息和拓扑信息),并不会引入噪声。由于对比损失的计算开销十分昂贵,MVGRL 使用了子图采样技术以减小计算量,同时它也作为一种图增强方式进一步增强模型的鲁棒性和泛化性。然而,DGI 和 MVGRL 都没有解决读出函数带来的缺陷,即学习到的全局表示过于粗糙。为了缓解这一问题,GIC 引入了传统的聚类方法。通过聚类软分配的方式,学习了一个更为精细的全局表示:

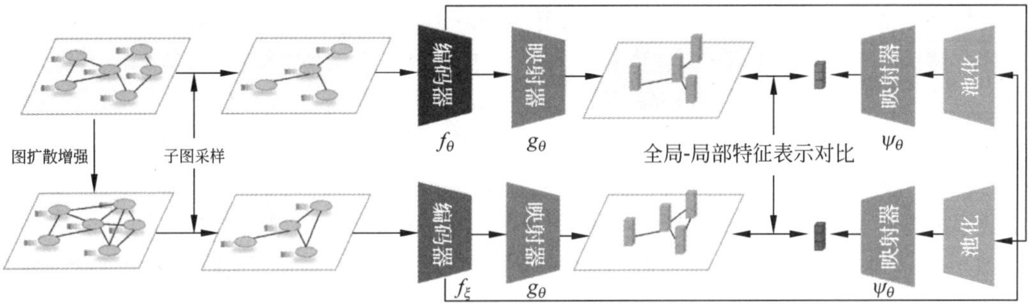

图 7-27　MVGRL 模型框架

$$z_i = \sigma\left(\sum_{k=1}^{K} r_{ik}\mu_k\right) \tag{7-31}$$

$$r_{ik} = \frac{\exp(-\beta \mathrm{sim}(h_i, \mu_k))}{\sum_{k}^{K} \exp(-\beta \mathrm{sim}(h_i, \mu_k))} \tag{7-32}$$

其中,μ_k 为第 k 个聚类中心,K 为聚类中心个数。

然而,GIC 并没有摆脱 DGI 模型的框架,仍然需要对比局部节点特征表示和全局平均特征表示。这意味着 GIC 所设计的精细全局读出不能根本地解决读出函数的问题。

第二类方法可以再细分为两类方法：一是基于负样本的方法；二是不需要负样本的方法。受 SimCLR 模型(见 7.6.1 节)启发，基于负样本的方法通常采用不同的图增强方法生成两个增强视角，并减小两个不同视角中相同节点特征表示之间的距离，增大与其他节点特征表示之间的距离。GRACE 作为其中最为经典的方法，被后续许多工作作为基准模型。如图 7-28 所示，在每个迭代回合中，GRACE 首先采用不同的图增强方法(去边和节点特征遮罩)处理原图，生成两个增强视角。这与 DGI 不同，DGI 生成的视角并不算是一个标准的增强样本，因为 DGI 中的扰动完全破坏了图的拓扑结构和语义信息。接着，GRACE 使用图卷积神经网络分别提取两个视角的节点特征表示。需要注意的是，现有的大部分图表示学习方法通常采用 GCN 作为节点级别的编码器，而使用 GIN 作为图级别的编码器。最后，GRACE 通过 InfoNCE 损失更新模型参数，其中不同视角间的相同节点互为正样本对，除自身以外的其他节点都作为负样本。

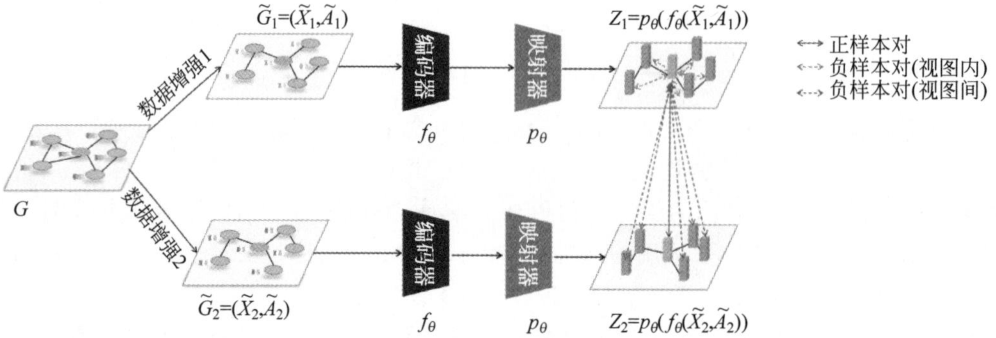

图 7-28 GRACE 模型框架

后续许多模型以 GRACE 模型框架为范本，提出不同的改进方案。例如，GCA 在 GRACE 的基础上，提出了一种自适应的图增强方法。它主张数据增强后的图网络应保持其内在结构和关键属性，使模型能够对次要的节点和边的扰动不敏感。具体地，它使用 3 个不同的指标来刻画节点的重要性：度、特征向量中心性以及 PageRank 中心性。而 MERIT 受 BYOL 启发，采用了类似的不对称结构和动量更新梯度的方法。在数据增强方面，它尝试了图扩散、子图采样、去边和删除节点等方式。在对比损失设置方面，该模型仍沿用了 InfoNCE 损失。ClusterSCL 设计了一种新颖的基于聚类的图增强方法，提升了模型性能。虽然许多借助图数据增强技术的模型都表现出了较为优异的性能，但实际上现有的图增强方法并不普适。例如，对分子图使用随机删除边操作这容易破坏图中重要官能团的拓扑结构，从而给模型训练造成负面影响。因此，有的工作者致力于设计不需要图增强的图对比模型，如 SimGRACE。在图对比式表示学习中，现有的大多数方法都需要依赖大量试验和人工经验，以构造数据集的增强视图，而且在数据增强方式选择不当时可能会导致图网络的语义变化。为了解决该问题，SimGRACE 摒弃了图数据增强的操作，采用不同的图编码器作为对比视图的生成器。通过比较两个不同编码器(一个为原始编码器，另一个为参数扰动后的编码器)生成视图间的语义相似度，从而进行对比式表示学习。AT-SimGRACE 则利用对抗训练的方式进一步提升 SimGRACE 的健壮性。除了上述提到的方法外，还有一些方法针对正负样本选择问题提出了不同的解决方法，而一些工作者旨在寻找比互信息更适合的度量方式，如采用 Wasserstein 距离。

第三类方法则利用了图网络天然的拓扑邻接性质，假设具有拓扑邻接关系的节点具有较强的相似性，从而指导对比式表示学习。这种对比方式起源于 GraphSAGE；它利用随机游走选择相邻邻居作为正样本，而采用均匀选择的方式产生负样本。GMI 继承了同样的思想，并且考虑了信息瓶颈理论。它主张特征空间中目标节点的特征向量应与输入属性空间中相邻接节点的属性向量间具有较大的互信息，其模型框架如图 7-29 所示。该方法避免了图增强和读出函数的使用。AFGRL 则是另一个比较特殊的方法，它除了借助节点的邻接性，还使用了 KNN 方法和 K-means 方法来定义正样本。值得注意的是，该方法并不需要使用负样本，而是采用了基于动量更新的非对称网络结构，从而避免模型坍缩。AFGRL 模型框架如图 7-30 所示。

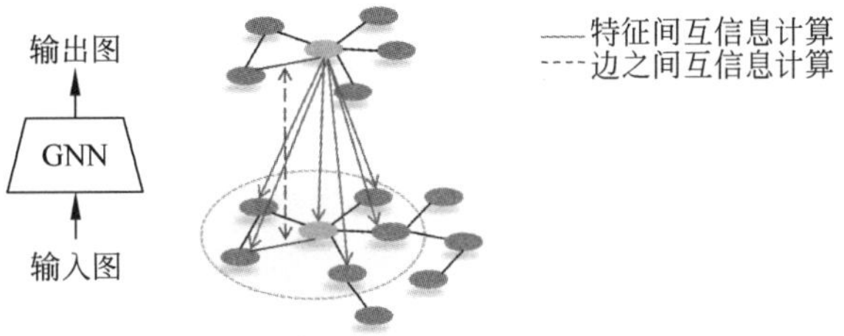

图 7-29 GMI 模型框架

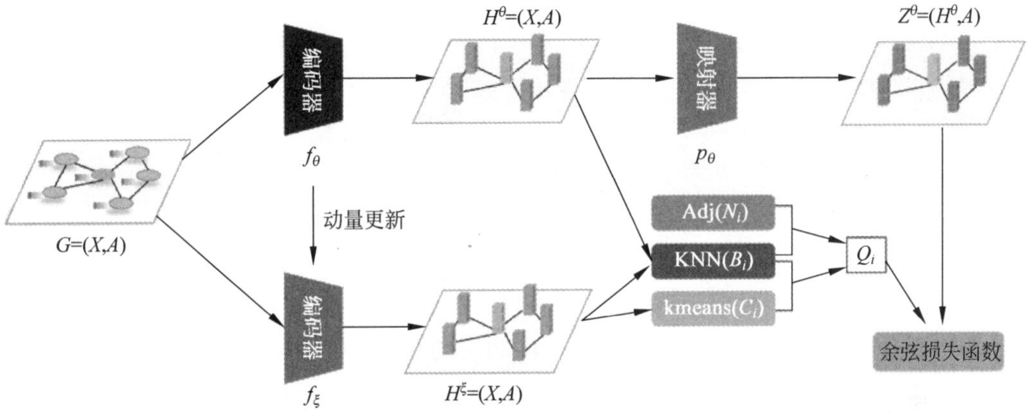

图 7-30 AFGRL 模型框架

近年来，图对比式表示学习在图表示学习领域受到广泛的关注和研究，但是大多数方法仍停留在解决静态图问题上。然而，在现实场景下，图网络并非一成不变的。随着时间的推移，图中的节点(实例)会增加或减少，边(实例之间的联系)会新增或删除，这对应了现实的演化过程，如：社交网络中友谊的建立、推荐系统中新产品和新用户的加入、自然界中物种的新增和消亡等。对于具有时间维度的图网络，显然直接将其视为静态图处理是不合适的。现有的工作尝试扩展静态图方法，在设计模型时考虑了时序信息，但这些方法仍存在其固有缺陷，如计算代价大、对时序信息抽取能力不足、对标签强依赖等问题。事实上，对比式表示学习方式在动态图表示学习上的尝试还较少，接下来介绍 3 个比较经典的基于对比式表示学习的动态图表示学习模型。

首先介绍的是 TCL。它的设计方式与 SimCLR 十分相似，同样采用了孪生网络以及 InfoNCE 损失。具体地，对于动态图中的动态链接 $e=(v,u,t)$，$v,u\in V$(节点集合)，TCL 首先分别对 v,u 两个节点抽取子图，然后使用 Graph-Transformer 编码器对子图进行编码，得到 v,u 两个节点的特征向量。对于一个 batch 中包含的所有事件，同一事件中的两个节点互为正样本，而不同事件的节点则互为负样本。与 TCL 不同，DDGCL 有效地利用了时间平稳性假设：它主张在过去一段时间历史内相同节点的变化应该是十分微小的。因此，DDGCL 具有天然的正样本对——当前节点特征表示与其历史记录的节点特征表示。DDGCL 模型框架如图 7-31 所示。对于负样本，DDGCL 借助 MoCo 动态队列技术在整个训练过程中对负样本进行更新。该更新方式恰好符合处理动态图所必须满足的时间约束条件。此外，DDGCL 采用 TGAT 作为编码器，并且融合了硬负采样方法。最后一种方法是 DySubC。它的框架设计借鉴了 DGI 和 MVGRL。如图 7-32 所示，它先通过子图采样技术得到多张子图，再通过节点特征表示和全局特征表示之间的对比来指导模型优化。正样本的选取仍沿用了 DGI 和 MVGRL 的设置，但对于负样本的确定则考虑了两方面——时间和空间。对于时间维度，它采用抹除时间戳的操作来实现原图的增强，而在空间维度则使用了与 DGI 相同的随机扰乱操作。值得注意的是，它使用的编码器是图卷积神经网络。

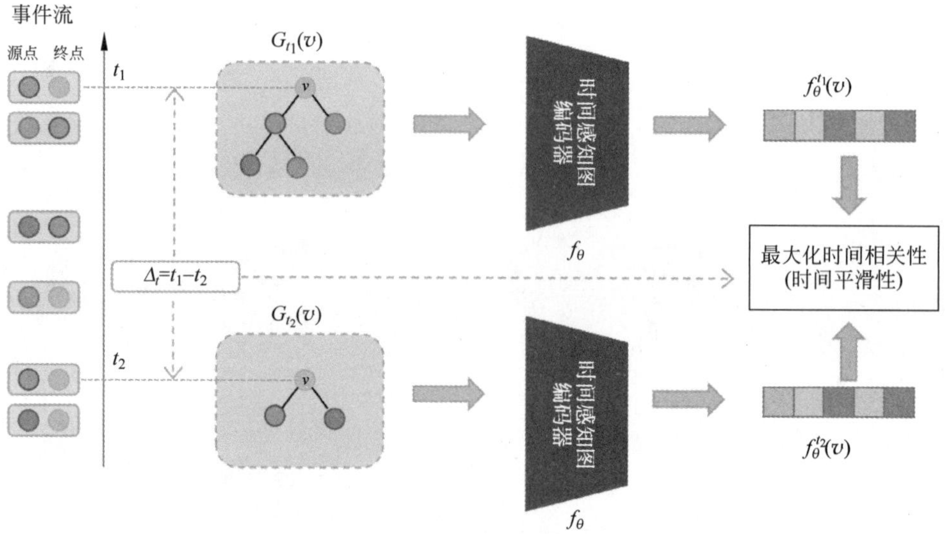

图 7-31 DDGCL 模型框架

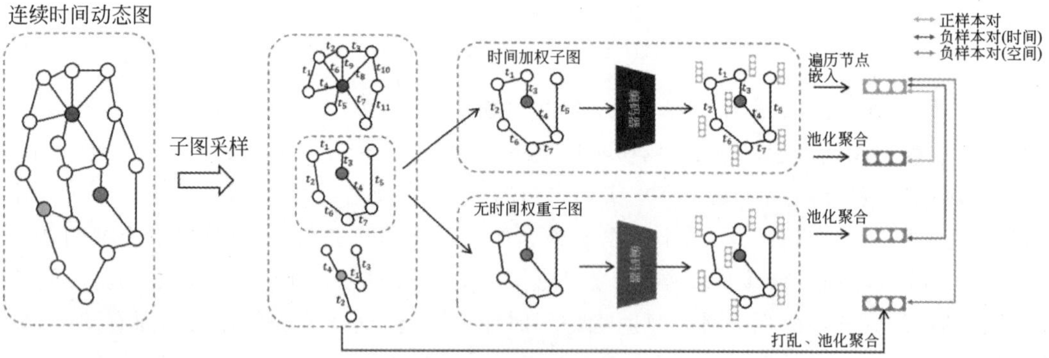

图 7-32 DySubC 模型框架

7.6.3 自然语言处理中的对比式表示学习

对比式表示学习也可以用来解决自然语言处理任务，例如文本分类、问答、机器翻译、文本摘要、文本生成等。由于语言任务的多样性，通常需要针对不同的任务，设计相对应的对比模型框架，从而生成不同级别的嵌入，例如单词嵌入、句子嵌入以及文档嵌入。本节主要以句子嵌入为例来介绍自然语言处理中的对比式表示学习方法。

近年来，在句子嵌入表示学习中引入对比式表示学习方法获得了显著的成功。这种方法极大地改善了预训练模型提取句子嵌入表示能力不足的问题。先前的句子嵌入通常是通过大型的预训练语言模型(如 Bert)先得到词嵌入,再通过平均或最大池化等操作得到句子嵌入,或者直接使用其[CLS]标识的嵌入作为句子嵌入。然而,这些预训练模型大多是通过单词级别的预训练任务得到的,无法直接适用于句子级别的下游任务。因此,后续的工作通常采用有监督的训练方式对模型进行微调,从而得到较好的句子嵌入。但是,现实世界中的语料数据十分庞大,对其进行标注十分耗时耗力,而且微调后的模型通常仅适用于某个特定的下游任务。此外,通过有监督训练得到的表示还存在另一个问题,即它们通常都处于一个各向异性的分布当中,并且被压缩在特征空间的一个狭窄的椭圆形区域中。这意味着模型学习到的是表示能力受限的句子嵌入。为了解决这些问题,对比式表示学习方法被用于微调大型的预训练语言模型,从而保证嵌入在特征空间中分布的均匀性,同时也增强了模型的健壮性和泛化性。

SimCSE 是一个十分具有代表性的对比句子嵌入模型。它的框架不仅十分简洁,而且非常有效。如图 7-33 所示,SimCSE 提出了两种对比方案。一种是将对比式表示学习作为无监督训练的方式(无监督 SimCSE),而另一种方案则是借助标签信息来指导对比式表示学习(有监督 SimCSE)。无监督 SimCSE 将正样本对设置为同一句子的两个增强版本,而其他所有句子都作为负样本。这与 SimCLR 和 GRACE 的对比模型框架十分类似。它的增强方式为简单的 dropout 操作。事实上,无监督 SimCSE 也探索了其他增强方式对模型性能的影响,但实验结果证明:仅需要简单的 dropout 操作就可以得到优良的性能,而其他增强方式或不使用增强都会使得模型性能退化。尤其当不使用增强时,容易导致模型崩溃。直觉上,这种情况是合理的,因为对比式表示学习需要良好的对比样本,而无论是不使得增强还是直接对句子进行同义词替换都无法产生好的对比样本。因为前者无法提供丰富的对比样本,而后者则容易破坏句子的语义,甚至产生错误的对比样本。无监督 SimCSE 利用 InfoNCE 损失进行模型优化,以此完成模型参数的微调,从而生成更具泛化性和表示能力的句子嵌入。而有监督 SimCSE 则借鉴了有监督模型的成功经验,利用已经标注好的标签实现精准的正负样本划分。SimCSE 还对模型进行了理论分析,论述了对比式表示学习的目标事实上"扁平化"了句子嵌入空间的奇异值分布,从而提高了各向同一性,并且使得嵌入在空间中分布得更加均匀。

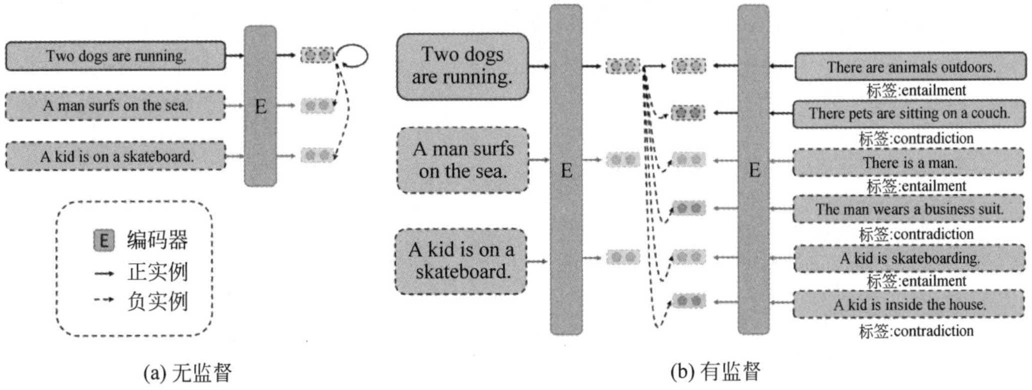

图 7-33　SimCSE 模型框架

后续许多对比句子嵌入模型在 SimCSE 模型的基础上提出了其他的模型框架设计方案。例如,SupCL-Seq 沿用了有监督 SimCSE 的思想,设计了一个针对不同下游任务的有监督对比框架。然而,该模型也受制于有监督学习的限制。而 DiffCSE 引入了计算机视觉中的等价对比式表示学习的概念,将 SimCSE 与 MLM 任务结合,从而关注到差异性增强带来的引导信息。DiffCSE 模型框架如图 7-34 所示,左半部分的设置与 SimCSE 一致,不同之处在于右半部分。具体地，它添加了一个遮罩预测模型作为额外的训练指引，来预测生成器产生的句子与原句在被遮罩的位置是否相同。而 DCLR 旨在解决负样本的偏差问题和各向异性问题。如图 7-35 所示，首先它采用一个高斯函数生成随机的负样本，并利用梯度更新的方法对其进行更新，从而解决负样本各向异性分布问题。接着，它将随机抽取的负样本与随机生成的负样本混合，基于训练好的 SimCSE 模型会对每一个负样本对进行打分，即将 SimCSE 生成的对应嵌入进行内积操作，其值作为评分。若分值小于阈值，则将其作为伪负样本，对其进行惩罚。这解决了负样本偏差的问题，从而获得无偏的负样本。

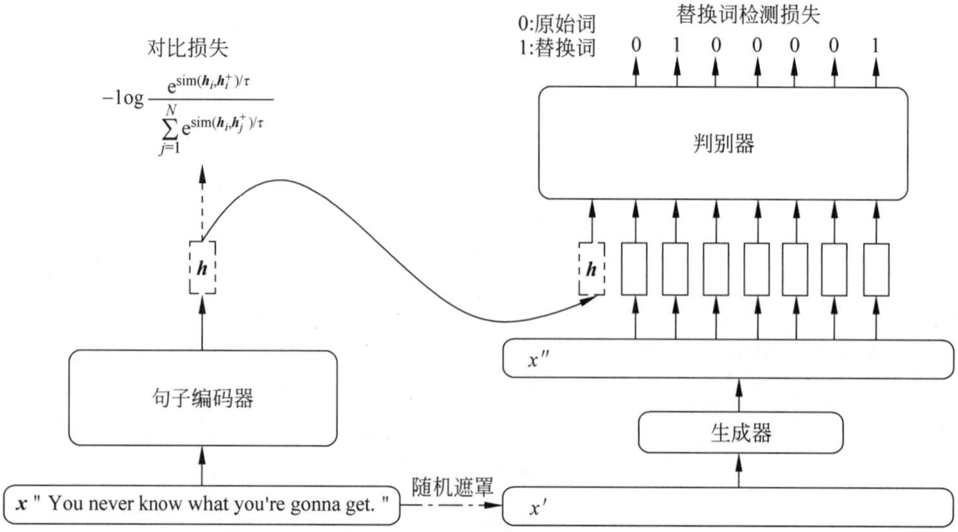

图 7-34　DiffCSE 模型框架

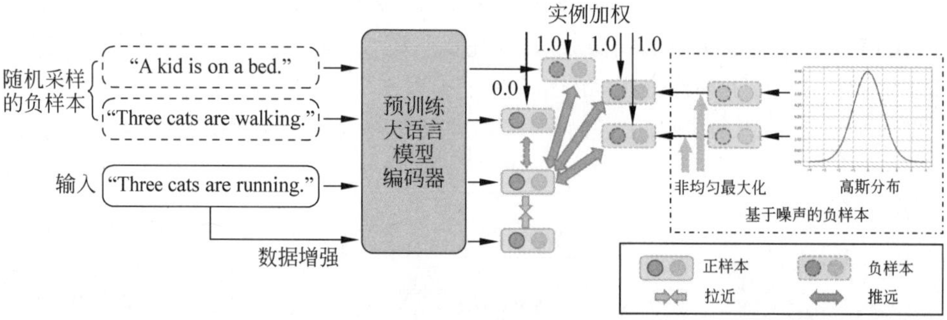

图 7-35　DCLR 模型框架

还有一些模型受到计算机视觉中其他对比框架的启发，提出了不同的语言模型框架。例如，IS-BERT-NLI 受 DMI 的启发，将句子嵌入作为全局嵌入，而词嵌入作为局部嵌入，进行对比。其局部词嵌入和全局嵌入的生成方式较为特殊。如图 7-36 所示，IS-BERT-NLI 通过多个不同的时间窗口生成多个特征矩阵，将同一位置嵌入拼接作为局部嵌入。而对于全局嵌入，它采用了平均超时间池化层(mean-over-time pooling layer)，将多个局部特征矩阵转换为一个全局嵌入向量。CERT 则遵循 MoCo 的对比学习范式，将一个文本通过数据增强的方式转换为两个样本，让来自相同句子的增强样本互为正样本，来自不同句子的增强样本互为负样本。该方法也采用 InfoNCE 损失。值得注意的是，CERT 使用的是回译的增强方式，例如，将一个英语句子翻译为德语，之后再翻译为英语作为一个增强样本。接着，将该句子先翻译为中文，再翻译为英文，作为第二个增强样本。这种方式能够很好地扩展样本多样性，但其依赖于翻译模型的性能。

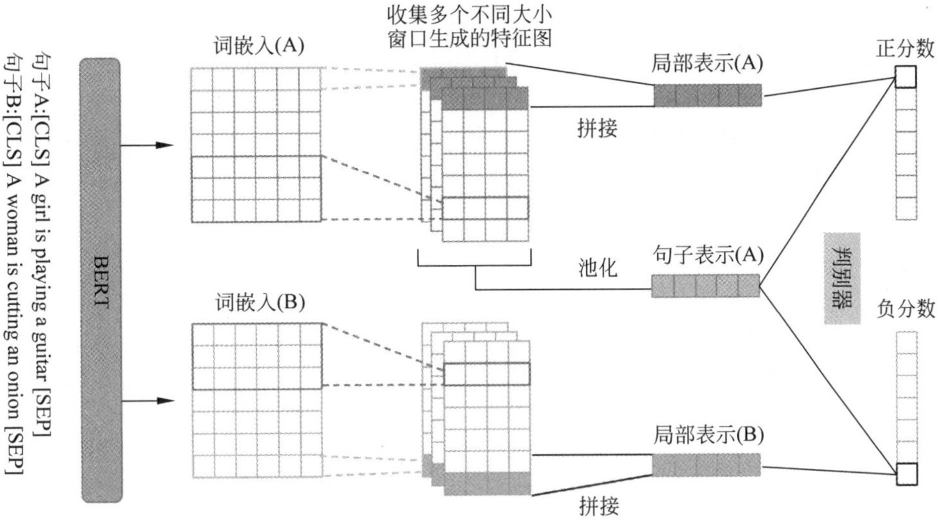

图 7-36　IS-BERT-NLI 模型框架

7.7　挑战和未来工作

对比式表示学习作为一种通用的无监督表示学习框架,被广泛应用于不同的机器学习任务。传统的无监督表示学习模型主要依赖于辅助任务和生成式表示学习框架,在模型性能上始终不及有监督模型。随着对比式表示学习的兴起,这种差距被逐渐弥合。甚至在一些任务上,基于对比式表示学习框架的模型表现显著优于有监督模型。本章首先从对比式表示学习的 3 个主要问题入手,依次介绍了正负样本的确立(生成和选择)、相似度的计算以及对比框架的设计。值得注意的是,虽然本章中没有对编码器的选择进行详细讨论和分析,但实际上编码器决定了特征表示的质量上限,是表示学习中至关重要的部分。

虽然现有的对比式表示学习方法已经十分成熟,但是其中仍存在一些挑战。接下来,将阐述一些未来可以改进和探索的工作方向:

数据增强是对比式表示学习中至关重要的一部分,甚至有学者认为对比式表示学习之所以能够产生如此优异的性能,很大程度上依赖于数据增强。有许多学者都对这一观点进行了论证和分析,但后续的研究工作中,有些模型不需要任何数据增强同样也可以得到优良的模型性能。这种看似相互矛盾又相互统一的学术论点,以及如何理论论证是很值得探索的一个问题。值得注意的是,这项工作并不仅限于某个领域,而是应该在更加普遍的条件下对该问题进行探讨和分析。

目前数据增强方法的选择通常依赖于研究者的个人经验或是由烦琐的实验筛选得到。虽然现有的模型中已经有研究人员探索出自适应选择数据增强的方式,但是仅出现在少部分应用中,其仍然具有很大的探索空间。此外,现有的数据增强方法的通用性不强,尤其是在图网络分析领域。例如,对于社交网络可行的增强方式,一旦被应用于化学分子图则会完全破坏其语义信息。如何设计一个比较通用的数据增强仍然是一个开放问题。

此外,虽然现有的采样技术已经较为成熟,但是仍然存在一些短板。例如,硬采样技术能够帮助模型学习到数据的不变性特征,并且在一定程度上能缓解计算开销高昂的问题,但是却无法保证采样到的样本一定是无偏的。换句话说,在无监督的条件下,难以保证所选取的样本是正确的。实际上,在负采样过程中可能会选取到与负样本十分相近的正样本。因此,如何去除伪正样本和伪负样本,并且平衡其与硬样本之间的关系是一个具有前景的研究方向。

而且,硬负样本虽然能够很好地指导对比式表示学习,但对于简单负样本的学习同样重要。设想一下,对于一名学生而言,只做压轴题而不做简单题,那么他在考试中很难取得佳绩。对于模型而言也是相同的道理。因此如何平衡硬负样本和简单负样本之间的学习程度将是一个十分有趣的课题。强化学习和课程学习方法或许是一个比较好的解决方法,这留待读者后续自行探究。

目前大多数的对比式表示学习方法都基于互信息度量的损失。虽然互信息度量确实为对比式表示学习提供了强有力的支持,但这类对比式表示学习方法在性能上已经陷入了瓶颈。因此,有理由怀疑这是否与互信息度量有关。换句话说,是否存在一种度量方式能够代替互信息度量,并为对比式表示学习模型提供更优越的相似性度量,从而学到更高质量的特征表示?实践证明这一猜想是成立的,目前已经有学者指出 Wasserstein 距离可能是一个不错的替代品,或者在某些特定框架下使用余弦损失也是一个不错的选择。值得注意的是,这些方法仍然是一种显式的度量方式。在面对不同的样本数据集时,样本对的相似性度量的定义可能会存在差异。不过,这样的度量方式可能导致模型无法捕捉到一些重要特征维度微小变化的影响。目前,这项工作的研究还相对较少。因此,如何自适应地学习一个相似性度量方式也是一个十分有趣的研究方向。

参考文献

[1] KRIZHEVSKY A, SUTSKEVER I, HINTON G E. Imagenet classification with deep convolutional neural networks[C]. In Advances in Neural Information Processing Systems, 2012, 1106-1114.

[2] SIMONYAN K, ZISSERMAN A. Very deep convolutional networks for large-scale image recognition[C]. Proceedings of the International Conference on Learning Representations, 2015.

[3] SZEGEDY C, LIU W, JIA Y, et al. Going deeper with convolutions[C]. Proceedings of the IEEE Conference on Computer Vision and Pattern Recognition, 2015: 1-9.

[4] HE K, ZHANG X, REN S, et al. Deep residual learning for image recognition[C]. Proceedings of the IEEE Conference on Computer Vision and Pattern Recognition, 2016: 770-778.

[5] HUANG G, LIU Z, VAN D M L, WEINBERGER K Q. Densely connected convolutional networks[C]. Proceedings of the IEEE Conference on Computer Vision and Pattern Recognition, 2017: 4700-4708.

[6] DOSOVITSKIY A, BEYER L, KOLESNIKOV A, et al. An image is worth 16x16 words: transformers for image recognition at scale[C]. Proceedings of the International Conference on Learning Representations, 2021.

[7] ZHAO H, JIA J, KOLTUN V. Exploring self-attention for image recognition[C]. Proceedings of the IEEE Conference on Computer Vision and Pattern Recognition, 2020: 10076-10085.

[8] PAN X, GE C, LU R, et al. On the integration of self-attention and convolution[C]. Proceedings of the IEEE Conference on Computer Vision and Pattern Recognition, 2022: 815-825.

[9] DENG J, DONG W, SOCHER R, et al. Imagenet: a large-scale hierarchical image database[C]. Proceedings of the IEEE Conference on Computer Vision and Pattern Recognition, 2009: 248-255.

[10] KUZNETSOVA A, ROM H, ALLDRIN N, et al. The open images dataset v4: unified image classification, object detection, and visual relationship detection at scale[J]. International journal of computer vision, 2020, 128(7): 1956-1981.

[11] GOEL A, TUNG C, LU Y H, et al. A survey of methods for low-power deep learning and computer vision[C]. 2020 IEEE 6th World Forum on Internet of Things, 2020: 1-6.

[12] OTTER D W, MEDINA J R, KALITA J K. A survey of the usages of deep learning for natural language processing[J]. IEEE Transactions on Neural Networks and Learning Systems, 2020, 32(2): 604-624.

[13] ZHOU J, CUI G, ZHANG Z, et al. Graph neural networks: a review of methods and applications[J]. AI Open, 2020, 1: 57-81.

[14] WOLPERT D H, MACREADY W G. No free lunch theorems for optimization[J]. IEEE Transactions on Evolutionary Computation, 1997, 1(1): 67-82.

[15] DEVLIN J, CHANG M W, LEE K, et al. BERT: pre-training of deep bidirectional transformers for language understanding[C]. Proceedings of the 2019 Conference of the North American Chapter of the Association for Computational Linguistics: Human Language Technologies, 2019, 1: 4171-4186.

[16] WU Z, EFROS A A, YU S X. Improving generalization via scalable neighborhood component analysis[C]. Proceedings of the European Conference on Computer Vision, 2018: 685-701.

[17] WU Z, XIONG Y, YU S X, et al. Unsupervised feature learning via non-parametric instance discrimination[C]. Proceedings of the IEEE Conference on Computer Vision and Pattern Recognition, 2018: 3733-3742.

[18] ZHUANG C, ZHAI A L, YAMINS D. Local aggregation for unsupervised learning of visual embeddings[C]. Proceedings of the IEEE International Conference on Computer Vision, 2019: 6002-6012.

[19] CARON M, BOJANOWSKI P, JOULIN A, et al. Deep clustering for unsupervised learning of visual features[C]. Proceedings of the European Conference on Computer Vision, 2018: 132-149.

[20] PACURAR M. Autoregressive conditional duration models in finance: a survey of the theoretical and empirical literature[J]. Journal of economic surveys, 2008, 22(4): 711-751.

[21] SPEROTTO A, SCHAFFRATH G, SADRE R, et al. An overview of IP flow-based intrusion detection[J]. IEEE Communications Surveys and Tutorials, 2010, 12(3): 343-356.

[22] ZHAI J, ZHANG S, CHEN J, et al. Autoencoder and its various variants[C]. Proceedings of IEEE International Conference on Systems, Man, and Cybernetics, 2018: 415-419.

[23] PAN Z, YU W, YI X, et al. Recent progress on generative adversarial networks (GANs): A survey[J]. IEEE Access, 2019, 7: 36322-36333.

[24] JAISWAL A, BABU A R, ZADEH M Z, et al. A survey on contrastive self-supervised learning[J]. Technologies, 2021, 9(1): 2.

[25] DAI Z, WANG G, YUAN W, et al. Cluster contrast for unsupervised person re-identification[C]. Proceedings of the Asian Conference on Computer Vision, 2022: 1142-1160.

[26] CHEN H, LAGADEC B, BREMOND F. Ice: inter-instance contrastive encoding for unsupervised person re-identification[C]. Proceedings of the IEEE International Conference on Computer Vision, 2021: 14960-14969.

[27] GE Y, ZHU F, CHEN D, et al. Self-paced contrastive learning with hybrid memory for domain adaptive object re-id[C]. Advances in Neural Information Processing Systems, 2020, 33: 11309-11321.

[28] WANG D, DING N, LI P, et al. Cline: contrastive learning with semantic negative examples for natural language understanding[C]. Proceedings of the Annual Meeting of the Association for Computational Linguistics, 2021: 2332-2342.

[29] WANG R, DAI X. Contrastive learning-enhanced nearest neighbor mechanism for multi-label text classification[C]. Proceedings of the Annual Meeting of the Association for Computational Linguistics, 2022: 672-679.

[30] WANG Z, WANG P, HUANG L, et al. Incorporating hierarchy into text encoder: a contrastive learning approach for hierarchical text classification[C]. Proceedings of the Annual Meeting of the Association for Computational Linguistics, 2022: 7109-7119.

[31] ZHU Y, XU Y, YU F, et al. Deep graph contrastive representation learning[C]. ICML Workshop on Graph Representation Learning and Beyond, 2020.

[32] ZHU Y, XU Y, YU F, et al. Graph contrastive learning with adaptive augmentation[C]. Proceedings of the Web Conference, 2021: 2069-2080.

[33] FALCON W, CHO K. A framework for contrastive self-supervised learning and designing a new approach[J]. arXiv, 2020.

[34] CARREIRA J, ZISSERMAN A. Quo vadis, action recognition? a new model and the kinetics dataset[C]. Proceedings of the IEEE Conference on Computer Vision and Pattern Recognition, 2017: 6299-6308.

[35] TRAN D, BOURDEV L, FERGUS R, et al. Learning spatiotemporal features with 3d convolutional networks[C]. Proceedings of the IEEE international conference on computer vision, 2015: 4489-4497.

[36] DEFFERRARD M, BRESSON X, VANDERGHEYNST P. Convolutional neural networks on graphs with fast localized spectral filtering[C]. Advances in neural information processing systems, 2016, 29: 3844-3852.

[37] KIPF T N, WELLING M. Semi-supervised classification with graph convolutional networks[C]. Proceedings of the International Conference on Learning Representations, 2017: 1-8.

[38] WU F, SOUZA A, ZHANG T, et al. Simplifying graph convolutional networks[C]. Proceedings of the International Conference on Machine Learning, 2019: 6861-6871.

[39] CHEN M, WEI Z, HUANG Z, et al. Simple and deep graph convolutional networks[C]. Proceedings of the International Conference on Machine Learning, 2020: 1725-1735.

[40] HAMILTON W, YING Z, LESKOVEC J. Inductive representation learning on large graphs[C]. Advances in Neural Information Processing Systems, 2017: 1024-1034.

[41] OK S. A graph similarity for deep learning[C]. Advances in Neural Information Processing Systems, 2020, 33: 1-12.

[42] GRAVES A, WAYNE G, DANIHELKA I. Neural turing machine[EB]. arXiv, 2014.

[43] HJELM R D, FEDOROV A, LAVOIE-MARCHILDON S, et al. Learning deep representations by mutual information estimation and maximization[C]. Proceedings of the International Conference on Learning Representations, 2019, 1-24.

[44] HE K, FAN H, WU Y, et al. Momentum contrast for unsupervised visual representation learning[C]. Proceedings of the IEEE Conference on Computer Vision and Pattern Recognition, 2020: 9729-9738.

[45] CHEN T, KORNBLITH S, NOROUZI M, et al. A simple framework for contrastive learning of visual representations[C]. Proceedings of the International Conference on Machine Learning, 2020: 1597-1607.

[46] HENAFF O. Data-efficient image recognition with contrastive predictive coding[C]. Proceedings of the International Conference on Machine Learning, 2020: 4182-4192.

[47] GUTMANN M, HYVÄRINEN A. Noise-contrastive estimation: a new estimation principle for unnormalized statistical models[C]. Proceedings of the International Conference on Artificial Intelligence and Statistics, 2010: 297-304.

[48] OORD A V D, LI Y, VINYALS O. Representation learning with contrastive predictive coding[EB]. arXiv, 2018.

[49] MENÉNDEZ M L, PARDO J A, PARDO L, et al. The jensen-shannon divergence[J]. Journal of the Franklin Institute, 1997, 334(2): 307-318.

[50] CHICCO D. Siamese neural networks: an overview[J]. Artificial Neural Networks, 2021, 2019: 73-94.

[51] HE K, CHEN X, XIE S, et al. Masked autoencoders are scalable vision learners[C]. Proceedings of the IEEE Conference on Computer Vision and Pattern Recognition, 2022: 16000-16009.

[52] SHORTEN C, KHOSHGOFTAAR T M. A survey on image data augmentation for deep learning[J]. Journal of Big Data, 2019, 6(1): 60.

[53] NAVEED H, ANWAR S, HAYAT M, et al. Survey: image mixing and deleting for data augmentation[J]. Engineering Applications of Artificial Intelligence, 2024, 131: 107791.

[54] TRAN N T, TRAN V H, NGUYEN N B, et al. On data augmentation for gan training[J]. IEEE Transactions on Image Processing, 2021, 30: 1882-1897.

[55] HUANG S W, LIN C T, CHEN S P, et al. Auggan: cross domain adaptation with gan-based data augmentation[C]. Proceedings of the European Conference on Computer Vision, 2018: 718-731.

[56] LI B,HOU Y,CHE W. Data augmentation approaches in natural language processing: a survey[J]. AI Open,2022,3: 71-90.

[57] WEN Q,SUN L,YANG F,et al. Time series data augmentation for deep learning: a survey[C]. Proceedings of International Joint Conference on Artificial Intelligence,2021: 4653-4660.

[58] ZHAO T,LIU Y,NEVES L,et al. Data augmentation for graph neural networks[C]. Proceedings of the AAAI Conference on Artificial Intelligence,2021,35(12): 11015-11023.

[59] ZHAO T,JIN W,LIU Y Z,et al. Graph data augmentation for graph machine learning: a survey[J]. IEEE Data Engineering Bulletin,2023,46(2): 140-165.

[60] ZHOU J,SHEN J,XUAN Q. Data augmentation for graph classification[C]. Proceedings of the ACM International Conference on Information and Knowledge Management,2020: 2341-2344.

[61] YOU Y,CHEN T,SUI Y,et al. Graph contrastive learning with augmentations[C]. Advances in Neural Information Processing Systems,2020,33: 5812-5823.

[62] KLICPERA J, WEIßENBERGER S, GÜNNEMANN S. Diffusion improves graph learning[C]. Advances in neural information processing systems,2019,32: 13333-13345.

[63] SURESH S,LI P,HAO C,et al. Adversarial graph augmentation to improve graph contrastive learning[C]. Advances in Neural Information Processing Systems,2021,34: 15920-15933.

[64] KONG K,LI G,DING M,et al. Flag: adversarial data augmentation for graph neural networks[EB]. arXiv,2020.

[65] SHRIVASTAVA A,GUPTA A,GIRSHICK R. Training region-based object detectors with online hard example mining[C]. Proceedings of the IEEE Conference on Computer Vision and Pattern Recognition, 2016: 761-769.

[66] BUCHER M, HERBIN S, JURIE F. Hard negative mining for metric learning based zero-shot classification[C]. Proceedings of European Conference on Computer Vision,2016: 524-531.

[67] WANG F,LIU H,GUO D,et al. Unsupervised representation learning by invariance propagation[C]. Advances in Neural Information Processing Systems,2020,33: 3510-3520.

[68] LEE N,LEE J,PARK C. Augmentation-free self-supervised learning on graphs[C]. Proceedings of the AAAI Conference on Artificial Intelligence,2022,36(7): 7372-7380.

[69] DIAZ-AVILES E,DRUMOND L,SCHMIDT-THIEME L,et al. Real-time top-n recommendation in social streams[C]. Proceedings of the ACM Conference on Recommender Systems,2012: 59-66.

[70] CHURCH K W. Word2Vec[J]. Natural Language Engineering,2017,23(1): 155-162.

[71] CUI P, LIU S, ZHU W. General knowledge embedded image representation learning[J]. IEEE Transactions on Multimedia,2017,20(1): 198-207.

[72] DING J,QUAN Y,YAO Q,et al. Simplify and robustify negative sampling for implicit collaborative filtering[C]. Advances in Neural Information Processing Systems,2020,33: 1094-1105.

[73] KALANTIDIS Y,SARIYILDIZ M B,PION N,et al. Hard negative mixing for contrastive learning[C]. Advances in Neural Information Processing Systems,2020,33: 21798-21809.

[74] MAO X,WANG W,WU Y,et al. Boosting the speed of entity alignment 10×: Dual attention matching network with normalized hard sample mining[C]. Proceedings of the Web Conference,2021: 821-832.

[75] WANG W,ZHOU W,BAO J,et al. Instance-wise hard negative example generation for contrastive learning in unpaired image-to-image translation[C]. Proceedings of the IEEE/CVF International Conference on Computer Vision,2021: 14020-14029.

[76] DU B A,GAO X,HU W,et al. Self-contrastive learning with hard negative sampling for self-supervised point cloud learning[C]. Proceedings of the ACM International Conference on Multimedia, 2021: 3133-3142.

[77] ROBINSON J,CHUANG C Y,SRA S,et al. Contrastive learning with hard negative samples[C]. Proceedings of International Conference on Learning Representations,2021: 1-8.

[78] PARK D H,CHANG Y. Adversarial sampling and training for semi-supervised information retrieval[C]. Proceedings of the World Wide Web Conference,2019: 1443-1453.

[79] ZHANG H, ZHOU H, MIAO N, et al. Generating fluent adversarial examples for natural languages[C]. Proceedings of the 57th Conference of the Association for Computational Linguistics, 2019: 5564-5569.

[80] LIU W, WANG Z J, YAO B, et al. Geo-ALM: POI recommendation by fusing geographical information and adversarial learning mechanism[C]. Proceedings of International Joint Conference on Artificial Intelligence, 2019: 1807-1813.

[81] DING J, QUAN Y, HE X, et al. Reinforced negative dampling for recommendation with exposure data. Proceedings of International Joint Conference on Artificial Intelligence, 2019: 2230-2236.

[82] ZHENG Y, GAO C, CHEN L, et al. DGCN: diversified recommendation with graph convolutional networks[C]. Proceedings of the Web Conference, 2021: 401-412.

[83] BACHMAN P, HJELM R D, BUCHWALTER W. Learning representations by maximizing mutual information across views [C]. Advances in Neural Information Processing Systems, 2019, 32: 15509-15519.

[84] TIAN Y, KRISHNAN D, ISOLA P. Contrastive multiview coding[C]. Proceedings of the European Conference on Computer Vision, 2020: 776-794.

[85] CHEN X, FAN H, GIRSHICK R, et al. Improved baselines with momentum contrastive learning[EB]. arXiv, 2020.

[86] GRILL J B, STRUB F, AITCHE F, et al. Bootstrap your own latent: a new approach to self-supervised learning[C]. Advances in Neural Information Processing Systems, 2020, 33: 21271-21284.

[87] RICHEMOND P H, GRILL J B, AITCHE F, et al. BYOL works even without batch statistics[EB]. arXiv, 2020.

[88] CHEN X, HE K. Exploring simple siamese representation learning[C]. Proceedings of the IEEE Conference on Computer Vision and Pattern Recognition, 2021: 15750-15758.

[89] CARON M, BOJANOWSKI P, JOULIN A, et al. Deep clustering for unsupervised learning of visual features[C]. Proceedings of the European Conference on Computer Vision, 2018: 132-149.

[90] CARON M, MISRA I, MAIRAL J, et al. Unsupervised learning of visual features by contrasting cluster assignments[C]. Advances in Neural Information Processing Systems, 2020, 33: 9912-9924.

[91] PAN T, SONG Y, YANG T, et al. Videomoco: contrastive video representation learning with temporally adversarial examples[C]. Proceedings of the IEEE Conference on Computer Vision and Pattern Recognition, 2021: 11205-11214.

[92] BENAIM S, EPHRAT A, LANG O, et al. Speednet: learning the speediness in videos[C]. Proceedings of the IEEE Conference on Computer Vision and Pattern Recognition, 2020, 9922-9931.

[93] WANG J, JIAO J, LIU Y H. Self-supervised video representation learning by pace prediction[C]. Proceedings of the European Conference on Computer Vision, 2020: 504-521.

[94] YAO Y, LIU C, LUO D, et al. Video playback rate perception for self-supervised spatio-temporal representation learning[C]. Proceedings of the IEEE Conference on Computer Vision and Pattern Recognition, 2020: 6548-6557.

[95] MISRA I, ZITNICK C L, HEBERT M. Shuffle and learn: unsupervised learning using temporal order verification[C]. Proceedings of the European Conference on Computer Vision, 2016: 527-544.

[96] XU D, XIAO J, ZHAO Z, et al. Self-supervised spatiotemporal learning via video clip order prediction[C]. Proceedings of the IEEE Conference on Computer Vision and Pattern Recognition, 2019: 10334-10343.

[97] WANG J, JIAO J, LIU Y H. Self-supervised video representation learning by pace prediction[C]. Proceedings of the European Conference on Computer Vision, 2020: 504-521.

[98] HUANG L, LIU Y, WANG B, et al. Self-supervised video representation learning by context and motion decoupling[C]. Proceedings of the IEEE Conference on Computer Vision and Pattern Recognition, 2021: 13886-13895.

[99] VELICKOVIC P, FEDUS W, HAMILTON W L, et al. Deep graph infomax[C]. Proceedings of the International Conference on Learning Representation, 2019, 1-17.

[100] HASSANI K, KHASAHMADI A H. Contrastive multi-view representation learning on graphs[C].

Proceedings of the International Conference on Machine Learning, 2020: 4116-4126.
[101] MAVROMATIS C, KARYPIS G. Graph infoclust: maximizing coarse-grain mutual information in graphs[C]. Proceedings of the Pacific Asia Knowledge Discovery and Data Mining, 2021: 541-553.
[102] XU K, HU W, LESKOVEC J, JEGELKA S. How powerful are graph neural networks? [C]. Proceedings of the International Conference on Learning Representation, 2019.
[103] JIN M, ZHENG Y, LI Y F, et al. Multi-scale contrastive siamese networks for self-supervised graph representation learning[C]. Proceedings of International Joint Conference on Artificial Intelligence, 2021: 1477-1483.
[104] WANG Y L, ZHANG J, LI H Y, et al. ClusterSCL: cluster-aware supervised contrastive learning on graphs[C]. Proceedings of the ACM Web Conference, 2022: 1611-1621.
[105] XIA J, WU L, CHEN J, et al. SimGRACE: a simple framework for graph contrastive learning without data augmentation[C]. Proceedings of the ACM Web Conference, 2022: 1070-1079.
[106] THAKOOR S, TALLEC C, AZAR, M G, et al. Bootstrapped representation learning on graphs[C]. Proceedings of the International Conference on Learning Represen tations, 2022.
[107] CHU G, WANG X, SHI C, et al. CuCo: graph representation with curriculum contrastive learning[C]. Proceedings of the International Joint Conference on Artificial Intelligence, 2021: 2300-2306.
[108] SURESH S, LI P, HAO C, et al. Adversarial graph augmentation to improve graph contrastive learning[C]. Advances in Neural Information Processing Systems, 2021, 34: 15920-15933.
[109] ZHANG Y, GAO H, PEI J, et al. Robust self-supervised structural graph neural network for social network prediction[C]. Proceedings of the ACM Web Conference, 2022: 1352-1361.
[110] PENG Z, HUANG W, LUO M, et al. Graph representation learning via graphical mutual information maximization[C]. Proceedings of The Web Conference, 2020: 259-270.
[111] KAZEMI S M, GOEL R, JAIN K, et al. Representation learning for dynamic graphs: A survey[J]. Journal of Machine Learning Research, 2020, 21(70): 1-73.
[112] SKARDING J, GABRYS B, MUSIAL K. Foundations and modeling of dynamic networks using dynamic graph neural networks: a survey[J]. IEEE Access, 2021, 9: 79143-79168.
[113] TIAN S, WU R, SHI L, et al. Self-supervised representation learning on dynamic graphs[C]. Proceedings of the ACM International Conference on Information and Knowledge Management, 2021: 1814-1823.
[114] CHEN K J, LIU L, JIANG L, et al. Self-supervised dynamic graph representation learning via temporal subgraph contrast[J]. ACM Transactions on Knowledge Discovery from Data, 2023, 18(1): 1-20.
[115] GAO T, YAO X, CHEN D. Simcse: simple contrastive learning of sentence embeddings[C]. Proceedings of the Conference on Empirical Methods in Natural Language Processing, 2021: 6894-6910.
[116] SEDGHAMIZ H, RAVAL S, SANTUS E, et al. SupCL-Seq: supervised contrastive learning for downstream optimized sequence representations[C]. Proceedings of the Conference on Empirical Methods in Natural Language Processing, 2021: 3398-3403.
[117] CHUANG Y S, DANGOVSKI R, LUO H Y, et al. DiffCSE: difference-based contrastive learning for sentence embeddings[C]. Proceedings of the Conference of the North American Chapter of the Association for Computational Linguistics, 2022: 4207-4218.
[118] ZHOU K, ZHANG B, ZHAO W X, et al. Debiased contrastive learning of unsupervised sentence representations[C]. Proceedings of the Annual Meeting of the Association for Computational Linguistics, 2022: 6120-6130.
[119] ZHANG Y, HE R, LIU Z, et al. An unsupervised sentence embedding method by mutual information maximization[C]. Proceedings of the Conference on Empirical Methods in Natural Language Processing, 2020: 1601-1610.
[120] FANG H, WANG S, ZHOU M, et al. Cert: contrastive self-supervised learning for language understanding[EB]. arXiv, 2020.

图书资源支持

感谢您一直以来对清华版图书的支持和爱护。为了配合本书的使用，本书提供配套的资源，有需求的读者请扫描下方的“书圈”微信公众号二维码，在图书专区下载，也可以拨打电话或发送电子邮件咨询。

如果您在使用本书的过程中遇到了什么问题，或者有相关图书出版计划，也请您发邮件告诉我们，以便我们更好地为您服务。

我们的联系方式：

清华大学出版社计算机与信息分社网站：https://www.shuimushuhui.com/

地　　址：北京市海淀区双清路学研大厦 A 座 714

邮　　编：100084

电　　话：010-83470236　010-83470237

客服邮箱：2301891038@qq.com

QQ：2301891038（请写明您的单位和姓名）

资源下载：关注公众号“书圈”下载配套资源。

资源下载、样书申请

书圈

图书案例

清华计算机学堂

观看课程直播